# TRAINING MATHEMATIK

Wolfgang Becke

# Mathematematik 7. Klasse

Aufgaben mit Lösungen

W0466097

STARK

**Bildnachweis.**
Umschlagbild: © Angie Lingnau/Fotolia.com
S. 1: © Martin Nikolaev/www.sxc.hu
S. 10: © Sebastian Duda/Fotolia.com
S. 13: © Zeichnung: Sansculotte; http://de.wikipedia.org/wiki/Datei:Karte_baikal2.png; lizenziert gem. CC-by-SA 2.0
S. 17: © bpk
S. 24: © Momentum/Fotolia.com
S. 32: © Jacek Chabraszewski/Dreamstime.com
S. 33: © Wolfgang Glagla/Fotolia.com
S. 37: © Inga Nielsen/Fotolia.com
S. 42: © UJac/Fotolia.com
S. 43: © Otmar Smit/Fotolia.com
S. 45: © objectsforall/Fotolia.com
S. 48: © eismann/Fotolia.com
S. 49: © Mike Ludkowski/Dreamstime.com
S. 50: © fotogestoeber/Fotolia.com
S. 52: © goce risteski/Fotolia.com
S. 53: © Aamon/Fotolia.com
S. 56: © Otto Durst/Fotolia.com
S. 59: © Hedwig Abraham
S. 60: © contrastwerkstatt/Fotolia.com
S. 71: © Redaktion
S. 77: © Mat Hayward/Fotolia.com
S. 93: © Vincent Giordano/Fotolia.com (Fußball)
S. 96: © Wolfgang Becke
S. 98: © Sascha Burkhard/Fotolia.com
S. 101: © Sascha Burkhard/Fotolia.com
S. 106: © Sascha Burkhard/Fotolia.com (Frosch), © makuba/Fotolia.com (Heuschrecke), © Socrates/Dreamstime.com (Fliege)
S. 107: © conny/Fotolia.com
S. 108: © Alex Brude/www.sxc.hu (Schwimmbad), © Davide Guglielmo/www.sxc.hu (Karton)
S. 109: © ktsdesign/Fotolia.com
S. 119: © Iliana/www.sxc.hu
S. 120: © Dmitry Sunagatov/Dreamstime.com (Tisch), © Aniram/Dreamstime.com (Lottokugeln)
S. 121: © Redaktion
S. 125: © Wolfgang Becke
S. 129: © Monkeybusinessimages/Dreamstime.com
S. 130: © Wolfgang Becke
S. 131: © Millan/Dreamstime.com
S. 132: © Wolfgang Becke
S. 134: © Redaktion
S. 136: © Jürgen Effner/Fotolia.com
S. 142: © Redaktion (Würfel), pixelandprints/Fotolia.com (Torwand)
S. 143: © Christian Schwier/Fotolia.com
S. 144: © Richard S/www.sxc.hu
S. 146: © Wolfgang Becke
S. 147: © Alexander Raths/Fotolia.com
S. 150: © Diego Cervo/Fotolia.com

ISBN 978-3-86668-245-0

© 2010 by Stark Verlagsgesellschaft mbH & Co. KG
www.stark-verlag.de

Das Werk und alle seine Bestandteile sind urheberrechtlich geschützt. Jede vollständige oder teilweise Vervielfältigung, Verbreitung und Veröffentlichung bedarf der ausdrücklichen Genehmigung des Verlages.

# Inhalt



*Fortsetzung siehe nächste Seite*

**Autor:** Wolfgang Becke

# Vorwort

Liebe Schülerin, lieber Schüler,

die Ergebnisse der Vergleichsarbeiten im Fach Mathematik haben gezeigt, dass für viele Schüler oft nur das Erlernen und Anwenden bestimmter Rechenverfahren im Vordergrund steht. Oft bereiten schon kleine Änderungen in der (gewohnten) Fragestellung oder offene Aufgaben, die mehrere Lösungsmöglichkeiten bieten, Probleme. Mit diesem Buch kannst du das trainieren und so auch diesen Anforderungen gerecht werden. Du kannst den **gesamten Lehrstoff der 7. Klasse** üben, wiederholen und Versäumtes selbstständig nacharbeiten. Auch bei Wissenslücken oder wenn du dich auf eine **Klassenarbeit** vorbereiten möchtest, wird dir dieses Buch eine große Hilfe sein.

Das vorliegende Trainingsbuch ist folgendermaßen aufgebaut:

- Eine **kurze Einführung** gibt Hinweise über den Inhalt des Kapitels.
- In den **Merkkästen** wird das Wichtigste einprägsam zusammengefasst.
- Anhand von **Beispielen und deren Lösungen** wird der Stoff anschaulich gemacht.
- Eine große Auswahl verschiedenster **Aufgaben** dient zur Festigung des Wissens. Diese Aufgaben solltest du unbedingt bearbeiten.
- **Ausführliche Lösungen** mit zusätzlichen Hinweisen und Tipps dienen zur Kontrolle deiner Lösungen und helfen, falls du einmal nicht weiterweißt.

„Durcharbeiten“ bedeutet mehr als das einmalige „Lesen“ von Kapiteln.
Ein vielversprechender Weg ist folgender:

- Suche dir z. B. das Kapitel, welches ihr gerade in der Schule durchnehmt, und löse einige Aufgaben, die dir leicht erscheinen.
- Vergleiche deine Lösungen mit den Musterlösungen am Ende des Buches.
- Wenn die ersten Aufgaben (nahezu) richtig gelöst sind, bearbeite die übrigen Aufgaben des Kapitels, um zu sehen, ob du den Stoff beherrscht.
- Gelingt es dir nicht, alle Aufgaben zu lösen, markiere sie, lies Merkkästen und Beispiele nochmals durch und versuche es erneut.

Du wirst merken, dass einige Aufgaben keine eindeutige Lösung haben. Dies ist beabsichtigt! Ausprobieren, Fehler machen, experimentieren ist wichtig für deinen Lernerfolg.

Denke immer daran: Mathematik betreiben heißt aktives Tun (nicht passives Lesen!). Beim Lernen mit diesem Trainingsbuch wünsche ich dir viel Erfolg.

Wolfgang Becke

# Rationale Zahlen

## 1 Ganze Zahlen

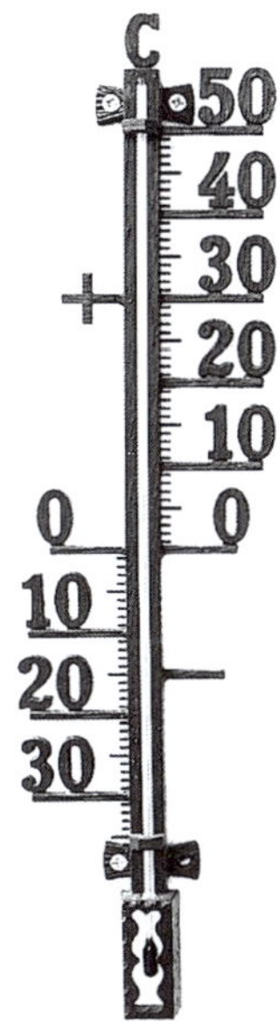


Zur Bezeichnung von Temperaturen unter dem Gefrierpunkt verwendet man **negative Zahlen**. Im Gegensatz zu den positiven Zahlen, z. B. +5, +7 oder +15, schreibt man sie mit einem Minuszeichen, z. B. –6, –20 oder –12.
In dieser Verwendung heißen die Zeichen + und – in der Mathematik **Vorzeichen**.

Negative Zahlen kommen in vielen Bereichen im Alltag vor:
- Als Bezeichnung für die Etagen unterhalb des Erdgeschosses (Untergeschosse).
- Als Kontostand „Soll" (Belastung) auf dem Kontoauszug. Das sind Schulden bei der Bank.
  (Im Gegensatz zu „Haben". Das ist Guthaben bei der Bank.)
- Bei der Angabe von „Höhen", die sich unterhalb des Meeresspiegels befinden. (Höhe unter NN = Normalnull).

Um die negativen Zahlen zu veranschaulichen, wird der **Zahlenstrahl**

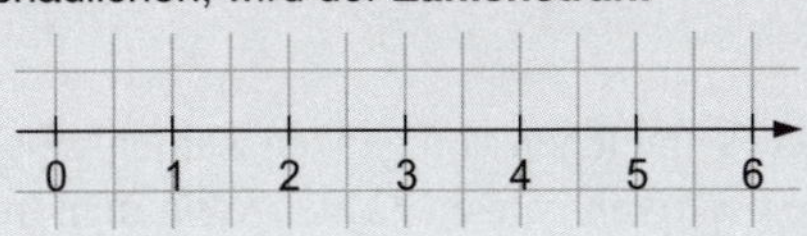


nach links zu einer **Zahlengeraden** erweitert:

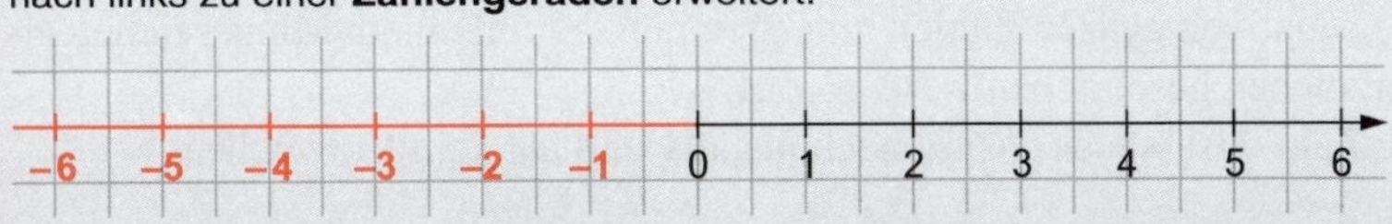


- Durch Spiegelung einer Zahl auf der Zahlengeraden an der 0 erhält man ihre **Gegenzahl**. Die Gegenzahl einer Zahl hat auf der Zahlengeraden also denselben Abstand zur 0 wie die Zahl.
- Rechts von der 0 stehen die natürlichen Zahlen, auch **positive ganze Zahlen** genannt.
- Links von der 0 stehen die Gegenzahlen der natürlichen Zahlen, auch **negative ganze Zahlen** genannt.

Beispiele

**1.** Die Gegenzahl von +3 ist –3.

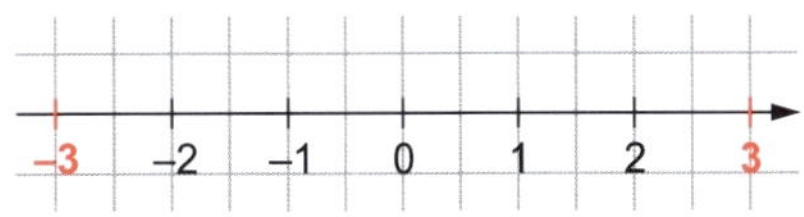

Die Gegenzahl von 0 ist 0.

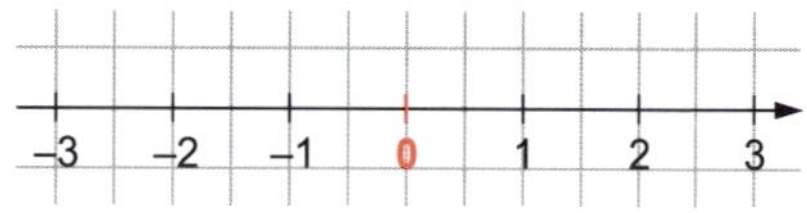


Die Gegenzahl von –73 ist +73.

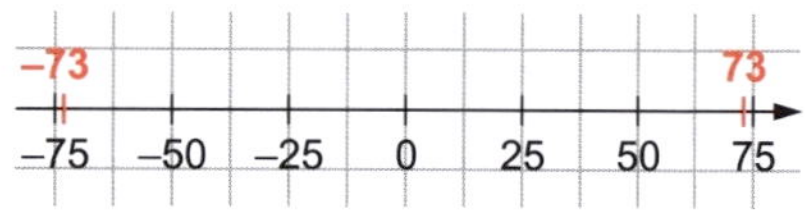


**2.** Zeichne eine geeignete Zahlengerade und trage die zu den Zahlen gehörigen Buchstaben ein.
A: +4; B: –11; C: –27; D: –5; E: –19; F: +15; G: +27

*Lösung:*

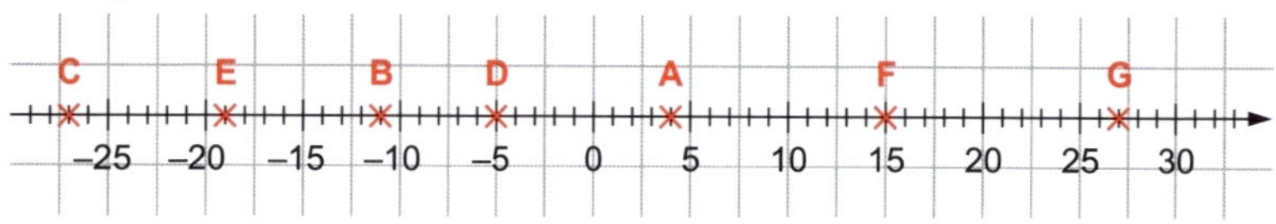


Alle negativen ganzen Zahlen {…, –4, –3, –2, –1} und alle positiven ganzen Zahlen (natürliche Zahlen) {1, 2, 3, 4, …} bilden zusammen mit der Zahl 0 die Menge der **ganzen Zahlen.**

Die Menge der ganzen Zahlen wird mit $\mathbb{Z}$ bezeichnet.
$\mathbb{Z} = \{\dots, -3, -2, -1, 0, 1, 2, 3, \dots\}$

Bei den Vorzeichen von ganzen Zahlen gibt es drei Fälle zu unterscheiden:
- Die positiven ganzen Zahlen kann man mit oder ohne Vorzeichen schreiben, z. B. +7 = 7.
- Die negativen ganzen Zahlen hingegen müssen mit einem Minuszeichen als Vorzeichen geschrieben werden, z. B. –7.
- Die Zahl 0 ist weder positiv noch negativ und hat kein Vorzeichen.

Beispiel

Notiere die folgenden Größenangaben mit dem richtigen Vorzeichen.

a) Der Feldberg als höchster Berg des Schwarzwaldes liegt 1 493 m über NN (Normalnull).

b) Die Wäscherei der Uni-Klinik befindet sich im 2. Untergeschoss.

c) Frau Ringelmann hat 193 € Haben auf dem Konto.

d) Die Temperatur auf der Zugspitze betrug 14 Grad unter null.

e) Frau Krichbaum hat 25 € Schulden bei Herrn Thoma.

f) Das Tote Meer liegt 422 m unter dem Meeresspiegel.

*Lösung:*

a) +1 493 m

b) –2

c) +193 €

d) –14 °C

e) –25 €

f) –422 m

**1** Lies die markierten Zahlen von A bis G auf der Zahlengeraden ab und schreibe sie auf.

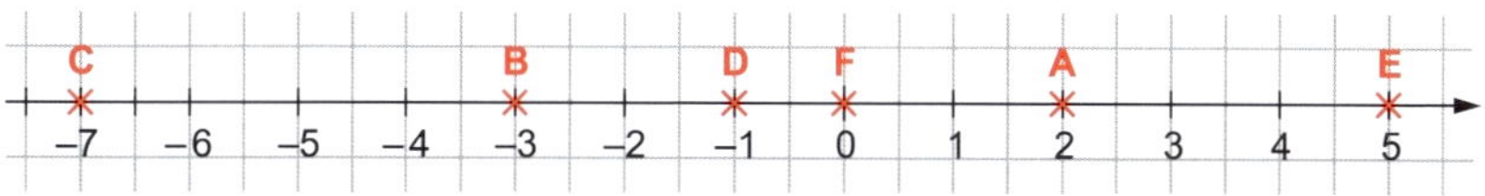


**2** Zeichne eine Zahlengerade und trage folgende Zahlen ein:

a) –4; –29; +2; +11; –17

b) –45; +30; –85; +5; –15

c) +220; –170; –50; +110; –20

Wähle jeweils eine geschickte Einteilung.

**3** Fülle die Tabelle aus:

| Zahl | 3 | –6 | | | | 45 000 |
|---|---|---|---|---|---|---|
| Gegenzahl | | | 0 | –2 | –178 | |

**4** Die Ausgangszahlen mitgezählt – wie viele ganze Zahlen liegen zwischen

a) –3 und +3?

b) –10 und +10?

Das Runden von **negativen** ganzen Zahlen aus $\mathbb{Z}^-$ erfolgt zwar nach den gleichen Regeln wie bei den natürlichen Zahlen, aber der Wert einer abgerundeten negativen ganzen Zahl wird größer, der Wert einer aufgerundeten negativen ganzen Zahl wird kleiner.

Beim Runden betrachtet man die **nachfolgende Ziffer** rechts von der Rundungsstelle.

- Ist diese Ziffer **0, 1, 2, 3** oder **4**, wird zahlenmäßig **abgerundet**.
  Die **Rundungsstelle** bleibt dabei **unverändert**.
  Für den Wert einer Zahl x gilt beim **Abrunden**:
  – $x \in \mathbb{Z}^+$: Zahlenwert wird **kleiner**
  – $x \in \mathbb{Z}^-$: Zahlenwert wird **größer**
- Ist diese Ziffer **5, 6, 7, 8** oder **9**, wird zahlenmäßig aufgerundet.
  Die **Rundungsstelle** wird dabei **um 1 erhöht**.
  Für den Wert einer Zahl x gilt beim **Aufrunden**:
  – $x \in \mathbb{Z}^+$: Zahlenwert wird **größer**
  – $x \in \mathbb{Z}^-$: Zahlenwert wird **kleiner**

Beispiel

| | | |
|---|---|---|
| a) $56 \approx 60$ | (Rundung auf Zehner) | Aufrunden in $\mathbb{Z}^+$: Zahlenwert wird größer. |
| b) $113 \approx 100$ | (Rundung auf Hunderter) | Abrunden in $\mathbb{Z}^+$: Zahlenwert wird kleiner. |
| c) $-36 \approx -40$ | (Rundung auf Zehner) | Aufrunden in $\mathbb{Z}^-$: Zahlenwert wird kleiner. |
| d) $-383 \approx -400$ | (Rundung auf Hunderter) | Aufrunden in $\mathbb{Z}^-$: Zahlenwert wird kleiner. |
| e) $-43 \approx -40$ | (Rundung auf Zehner) | Abrunden in $\mathbb{Z}^-$: Zahlenwert wird größer. |
| f) $-247 \approx -200$ | (Rundung auf Hunderter) | Abrunden in $\mathbb{Z}^-$: Zahlenwert wird größer. |

**5** Runde auf die nächste Zehnerstelle.

a) 87 €
b) 14 km
c) 25 kg
d) –19 €
e) –5 g
f) –44 m

**6** a) Runde auf Zehner.
82; –39; –176; 6; –244

b) Runde auf Hunderter.
–217; 69; 341; –147; –1 263

c) Runde auf Tausender.
–3 416; –768; 1 401; –2 046; 62

## 2 Rationale Zahlen

Beim Betrachten der Zahlengeraden fällt auf, dass es zwischen den ganzen Zahlen große Lücken gibt. In diesen Zwischenräumen liegen (positive und negative) Brüche.

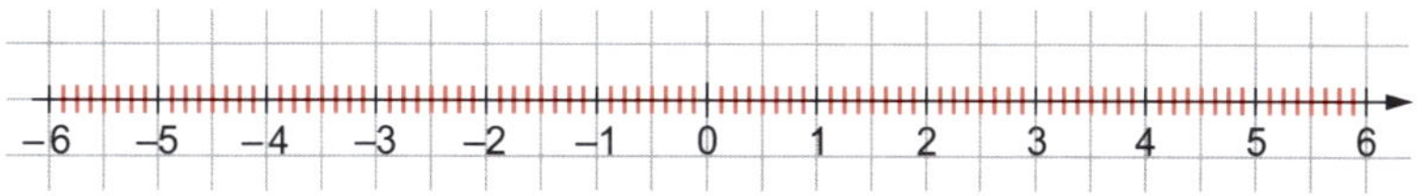


Bei der Angabe von Höhen/Tiefen, Temperaturen, Kontoständen und auch sonst überall dort, wo man sich eine höhere Genauigkeit wünscht, als sie durch ganze Zahlen zu erreichen ist, verwendet man darum die **rationalen Zahlen**.

- Die Menge der **positiven rationalen Zahlen** enthält alle positiven Zahlen, die man als Bruch schreiben kann, und wird mit $\mathbb{Q}^+$ bezeichnet.
- Die Menge der **negativen rationalen Zahlen** enthält alle negativen Zahlen, die man als Bruch schreiben kann, und wird mit $\mathbb{Q}^-$ bezeichnet.
- Die Menge der **rationalen Zahlen** wird mit $\mathbb{Q}$ bezeichnet. Sie besteht aus $\mathbb{Q}^-$, 0 und $\mathbb{Q}^+$.

Du weißt bereits, dass es für Brüche unterschiedliche Schreibweisen gibt:
- echte oder unechte Brüche:

  $-\frac{12}{3};\ \frac{1}{2};\ -\frac{3}{8};\ \frac{4}{4};\ -\frac{5}{5} \ldots$

  Ist der Zähler kleiner als der Nenner (ohne Vorzeichen), handelt es sich um einen echten Bruch, andernfalls um einen unechten.
- gemischte Zahlen:

  $-2\frac{7}{10};\ -1\frac{1}{8};\ 1\frac{2}{3};\ 2\frac{1}{2} \ \ldots$
- Dezimalbrüche (auch Dezimalzahlen genannt):
  –1,2; +1,8; 23,0 …

Neben diesen sind auch alle natürlichen Zahlen $\mathbb{N}_0$ (mit 0) und die ganzen Zahlen $\mathbb{Z}$ in der Menge der rationalen Zahlen $\mathbb{Q}$ enthalten, da sich alle diese Zahlen als Bruchzahlen mit Nenner 1 schreiben lassen.

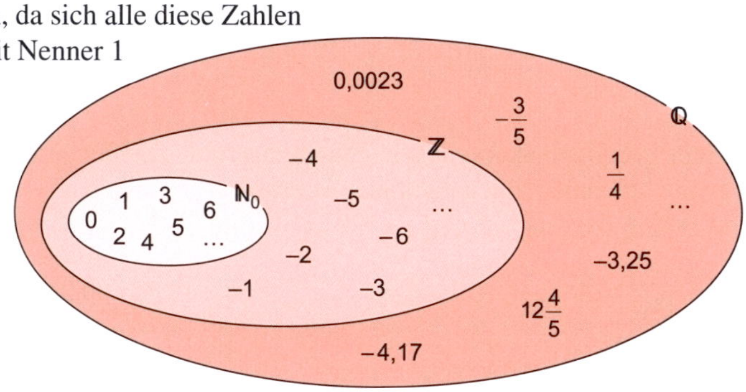

Es ist nicht möglich, alle rationalen Zahlen auf einer Zahlengeraden darzustellen. Das gelingt nur auszugsweise:

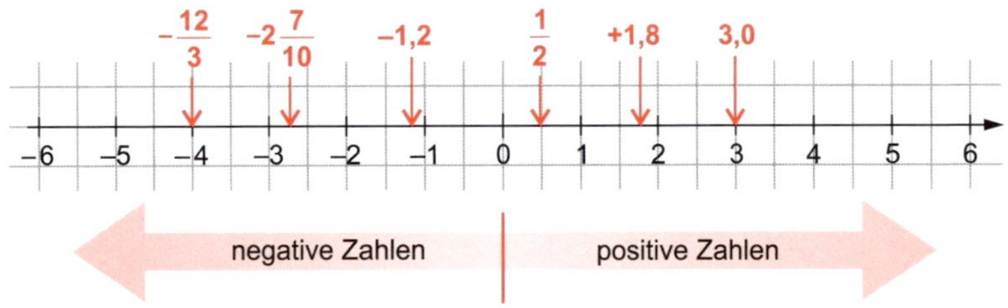


Beispiel

An einer Wetterstation wurde am 31. Oktober die Temperatur mit einem Thermometer gemessen und aufgezeichnet.

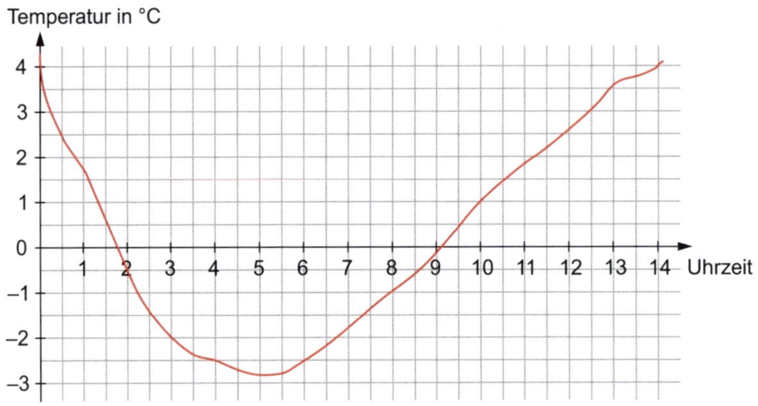


a) Wann ungefähr betrug die Temperatur +2,5 °C, wann −2,5 °C?

b) Wie hoch ist die Temperatur zu folgenden Zeitpunkten?
1 Uhr, 3 Uhr, 6 Uhr, 9 Uhr, 11 Uhr, 14 Uhr

*Lösung:*

a) Um ca. 0:30 Uhr und um ca. 11:50 Uhr betrug die Temperatur +2,5 °C.
Um ca. 4:00 Uhr und um ca. 6:00 Uhr betrug die Temperatur −2,5 °C.

b)

| Zeitpunkt | 1 Uhr | 3 Uhr | 6 Uhr | 9 Uhr | 11 Uhr | 14 Uhr |
|---|---|---|---|---|---|---|
| Temperatur | 1,7 °C | −2 °C | −2,5 °C | −0,2 °C | 1,8 °C | 4 °C |

**7** Finde geeignete Skalierungen (Einteilungen) der Zahlengeraden, sodass du folgende rationale Zahlen markieren kannst.

a) 2; −4; +5; −11; −19; 0

b) $-2\frac{1}{2}$; $1\frac{1}{4}$; $-1\frac{2}{4}$; $\frac{1}{2}$; $-2\frac{3}{4}$

c) −3,3; +1,7; 2,1; −0,4; −2,8

d) +1,32; −0,24; −1,11; +0,87; −0,90

**8** a) Einige Zahlen sind falsch eingetragen. Ersetze sie durch die richtigen Zahlen.

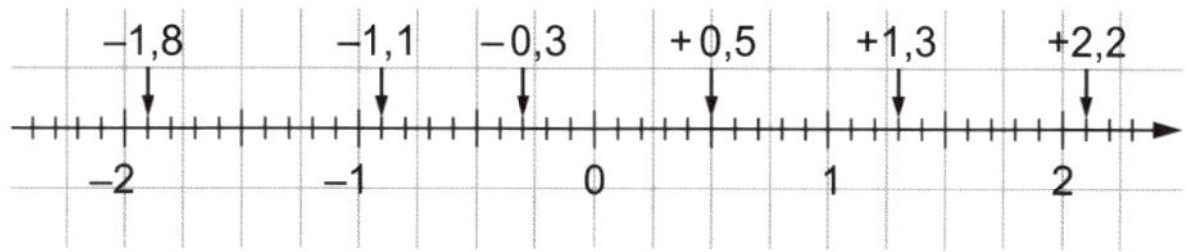


b) Wie heißen die fehlenden Zahlen?

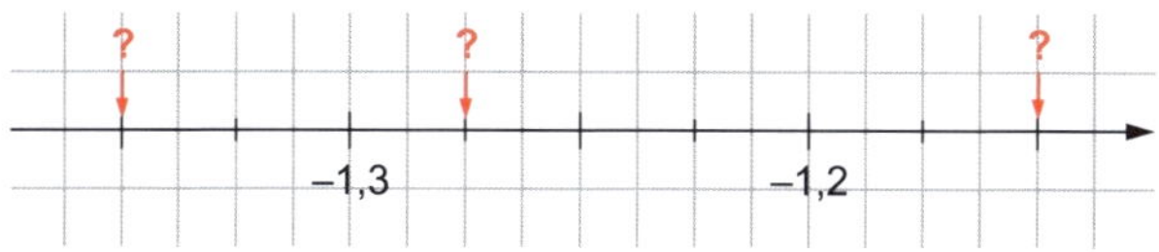


**9** a) Diese Zahl ist von +5 genauso weit entfernt wie von –4. Wie heißt die Zahl?

b) Diese Zahl liegt in der Mitte von +1,5 und –0,3. Wie heißt die Zahl?

**10** Wie viele Skalierungsstriche muss man zwischen 0 und 1 mindestens setzen, damit man die rationalen Zahlen $\frac{1}{3}$ und $\frac{2}{3}$ **exakt** eintragen kann?

**11** Welche rationalen Zahlen gehören zu den Punkten A–E?

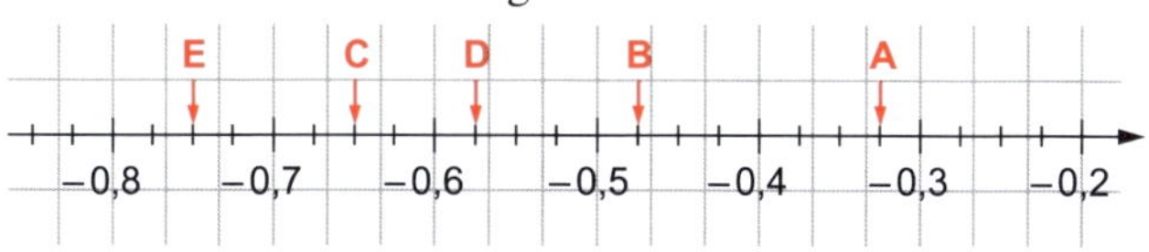


Das Runden von rationalen Zahlen erfolgt nach den gleichen Regeln wie das Runden von ganzen Zahlen. Beachte, dass **negative** rationale Zahlen beim Abrunden größer und beim Aufrunden kleiner werden.

Beispiel

| | | |
|---|---|---|
| a) $5{,}6 \approx 6$ | (Rundung auf Einer) | Aufrunden in $\mathbb{Q}^+$: Zahlenwert wird größer. |
| b) $11{,}845 \approx 10$ | (Rundung auf Zehner) | Abrunden in $\mathbb{Q}^+$: Zahlenwert wird kleiner. |
| c) $0{,}3256 \approx 0{,}3$ | (Rundung auf Zehntel) | Abrunden in $\mathbb{Q}^+$: Zahlenwert wird kleiner. |
| d) $-3{,}83 \approx -4$ | (Rundung auf Einer) | Aufrunden in $\mathbb{Q}^-$: Zahlenwert wird kleiner. |
| e) $-0{,}439 \approx -0{,}4$ | (Rundung auf Zehntel) | Abrunden in $\mathbb{Q}^-$: Zahlenwert wird größer. |
| f) $-0{,}244 \approx -0{,}24$ | (Rundung auf Hundertstel) | Abrunden in $\mathbb{Q}^-$: Zahlenwert wird größer. |

**12** Runde auf Einer, Zehntel und Hundertstel.

a) –7,81

b) +2,463

c) –14,5276

## 3 Anordnung rationaler Zahlen

Rationale Zahlen kann man gut der Größe nach vergleichen. Du weißt: Jede positive rationale Zahl ist größer als jede negative rationale Zahl. Außerdem ist zum Beispiel –2,1 °C eine höhere Temperatur als –8,7 °C. Allgemein gilt:

- Auf der Zahlengeraden werden die Zahlen nach **links** hin immer **kleiner** und nach **rechts** hin immer **größer**. Beim **Vergleich** zweier Zahlen auf der Zahlengeraden liegt die kleinere stets links von der größeren.

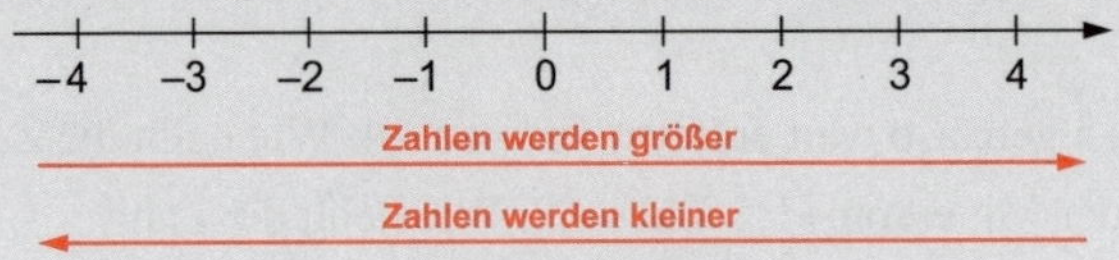


- Zu beiden Seiten setzt sich die Zahlengerade **unendlich** lang fort. Es gibt keine größte und keine kleinste Zahl.

Beispiele

**1.** Vergleiche die folgenden Zahlen.

a) $+1{,}3$ und $-3{,}1$

b) $-0{,}9$ und $0{,}09$

c) $4\frac{1}{8}$ und $-8\frac{1}{4}$

d) $-80{,}1$ und $+8{,}01$

e) $+5{,}01$ und $-5\frac{1}{100}$

f) $-1\frac{1}{5}$ und $-5{,}1$

*Lösung:*

a) $+1{,}3 > -3{,}1$

b) $-0{,}9 < 0{,}09$

c) $4\frac{1}{8} > -8\frac{1}{4}$

d) $-80{,}1 < +8{,}01$

e) $+5{,}01 > -5\frac{1}{100}$

f) $-1\frac{1}{5} > -5{,}1$

**2.** $-3\frac{1}{2} < +3\frac{1}{2}$

$-5{,}2 < -2{,}5$

$+\frac{3}{4} > \frac{1}{2}$

$-7{,}01 < -7{,}001$

$0{,}70 > 0{,}07$

$-5\frac{1}{10} > -6{,}1$

**13** Folgende Tageshöchsttemperaturen werden für Europa vorhergesagt:

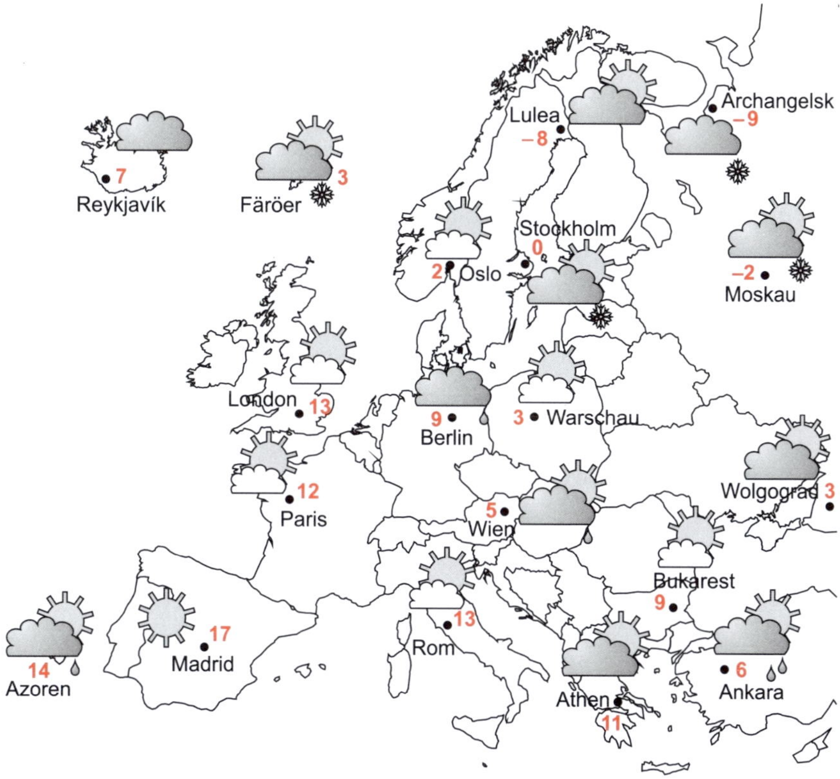


a) Ermittle die höchste und die tiefste Temperatur.

b) In welchen Orten wird es wärmer als in Paris?

c) Ordne die Orte absteigend von der höchsten zur niedrigsten Temperatur.

d) In welchen Orten wird es kälter als in Berlin, jedoch wärmer als in Moskau?

e) Wie viel Grad beträgt die Spannbreite zwischen der höchsten und der niedrigsten Temperatur?

**14** Als Schmelzpunkt bezeichnet man die Temperatur, bei der ein Stoff vom festen in den flüssigen Aggregatzustand übergeht.
Ordne folgende Stoffe absteigend nach ihren Schmelzpunkten.

| Stoff | Schmelzpunkt |
|---|---|
| Quecksilber | –38,36 °C |
| Wasser | 0 °C |
| Zinn | +231 °C |
| Gold | +1 064 °C |
| Eisen | +1 536 °C |
| Wasserstoff | –259 °C |
| Benzol | +5,5 °C |

**15** Setze die richtigen Zeichen (<, >, =) ein.

a) 3 □ –3
b) –4 □ –5
c) –6,2 □ $-6\frac{1}{5}$
d) 1 □ –1
e) –12,3 □ $-12\frac{1}{3}$
f) 3,02 □ 3,20
g) $-\frac{1}{5}$ □ $-\frac{5}{1}$
h) $-\frac{12}{3}$ □ –4

**16** Welche rationalen Zahlen kannst du für x einsetzen?
Nenne jeweils eine ganze Zahl, einen Bruch und einen Dezimalbruch.

a) $x > 11$
b) $x > -4$
c) $x < -10$
d) $5 > x$
e) $-2 > x$
f) $0 < x$

**17** Welche Zahl liegt genau mittig zwischen

a) –4 und +6?
b) –17 und –31?
c) +1 000 und –50?
d) –0,04 und 0,2?

**18** Ordne die rationalen Zahlen der Größe nach. Beginne mit der kleinsten Zahl.

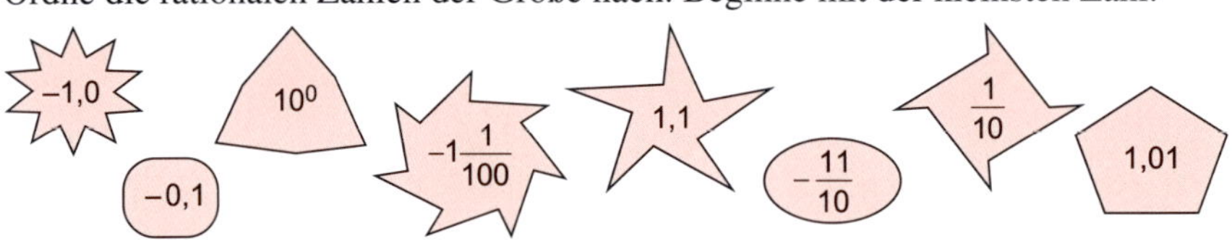

Bewegt man sich auf der Zahlengeraden nach **rechts**, so spricht man von **Zunahme**.
Bewegt man sich auf der Zahlengeraden nach **links**, so spricht man von **Abnahme**.

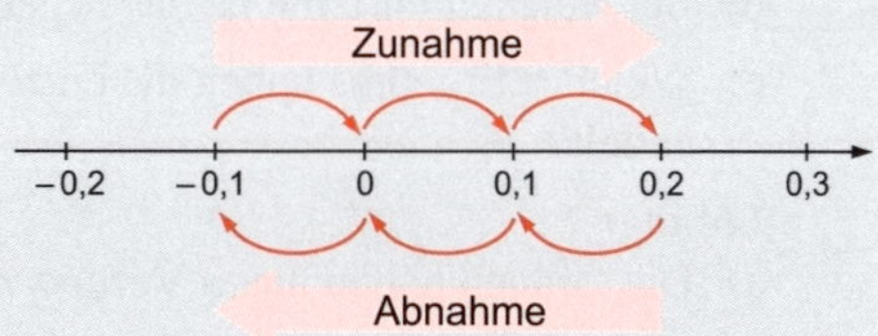


Beispiele

**1.** Stelle folgende Veränderungen an der Zahlengeraden dar.

a) $+4{,}7\,°\text{C} \xrightarrow{+1{,}1\,°\text{C}} +5{,}8\,°\text{C}$

b) $+1{,}3\,°\text{C} \xrightarrow{-1{,}7\,°\text{C}} -0{,}4\,°\text{C}$

*Lösung:*

a)

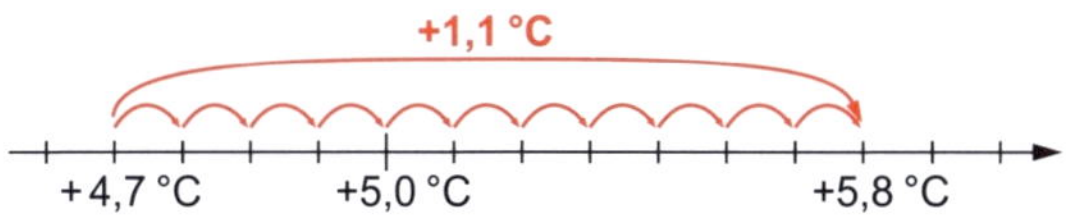


Skaliere in Schritten von 0,1 °C. Da es sich um eine Zunahme handelt, gehe 11 Schritte nach rechts.

b)

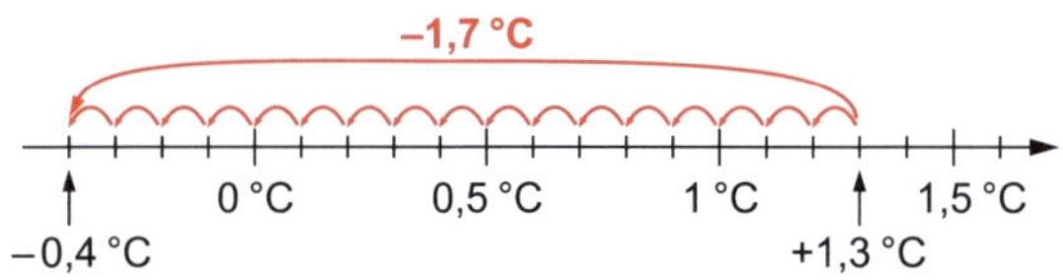


Skaliere in Schritten von 0,1 °C. Da es sich um eine Abnahme handelt, gehe 17 Schritte nach links.

**2.** Die Europawahlen finden seit 1979 alle 5 Jahre statt.
Bei den Europawahlen 1999 in Deutschland haben die Parteien folgende Gewinne und Verluste in Prozentpunkten (%) im Vergleich zur Europawahl 1994 erzielt:

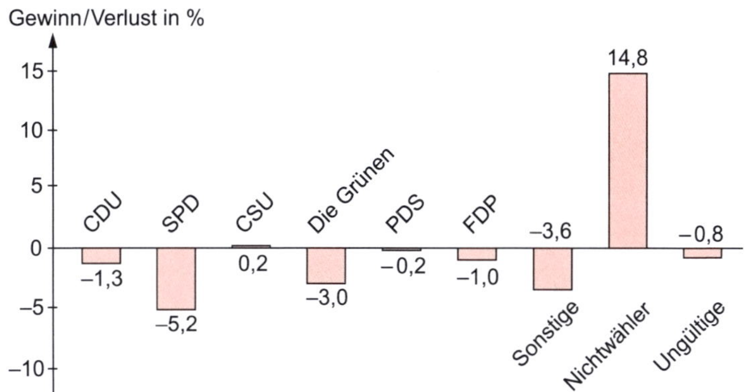


a) Welche Gewinne/Verluste haben die Grünen erzielt?

b) Wer hat den größten Zuwachs erzielt?

c) Welche Partei hat den größten Verlust erlitten?

d) Bei welchen Parteien ist das Ergebnis nahezu gleich geblieben?

e) Welches Ergebnis haben die einzelnen Parteien in Prozentpunkten (%) erzielt?

*Lösung:*

a) Die Grünen haben einen Verlust von –3,0 % erlitten.

b) Die Nichtwähler haben mit 14,8 % den größten Zuwachs erzielt. (Dies bedeutet, dass im Vergleich zur letzten Wahl von den Wahlberechtigten diesmal 14,8 % mehr nicht gewählt haben.)

c) Den größten Verlust hat die SPD mit –5,2 % erlitten.

d) Bei den Parteien CSU (+0,2 %) und PDS (–0,2 %) ist das Ergebnis nahezu gleich geblieben.

e) Das Diagramm enthält keine Aussage zu den Wahlergebnissen der einzelnen Parteien, deswegen kann man diese Frage nicht beantworten.

**19** Um wie viel Grad Celsius hat die Temperatur jeweils zu- oder abgenommen?

a) – 4,8 °C $\xrightarrow{\boxed{\phantom{00}}}$ +1,36 °C

b) +3,1 °C $\xrightarrow{\boxed{\phantom{00}}}$ –1,2 °C

c) –0,7 °C $\xrightarrow{\boxed{\phantom{00}}}$ –2,1 °C

d) –2,7 °C $\xrightarrow{\boxed{\phantom{00}}}$ +0,9 °C

**20** Ergänze die fehlenden Angaben in den Kästchen.

a)

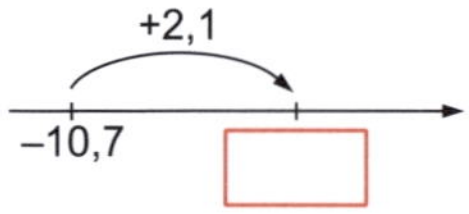


b)

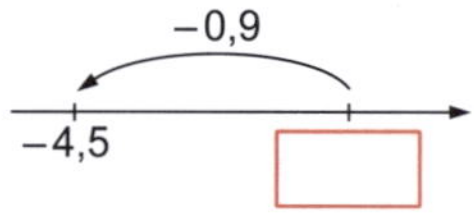


c)

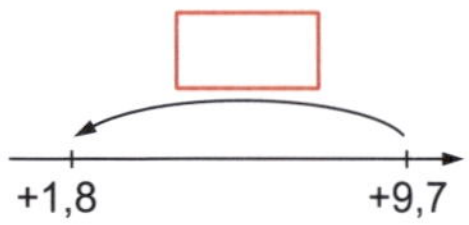


d)

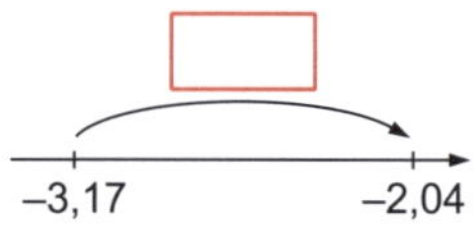


**21**

| Buchung | Wert | Buchungsinformation | zu Ihren Lasten | zu Ihren Gunsten |
|---|---|---|---|---|
| 22. 02. | 22. 02. | Überweisung | 220,00 | |
| 23. 02. | 23. 02. | Vodafone Telefonkarte | 10,00 | |
| 23. 02. | 23. 02. | GEZ | 44,90 | |
| 24. 02. | 24. 02. | Telefonrechnung | 50,56 | |

a) Herr Halder hatte *vor* den obigen Belastungen ein Guthaben von 310,54 €. Wie hoch ist jetzt sein aktueller Kontostand?

b) Wie hoch muss sein Kontostand vor den obigen Belastungen gewesen sein, wenn sein Kontostand *nach* den Belastungen 456,31 € beträgt?

c) Gib 2 (neue) Möglichkeiten für den Kontostand von Herrn Halder vor und nach den obigen Belastungen an.

**22** Höhen- und Tiefenangaben werden auf NN (Normalnull = Meeresspiegelhöhe) bezogen.

a) Der tiefste See der Erde ist der Baikalsee. Sein Wasserspiegel liegt 455 m über NN, sein Grund an der tiefsten Stelle 1 182 m unter NN.
Wie tief ist der Baikalsee?

b) Der zweitgrößte See Afrikas ist der Tanganjikasee. Er ist 1 470 m tief und seine tiefste Stelle liegt 688 m unter NN.
Auf welcher Höhe liegt der Wasserspiegel?

c) Das Tote Meer ist vollständig von Land umgeben und somit eigentlich ein See. Seine Wassertiefe beträgt 380 m. Der Wasserspiegel des Toten Meeres liegt tiefer als der jedes anderen Sees, nämlich bei 422 m unter NN.
Auf welcher Höhe unter NN liegt dann der Seegrund?
*Tipp:* Fertige jeweils eine Skizze an, um dir vor der Berechnung den Sachverhalt zu verdeutlichen.

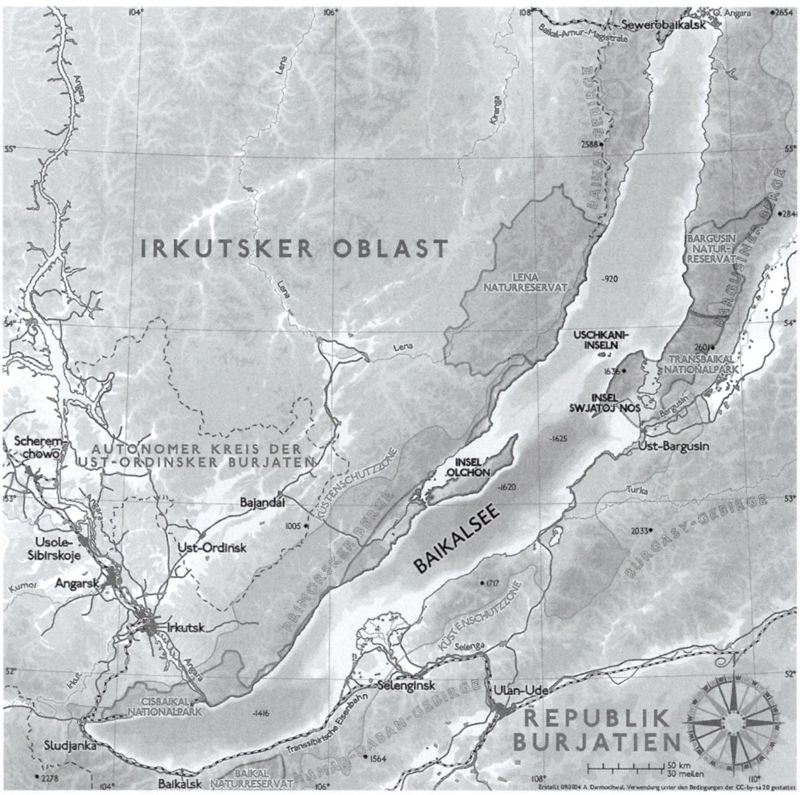

## 4 Erweiterung des Koordinatensystems

Das nebenstehende, weiß hinterlegte Quadratgitter ist dir bereits seit der 5. Klasse bekannt. Um darin auch negative rationale Zahlen eintragen zu können, muss es nach links und nach unten erweitert werden. Dabei entstehen drei neue durch die Achsen begrenzte Bereiche.

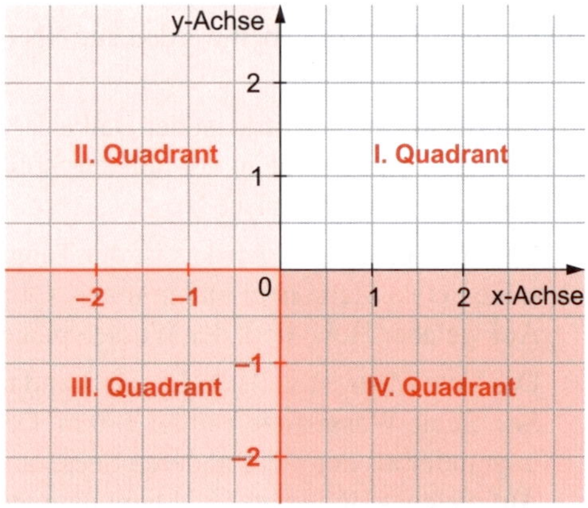


Das nach links und nach unten erweiterte Quadratgitter heißt **Koordinatensystem**.

- Die waagrecht verlaufende Rechtsachse ist eine Gerade und heißt **x-Achse**; die senkrecht verlaufende Hochachse ist ebenfalls eine Gerade und heißt **y-Achse**. Zusammen bilden sie die **Koordinatenachsen**.
- Die x-Achse und die y-Achse teilen die entstandene Ebene in 4 Bereiche ein, die man **Quadranten** nennt. Sie werden entgegen dem Uhrzeigersinn als I., II., III. und IV. Quadrant bezeichnet.
- Im Koordinatensystem wird ein Punkt P(x | y) durch **2 Koordinaten** angegeben. Die erste Koordinate (x) des Punktes P ist der **x-Wert,** die zweite Koordinate (y) ist der **y-Wert**. Der Punkt (0 | 0) heißt **Ursprung** des Koordinatensystems.

Beispiele

**1.** Zeichne die Punkte A(1,5 | 1), B(0,5 | –1,5), C(–2,5 | –1) und D(–3 | 2,5) in ein gemeinsames Koordinatensystem.

*Lösung:*

Gehe beim Einzeichnen der Punkte vom Ursprung (0 | 0) aus.
Der x-Wert des Punktes gibt an, um wie viele Einheiten von dort nach rechts (x > 0) oder links (x < 0) zu gehen ist.
Der y-Wert des Punktes gibt an, um wie viele Einheiten nach oben (y > 0) oder unten (y < 0) zu gehen ist.

- A(1,5 | 1): x-Wert: 1,5 → 1,5 Einheiten nach rechts
  y-Wert: 1 → 1 Einheit nach oben
- B(0,5 | –1,5): x-Wert: 0,5 → 0,5 Einheiten nach rechts
  y-Wert: –1,5 → 1,5 Einheiten nach unten

- C(–2,5 | –1): x-Wert: –2,5 → 2,5 Einheiten nach links
  y-Wert: –1 → 1 Einheit nach unten
- D(–3 | 2,5): x-Wert: –3 → 3 Einheiten nach links
  y-Wert: 2,5 → 2,5 Einheiten nach oben

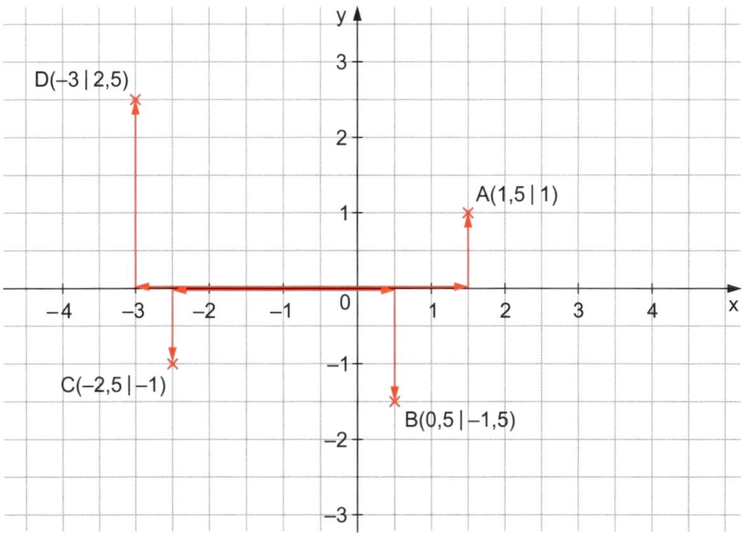


**2.** Zeichne das 5-Eck ABCDE in ein Koordinatensystem:
A(–2 | 1,5); B(–4,5 | –1); C(–1 | –3); D(3 | 0); E(1 | 3)

*Lösung:*

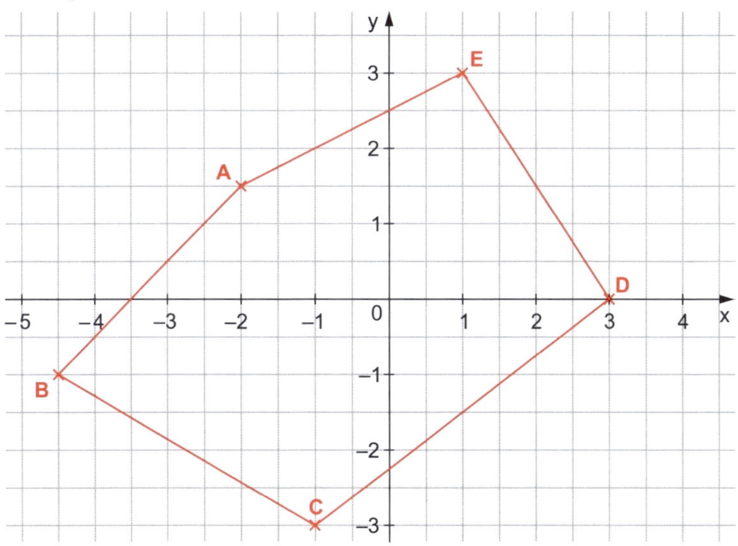

**3.** Benenne die Koordinaten der Punkte A bis K.

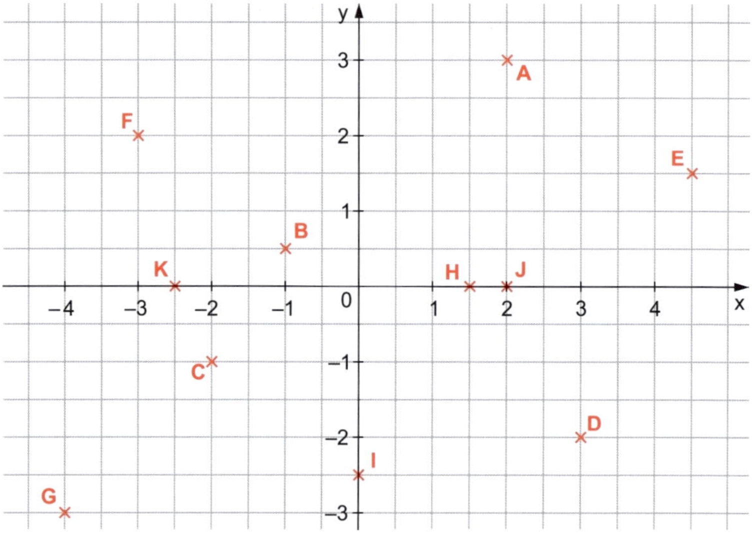


*Lösung:*
A(2|3); B(–1|0,5); C(–2|–1); D(3|–2); E(4,5|1,5); F(–3|2); G(–4|–3); H(1,5|0); I(0|–2,5); J(2|0); K(–2,5|0)

**23** In welchen Quadranten liegen folgende Punkte? Fülle die Tabelle aus.

| Punkt | Quadrant |
|---|---|
| A(–3\|+1) | |
| B(+2\|+2) | |
| C(+8\|–2) | |
| D(–2\|–1) | |

**24** Entscheide, ob folgende Aussagen wahr (w) oder falsch (f) sind.

| | w | f |
|---|---|---|
| a) Die Koordinaten der Punkte im III. Quadranten haben alle negative Vorzeichen. | ☐ | ☐ |
| b) Der Punkt A(+3\|–4) liegt im II. Quadranten. | ☐ | ☐ |
| c) Der Punkt B(0\|–2) liegt auf der x-Achse. | ☐ | ☐ |
| d) Alle Punkte im II. und IV. Quadranten haben positive x-Werte. | ☐ | ☐ |

**25** a) Zeichne die Punkte A(3 | 2); B(–1 | 3,5); C(–3 | 0) und D(1 | –2) in ein Koordinatensystem und verbinde sie zur Figur ABCD.

b) Spiegle die Eckpunkte der Figur ABCD an der y-Achse und gib die Koordinaten der gespiegelten Figur A'B'C'D' an.

c) Verschiebe die Eckpunkte der Figur ABCD jeweils um 2 Einheiten nach unten und zeichne die entstandene Bildfigur.
Wie heißen die Koordinaten der neuen Bildfigur A"B"C"D"?

**26** Gesucht ist ein Rechteck. Welche Koordinaten hat der fehlende Eckpunkt D, wenn die Eckpunkte A(2 | 0), B(0 | 2) und C(–1 | 1) gegeben sind?
Löse durch Einzeichnen der Punkte in ein Koordinatensystem oder durch Überlegung.

## Vermischte Aufgaben

**27** Bei den Geschichtsdaten unterscheidet man zwischen Jahren vor Christi Geburt (v. Chr.) und Jahren nach Christi Geburt (n. Chr.).
323 v. Chr. ist der griechische König Alexander der Große gestorben. 279 Jahre später wurde der römische Diktator Gaius Julius Cäsar ermordet. Er konnte daher sein 56. Lebensjahr nicht mehr vollenden.
In welchem Jahr ist Cäsar geboren?

**28** Die tiefste jemals gemessene Temperatur wurde in der russischen Antarktisstation Wostok ermittelt. Sie betrug –89,2 °C. In der iranischen Lut-Wüste wurde mit +70,7 °C die höchste jemals erreichte Temperatur gemessen.
Berechne den Temperaturunterschied.

**29** Entscheide, ob die Aussage wahr (w) oder falsch (f) ist. Begründe.

a) Jede Zahl aus ℕ oder aus ℤ lässt sich als rationale Zahl schreiben.

b) Alle Punkte mit negativer y-Koordinate liegen im II. oder III. Quadranten.

c) Zwischen 2 natürlichen Zahlen liegen höchstens 1 000 rationale Zahlen.

d) Wenn man alle positiven und negativen Bruchzahlen, inklusive der 0, zusammenfasst, erhält man die rationalen Zahlen.

e) Jede negative Zahl ist nicht positiv.

f) Die Zahl 0 ist keine rationale Zahl.

**30** Ordne der Größe nach. Beginne mit der größten Zahl.

a) $0{,}4;\ \frac{1}{2};\ -\frac{1}{3};\ \frac{1}{4};\ -\frac{4}{1};\ +4{,}4;\ +\frac{4}{4}$

b) $1{,}7;\ +\frac{7}{1};\ -\frac{1}{7};\ +7{,}01;\ -1\frac{1}{7};\ +0{,}17;\ -7{,}1$

**31** In welchem Quadranten (I, II, III oder IV) liegen die folgenden Punkte?

| Punkt | Quadrant |
|---|---|
| A(–2 \| 4) | |
| B(0,1 \| 3) | |
| C(1 \| –2) | |

| Punkt | Quadrant |
|---|---|
| D(–2 \| –3) | |
| E(–1,7 \| –0,2) | |
| $F\left(1\frac{1}{2} \middle\| \frac{1}{2}\right)$ | |

Kannst du diese Aufgabe im Kopf lösen? Wenn nicht, so zeichne ein Koordinatensystem und trage die Punkte ein.

# Rechnen mit rationalen Zahlen

## 1 Addition und Subtraktion rationaler Zahlen

Bei der Addition und Subtraktion von rationalen Zahlen ist es sehr wichtig, dass du zwischen **Vorzeichen** und **Rechenzeichen** unterscheidest:

> Das **Vorzeichen** einer rationalen Zahl zeigt an, ob die Zahl positiv oder negativ ist. Mathematisch ausgedrückt bedeutet das, dass es anzeigt, ob die Zahl ein Element aus $\mathbb{Q}^+$ oder aus $\mathbb{Q}^-$ ist, denn die Zahl 0 hat kein Vorzeichen.
> Die **Rechenzeichen** „+“ oder „–“ hingegen stehen immer zwischen zwei Zahlen und zeigen an, ob die Zahlen addiert oder subtrahiert werden.

Beispiel

Betrachte den Term $+4+(-1)$.

$(+4)+(-1)$ Vorzeichen

$(+4)+(-1)$ Rechenzeichen

Bei Berechnungen in der Grundschule und in der 5. und 6. Klasse konnte man die Vorzeichen weglassen, da noch keine negativen Zahlen bekannt waren.
Treffen bei Berechnungen mit rationalen Zahlen Vorzeichen und Rechenzeichen vor einer Zahl zusammen, werden Vorzeichen und Zahl in eine Klammer gesetzt. Streng genommen setzt man generell um Vorzeichen und Zahl eine Klammer.

Beispiel

| Berechnung Grundschule | $2+7$ | $9-5$ |
|---|---|---|
| Berechnung mit rationalen Zahlen | $(+2)+(+7)$ | $(+9)-(+5)$ |
| | $(+2)-(-7)$ | $(+9)+(-5)$ |

### Addition von rationalen Zahlen

> Die Addition von zwei rationalen Zahlen mit **gleichem Vorzeichen** erfolgt in 2 Schritten:
> - Die Zahlen werden ohne Vorzeichen addiert.
> - Das Ergebnis bekommt das gemeinsame Vorzeichen der Summanden.
>
> $(+a)+(+b)=+(a+b)$
> Beide Summanden positiv:
> Ergebnis positiv
>
> 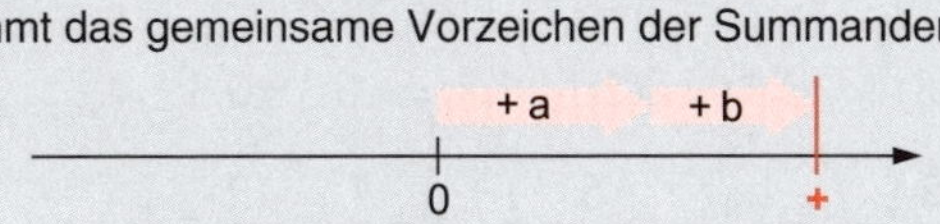
> 
>
> $(-a)+(-b)=-(a+b)$
> Beide Summanden negativ:
> Ergebnis negativ
>
> 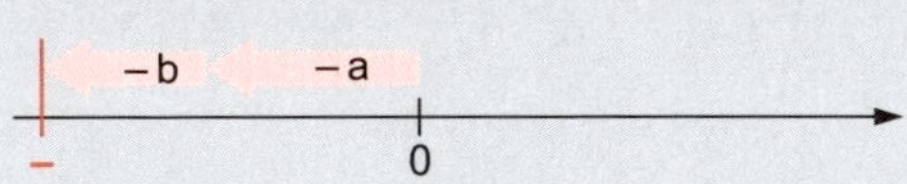
> 

Beispiele

**1.** $(+1{,}4)+(+2{,}3)=+(1{,}4+2{,}3)=+3{,}7=3{,}7$

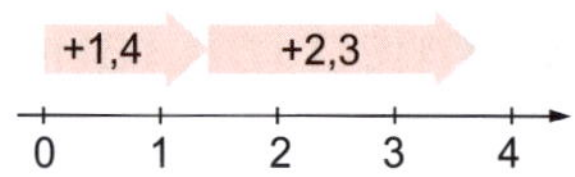


**2.** $(-1{,}4)+(-2{,}3)=-(1{,}4+2{,}3)=-3{,}7$

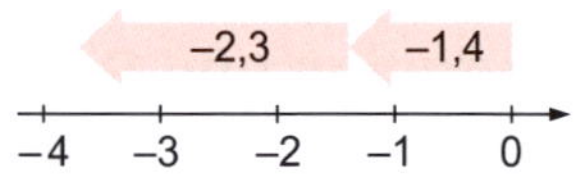


Die Addition von zwei rationalen Zahlen mit **ungleichem Vorzeichen** erfolgt in 2 Schritten:

- Die Zahlen werden ohne Vorzeichen subtrahiert. Dabei ist die Zahl, die weiter von der 0 entfernt ist, der Minuend.
- Das Ergebnis bekommt das Vorzeichen des Summanden, der weiter von der 0 entfernt liegt.

Es gilt für $a > b$:

$(+a)+(-b)=+(a-b)$

a > b und a ist positiv:
Ergebnis positiv

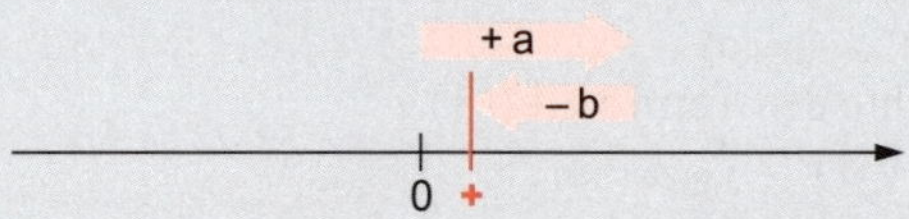


$(-a)+(+b)=-(a-b)$

a > b und a ist negativ:
Ergebnis negativ

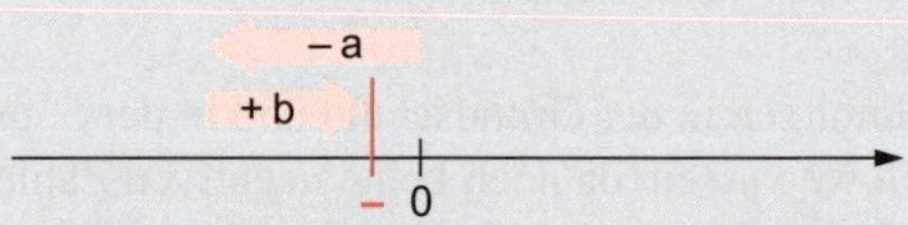


Es gilt für $a < b$:

$(+a)+(-b)=-(b-a)$

a < b und b ist negativ:
Ergebnis negativ

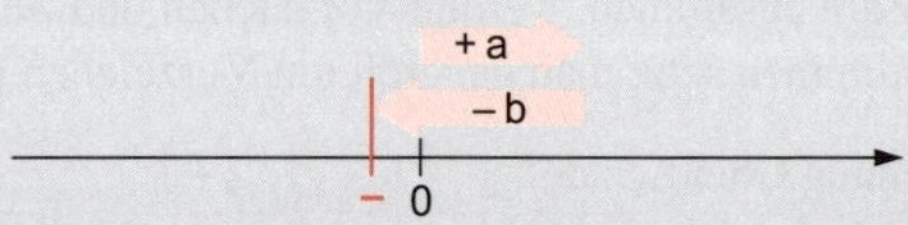


$(-a)+(+b)=+(b-a)$

a < b und b ist positiv:
Ergebnis positiv

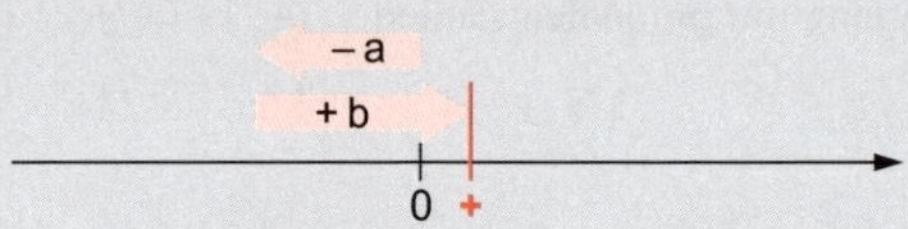


Beispiele

**1.** $(+29)+(-11)=+(29-11)=+18=18$

**2.** $(-29)+(+11)=-(29-11)=-18$

**3.** $(+1{,}8)+(-2{,}1)=-(2{,}1-1{,}8)=-0{,}3$

**4.** $(-1{,}8)+(+2{,}1)=+(2{,}1-1{,}8)=+0{,}3=0{,}3$

**5.** $\left(+\frac{5}{6}\right)+\left(-\frac{1}{6}\right)=+\left(\frac{5}{6}-\frac{1}{6}\right)=+\frac{4}{6}=+\frac{2}{3}=\frac{2}{3}$

**32** Berechne.

a) $(+17)+(-3)$

b) $(-1)+(-4)$

c) $(-3{,}7)+(+1{,}8)$

d) $(+2{,}1)+(+3{,}3)$

e) $(+2{,}9)+(-6{,}5)$

f) $(-1{,}4)+\left(+\frac{1}{2}\right)$

g) $\left(+\frac{3}{4}\right)+(-2{,}25)$

h) $\left(-3\frac{1}{8}\right)+(-3{,}25)$

## Subtraktion von rationalen Zahlen

Die Subtraktion von zwei rationalen Zahlen erfolgt durch Addition der Gegenzahl:

$(+a)-(+b)=(+a)+(-b)$

$(+a)-(-b)=(+a)+(+b)$

$(-a)-(+b)=(-a)+(-b)$

$(-a)-(-b)=(-a)+(+b)$

Jede Differenz lässt sich also auch als Summe darstellen.

Beispiele

**1.** $(+2{,}1)-(+6{,}7)=(+2{,}1)+(-6{,}7)=-(6{,}7-2{,}1)=-4{,}6$

**2.** $(+2{,}1)-(-6{,}7)=(+2{,}1)+(+6{,}7)=+(2{,}1+6{,}7)=+8{,}8$

**3.** $(-2{,}1)-(+6{,}7)=(-2{,}1)+(-6{,}7)=-(2{,}1+6{,}7)=-8{,}8$

**4.** $(-2{,}1)-(-6{,}7)=(-2{,}1)+(+6{,}7)=+(6{,}7-2{,}1)=+4{,}6$

**33** Berechne.

a) $(+4)-(+2)$

b) $(-3)-(+1)$

c) $(-2{,}3)-(-0{,}9)$

d) $(+3{,}7)-(-2{,}6)$

e) $(-3{,}8)-(+4{,}2)$

f) $(+8{,}9)-\left(+3\frac{1}{4}\right)$

Steht kein Rechenzeichen vor einer rationalen Zahl mit positivem Vorzeichen, kann man es weglassen. Folgen Vorzeichen und Rechenzeichen aufeinander, gibt es folgende einfache Regeln, die den Rechenaufwand verringern.

- Treffen Vorzeichen und Rechenzeichen vor einer Zahl zusammen (nur durch eine Klammer getrennt) und sind sie **gleich**, so fasst man die beiden Zeichen zu **plus (+)** zusammen.

$a + (+b) = a + b$
$a - (-b) = a + b$

Dies entspricht einer Zunahme und man geht auf der Zahlengeraden nach rechts:

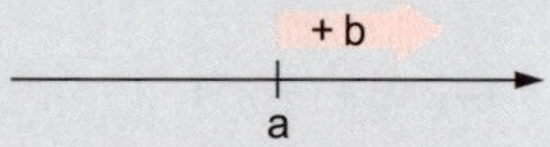


- Treffen Vorzeichen und Rechenzeichen vor einer Zahl zusammen (nur durch eine Klammer getrennt) und sind sie **verschieden**, so fasst man die beiden Zeichen zu **minus (–)** zusammen.

$a + (-b) = a - b$
$a - (+b) = a - b$

Dies entspricht einer Abnahme und man geht auf der Zahlengeraden nach links:

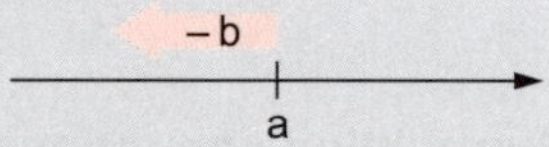


Beispiele

**1.** a) $2 + (+3) = 2 + 3 = 5$ — Plus und plus gibt plus.

b) $2 - (-3) = 2 + 3 = 5$ — Minus und minus gibt plus.

c) $2 + (-3) = 2 - 3 = -1$ — Plus und minus gibt minus.

d) $2 - (+3) = 2 - 3 = -1$ — Minus und plus gibt minus.

**2.** Fülle die leeren Felder aus.

a) $\square - (-3) = +7$

b) $3{,}2 - (\square) = -0{,}5$

c) $\left(+\frac{1}{2}\right) - (\square) = -\frac{1}{2}$

d) $-3\frac{1}{8} - (\square) = -1\frac{5}{8}$

*Lösung:*

a) $\mathbf{4} - (-3) = +7$

b) $3{,}2 - (\mathbf{3{,}7}) = -0{,}5$

c) $\left(+\frac{1}{2}\right) - \left(\frac{\mathbf{2}}{\mathbf{2}}\right) = -\frac{1}{2}$

d) Forme zunächst um:

$-\frac{25}{8} - (\square) = -\frac{13}{8}$

also:

$-3\frac{1}{8} - \left(-\frac{\mathbf{12}}{\mathbf{8}}\right) = -1\frac{5}{8}$

**34** Berechne.

a) $-4{,}3+(-3{,}1)+1{,}7$

b) $13{,}1-(-4{,}7)-6{,}3+(-0{,}6)$

c) $-\frac{1}{2}+\left(-\frac{5}{2}\right)+\frac{7}{2}-2\frac{1}{2}+\frac{3}{2}$

d) $-\frac{3}{4}+\frac{1}{2}-\left(\frac{7}{4}\right)+0{,}25-1{,}0$

**35** Setze passende Vorzeichen bzw. Rechenzeichen ein. (Einmal gibt es 2 Möglichkeiten.) Schreibe danach die Rechnung ohne Klammern und überflüssige Vorzeichen.

a) $(+8)-(+2)=\square\,6$

b) $(\square\,3)-(-2)=+5$

c) $(-3{,}1)+(\square\,2{,}3)=-0{,}8$

d) $(\square\,4{,}8)\,\square\,(-2{,}3)=-7{,}1$

e) $(+3{,}2)-\left(\square\,3\frac{1}{2}\right)=\square\,6\frac{7}{10}$

f) $\left(-\frac{1}{4}\right)\square\left(\square\,\frac{4}{1}\right)=\square\,4\frac{1}{4}$

**36** Aus den Zahlen in der Abbildung lassen sich Summen bilden, etwa $+1+(-2)$.

a) Welche Summe bildet den höchsten Wert?

b) Welche Summe bildet den niedrigsten Wert?

c) Bei welchen Summen kann man die beiden Summanden vertauschen, ohne dass sich der Wert ändert?

d) Welche Summen liegen am nächsten bei der 0?

e) Berechne 5 verschiedene Summen.

f) Kannst du alle Möglichkeiten aufzählen, die es gibt?

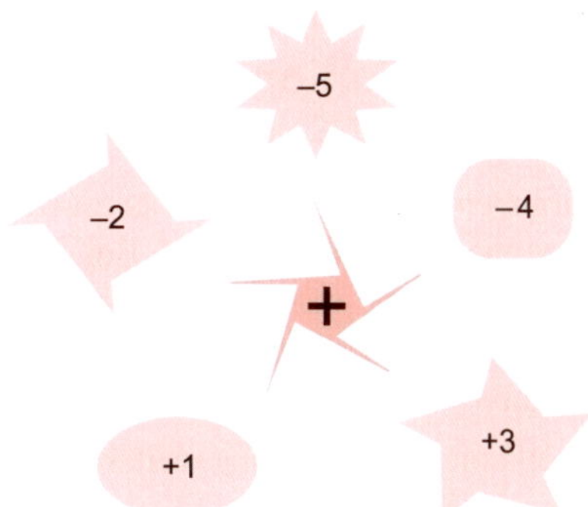


**37** Schreibe die folgenden Alltagsvorgänge als Addition oder Subtraktion rationaler Zahlen auf.

a) Der Lift fuhr vom 4. OG um 5 Stationen nach unten.

b) Die Temperatur in der Wüste stieg von 28 °C um 15 °C.

c) Bea hat 5 Euro Schulden bei ihrem Vater. Nachdem sie ihm fleißig bei der Gartenarbeit geholfen hat, schuldet der Vater nun Bea 5 Euro.

d) Pia hat 14 Euro Schulden. Ihre Mutter übernimmt davon 5 Euro.

e) Aus dem Alltag in Absurdistan: Aus einem Bus, der mit 15 Leuten besetzt ist, steigen 23 Leute aus. Wie viele Leute müssen wieder einsteigen, damit der Bus leer ist?

**38** Der Marianengraben im westlichen Pazifischen Ozean verläuft bis zu 11 034 m unterhalb des Meeresspiegels. Der Mount Everest ist der höchste Berg der Erde und ist 8 848 m hoch.
Berechne den Höhenunterschied.

**39** Hier haben sich einige Fehler eingeschlichen.
Suche die Fehler und korrigiere.

a) $-1{,}4-1{,}4=2{,}8$

b) $+3{,}5+(-0{,}5)=+4{,}0=4$

c) $(-2{,}3)-(+1{,}7)=-4{,}0$

d) $+2\frac{1}{3}-1\frac{2}{3}=1\frac{1}{3}$

e) $-4{,}2+3-1+2{,}1=-1{,}1$

f) $(-1)-(-2)-(-1)=-4$

## 2 Multiplikation und Division rationaler Zahlen

Aufgabenfolgen wie die rechts im Bild nennt man **Permanenzreihe.** Bei dieser Permanenzreihe **verringern** sich die Ergebnisse gegenüber der vorherigen Aufgabe jeweils um 2.

$$\begin{array}{rcl} 3\cdot 2 &=& 6 \\ && \downarrow -2 \\ 2\cdot 2 &=& 4 \\ && \downarrow -2 \\ 1\cdot 2 &=& 2 \\ && \downarrow -2 \\ 0\cdot 2 &=& 0 \\ && \downarrow -2 \\ -1\cdot 2 &=& ? \end{array}$$

Also kann man die Reihe weiterführen und schreiben:
$-1\cdot 2=-2$,
$-2\cdot 2=-4$,
$-3\cdot 2=-6$ usw.

Da bei der Multiplikation das Kommutativgesetz (siehe Kapitel 4) gilt, sind $1\cdot(-2)=-2$ und $2\cdot(-2)=-4$ und $3\cdot(-2)=-6$ usw. ebenfalls richtig.

Bei nebenstehender Permanenzreihe **erhöhen** sich die Ergebnisse gegenüber der vorherigen Aufgabe jeweils um 2.

$$\begin{array}{rcl} 3\cdot(-2) &=& -6 \\ && \downarrow +2 \\ 2\cdot(-2) &=& -4 \\ && \downarrow +2 \\ 1\cdot(-2) &=& -2 \\ && \downarrow +2 \\ 0\cdot(-2) &=& 0 \\ && \downarrow +2 \\ -1\cdot(-2) &=& ? \end{array}$$

Also kann man die Reihe weiterführen und schreiben:
$-1\cdot(-2)=+2$,
$-2\cdot(-2)=+4$,
$-3\cdot(-2)=+6$ usw.

Entsprechend gilt auch $-2\cdot(-1)=+2$, $-2\cdot(-2)=+4$, $-2\cdot(-3)=+6$ usw.

Das Vorzeichen des Produkts hängt von den Vorzeichen der beiden Faktoren ab.

**Multiplikation von rationalen Zahlen**

Zwei rationale Zahlen werden miteinander multipliziert, indem man sie zunächst multipliziert, ohne ihre Vorzeichen zu beachten. Anschließend erhält der Wert des Produkts das nach folgendem Schema bestimmte Vorzeichen:

$+ \cdot + = +$
$- \cdot - = +$
Das Ergebnis der Multiplikation (Wert des Produkts) ist **positiv**, wenn die Vorzeichen der beiden Faktoren **gleich** sind.

$+ \cdot - = -$
$- \cdot + = -$
Das Ergebnis der Multiplikation (Wert des Produkts) ist **negativ**, wenn die Vorzeichen der beiden Faktoren **verschieden** sind.

Beispiele

1. $(+4) \cdot (+2) = +(4 \cdot 2) = +8 = 8$ Plus mal plus gibt plus.
2. $(-4) \cdot (-6) = +(4 \cdot 6) = +24 = 24$ Minus mal minus gibt plus.
3. $(+3) \cdot (-2) = -(3 \cdot 2) = -6$ Plus mal minus gibt minus.
4. $(-4) \cdot (+3) = -(4 \cdot 3) = -12$ Minus mal plus gibt minus.

**Division von rationalen Zahlen**

Zwei rationale Zahlen werden dividiert, indem man sie zunächst dividiert, ohne ihre Vorzeichen zu beachten. Anschließend erhält der Wert des Quotienten das nach folgendem Schema bestimmte Vorzeichen:

$+ : + = +$
$- : - = +$
Das Ergebnis der Division (Wert des Quotienten) ist **positiv**, wenn die Vorzeichen von Dividend und Divisor **gleich** sind.

$+ : - = -$
$- : + = -$
Das Ergebnis der Division (Wert des Quotienten) ist **negativ**, wenn die Vorzeichen von Dividend und Divisor **verschieden** sind.

Achtung: Die Division durch 0 ist **nicht** erlaubt!

Beispiele

1. $(+68) : (+4) = +17$ Plus durch plus gibt plus.
2. $(-8) : (-1) = +8 = 8$ Minus durch minus gibt plus.
3. $(+6) : (-2) = -3$ Plus durch minus gibt minus.
4. $(-78) : (+3) = -26$ Minus durch plus gibt minus.

**40** Multipliziere und dividiere schriftlich oder im Kopf.

a) $(-3) \cdot (+6)$ b) $(+7) \cdot (-9)$

c) $(-5) \cdot (-17)$ d) $(-6) : (-2)$

e) $(+5):(-1{,}25)$
f) $(7{,}5):(-3)$
g) $(-3{,}2)\cdot(-0{,}2)$
h) $(-4{,}8):(1{,}2)$
i) $-2\frac{4}{5}:\left(-\frac{4}{5}\right)$
j) $1{,}7\cdot\left(-1\frac{1}{7}\right)$

**41** Ergänze die Vorzeichen oder Zahlen in den Kästchen, sodass ein richtiges Ergebnis erzielt wird. Einmal gibt es 2 Möglichkeiten.

a) $(+3)\cdot(\square 2)=-6$
b) $(\square 4):(-\square)=-2$
c) $(-21):(+\square)=\square 3$
d) $(\square 5{,}2):(-\square)=4$
e) $\left(-\frac{3}{4}\right)\cdot\left(\square\frac{2}{5}\right)=\frac{\square}{10}$
f) $\left(\square 2\frac{1}{2}\right)\cdot(+3)=\square 7{,}5$

**42** Suche zwei rationale Zahlen, für die gilt:

a) Der Quotient der beiden Zahlen hat den Wert $-4$.
b) Das Produkt der beiden Zahlen hat den Wert $1\frac{7}{5}$.

Es gibt jeweils mehrere Lösungsmöglichkeiten.

Die Multiplikation mit –1 und die Division durch –1 kehrt das Vorzeichen einer rationalen Zahl um.

Beispiele

**1.** $(+5)\cdot(-1)=-(5\cdot 1)=-5$
**2.** $(-1)\cdot(-8)=+(8\cdot 1)=+8=8$
**3.** $(+4):(-1)=-(4:1)=-4$
**4.** $(-2):(-1)=+(2:1)=+2=2$
**5.** $(-1):(2)=-(1:2)=-0{,}5$ Achtung: Hier wird **nicht** durch –1 dividiert!

Bei positiven Zahlen in Punktrechnungen kann man das Vorzeichen und die Zahlklammer weglassen. Steht eine negative Zahl am Anfang eines Terms, kann auch dort die Zahlklammer weggelassen werden.

Beispiel

$(-3{,}2):(+1{,}6)=-3{,}2:1{,}6=-2$

**43** Setze für „x“ und für „y“ passende positive oder negative Zahlen ein.

a) $2{,}4 \cdot x = -7{,}2$ b) $y \cdot (-1{,}5) = 9$

c) $-75 : x = -3$ d) $y : (-4) = 1{,}2$

**44** Bei diesen Aufgaben haben sich Fehler eingeschlichen.
Versuche sie ohne Taschenrechner zu finden.

a) $-45 \cdot 0{,}1 = 4{,}5$ b) $+1\,000 : (-0{,}1) = -100$

c) $(-12{,}45) : (-1{,}00) = +124{,}5$ d) $-15\frac{2}{5} : 0 = -15\frac{2}{5}$

e) $-1 \cdot (-12{,}36) = -12{,}36$ f) $-23{,}6 : (-23{,}6) = 0$

Treten in einer Rechnung **nur** Punktrechnungen auf, wird von links nach rechts gerechnet.

Beispiel

$$\begin{aligned}(-45) : (-9) \cdot 10 : (-2) &= 5 \cdot 10 : (-2)\\ &= 5 \cdot 10 : (-2)\\ &= 50 : (-2)\\ &= -25\end{aligned}$$

*Achtung:*
Die Berechnung von rechts nach links führt zu einem falschen Ergebnis!

$$\begin{aligned}(-45) : (-9) \cdot 10 : (-2) &= (-45) : (-9) \cdot (-5)\\ &= (-45) : (-9) \cdot (-5)\\ &= (-45) : 45\\ &= -1 \quad ↯\end{aligned}$$

**45** Berechne.

a) $(+3) \cdot (-12) : (-9)$ b) $(-70) : (-10) \cdot 2$

c) $(-3) \cdot 8 : 6 \cdot 4$ d) $4{,}2 : (-2{,}1) \cdot 1{,}2 : (-3)$

e) $1\frac{1}{3} : \left(-\frac{1}{2}\right) \cdot \frac{1}{3} : \left(-\frac{8}{9}\right)$ f) $(-3) \cdot (-1) \cdot (-1) : 3$

**46** Das Produkt aus 2 rationalen Zahlen hat das Ergebnis +36.
Welche Möglichkeiten gibt es?

# 3 Verbindung der Rechenarten, Rechengesetze

In der 5. Klasse hast du bereits die 4 wichtigsten Rechenregeln für die Grundrechenarten mit natürlichen Zahlen kennengelernt und dazu das Kommutativgesetz, das Assoziativgesetz und das Distributivgesetz. Alle diese Gesetze gelten ebenfalls für rationale Zahlen.

**Die 4 wichtigsten Rechenregeln**

1. **Punkt**rechnung kommt **vor Strich**rechnung (**Punkt vor Strich**).
   Punktrechnungen sind Multiplikation (·) und Division (:).
   Strichrechnungen sind Addition (+) und Subtraktion (–).
2. Alle Rechenausdrücke, die in **Klammern** stehen, werden **zuerst** berechnet.
3. Kommen in einem Rechenausdruck mehrere Klammern vor, so wird die **innerste Klammer** zuerst berechnet.
4. Kommen Klammer, Punktrechnung und Strichrechnung zusammen, so gilt die sogenannte **KlaPS-Regel** (**Kla**mmer geht vor **P**unktrechnung und vor **S**trichrechnung).

Beispiele

**1.** $2{,}3+\mathbf{3{,}1\cdot 4{,}2}=2{,}3+\mathbf{13{,}02}=15{,}32$

**Punkt** vor Strich. Niemals:
$2{,}3+3{,}1\cdot 4{,}2=5{,}4\cdot 4{,}2=22{,}68$ (f)

**2.** $-\frac{9}{4}-\left(\frac{\mathbf{7}}{\mathbf{4}}-\frac{\mathbf{5}}{\mathbf{4}}\right)=-\frac{9}{4}-\frac{\mathbf{2}}{\mathbf{4}}=-\frac{11}{4}$

**Klammer** zuerst berechnen.

**3.**
$$\begin{aligned}-3{,}4\cdot[11{,}2-(\mathbf{-17{,}6-13{,}2})] &=-3{,}4\cdot[11{,}2-(\mathbf{-30{,}8})]\\ &=-3{,}4\cdot[11{,}2+30{,}8]\\ &=-3{,}4\cdot 42\\ &=-142{,}8\end{aligned}$$

**Innerste Klammer** zuerst berechnen.

**4.**
$$\begin{aligned}-3{,}1\cdot\left(\mathbf{3{,}4:\frac{2}{1}}-3{,}3\right) &=-3{,}1\cdot\left(\mathbf{3{,}4\cdot\frac{1}{2}}-3{,}3\right)\\ &=-3{,}1\cdot(\mathbf{1{,}7}-3{,}3)\\ &=-3{,}1\cdot(-1{,}6)\\ &=4{,}96\end{aligned}$$

**KlaPS-Regel: Klammer** vor Punkt- und Strichrechnung. In der Klammer: **Punkt** vor Strich.

Beachte beim Auflösen von Klammern das Rechenzeichen vor der Klammer.

- **Plus** vor der Klammer: Die Klammer darf weggelassen werden, wenn Vor- und Rechenzeichen **beibehalten** werden.
  $x + (y + z) = x + y + z$ $\quad$ $x + (y - z) = x + y - z$
  $x + (-y + z) = x - y + z$ $\quad$ $x + (-y - z) = x - y - z$
- **Minus** vor der Klammer: Die Klammer darf weggelassen werden, wenn Vor- und Rechenzeichen **umgekehrt** werden (aus + wird – und aus – wird +).
  $x - (y + z) = x - y - z$ $\quad$ $x - (y - z) = x - y + z$
  $x - (-y + z) = x + y - z$ $\quad$ $x - (-y - z) = x + y + z$

Beispiele

**1.** $2{,}4 + (+1{,}7 - 0{,}3 \cdot 2)$
$= 2{,}4 + (+1{,}1)$
$= 2{,}4 + 1{,}1$
$= 3{,}5$

Plus vor der Klammer: Der Ausdruck in der Klammer kann berechnet und dann die Klammer aufgelöst werden, wenn das Vorzeichen in der Klammer **beibehalte**n wird.

oder:

$2{,}4 + (+1{,}7 - 0{,}3 \cdot 2)$
$= 2{,}4 + 1{,}7 - 0{,}3 \cdot 2$
$= 4{,}1 - 0{,}6$
$= 3{,}5$

Die Klammer kann sofort weggelassen werden, wenn die Vor- und Rechenzeichen in der Klammer **beibehalten** werden.

**2.** $2{,}4 - (+1{,}7 - 0{,}3 \cdot 2)$
$= 2{,}4 - (+1{,}1)$
$= 2{,}4 - 1{,}1$
$= 1{,}3$

Minus vor der Klammer: Der Ausdruck in der Klammer kann berechnet und dann die Klammer aufgelöst werden, wenn das Vorzeichen in der Klammer **umgekehrt** wird.

oder:

$2{,}4 - (+1{,}7 - 0{,}3 \cdot 2)$
$= 2{,}4 - 1{,}7 + 0{,}3 \cdot 2$
$= 0{,}7 + 0{,}6$
$= 1{,}3$

Die Klammer kann sofort weggelassen werden, wenn die Vor- und Rechenzeichen in der Klammer **umgekehrt** werden.

**47** Berechne und achte auf die „Vorfahrtsregeln".

a) $-1{,}1 + (-2{,}2 + 1{,}1) : 1{,}1$

b) $\left(-3\frac{1}{2} - 2\frac{1}{4}\right) \cdot \left(\frac{1}{2} - \frac{1}{4}\right)$

c) $5{,}4 + 4{,}6 \cdot [0{,}5 - (1{,}1 - 3{,}2 \cdot 0{,}5)]$

d) $(-3{,}2 + 1{,}6) \cdot (-2) : 1{,}6 - 1{,}2 - (2{,}1 - 1{,}3 \cdot 2)$

Neben den 4 genannten Rechenregeln gelten noch folgende 3 wichtige Gesetze. Diese gelten aber nur für bestimmte Grundrechenarten.

**Kommutativgesetz (Vertauschungsgesetz)** bei Addition und Multiplikation:
Summanden/Faktoren dürfen vertauscht werden.
**a + b = b + a** und **a · b = b · a**
Dieses Gesetz gilt **nicht** bei der Subtraktion und Division!

Beispiele

**1.** $(-3{,}1)+(-1{,}2)=(-1{,}2)+(-3{,}1)$
$-4{,}3=-4{,}3$ (stimmt!)

Bei einer Addition darf man die Summanden vertauschen.

**2.** $\left(-\frac{2}{3}\right)\cdot 5=5\cdot\left(-\frac{2}{3}\right)$
$-\frac{10}{3}=-\frac{10}{3}$ (stimmt!)

Bei einer Multiplikation darf man die Faktoren vertauschen.

**3.** $12{,}1-4{,}1=4{,}1-12{,}1$
$8=-8$ ↯

Bei einer Subtraktion gilt dieses Gesetz nicht.

**4.** $8{,}2:4{,}1=4{,}1:8{,}2$
$2=0{,}5$ ↯

Bei einer Division gilt dieses Gesetz nicht.

**Assoziativgesetz (Verbindungsgesetz)** bei Addition und Multiplikation:
In einer Summe/einem Produkt darf man beliebig Klammern setzen.
**(a + b) + c = a + (b + c)** und **(a · b) · c = a · (b · c)**
Dieses Gesetz gilt **nicht** bei der Subtraktion und Division!

Beispiele

**1.** $(-1{,}2+0{,}4)+0{,}8=-1{,}2+(0{,}4+0{,}8)$
$-0{,}8+0{,}8=-1{,}2+1{,}2$
$0=0$ (stimmt!)

Bei einer Addition darf man die Klammern beliebig setzen.

**2.** $(-3{,}1\cdot 0{,}4)\cdot 0{,}7=-3{,}1\cdot(0{,}4\cdot 0{,}7)$
$-1{,}24\cdot 0{,}7=-3{,}1\cdot 0{,}28$
$-0{,}868=-0{,}868$ (stimmt!)

Bei einer Multiplikation darf man die Klammern beliebig setzen.

**3.** $(14-7)-2=14-(7-2)$
$7-2=14-5$
$5=9$ ↯

Bei einer Subtraktion gilt dieses Gesetz nicht.

**4.** $(60:6):3=60:(6:3)$
$10:3=60:2$
$3\frac{1}{3}=30$ ↯

Bei einer Division gilt dieses Gesetz nicht.

**Distributivgesetz (Verteilungsgesetz)**

Eine Summe/Differenz wird mit einem Faktor multipliziert, indem jedes Glied mit dem Faktor multipliziert wird.

$(a+b) \cdot c = a \cdot c + b \cdot c$ und $(a-b) \cdot c = a \cdot c - b \cdot c$

Eine Summe/Differenz wird durch einen Divisor dividiert, indem jedes Glied durch den Divisor dividiert wird.

$(a+b) : c = a : c + b : c$ und $(a-b) : c = a : c - b : c$

Dieses Gesetz verwendet man zum Ausklammern, Ausmultiplizieren und Ausdividieren. Dabei können sich sehr große Rechenvorteile ergeben.

Beispiele

**1.** $7 \cdot (-5{,}3) + 7 \cdot 3{,}3 = 7 \cdot (-5{,}3 + 3{,}3)$
$= 7 \cdot (-2)$
$= -14$

Kommt ein Faktor in einer Summe öfter vor, so kann man ihn **ausklammern**.

**2.** $8{,}9 \cdot 3 - 2{,}4 \cdot 3 = (8{,}9 - 2{,}4) \cdot 3$
$= 6{,}5 \cdot 3$
$= 19{,}5$

Kommt ein Faktor in einer Differenz öfter vor, so kann man ihn **ausklammern**.

**3.** $-4 \cdot (1{,}25 + 2{,}5)$
$= -4 \cdot 1{,}25 + (-4) \cdot 2{,}5$
$= -5 + (-10)$
$= -5 - 10$
$= -15$

**Ausmultiplizieren** (das Gegenteil des Ausklammerns): Wenn man eine Zahl mit einer Summe multipliziert, so kann man jeden Summanden mit der Zahl multiplizieren und dann addieren oder subtrahieren.

**4.** $(12{,}8 + 9{,}6) : (-3{,}2)$
$= 12{,}8 : (-3{,}2) + 9{,}6 : (-3{,}2)$
$= -4 + (-3)$
$= -4 - 3$
$= -7$

**Ausdividieren**: Wenn man eine Summe durch eine Zahl dividiert, so kann man jeden Summanden durch die Zahl dividieren und dann addieren oder subtrahieren.

*Achtung:* Der Divisor darf nicht 0 sein! In diesem Beispiel ist die Zahl –3,2 der Divisor.

**48** Rechne geschickt und nutze Rechenvorteile aus.

a) $-2{,}1 + (-3{,}2) + 2{,}1 - 1{,}8$

b) $(-4{,}3 + 3{,}1) + 6{,}9$

c) $-12 \cdot \left[\left(+\frac{2}{3}\right) + \left(-\frac{3}{4}\right)\right]$

d) $-25 \cdot 3{,}7 \cdot 0{,}4$

e) $\left(\frac{3}{5} + \frac{1}{8}\right) - \left(\frac{1}{5} + \frac{1}{4}\right)$

f) $4{,}5 \cdot (-3) + 1{,}5 \cdot (-3)$

g) $\frac{1}{4} \cdot \left(\frac{1}{2} - \frac{1}{3}\right)$

h) $3 \cdot 4{,}1 + 3 \cdot 0{,}9$

i) $-3{,}1 \cdot 0 + 2{,}9 \cdot 0$

j) $\left(-1{,}5 - 2\frac{1}{4}\right) \cdot 0{,}1$

**49** Kannst du Zeichen und/oder Klammern so ändern/ergänzen, dass die Rechnungen mit den gegebenen Zahlen stimmen?

a) $(-3) \cdot 3{,}3 + 0{,}7 = -12$

b) $+4 - 3{,}1 + 1{,}1 = -0{,}2$

c) $\left(-2\frac{1}{2} + 0{,}5\right) \cdot 2{,}5 = -7{,}5$

d) $3{,}8 \cdot 0{,}8 : (-0{,}2) = 7{,}8$

e) $7{,}5 + 2{,}5 \cdot 2 = 20$

f) $1\frac{3}{4} + \left(0{,}9 - \frac{3}{20}\right) = 1$

**50** Schau zuerst genau hin!
Vereinfache dann geschickt und berechne.

a) $-3{,}2 : 4 + 11{,}2 : 4$

b) $6 \cdot \left[\frac{1}{4} - (0{,}75)\right]$

c) $\left(-5\frac{4}{5}\right) \cdot \left(-5\frac{4}{5}\right) \cdot 0$

d) $(-2{,}1) + \left(-\frac{1}{4}\right) - (3{,}9) + \left(-2\frac{1}{4}\right) - (-0{,}5)$

**51** Folgende Berechnungen sind erst dann korrekt, wenn du eine aufgehende und eine zugehende Klammer streichst.

a) $(15 - 10) \cdot 2 - (20 \cdot (-3) + 30) = 25$

b) $-6{,}1 + (3{,}8 - (2{,}7 - 3{,}8)) = -8{,}8$

c) $(-(4{,}3 + 0{,}4) - 2{,}1) \cdot (1{,}3 + 0{,}7 \cdot 0{,}1) = -8{,}22$

d) $-(7{,}5 + 2 \cdot 2{,}5) - \left(1 \cdot \left(\frac{1}{2} \cdot \frac{6}{3} - \frac{2}{3} : \frac{4}{6}\right) + 12{,}5\right) = 0$

# 4 Potenzen mit rationalen Zahlen

Güterzüge sind oft mehrere hundert Meter lang und bestehen aus vielen gleichartigen Waggons. Während man einen Güterzug nicht ohne Einbußen bei der Transportmenge verkürzen kann, lassen sich in der Mathematik Multiplikationen mit gleichartigen Faktoren ohne Informationsverlust auch verkürzt darstellen.

Die Zahl 3 zwölfmal mit sich selbst multipliziert ergibt einen sehr langen mathematischen Ausdruck: $\underbrace{3\cdot3\cdot3\cdot3\cdot3\cdot3\cdot3\cdot3\cdot3\cdot3\cdot3\cdot3}_{\text{12-mal}}$

Um diese langen Ausdrücke zu verkürzen, verwendet man die Potenzschreibweise: Statt $\underbrace{3\cdot3\cdot3\cdot3\cdot3\cdot3\cdot3\cdot3\cdot3\cdot3\cdot3\cdot3}_{\text{12-mal}}$ schreibt man $3^{12}$ und sagt „3 hoch 12".

Die **Basis** einer Potenz gibt an, **welche Zahl** mit sich selbst multipliziert wird. Der **Exponent** gibt an, **wie oft** die Basis mit sich selbst multipliziert wird. Der **Wert der Potenz** gibt das rechnerische Ergebnis der Potenz an.

Basis ↓ Exponent ↓

$$\underbrace{a^b}_{\text{Potenz}} = \underbrace{c}_{\text{Wert der Potenz}}$$

- Für $a \in \mathbb{Q}$, $b \in \mathbb{N}$ gilt: $a^1 = a$; $1^b = 1$ und $a^0 = 1$
- Ist die **Basis negativ** und der **Exponent ungerade**, so ist der **Wert der Potenz negativ**.
- Ist die **Basis negativ** und der **Exponent gerade**, so ist der **Wert der Potenz positiv**.

eispiele

**1.** $\frac{1}{4}\cdot\frac{1}{4}\cdot\frac{1}{4}\cdot\frac{1}{4}\cdot\frac{1}{4} = \left(\frac{1}{4}\right)^5 = \frac{1^5}{4^5} = \frac{1}{1\,024}$

Bei einem Bruch als Basis müssen Klammern gesetzt werden.

**2.** $(-3)^4 = \underbrace{(-3)\cdot(-3)}_{\substack{\text{Vorzeichen}\\ +}}\cdot\underbrace{(-3)\cdot(-3)}_{\substack{\text{Vorzeichen}\\ +}} = +81$

Basis negativ und Exponent gerade → Wert der Potenz positiv

**3.** $(-3)^5 = \underbrace{(-3)\cdot(-3)}_{\substack{\text{Vorzeichen}\\ +}}\cdot\underbrace{(-3)\cdot(-3)}_{\substack{\text{Vorzeichen}\\ +}}\cdot\underbrace{(-3)}_{\substack{\text{Vorzeichen}\\ -}}$

$= -243$

Basis negativ und Exponent ungerade → Wert der Potenz negativ

**4.** $(-5)^1 = -5$
$(-5)^2 = +25$
$(-5)^3 = -125$
$(-5)^4 = +625$
$(-5)^5 = -3\,125$
$(-5)^6 = +15\,625$
$(-5)^7 = -78\,125$
$(-5)^8 = +390\,625$
$(-5)^9 = -1\,953\,125$
$(-5)^{10} = +9\,765\,625$

Bei ungeraden Exponenten 1, 3, 5, 7 und 9 ist der Wert der Potenz negativ, bei den geraden Exponenten 2, 4, 6, 8, 10 ist der Wert der Potenz positiv.

Beachte, dass du zwischen dem **Vorzeichen der Basis** und dem **Vorzeichen der Potenz** unterscheiden musst, insbesondere wenn der Exponent gerade ist.

Beispiel

Es gilt zwar:
$(-2)^3 = (-2) \cdot (-2) \cdot (-2) = -8 = -(2 \cdot 2 \cdot 2) = -2^3$
aber:
$(-2)^4 = (-2) \cdot (-2) \cdot (-2) \cdot (-2) = +16 \neq -16 = -(2 \cdot 2 \cdot 2 \cdot 2) = -2^4$

Potenzieren geht vor Punkt- und Strichrechnung.

Beispiel

**1.** $3{,}1 - (-2) \cdot (-3{,}2)^2 = 3{,}1 - (-2) \cdot 10{,}24$
$= 3{,}1 - (-2 \cdot 10{,}24)$
$= 3{,}1 + 20{,}48$
$= 23{,}58$

Viele Zahlen lassen sich auf verschiedene Art in der Potenzschreibweise darstellen:

Beispiele

**1.** $16 = 2 \cdot 2 \cdot 2 \cdot 2 = 2^4$ oder $16 = 4 \cdot 4 = 4^2$

**2.** $625 = 5 \cdot 5 \cdot 5 \cdot 5 = 5^4$ oder $625 = 25 \cdot 25 = 25^2$

**3.** $1\,024 = 2 \cdot 2 \cdot 2 \cdot 2 \cdot 2 \cdot 2 \cdot 2 \cdot 2 \cdot 2 \cdot 2 = 2^{10}$ oder $1\,024 = 4 \cdot 4 \cdot 4 \cdot 4 \cdot 4 = 4^5$
oder $1\,024 = 32 \cdot 32 = 32^2$

**52** Die Rechenausdrücke sollen auf zwei verschiedene Arten als Potenz geschrieben und berechnet werden (falls möglich).

a) $3 \cdot 3 \cdot 3 \cdot 3 \cdot 3 \cdot 3$

b) $(-2{,}3) \cdot (-2{,}3) \cdot (-2{,}3) \cdot (-2{,}3)$

c) $\frac{2}{5} \cdot \frac{2}{5} \cdot \frac{2}{5}$

d) 1

e) 0

f) $(-x) \cdot (-x) \cdot (-x) \cdot (-x)$

**53** Berechne die folgenden Potenzen.

a) $2^6$
b) $(-4)^2$
c) $\left(-\frac{2}{3}\right)^3$
d) $-3^2$
e) $1{,}4^1$
f) $\left(-1\frac{1}{3}\right)^0$
g) $(-1)^7$
h) $(-0{,}2)^2$

**54** Wo sind in den folgenden Berechnungen Fehler gemacht worden? Korrigiere.

a) $(-5)^2 = -25$
b) $-7^2 = 49$
c) $\left(+\frac{2}{5}\right)^2 = \frac{4}{10}$
d) $0^2 = 1$
e) $(-1)^0 = -1$
f) $-0{,}2^2 = 0{,}4$
g) $2{,}3^2 = 4{,}6$
h) $-21^0 = -21$

## Vermischte Aufgaben

**55** Bestimme den zugehörigen mathematischen Ausdruck und berechne:

a) Subtrahiere von der Summe aus –2,3 und 1,6 die Differenz aus –2,3 und 1,6.
b) Multipliziere das Produkt aus $-\frac{1}{2}$ und $\frac{1}{3}$ mit 6,6.
c) Addiere zur Differenz von 3,2 und –0,8 den Quotient aus 3,2 und –0,8.

**56**

| Buchung | Wert | Buchungsinformation | zu Ihren Lasten | zu Ihren Gunsten |
|---|---|---|---|---|
| | 17. 12. | **Ihr alter Kontostand EUR** | | **303,20** |
| 27. 12. | 27. 12. | ELV 006103365 24.07. Karte 3 | 16,16 | |
| 27. 12. | 27. 12. | Familienkasse Neustadt | | 378,66 |
| 28. 12. | 28. 12. | Exxo TST GMBH<br>Ihre Tankstelle EC710456 ME2 | 59,94 | |
| 29. 12. | 29. 12. | Gut & Günstig sagt Danke<br>ELV 14768103365 34 56 | 26,17 | |
| 30. 12. | 30. 12. | PC: RNR 1896 TZ Neustädter Anzeiger | 27,45 | |
| 01. 01. | 01. 01. | Gehalt | | 520,00 |

a) Berechne die Summe der Belastungen und die Summe der Gutschriften.
b) Berechne den Kontostand nach dem Gehaltseingang am 1. 1. 2010.
c) Welche Kontobewegung müsste erfolgen, damit das Konto nach dem 1. 1. 2010 einen Kontostand von +1 000,00 € aufweist?
d) Herr Ringelmann darf sein Konto höchstens um 2 000,00 € überziehen. Wie viel Euro darf er nach dem 1. 1. 2010 höchstens abheben?

**57** Sind folgende Aussagen wahr oder falsch?

a) Alle Regeln für das Rechnen mit natürlichen Zahlen gelten auch für die rationalen Zahlen.

b) Der Wert eines Produktes ist negativ, wenn beide Faktoren negativ sind.

c) Ist das Ergebnis einer Multiplikation positiv, dann waren beide Faktoren positiv.

d) Die Zahl $(-2)^3$ ist eine Potenz mit der Basis –2 und dem Exponenten 3. Der Wert der Potenz beträgt –8.

**58** „Vorfahrtsregel-Olympiade“: Berechne die folgenden Aufgaben.

a) $[(-2{,}1)+(-0{,}9)]^2-(-3)\cdot(+2)$

b) $[(-1{,}1)^2-1{,}1^2]+(-5{,}0):(-2{,}5)$

c) $-2{,}1\cdot\left[\left(-21{,}0-\frac{9}{1}\right)-\left(-\frac{40}{2}\right)\right]$

d) $\left(-\frac{2}{3}\right):(-2)^2\cdot 3$

**59** Setze die Zeichen <, >, = richtig ein:

a) $(-2)^4$ □ $-2^4$

b) $(-3)^3$ □ $-3^3$

c) $0{,}4^2$ □ $0{,}2^4$

d) $5{,}6^0$ □ $\frac{5}{7}:\frac{5}{7}$

e) $\left(-\frac{4}{5}\right)^2$ □ $-\left(\frac{4}{5}\right)^2$

f) $(-2^3)$ □ $-(-2)^3$

**60** Die nebenstehenden Potenzen sollen geordnet werden. Beginne mit dem größten Wert.

$3^2$ $(-2)^3$ $(-1{,}7)^4$ $\left(-\frac{7}{3}\right)^3$ $2{,}2^3$ $(-9)^1$

**61** Bei den folgenden Rechenausdrücken stimmt jeweils das Ergebnis nicht. Setze Klammern so, dass das angegebene Ergebnis richtig ist.

a) $-\ 1{,}5\ +\ \frac{3}{4}\ \cdot\ \frac{4}{1}\ -\ 1\ =\ -2{,}25$

b) $-\ 1{,}5\ +\ \frac{3}{4}\ \cdot\ \frac{4}{1}\ -\ 1\ =\ 0{,}75$

c) $-\ 1{,}5\ +\ \frac{3}{4}\ \cdot\ \frac{4}{1}\ -\ 1\ =\ -4$

d) Lars stellt Lea eine „schwierige“ Aufgabe:
„Lea, kannst du die drei Zahlen $-2$; $+\frac{1}{2}$ und $-2{,}5$ so miteinander multiplizieren, dass das Ergebnis möglichst groß wird?“
Lea beginnt zu rechnen!?

# Zuordnungen

## 1 Proportionale Zuordnungen

In Rezepten beziehen sich die Mengenangaben der Zutaten auf eine bestimmte Anzahl Personen. Soll die doppelte Anzahl an Personen bewirtet werden, sind die Zutatenmengen ebenfalls zu verdoppeln, für die halbe Anzahl Personen zu halbieren usw. Es handelt sich dabei um eine **proportionale Zuordnung**.

Eine Zuordnung nennt man **proportionale Zuordnung**, wenn zum 2-Fachen, zum 3-Fachen, zur Hälfte, zum dritten Teil ... der Ausgangsgröße das 2-Fache, das 3-Fache, die Hälfte, der dritte Teil ... der zugeordneten Größe gehört.
Man nennt **proportionale Zuordnungen** auch **je mehr ... desto mehr- Zuordnungen**.

*Achtung:* Nicht jede je mehr ... desto mehr-Zuordnung ist proportional!

Beispiel

Wer in die USA fliegt, braucht amerikanische Dollar (US-Dollar \$).
Bei einem Wechselkurs von 1 € zu 1,2602 \$ (Stand: 10. 01. 2010) ergibt sich folgende proportionale Zuordnung:
Für 1 € erhält man 1,2602 \$.
Für **2** € erhält man **2** · 1,2602 \$ = 2,5204 \$.
Für **3** € erhält man **3** · 1,2602 \$ = 3,7806 \$.
Für **10** € erhält man **10** · 1,2602 \$ = 12,602 \$.
Für **0,50** € erhält man **0,5** · 1,2602 \$ = 0,6301 \$.

Bereits in der 6. Klasse hast du beim Rechnen mit proportionalen Zuordnungen den Dreisatz angewandt. Aus einem gegebenen Zusammenhang wird dabei in 3 Sätzen ein unbekannter Wert errechnet. Der Rechenweg im Dreisatz führt über die Größe „1" im 2. Satz.

Um bei einer **proportionalen Zuordnung** von einem Vielfachen auf ein anderes Vielfaches zu schließen, verwendet man den Dreisatz:

**1. Satz**: Der a-fache Wert einer Größe x entspricht dem Wert einer zugeordneten Größe y.

**2. Satz**: Das Einfache der Größe x entspricht dem a-ten Teil des Wertes der zugeordneten Größe y.

**3. Satz**: Der b-fache Wert der Größe x entspricht dem $\frac{b}{a}$-fachen Wert der zugeordneten Größe y.

$$a \cdot x \triangleq y$$
$$: a \quad\quad : a$$
$$x \triangleq \frac{1}{a} \cdot y$$
$$\cdot\, b \quad\quad \cdot\, b$$
$$b \cdot x \triangleq \frac{b}{a} \cdot y$$

Beispiel

Frau Krumwinkel tauscht 500 € gegen 630,10 \$. Frau Bösbach reist mit ihr. Wie viele Dollars erhält sie, wenn sie 650 € wechselt?

*Lösung:*

1. Satz: 500 € entsprechen 630,10 \$.
2. Satz: 1 € entspricht 630,10 \$ : 500 = 1,2602 €.
3. Satz: 650 € entsprechen 1,2602 € · 650 = 819,13 €.

Oft wird der Dreisatz in Form einer Tabelle geschrieben, da diese übersichtlicher ist. In beiden Spalten werden dabei dieselben Rechenoperationen durchgeführt.

| Satz | | Betrag (€) | Betrag (\$) | |
|---|---|---|---|---|
| 1. Satz | | 500 | 630,10 | |
| 2. Satz | : 500 | 1 | 1,2602 | : 500 |
| 3. Satz | · 650 | 650 | 819,13 | · 650 |

*Antwort*:
Für 650 € erhält Frau Bösbach 819,13 \$.

**62** Berechne im Kopf oder schriftlich:

a) Ein Radrennfahrer fährt in einer Stunde 38 km. Welche Strecke legt er bei gleichbleibender Geschwindigkeit in 3 Stunden zurück?

b) 6 Perlen wiegen 48 Gramm. Wie viel wiegen 18 Perlen?

c) 4 Übernachtungen in einer Jugendherberge kosten 124 €. Was kosten 2 Übernachtungen?

d) 20 Liter Super kosten 29 €. Wie viel kosten 27 Liter Super?

e) 3 Packungen mit jeweils 21 Fliesen kosten 75,39 €.
- Was kosten 2 Packungen?
- Es werden 50 Fliesen benötigt. Wie viel kosten diese?
- Ein Fliesenleger benötigt 95 einzelne Fliesen. Wie viel muss er bezahlen?

**63** Die Tabelle zeigt eine proportionale Funktion. Ergänze die Zahlen und Rechenzeichen in den Kästchen. Um welche reale Zuordnung könnte es sich handeln? Nenne ein konkretes Beispiel.

| | | | | | |
|---|---|---|---|---|---|
| | ·2 | :4 | □ | ·5 | |
| Gewicht in g | 100 | □ | □ | 150 | □ |
| Preis in € | 0,80 | □ | □ | 1,20 | □ |
| | ·2 | :4 | □ | ·5 | |

**64** Für die Berechnung dieser proportionalen Zuordnungen ist es günstig, eine „Zwischengröße" zu suchen.

a) 7,5 Liter Orangensaft kosten 9 €. Wie viel kosten 10 Liter?

b) 20 CD-Hüllen kosten 3,60 €. Wie viel kosten 25 CD-Hüllen?

c) 27 Schokoladenriegel kosten 15,93 €. Wie viel kosten 12 Schokoladenriegel?

d) 3 Energiesparlampen kosten im Baumarkt 5,37 €. Wie viel kosten 2 Lampen?

Du wurdest schon darauf hingewiesen, dass nicht jede je mehr … desto mehr-Zuordnung auch eine proportionale Zuordnung ist. Es gibt aber ein Merkmal, anhand dessen das entschieden werden kann:

Bei einer **proportionalen Zuordnung** gilt **Quotientengleichheit**, d. h., die Quotienten $\frac{y}{x}$ aus zugeordneter Größe y und Ausgangsgröße x sind stets gleich. Der Wert des Quotienten $\frac{y}{x}$ heißt **Proportionalitätsfaktor k**.

Beispiel

Die Banken halten Umrechnungstabellen bereit, aus denen man die Umrechnung von € in $ bequem ablesen kann:

| EUR | | USD | EUR | | USD | EUR | | USD |
|---|---|---|---|---|---|---|---|---|
| 1 | = | 1,2602 | 15 | = | 18,903 | 100 | = | 126,02 |
| 2 | = | 2,5204 | 20 | = | 25,204 | 200 | = | 252,04 |
| 3 | = | 3,7806 | 25 | = | 31,505 | 300 | = | 378,06 |
| 4 | = | 5,0408 | 30 | = | 37,806 | 400 | = | 504,08 |
| 5 | = | 6,301 | 40 | = | 50,408 | 500 | = | 630,10 |
| 6 | = | 7,5612 | 50 | = | 63,01 | 600 | = | 756,12 |
| 7 | = | 8,8214 | 60 | = | 75,612 | 700 | = | 882,14 |
| 8 | = | 10,0816 | 70 | = | 88,214 | 800 | = | 1 008,16 |
| 9 | = | 11,3418 | 80 | = | 100,816 | 900 | = | 1 134,18 |
| 10 | = | 12,602 | 90 | = | 113,418 | 1 000 | = | 1 260,20 |

Ist diese Zuordnung wirklich eine proportionale Zuordnung?

*Lösung:*
Hier handelt es sich um eine proportionale Zuordnung, weil die Quotienten $\frac{\text{US-Dollar}}{\text{Euro}}$ aus zugeordneter Größe und Ausgangsgröße immer $1,2602\,\frac{\$}{€}$ betragen, etwa $\frac{630{,}10\,\$}{500\,€} = 1,2602\,\frac{\$}{€}$.

Bei proportionalen Zuordnungen gibt es auch noch eine andere (kürzere) Möglichkeit der Berechnung als den Dreisatz:

Wenn man von einer Zuordnung weiß, dass sie proportional ist, genügt ein Wertepaar (x | y), um daraus alle weiteren Wertepaare zu berechnen. Für alle Wertepaare (Ausgangsgröße | zugeordnete Größe) gilt:

$$\frac{\textbf{zugeordnete Größe}}{\textbf{Ausgangsgröße}} = \frac{\mathbf{y}}{\mathbf{x}} = \mathbf{k} \quad \text{bzw.} \quad \begin{array}{c}\mathbf{y = x \cdot k} \\ \textbf{zugeordnete Größe} = \textbf{Ausgangsgröße} \cdot \mathbf{k}\end{array}$$

Unbekannte Wertepaare können auch durch Addition und Subtraktion bereits bekannter Wertepaare berechnet werden.

Beispiel

Betrachte wieder die Umrechnungstabelle aus obigem Beispiel.

a) Wie viele US-Dollar ($) erhält man für 750 € und für 978,23 €?
b) Wie viele Euro muss man umtauschen, um 1 $ zu erhalten?
c) Wie viele Euro muss man umtauschen, damit man ein Fünftel von 126,02 $ bekommt?

*Lösung:*

a) Berechnung des Proportionalitätsfaktors k:

$$k = \frac{1,2602\,\$}{1\,€} = 1,2602\,\frac{\$}{€}$$

Berechnung der zu 750 € zugeordneten Größe y:

$$y = x \cdot k$$
$$y = 750\,€ \cdot 1,2602\,\frac{\$}{€} = 945{,}15\,\$$$

*alternativ:*

$$750\,€ = 700\,€ + 50\,€ \Rightarrow 882{,}14\,\$ + 63{,}01\,\$ = 945{,}15\,\$$$

Berechnung der zu 978,23 € zugeordneten Größe y:

$$y = 978,23\,€ \cdot 1,2602\,\frac{\$}{€} = 1\,232,765446\,\$ \approx 1\,232,77\,\$$$

b) Berechnung der Ausgangsgröße x zu 1 $:

$$y = x \cdot k \quad |:k$$
$$x = \frac{y}{k}$$

$$x = \frac{1\,\$}{1{,}2602\,\frac{\$}{€}} = 0{,}7935\ldots\,€$$

Man muss also ca. 0,79 € umtauschen, damit man 1 $ bekommt.

c) Berechnung der Ausgangsgröße x zu einem Fünftel von 126,02 $:

$$y = x \cdot k \qquad |:k$$

$$x = \frac{y}{k}$$

$$x = \frac{\frac{1}{5}\cdot 126{,}02\,\$}{1{,}2602\,\frac{\$}{€}} = \frac{1}{5}\cdot 100\,€ = 20\,€$$

*alternativ:*
Wenn man die zugeordnete Größe **durch 5 dividiert**, muss man auch die Ausgangsgröße **durch 5 dividieren:**

:5 ( 100 € ≙ 126,02 $ ) :5
**20 €** ≙ 25,204 $

**65** Bei welchen Zuordnungen handelt es sich um proportionale Zuordnungen?

a) Alter eines Menschen → Körpergewicht
b) Seitenlänge eines Quadrats → Umfang des Quadrats
c) Kraftstoffmenge → Preis dieser Kraftstoffmenge
d) zurückgelegte Strecke eines Sportlers → benötigte Zeit
e) Anzahl Äpfel → gepresster Apfelsaft
f) Kochzeit eines Eies → Garstufe
g) Euro → US-Dollar

**66** 3 Brezeln kosten 1,35 €. 10 Brezeln kosten 4,50 €. Für eine Klassenfeier braucht Veronika 33 Brezeln. Die Verkäuferin in der Bäckerei hat blitzschnell den Gesamtpreis von 14,85 € im Kopf berechnet.
Wie hat sie das so schnell geschafft?

**67** Für 25 $m^2$ Wandfläche braucht der Maler 4 Liter Farbe.

a) Wie viel Farbe braucht der Maler für 60 $m^2$ Wandfläche?
b) Welche Wandfläche kann der Maler mit 10 Liter Farbe streichen?

**68** Bei der folgenden proportionalen Zuordnung sind 2 Wertepaare nicht richtig. Welche?

| € | 1 | 2 | 3 | 10 | 50 |
|---|---|---|---|---|---|
| $ | 1,3158 | 2,6316 | 3,9464 | 131,58 | 65,79 |

Zuordnungen können in einem Koordinatensystem grafisch dargestellt werden. Diese Schaubilder nennt man **Graph** der Zuordnung. Jedem Wertepaar der Zuordnung entspricht genau ein Punkt des Graphen. Aus dem Verlauf des Graphen kann man Veränderungen, Hochpunkte und Tiefpunkte auf einen Blick erkennen. In der Regel werden die Ausgangswerte auf der x-Achse, die zugeordneten Werte auf der y-Achse dargestellt.

Die grafische Darstellung einer Zuordnung im Koordinatensystem heißt **Schaubild**. Alle zugeordneten Punkte des Schaubildes ergeben den Graphen.

Bei einer **proportionalen Zuordnung** liegen die Punkte des Graphen auf einer **Halbgeraden** durch den **Ursprung (0 | 0)**.

Beispiel

4 Müslischalen wiegen 1 600 g.

Da der Quotient $\frac{\text{Gewicht Müslischalen}}{\text{Anzahl Müslischalen}}$ immer gleich 400 g ist, handelt es sich bei:
Anzahl Müslischalen → Gewicht Müslischalen
um eine proportionale Zuordnung.

Wertetabelle:

| Anzahl | 0 | 1 | 2 | 3 | 4 | 5 | 6 |
|---|---|---|---|---|---|---|---|
| Gewicht in g | 0 | 400 | 800 | 1 200 | 1 600 | 2 000 | 2 400 |

Graph:

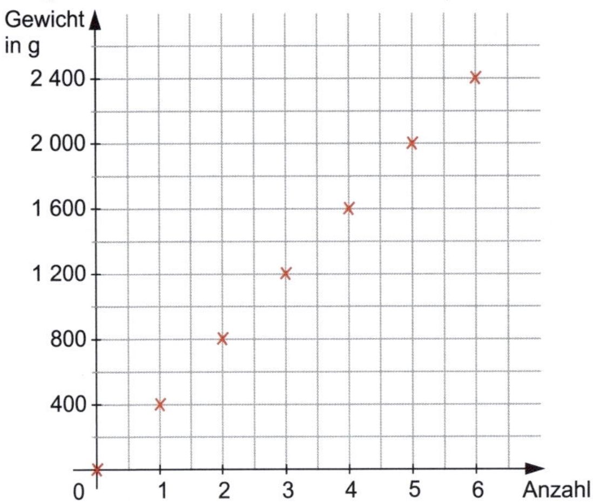


Merkmale des Schaubilds:

- Die Punkte liegen alle auf einer (gedachten) Halbgeraden durch den Ursprung (0 | 0). Um diese Halbgerade zu finden, genügt es, ein Wertepaar einzuzeichnen und dieses mit dem Ursprung (0 | 0) zu verbinden.

- Es ist hier aber nicht sinnvoll die Punkte zu verbinden, da man nur ganze Müslischalen betrachtet. (Bsp.: 2,25 Müslischalen würden 900 g wiegen.)
- Je weiter rechts ein Punkt des Graphen liegt, desto höher liegt er auch. Das bedeutet, je mehr Müslischalen, desto höher ist deren Gesamtgewicht.
- Addiert oder subtrahiert man die Ausgangsgrößen, so addieren oder subtrahieren sich die zugeordneten Größen.

**69** Der Preis für Hähnchenschnitzel beträgt bei einem Sonderangebot 1,57 € für 250 g.

a) Lege eine Wertetabelle mit Schrittweite 250 g für die Werte von 250 g bis 2 000 g an.

b) Zeichne den Graphen der Zuordnung: Hähnchenschnitzel (g) → Preis (€) in ein geeignetes Koordinatensystem.

c) Der vorige Preis betrug 1,87 € pro 250 g. Lege ebenfalls eine Wertetabelle an und zeichne den zugehörigen Graphen in das gleiche Koordinatensystem.

**70** Um eine Klassenfahrt zu finanzieren, möchte eine 7. Klasse 120 Bücher auf dem Trödelmarkt verkaufen. Vorher überlegen sie sich gemeinsam, 1,50 € pro Buch zu verlangen.
Wie viel nehmen sie ein, wenn sie 5, 10, 15, 20, 25 … Bücher verkaufen?
Erstelle eine Wertetabelle und zeichne den Graphen der Zuordnung.
Ist es sinnvoll die Punkte des Graphen zu verbinden? Begründe.

## 2 Umgekehrt proportionale Zuordnungen

Zwei Schulfreunde planen für die Sommerferien eine 150 km lange Kanutour mit ihren Eltern. Sie möchten an 10 Tagen Etappen von je 15 Kilometern fahren. Da sie 6 Wochen Sommerferien haben, sind sie sich noch nicht ganz sicher, ob sie die Tour nicht auf mehr Tage ausdehnen sollten. Um sich einen besseren Überblick zu verschaffen fertigen die Schulfreunde die folgende Tabelle.

| Anzahl der Tage | 5 | 10 | 15 | 20 | 25 | 30 |
|---|---|---|---|---|---|---|
| Tagesetappe (km) | 30 | 15 | 10 | 7,5 | 6 | 5 |
| Gesamtstrecke (km) | 150 | 150 | 150 | 150 | 150 | 150 |

Je größer die Ausgangsgröße (5 Tage, 10 Tage, 15 Tage …) ist, desto kleiner wird die zugeordnete Größe (30 km, 15 km, 10 km …). Bei der dreifachen Anzahl von Tagen verkürzen sich die Tagesetappen auf ein Drittel. Halbiert man aber die Anzahl der Tage, so verlängern sich die Tagesetappen auf das Doppelte.

Eine Zuordnung nennt man **umgekehrt proportionale Zuordnung** oder auch **antiproportionale Zuordnung**, wenn
zum 2-Fachen, zum 3-Fachen, zur Hälfte, zum dritten Teil … der Ausgangsgröße die Hälfte, der dritte Teil, das 2-Fache, das 3-Fache … der zugeordneten Größe gehört.
Man nennt **umgekehrt proportionale Zuordnungen** auch
**je mehr … desto weniger-Zuordnungen**.

*Achtung:*
Nicht jede je mehr … desto weniger-Zuordnung ist umgekehrt proportional!

Umgekehrt proportionale Zuordnungen können **nicht** mit dem normalen Dreisatz berechnet werden. Im Gegensatz zu proportionalen Zuordnungen erhält man bei Durchführung derselben Operation auf Ausgangsgröße und zugeordnete Größe eines Wertepaares kein neues Wertepaar der Zuordnung. Hier muss man auf die zugeordnete Größe die **Umkehroperation** anwenden: Eine Multiplikation der Ausgangsgröße führt zu einer Division der zugeordneten Größe. Eine Division der Ausgangsgröße führt zu einer Multiplikation der zugeordneten Größe.

Um bei einer **umgekehrt proportionalen Zuordnung** von einem Vielfachen auf ein anderes Vielfaches zu schließen, verwendet man den **umgekehrten Dreisatz**:

**1. Satz**: Der a-fache Wert einer Größe x entspricht dem Wert einer zugeordneten Größe y.

**2. Satz**: Das Einfache der Größe x entspricht dem a-fachen der zugeordneten Größe y.

**3. Satz**: Der b-fache Wert der Größe x entspricht dem $\frac{a}{b}$-fachen Wert der zugeordneten Größe y.

$$a \cdot x \mathrel{\hat{=}} y$$
$$: a \quad\downarrow\quad\quad \downarrow \quad \cdot a$$
$$x \mathrel{\hat{=}} a \cdot y$$
$$\cdot b \quad\downarrow\quad\quad \downarrow \quad : b$$
$$b \cdot x \mathrel{\hat{=}} \frac{a}{b} \cdot y$$

Beispiel

Ein Rechteck mit Flächeninhalt 36 $cm^2$ hat die Länge $a = 3$ cm und die Breite $b = 12$ cm.

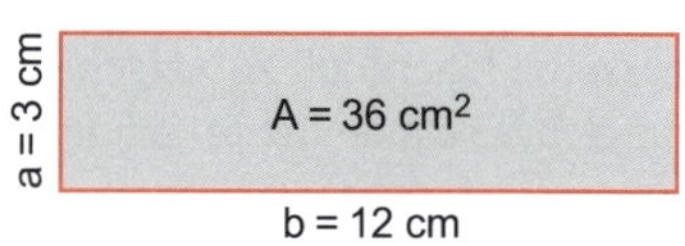

Wie breit ist ein flächengleiches Rechteck mit Länge a = 4 cm?

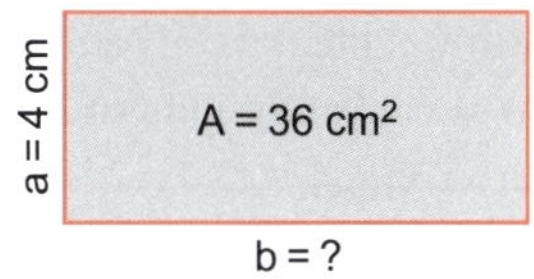


*Lösung:*

1. Satz: Länge a = 3 cm entspricht Breite b = 12 cm.
2. Satz: Länge a = 1 cm entspricht Breite b = 12 cm · 3 = 36 cm.
3. Satz: Länge a = 4 cm entspricht Breite b = 36 cm : 4 = 9 cm.

Oft wird auch der umgekehrte Dreisatz in Form einer Tabelle geschrieben, da diese übersichtlicher ist:

| Satz | | Länge a | Breite b | |
|---|---|---|---|---|
| 1. Satz | : 3 | 3 cm | 12 cm | · 3 |
| 2. Satz | · 4 | 1 cm | 36 cm | : 4 |
| 3. Satz | | 4 cm | 9 cm | |

Zur Division der Ausgangsgröße gehört die Multiplikation der zugeordneten Größe.

Zur Multiplikation der Ausgangsgröße gehört die Division der zugeordneten Größe.

*Antwort:*

Ein flächengleiches Rechteck mit Länge a = 4 cm ist 9 cm breit.

Für Dreisatz und umgekehrten Dreisatz gilt:
- Die zugeordnete Größe steht stets auf der rechten Seite.
- Allgemeine Zuordnungen kann man mit dem (umgekehrten) Dreisatz nicht lösen.
- Zu jeder Dreisatzrechnung gehört ein Antwortsatz.
- Die Rundungsregeln sind immer zu beachten.

**71** Berechne im Kopf oder schriftlich:

a) Ein Zaun soll gestrichen werden. 3 Anstreicher brauchen zusammen 48 Stunden.
Wie lange brauchen 4 Anstreicher?

b) Ein Paket Hamsterfutter reicht für 2 Hamster 12 Tage.
- Wie lange reicht dieses Paket für 8 Hamster?
- Wie viele Hamster wurden gefüttert, wenn dieses Paket lediglich 6 Tage gereicht hat?

c) Eine Tippgemeinschaft mit 6 Mitspielern gewinnt bei einer Lotterie 4 200 €.
- Wie viel gewinnt jeder?
- Wie viel hätte jeder gewonnen, wenn die Tippgemeinschaft aus 8 Mitspielern bestanden hätte?

**72** Ein Rechteck ist 9 Meter lang und 8 Meter breit.
Welche Breite hat ein flächengleiches Rechteck mit folgender Länge:

a) 4 Meter  b) 6 Meter
c) 12 Meter  d) 1 Meter
e) 2 Meter  f) 3 Meter

Du wurdest schon darauf hingewiesen, dass nicht jede je mehr … desto weniger-Zuordnung auch eine umgekehrt proportionale Zuordnung ist. Es gibt aber ein Merkmal, anhand dessen das entschieden werden kann:

Bei einer **umgekehrt proportionalen Zuordnung** gilt **Produktgleichheit**, d. h., die Produkte $x \cdot y$ aus Ausgangsgröße x und zugeordneter Größe y sind stets gleich einer Konstante k.

Beispiel

Die Gemeinde Bruchhausen hat die Eintrittspreise für die Eishalle festgelegt:

**Eintrittspreise für die Eislaufsaison**
**2010/2011**
**Kinder: 2,00 €**
**Erwachsene: 3,50 €**
**Schulklassen: 36,00 €**

**Kunsteislaufbahn**
**Bruchhausen**

Die Klasse 7b (30 Schüler) geht am letzten Tag vor den Weihnachtsferien zum Eislaufen. Wenn alle 30 Schüler mitgehen, kostet der Eintritt für jeden Schüler 1,20 €. Aus der Tabelle wird ersichtlich, wie viel die einzelnen Schüler bezahlen müssen, wenn nicht alle mitkommen können.

| Anzahl der Schüler | 30 | 25 | 24 | 20 | 18 | 16 | 15 | 12 | 10 | 8 |
|---|---|---|---|---|---|---|---|---|---|---|
| Eintrittspreis pro Schüler | 1,20 € | 1,44 € | 1,50 € | 1,80 € | 2,00 € | 2,25 € | 2,40 € | 3,00 € | 3,60 € | 4,50 € |
| Gesamtpreis | 36 € | 36 € | 36 € | 36 € | 36 € | 36 € | 36 € | 36 € | 36 € | 36 € |

Handelt es sich bei diesem Beispiel um eine umgekehrt proportionale Zuordnung?

*Lösung:*
Ja, denn das Produkt aus Ausgangsgröße und zugeordneter Größe eines Wertepaares beträgt immer 36 €, etwa: $20 \cdot 1{,}80\ € = 36\ €$

Bei umgekehrt proportionalen Zuordnungen gibt es auch noch eine andere (kürzere) Möglichkeit der Berechnung als den umgekehrten Dreisatz:

> Wenn man von einer Zuordnung weiß, dass sie umgekehrt proportional ist, genügt ein Wertepaar (x | y), um daraus alle weiteren Wertepaare zu berechnen.
> Für alle Wertepaare (Ausgangsgröße | zugeordnete Größe) gilt:
>
> $$\mathbf{x \cdot y = k}$$
> **Ausgangsgröße · zugeordnete Größe = k**

Beispiel

Betrachte wieder obiges Beispiel.

a) Wie viel müssen die Schüler bezahlen, wenn 28 Siebtklässler mitgehen?
b) Wie viele Schüler gehen zum Eislaufen, wenn der Eintrittspreis pro Schüler genau 4 € beträgt?
c) Wie viele Schüler müssten theoretisch zum Eislaufen gehen, damit der Eintrittspreis lediglich ein Fünftel von 4 € betragen würde?

*Lösung:*

a) Die Konstante k ist hier der Gesamtpreis von 36 €.

Berechnung der zu 28 Schüler zugeordneten Größe y:

$$x \cdot y = k \quad |: x$$

$$y = \frac{k}{x}$$

$$y = \frac{36\,€}{28} = 1,2857\ldots\,€ \approx 1,29\,€$$

Bei 28 Schülern, muss jeder Schüler 1,29 € bezahlen.

b) Berechnung der Ausgangsgröße x zum Eintrittspreis 4 €:

$$x \cdot y = k \quad |: x$$

$$y = \frac{k}{x}$$

$$y = \frac{36\,€}{4\,€} = 9$$

*alternativ:*

Wenn man die zugeordnete Größe **mit 2 multipliziert**, muss man die Ausgangsgröße **durch 2 dividieren:**

:2 ( 18 Schüler ≙ 2 € ) ·2
**9 Schüler** ≙ 4 €

Der Eintrittspreis für den Fall, dass 18 Schüler mitgehen, kann man direkt aus der Tabelle entnehmen.

c) Berechnung der Ausgangsgröße x zu einem Fünftel von 4 €:

$x \cdot y = k \quad |:x$

$y = \frac{k}{x}$

$y = \frac{36\ €}{\frac{1}{5} \cdot 4\ €} = 5 \cdot 9 = 45$

*alternativ:*
Wenn man die zugeordnete Größe **durch 5 dividiert**, muss man die Ausgangsgröße **mit 5 multiplizieren:**

$\cdot 5$ ( 9 Schüler ≙ 4 € ) $:5$
**45 Schüler** ≙ 0,80 €

Der Eintrittspreis für den Fall, dass 9 Schüler mitgehen, wurde oben berechnet.

**73** Ergänze die leeren Tabellenfelder in der umgekehrt proportionalen Zuordnung.

| Geschwindigkeit $\left(\frac{km}{h}\right)$ | 80 | 100 | | 40 | | 200 |
|---|---|---|---|---|---|---|
| Benötigte Zeit (h) | 4 | | 2 | | 5 | |

**74** Familie Rabkin hat ein Haus gebaut und möchte einen Gartenteich anlegen. Um das Becken zu füllen, benötigen 5 Pumpen 24 Stunden.

a) Nach welcher Zeit ist der Teich mit 2 Pumpen gefüllt?

b) Wie viele Pumpen sind aktiv, wenn der Teich in genau 8 Stunden gefüllt ist?

**75** Ein Roman hat 132 Seiten. Auf jeder Seite stehen 35 Zeilen.

a) Wie viel Seiten hätte das Buch, wenn auf jeder Seite nur 30 Zeilen ständen?

b) Wie viele Zeilen hätte das Buch pro Seite, wenn es 140 Seiten hätte? (Dabei ist die Anzahl der Worte und Buchstaben pro Zeile als immer gleich anzunehmen.)

Bei einer **umgekehrt proportionalen Zuordnung** liegen die Punkte des Graphen auf einer **Hyperbel**. Eine Hyperbel nähert sich den beiden Achsen an, berührt sie aber nie.

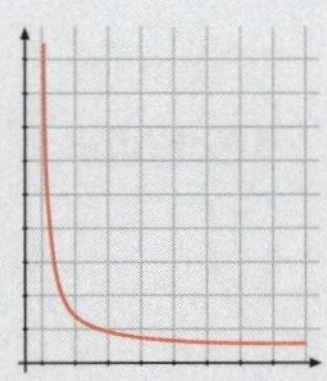

Beispiel

Beim Bau einer Siedlung werden viele Bagger benötigt, um die notwendigen Erdbewegungen durchzuführen. Der Bauunternehmer weiß: Wenn er 1 Bagger einsetzt, dauern die Arbeiten 432 Tage. Bei mehr Baggern geht es schneller. Angenommen, jeder Bagger verrichtet am Tag die gleiche Arbeit, so gilt:
Anzahl Bagger · benötigte Zeit = 432
„Anzahl Bagger → benötigte Zeit" ist also eine umgekehrt proportionale Zuordnung.

Wertetabelle:

| Anzahl Bagger | 1 | 2 | 3 | 4 | 6 | 8 | 9 | 12 | 16 |
|---|---|---|---|---|---|---|---|---|---|
| benötigte Zeit in Tagen | 432 | 216 | 144 | 108 | 72 | 54 | 48 | 36 | 27 |

Graph:

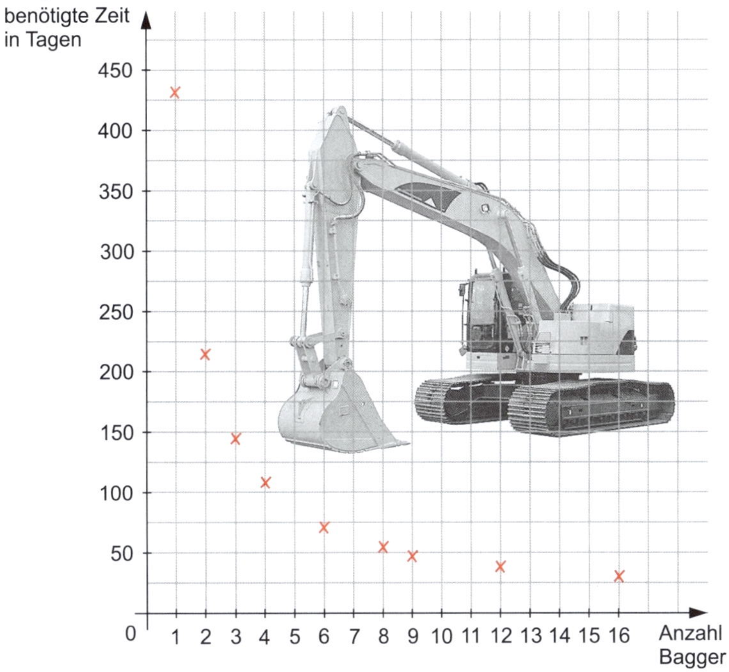


Merkmale des Schaubilds:

- Verbindet man die Punkte des Graphen, so liegen sie alle auf einer (gedachten) Hyperbelkurve.
- Es ist aber nicht sinnvoll, die Punkte zu einer Hyperbel zu verbinden, da nur ganze Bagger eingesetzt werden. (Bsp.: 4,32 Bagger würden 100 Tage benötigen.)
- Je weiter rechts ein Punkt des Graphen liegt, desto niedriger liegt er auch. Hier bedeutet das, je mehr Bagger an der Arbeit beteiligt sind, desto geringer ist die Anzahl der für die Arbeit benötigten Tage.

- Es gibt keinen Wert, der genau auf den Achsen liegt. Ein Wert auf der x-Achse würde bedeuten, dass es eine Baggeranzahl gäbe, für die die Arbeit sofort erledigt wäre. Ein Wert auf der y-Achse würde bedeuten, dass die Arbeit erledigt wäre, ohne dass ein Bagger dafür arbeiten müsste.
- Je größer die Anzahl der Bagger (x-Achse) oder die zugehörige Zeit wird (y-Achse), desto mehr nähert sich die Hyperbel den beiden Achsen an.

*Anmerkung:* Dieses Modell hat auch Grenzen: Würden 432 Bagger arbeiten, bräuchten sie theoretisch nur 1 Tag. Doch real ständen sie sich nur im Wege, sodass sie kaum vorwärts kämen.

**76** Je höher der Verbrauch pro 100 km, desto geringer ist die Reichweite je Tankfüllung (bei gleichmäßiger Fahrweise und identischem Tankinhalt).
Ergänze die Tabelle und zeichne den Graphen der Zuordnung.

| Verbrauch in ℓ | 4 | 4,5 | 5 | 5,5 | 6 | 6,5 | 7 |
|---|---|---|---|---|---|---|---|
| Reichweite in km | 1 500 | | | | | | |

| Verbrauch in ℓ | 7,5 | 8 | 8,5 | 9 | 9,5 | 10 |
|---|---|---|---|---|---|---|
| Reichweite in km | | 750 | | | | |

**77** Der Inhalt eines Trinkwasserbehälters für Zwergkaninchen in einem Zoo reicht für 20 Zwergkaninchen 12 Tage.

a) Wie lange reicht der Vorrat für 5 Zwergkaninchen?

b) Wie viel Zwergkaninchen können 6 Tage mit Wasser versorgt werden?

c) Aus einem anderen Tiergarten bekommt der Zoo Zuwachs. 4 Tiere kommen zusätzlich in das Gehege. Wie lange reicht der Wasservorrat des Trinkwasserbehälters?

d) Stelle für die Zuordnung „Anzahl Zwergkaninchen → Zeit“ eine Wertetabelle auf.

e) Stelle die Zuordnung „Anzahl Zwergkaninchen → Zeit“ in einem Diagramm dar. Verwende die Daten der Wertetabelle.

## Vermischte Aufgaben

Bedenke bei der Lösung der folgenden Aufgaben, dass du immer **zuerst entscheiden** musst, ob es sich um eine **proportionale Zuordnung** oder um eine **umgekehrt proportionale Zuordnung** handelt!

**78** Fülle die Tabelle aus.

a) Hamsterfuttervorrat:

| Hamster | Zeit in Stunden |
|---|---|
| 3 | 24 |
| 1 | |
| | 6 |

b) Schraubenherstellung:

| Zeit in Tagen | Schrauben |
|---|---|
| 2 | 3 200 |
| 1 | |
| | 8 000 |

**79** Ein Quadrat mit der Seitenlänge $a = 3$ cm hat den Flächeninhalt 9 cm$^2$.

a) Lege für die Zuordnung „Seitenlänge des Quadrates → Flächeninhalt des Quadrates" eine Tabelle an (Werte für a in cm: 0,5; 1; 1,5; 2; 2,5; 3; 3,5) und zeichne den Graphen der Zuordnung.

b) Ist diese Zuordnung proportional, umgekehrt proportional oder handelt es sich um eine allgemeine Zuordnung? Begründe.

**80** Die Schrittlänge eines Menschen ist der Abstand der vordersten Punkte von 2 aufeinander folgenden Fußabdrücken. Veronika zählt die Anzahl ihrer Schritte auf ihrem Schulweg. Es sind 135 Schritte bei einer Schrittlänge von 69 cm.

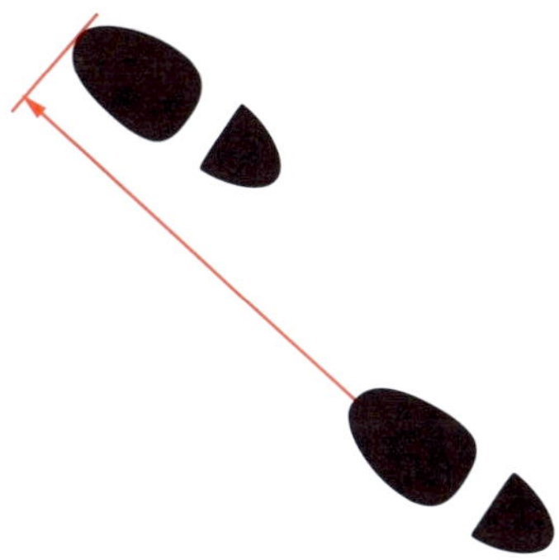

a) Wie viel Schritte benötigt sie, wenn sie ihre Schrittlänge auf 72 cm erhöht?

b) Wie groß ist die Schrittlänge, wenn sie auf dem Schulweg 150 Schritte macht?

**81** Eine Ölförderpumpe hat eine Förderleistung von 3 000 Liter Öl pro Stunde und läuft 24 Stunden am Tag. Damit wird ein privates Ölfeld in 6 Jahren komplett leer gepumpt.

a) Wie lange brauchen 3 Pumpen mit jeweils der gleichen Förderleistung?

b) Wie viel Liter Öl beinhaltet das gesamte Ölfeld?

c) Wie viele Pumpen bräuchte man, wenn für die Förderung nur ein halbes Jahr Zeit wäre?

d) Wie lange braucht eine Pumpe, wenn sie nur 6 Stunden am Tag Öl fördert?

**82** Die Heizölpreise sind in der 2. Hälfte des Jahres 2008 stark gefallen. Das Schaubild zeigt die Entwicklung der Heizölpreise pro 100 Liter für einen bestimmten Zeitraum.

- Schwarzer Graph: Preis von 100 ℓ Heizöl bei Abnahme von 2 000 ℓ
- Grauer Graph: Preis von 100 ℓ Heizöl bei Abnahme von 3 000 ℓ
- Roter Graph: Preis von 100 ℓ Heizöl bei Abnahme von 5 000 ℓ

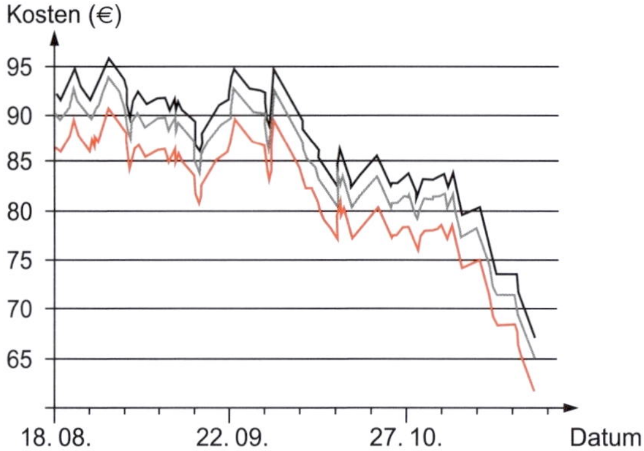


a) Um welche Art von Zuordnung handelt es sich bei diesem Schaubild?

b) Wie viel kosteten 100 Liter Heizöl am 22. 09. bei Abnahme von 2 000 Litern?

c) Wann kosteten (ungefähre Angabe) 100 Liter Heizöl bei Abnahme von 3 000 Litern erstmals 85 €?

d) Wie oft kosteten im angegebenen Zeitraum 100 Liter Heizöl (bei Abnahme von 2 000 Litern) 85 €?

e) Wie würde das Schaubild aussehen, wenn sich der Heizölpreis im betrachteten Zeitraum nicht verändert hätte?
Welche Art von Zuordnung wäre das dann?

**83** Die besonders schwere Aufgabe:
3 Roboter fertigen 8 Werkstücke in 36 min.
Wie lange brauchen dann 9 Roboter um 34 Werkstücke zu fertigen?

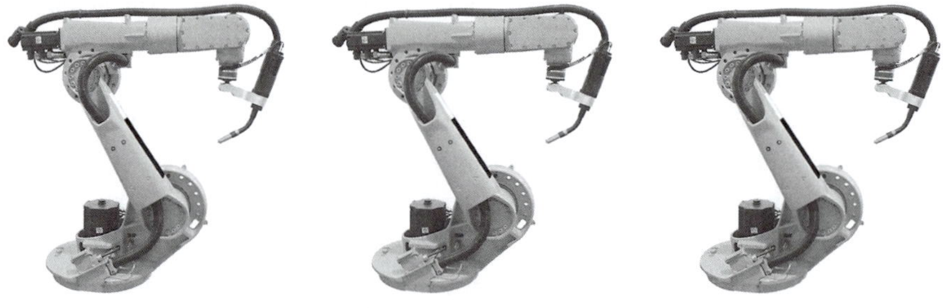

# Dreiecke

## 1 Winkelsumme im Dreieck

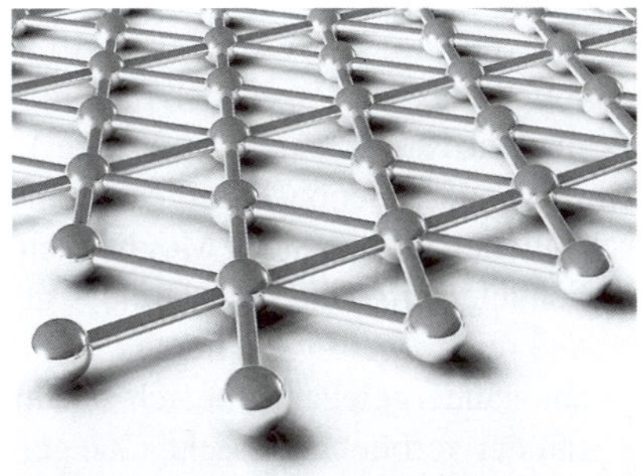

Immer dann, wenn 3 verschiedene Punkte nicht auf einer Geraden liegen, entsteht durch Verbinden der Punkte ein Dreieck. Mit den Punkten als Scheitel und den beiden jeweils anliegenden Seiten als Schenkel entstehen so außerdem drei Winkel innerhalb des Dreiecks, die sogenannten **Innenwinkel**. Die genauere Beschäftigung mit diesen Innenwinkeln ermöglicht zum einen eine Kategorisierung von Dreiecken, zum anderen das Aufstellen von Regeln. So ist z. B. kein Innenwinkel eines Dreiecks gleich 0°, da sonst seine Eckpunkte auf einer Geraden liegen müssten.

**Bezeichnungen im Dreieck**

- Die Eckpunkte eines Dreiecks bezeichnet man mit Großbuchstaben, in der Regel mit A, B und C. Die Reihenfolge der Benennung erfolgt dabei immer im **Gegenuhrzeigersinn**. Man bezeichnet das Dreieck dann auch als Dreieck ABC.

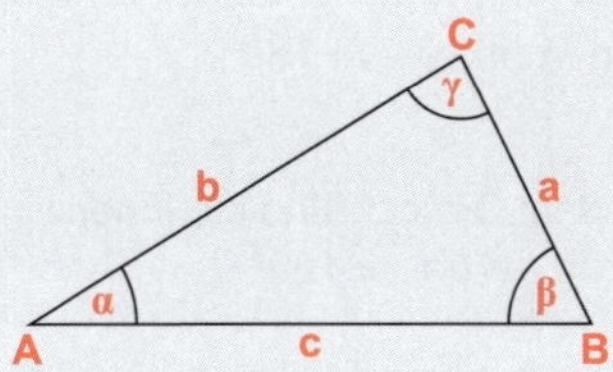


- Die Seiten eines Dreiecks werden analog zu den jeweils gegenüberliegenden Eckpunkten mit Kleinbuchstaben bezeichnet, in der Regel also mit a, b und c.
- Die Innenwinkel werden analog zu den Eckpunkten, die jeweils die Scheitel bilden, mit den ersten drei Buchstaben des griechischen Alphabets bezeichnet, in der Regel also mit $\alpha$, $\beta$ und $\gamma$.
- Schreibt man die Winkel in **Punktschreibweise**, gibt der mittlere Buchstabe den Scheitel des Winkels an. Achte auf die Winkelbezeichnung im mathematisch positiven Drehsinn (Gegenuhrzeigersinn)!

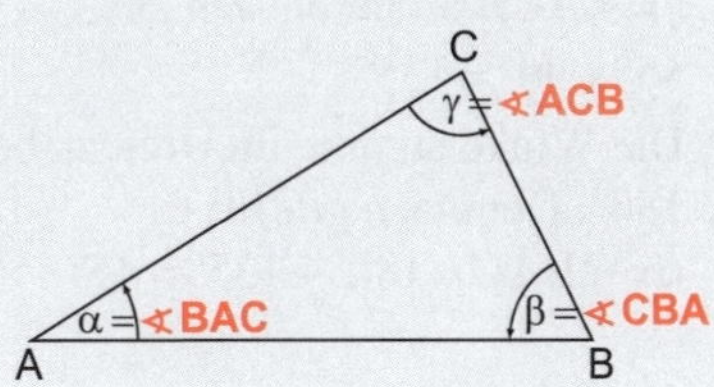

Durch die Eckpunkte eines Dreiecks ABC sind jeweils Parallelen zu den gegenüberliegenden Seiten gezeichnet. Die Winkel, die diese Parallelen mit den Dreiecksseiten einschließen (rot gezeichnet), entsprechen den Innenwinkeln an der jeweils parallelen Dreiecksseite, denn es handelt sich jeweils um Wechselwinkel. An jedem Eckpunkt ergänzen sich die drei Winkel zu 180° (gestreckter Winkel).

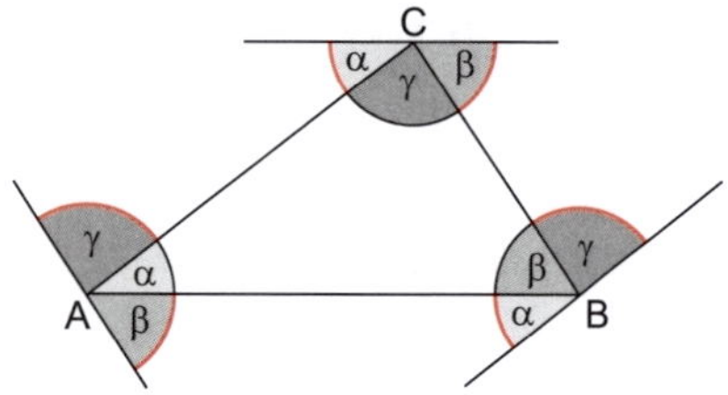


Um sich diese Beobachtung zu veranschaulichen, gibt es zwei Möglichkeiten:

- Schneide ein beliebiges Dreieck aus und reiße zwei Ecken heraus. Richtig aneinandergelegt ergibt sich zusammen mit der verbliebenen Ecke eine gerade Strecke.

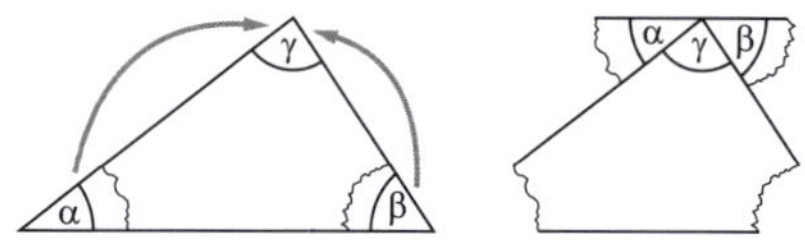


- Schneide ein beliebiges Dreieck aus und zeichne eine Höhe ein. Falte nun so, dass alle Eckpunkte auf dem Höhenfußpunkt liegen. Die Innenwinkel liegen jetzt nebeneinander und bilden einen Winkel von 180°.

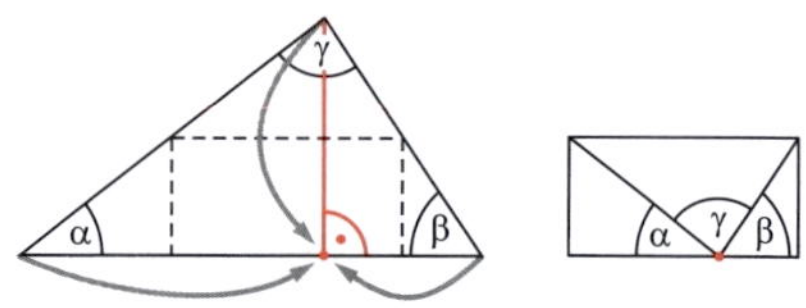


In jedem Dreieck sind die Innenwinkel α, β und γ zusammen 180° groß.
Es gilt: **$\alpha + \beta + \gamma = 180°$**

Beispiel

Wie groß ist der dritte Winkel des nebenstehenden Dreiecks?

*Lösung:*
Die beiden Winkel $\beta = ∢CBA$ und $\gamma = ∢ACB$ addieren sich zu:
$45° + 90° = 135°$
Die Winkelsumme im Dreieck beträgt 180°. Demnach gilt für α:
$\alpha = ∢BAC = 180° - 135° = 45°$

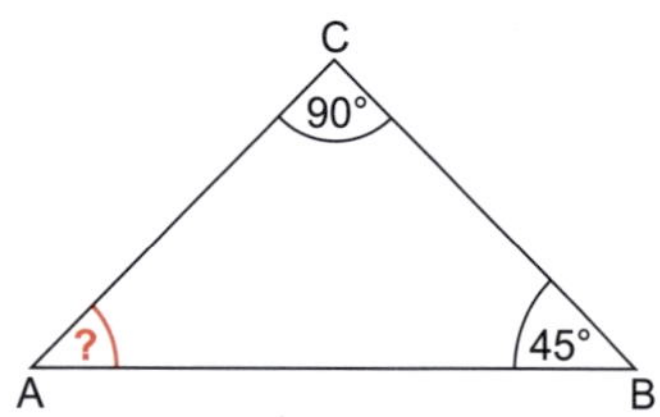


**84** Berechne jeweils den dritten Innenwinkel des Dreiecks ABC.

a) $\alpha = 17°$; $\gamma = 129°$
b) $\beta = 89°$; $\alpha = 89°$
c) $\gamma = 32,1°$; $\beta = 100,7°$
d) $∢ACB = 44,1°$; $∢BAC = 0,3°$

**85** In einem Dreieck ist $\beta = 44°$.
Wie groß können die beiden anderen Winkel sein? Finde 3 Möglichkeiten.

**86** Berechne die Winkel $\alpha$ und $\delta$ im bzw. am nebenstehenden Dreieck, wenn $\beta = 109°$ und $\gamma = 51°$ gegeben sind.

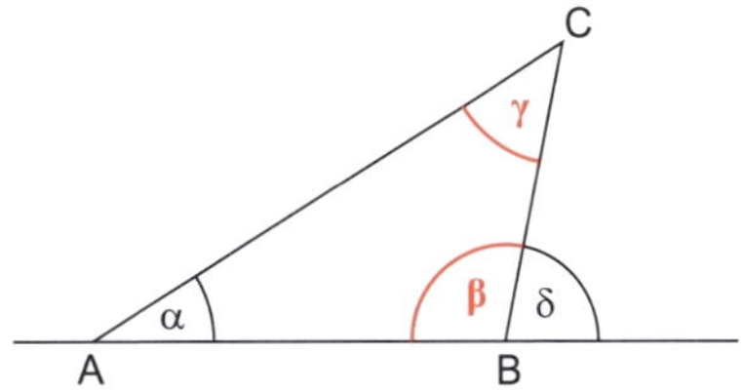


**87** Berechne die Winkel $\varphi$, $\beta$ und $\eta$ im nebenstehenden Dreieck, wenn $\varepsilon = 60°$, $\gamma = 60°$ und $\alpha = 28°$ gegeben sind.

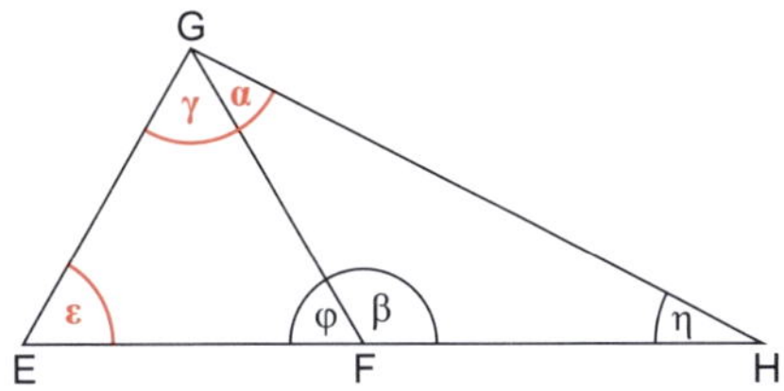


**88** a) Berechne die Winkel $\alpha$, $\beta$ und $\gamma$ ($p \parallel q$).

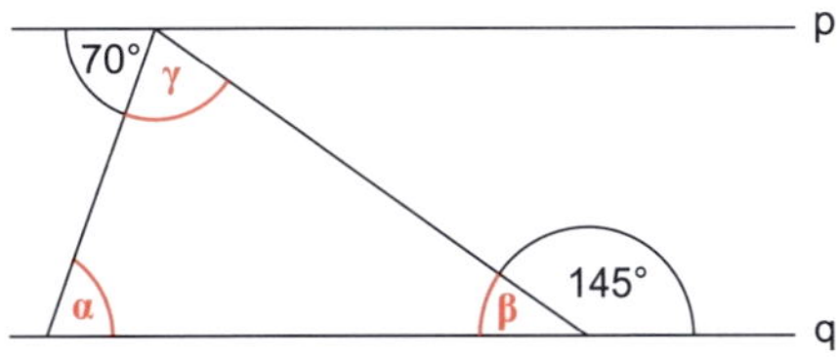


b) Berechne die Winkel $\alpha$, $\beta$ und $\gamma$.

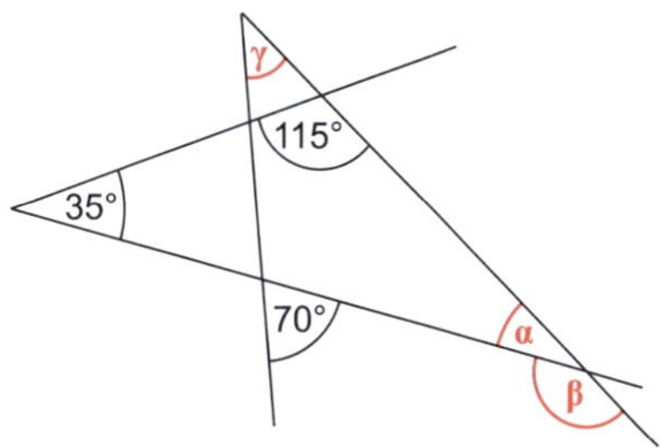


**89** Beantworte die Fragen mit ja oder nein.

a) Gibt es ein Dreieck, bei dem 2 Winkel größer als 90° sind?

b) Gibt es ein Dreieck, bei dem alle Winkel kleiner als 60° sind?

c) Kann ein Dreieck einen überstumpfen Winkel besitzen?

d) Kann ein Dreieck 2 spitze und 1 stumpfen Innenwinkel haben?

e) Sind in einem Dreieck mindestens 2 Winkel spitz?

## 2 Dreiecksformen

An Fachwerkhäusern finden sich die verschiedensten Dreiecksformen. Die Winkel und Seiten eines Dreiecks nutzt man in der Mathematik dazu, um sie in Kategorien mit gemeinsamen Merkmalen einzuteilen. Es gibt insgesamt 6 solcher Kategorien.

Die Dreiecke der ersten 3 Kategorien zeichnen sich dadurch aus, dass entweder

- **0 Seitenlängen** und **0 Winkelgrößen** übereinstimmen,
- oder **2 Seitenlängen** und **2 Winkelgrößen** übereinstimmen,
- oder **3 Seitenlängen** und **3 Winkelgrößen** übereinstimmen.

- **Allgemeine (unregelmäßige) Dreiecke** haben 3 verschieden lange Seiten und 3 unterschiedlich große Winkel.

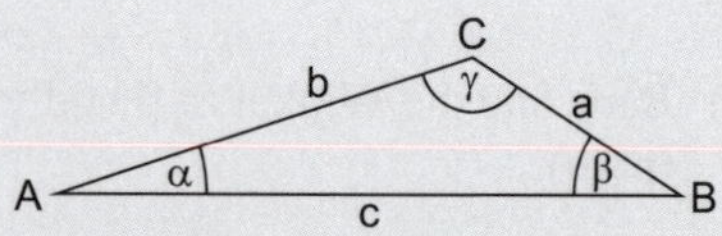


- **Gleichschenklige Dreiecke** haben 2 gleich lange Seiten und 2 gleich große Winkel.
  Die gleich langen Seiten des Dreiecks heißen **Schenkel**, die gleich großen Winkel heißen **Basiswinkel**.
  $\alpha = \beta$
  $a = b$

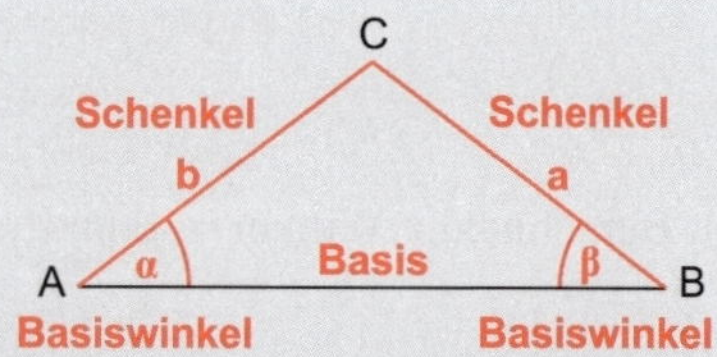


- **Gleichseitige Dreiecke** haben 3 gleich lange Seiten und 3 gleich große Winkel. Die Größe der 3 Winkel beträgt jeweils 60°.
  $\alpha = \beta = \gamma = 60°$
  $a = b = c$

  *Achtung:* Gleichseitige Dreiecke sind auch gleichschenklig. Jede der 3 Seiten kann als Basis aufgefasst werden.

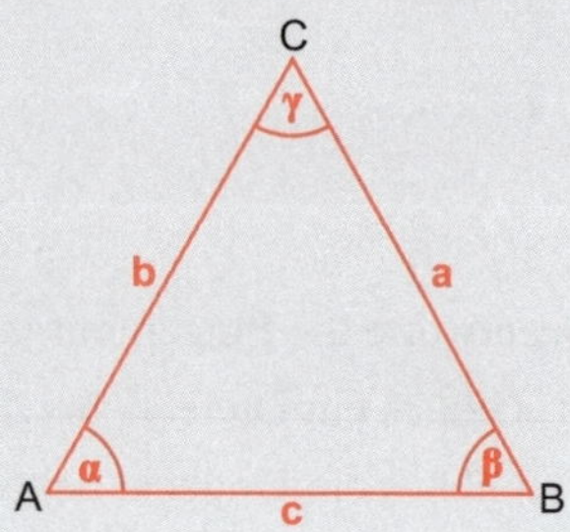

Die Dreiecke der zweiten 3 Kategorien zeichnen sich dadurch aus, dass entweder

- **alle** Winkel **kleiner** als 90° sind,
- oder **ein** Winkel **gleich** 90° ist,
- oder **ein** Winkel **größer** als 90° ist.

- **Spitzwinklige Dreiecke** haben nur spitze Winkel als Innenwinkel, d. h., alle Winkel sind kleiner als 90°.
  $\alpha < 90°;\ \beta < 90°;\ \gamma < 90°$

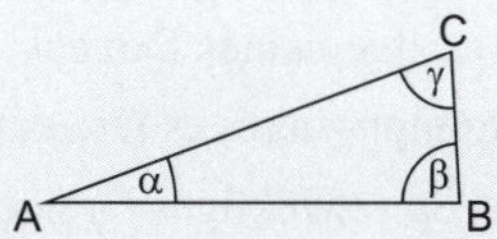


- **Rechtwinklige Dreiecke** haben (genau) einen rechten Winkel. Die beiden anderen Winkel sind zusammen ebenfalls 90° groß.
  $\beta = 90°$
  $\alpha + \gamma = 90°$

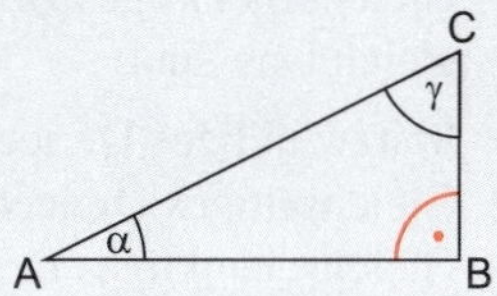


- **Stumpfwinklige Dreiecke** haben (genau) einen stumpfen Winkel, d. h. einen Winkel, der größer als 90° ist.
  $\alpha < 90°;\ \beta < 90°;\ \gamma > 90°$

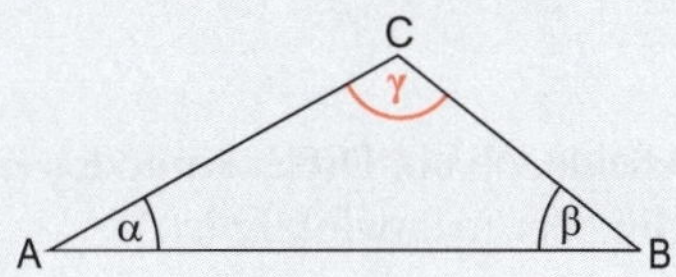


Beispiel

Ordne die Dreiecksformen I–VI den richtigen Kategorien zu. Mehrfachnennungen sind möglich!

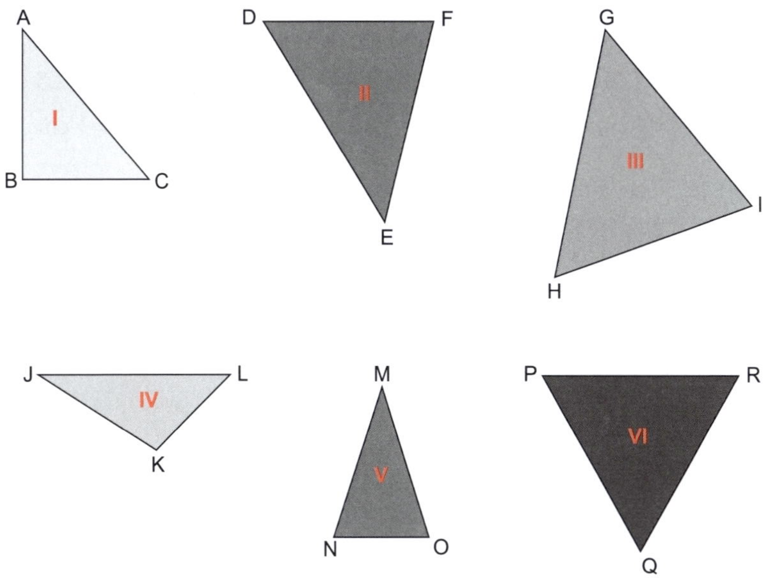

*Lösung:*

I: Rechtwinkliges Dreieck, da am Eckpunkt B der Winkel $\sphericalangle CBA = 90°$ ist.

II:
- Spitzwinkliges Dreieck, da alle Winkel kleiner als 90° sind.
- Allgemeines Dreieck, da alle Seiten und alle Winkel verschieden sind.

III:
- Spitzwinkliges Dreieck, da alle Winkel kleiner als 90° sind.
- Allgemeines Dreieck, da alle Seiten und alle Winkel verschieden sind.

IV: Stumpfwinkliges Dreieck, da am Eckpunkt K der Winkel $\sphericalangle LKJ > 90°$ ist.

V:
- Spitzwinkliges Dreieck, da alle Winkel kleiner als 90° sind.
- Gleichschenkliges Dreieck, da die beiden Schenkel $\overline{MN}$ und $\overline{OM}$ gleich lang sind.

VI:
- Spitzwinkliges Dreieck, da alle Winkel kleiner als 90° sind.
- Gleichseitiges Dreieck, da alle Seiten gleich lang sind.
- Gleichschenkliges Dreieck, da jedes gleichseitige Dreieck auch gleichschenklig ist.

**90** Entscheide, ob ein Dreieck mit den gegebenen Winkeln spitzwinklig, stumpfwinklig oder rechtwinklig ist.

a) $\alpha = 67°$; $\beta = 67°$; $\gamma = 46°$
b) $\alpha = 17°$; $\beta = 147°$; $\gamma = 16°$
c) $\alpha = 43°$; $\beta = 47°$; $\gamma = 90°$
d) $\alpha = 60°$; $\beta = 60°$; $\gamma = 60°$

**91** Entscheide, ob ein Dreieck mit den gegebenen Seitenlängen gleichseitig, gleichschenklig oder allgemein (unregelmäßig) ist.

a) a = 3 cm; b = 5 cm; c = 3 cm
b) a = 2,5 cm; b = 2,5 cm; c = 2,5 cm
c) a = 3 cm; b = 4 cm; c = 5 cm
d) a = 1 cm; $b = \frac{2}{2}$ cm; c = 1 cm

**92** In einem gleichschenkligen Dreieck beträgt ein Basiswinkel 50°.
Wie groß sind die beiden anderen Winkel?

**93** 2 Laser werden von zwei verschiedenen Stellen unter dem gleichen Winkel zur Straße auf eine Mauer gerichtet. Die Mauer verläuft parallel zur Straße. Die beiden Lichtkegel haben einen Öffnungswinkel von je 40°. Der Winkel α beträgt 140°. Berechne die übrigen Winkel β, γ, δ (Delta), ε (Epsilon), ζ (Zeta), η (Eta) und ϑ (Theta).

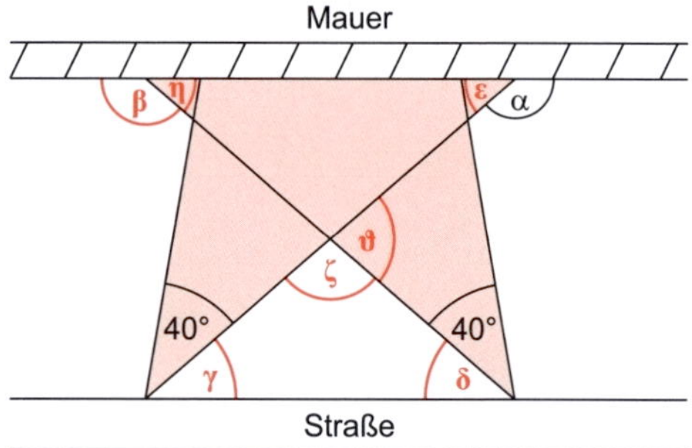


Kannst du noch weitere Winkel berechnen?

**94** Du kennst sicher die Aussage: Der direkte Weg ist immer der kürzeste. Im Dreieck gilt dementsprechend: Eine Seite im Dreieck ist stets kürzer als die Summe der Längen der beiden anderen Seiten. Mathematisch ausgedrückt heißt dies:

$a < b + c$ und $b < a + c$ und $c < a + b$

Entscheide, ob die 3 gegebenen Seitenlängen zu einem Dreieck gehören können oder nicht.

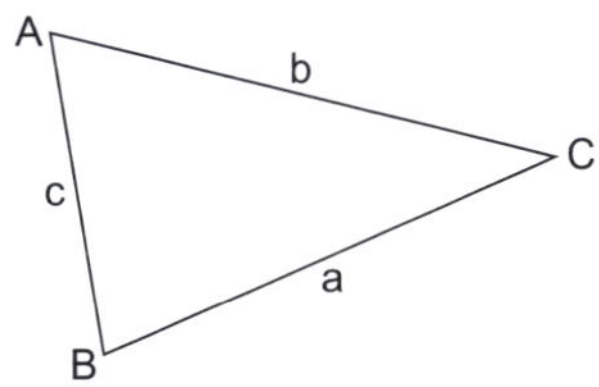


a) $a = 1$ cm; $b = 2$ cm; $c = 2$ cm
b) $a = 7$ cm; $b = 2$ cm; $c = 3$ cm
c) $a = 1$ cm; $b = 2$ cm; $c = 3$ cm
d) $a = 0{,}5$ cm; $b = 0{,}5$ cm; $c = 0{,}75$ cm

**95** Für alle Dreiecke gilt:

- Der kleinste Winkel liegt der kleinsten Seite gegenüber.
- Der größte Winkel liegt der größten Seite gegenüber.
- Der mittlere Winkel liegt der mittleren Seite gegenüber.

a) Miss die jeweiligen Winkel und die gegenüberliegenden Seiten bei nebenstehendem Dreieck und prüfe obige Behauptung.

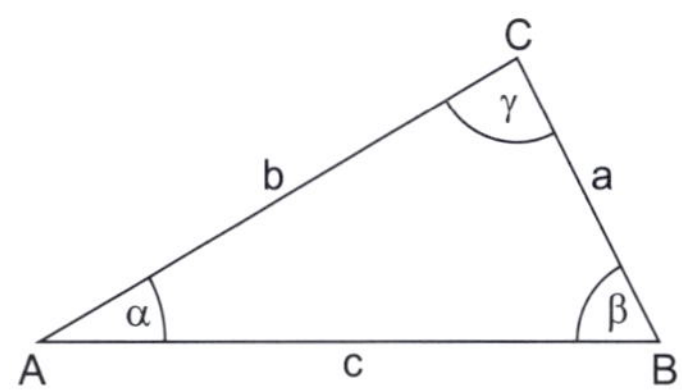


b) Welche Aussage kann man über die Winkel treffen, wenn in einem Dreieck 2 Seiten gleich lang sind?

c) Was bedeutet es für die Seiten eines Dreiecks, wenn alle 3 Winkel gleich groß sind?

# 3 Konstruktion von Dreiecken

Ein Dreieck besteht aus 3 Seiten und 3 eingeschlossenen Winkeln.
Um ein Dreieck mit Zirkel, Lineal und Bleistift zu konstruieren, benötigt man mindestens 3 dieser insgesamt 6 Bestimmungsstücke.

Bei der **Konstruktion von Dreiecken** unterscheidet man 4 Fälle, die jeweils zu einem eindeutig konstruierbaren Dreieck führen. Man kürzt nach den gegebenen Seiten (S) und Winkeln (W) ab.

- **WSW:** Es ist 1 Seite mit den beiden anliegenden Winkeln gegeben.
- **SWS:** Es sind 2 Seiten mit dem eingeschlossenen Winkel gegeben.
- **SSW:** Es sind 2 Seiten und der **Gegenwinkel der größeren Seite** gegeben. (Sind 2 Seiten und der **Gegenwinkel der kleineren Seite** gegeben, kann es auch 2 Lösungen geben.)
- **SSS:** Es sind 3 Seiten gegeben.

Zur **Konstruktion** eines Dreiecks gehören:

- Planfigur (nicht maßstabsgetreu; geg. Bestimmungsstücke farbig hervorheben)
- Konstruktionszeichnung
- Konstruktionsbeschreibung

Beispiele

**1.** Konstruiere das Dreieck ABC aus den gegebenen Stücken.
Gegeben: $c = 3{,}5$ cm; $\alpha = 43°$; $\beta = 50°$

*Lösung:*

**Planfigur:**

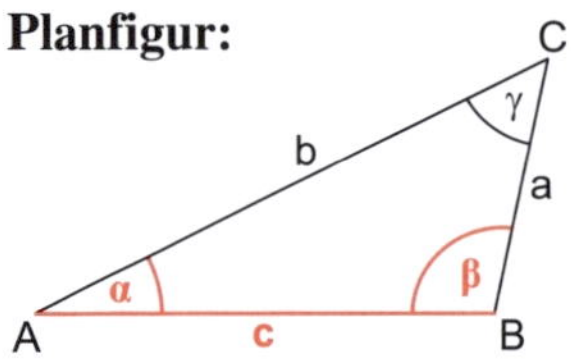


- Hebe die gegebenen Bestimmungsstücke in der Planfigur farbig hervor.
- Weil 1 Seite und die 2 anliegenden Winkel gegeben sind, handelt es sich um eine **WSW-Konstruktion**.

**Konstruktionszeichnung:**

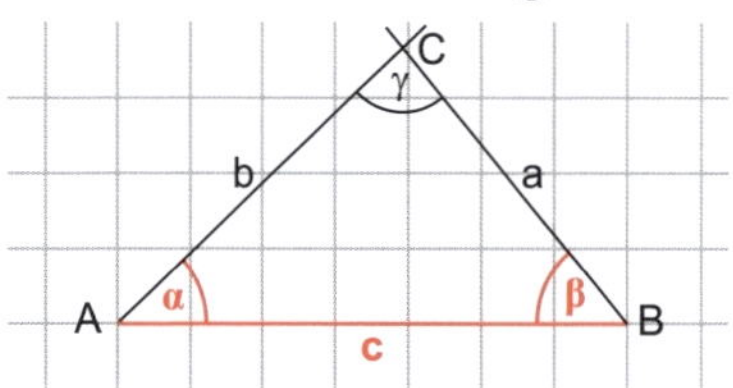


**Konstruktionsbeschreibung:**

1. Seite $c = \overline{AB} = 3{,}5$ cm zeichnen
2. Winkel $\alpha = 43°$ an A antragen
3. Winkel $\beta = 50°$ an B antragen
4. Schnittpunkt der freien Schenkel von $\alpha$ und $\beta$ ist Punkt C

**2.** Konstruiere das Dreieck ABC aus den gegebenen Bestimmungsstücken.
Gegeben: $b = 3{,}5$ cm; $c = 4$ cm; $\alpha = 33°$

*Lösung:*

**Planfigur:**

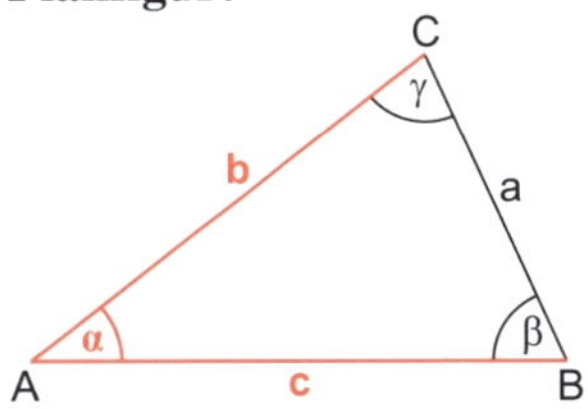


- Hebe die gegebenen Bestimmungsstücke in der Planfigur farbig hervor.
- Weil 2 Seiten und der eingeschlossene Winkel gegeben sind, handelt es sich um eine **SWS-Konstruktion**.

**Konstruktionszeichnung:**

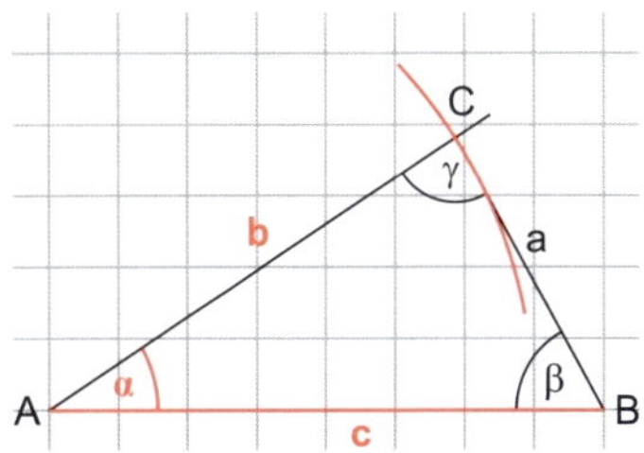


**Konstruktionsbeschreibung:**

1. Seite $c = \overline{AB} = 4$ cm zeichnen
2. Winkel $\alpha = 33°$ an A antragen
3. Kreis um A mit Radius $\overline{CA} = b = 3{,}5$ cm zeichnen
4. Schnittpunkt des Kreises mit dem freien Schenkel von $\alpha$ ist Punkt C

**3.** Konstruiere das Dreieck ABC aus den gegebenen Bestimmungsstücken.

a) Gegeben: $b = 4$ cm; $c = 3$ cm; $\beta = 97°$
(Fall 1: Es ist der Gegenwinkel der **größeren** Seite gegeben.)

b) Gegeben: $b = 4$ cm; $c = 1$ cm; $\gamma = 10°$
(Fall 2: Es ist der Gegenwinkel der **kleineren** Seite gegeben.)

*Lösung:*

a) **Planfigur:**

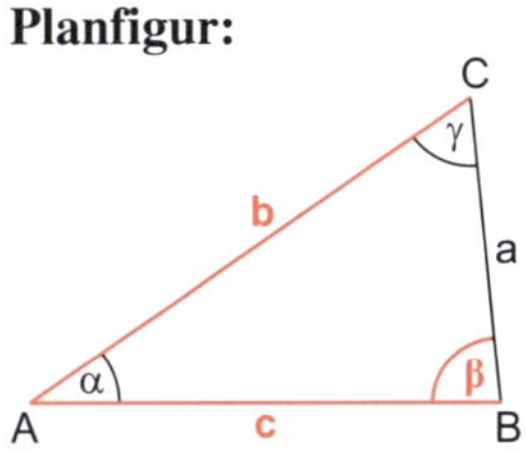


- Hebe die gegebenen Bestimmungsstücke in der Planfigur farbig hervor.
- Weil 2 Seiten und der Gegenwinkel der größeren Seite gegeben sind, handelt es sich um eine **SSW-Konstruktion**.

**Konstruktionszeichnung:**

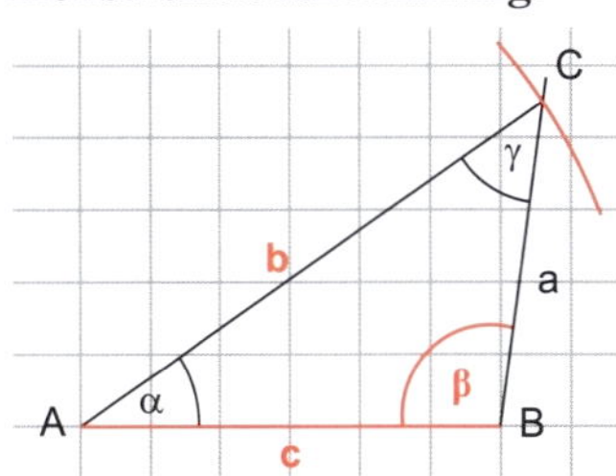


**Konstruktionsbeschreibung:**

1. Seite $c = \overline{AB} = 3$ cm zeichnen
2. Winkel $\beta = 97°$ an B antragen
3. Kreis um A mit Radius $\overline{CA} = b = 4$ cm zeichnen
4. Schnittpunkt des Kreises mit dem freien Schenkel von $\beta$ ist Punkt C

b) **Planfigur:**

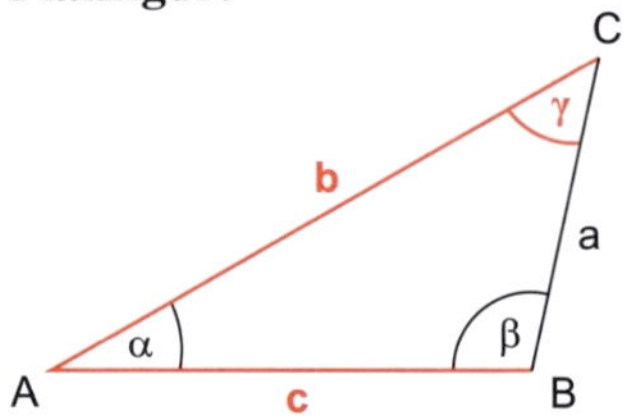


- Hebe die gegebenen Bestimmungsstücke in der Planfigur farbig hervor.
- Weil 2 Seiten und der Gegenwinkel der kleineren Seite gegeben sind, handelt es sich um eine **SSW-Konstruktion**, die in diesem Fall **nicht eindeutig** ist.

**Konstruktionszeichnung:**

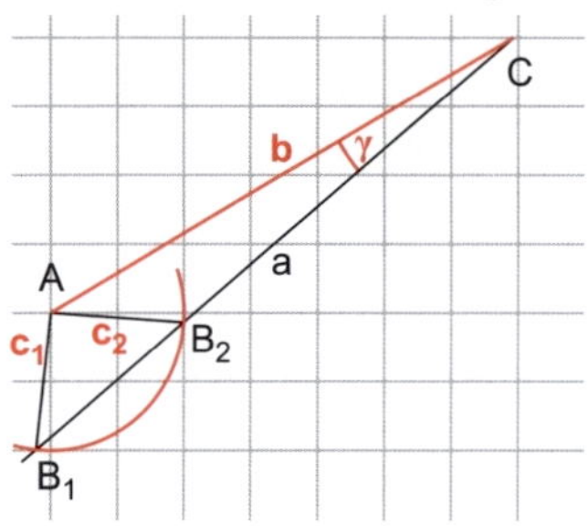


**Konstruktionsbeschreibung:**

1. Seite $b = \overline{CA} = 4$ cm zeichnen
2. Winkel $\gamma = 10°$ an C antragen
3. Kreis um A mit Radius $c = 1$ cm zeichnen
4. Es gibt 2 Lösungen, da der Kreis um A 2 Schnittpunkte mit dem freien Schenkel von $\gamma$ hat. Es gibt also 2 Dreiecke $AB_1C$ und $AB_2C$.

**4.** Konstruiere das Dreieck ABC aus den gegebenen Bestimmungsstücken. Gegeben: $a = 3{,}5$ cm; $b = 2{,}5$ cm; $c = 4$ cm

*Lösung:*

**Planfigur:**

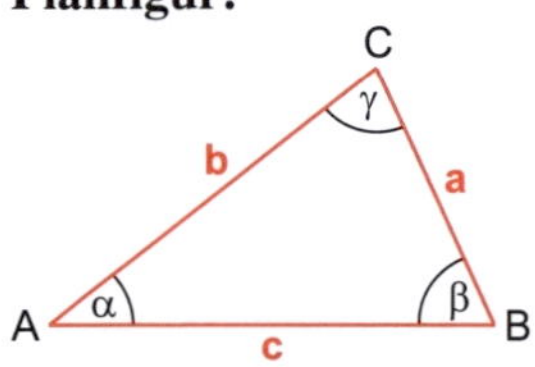


- Hebe die gegebenen Bestimmungsstücke in der Planfigur farbig hervor.
- Weil 3 Seiten gegeben sind, handelt es sich um eine **SSS-Konstruktion**.

**Konstruktionszeichnung:**

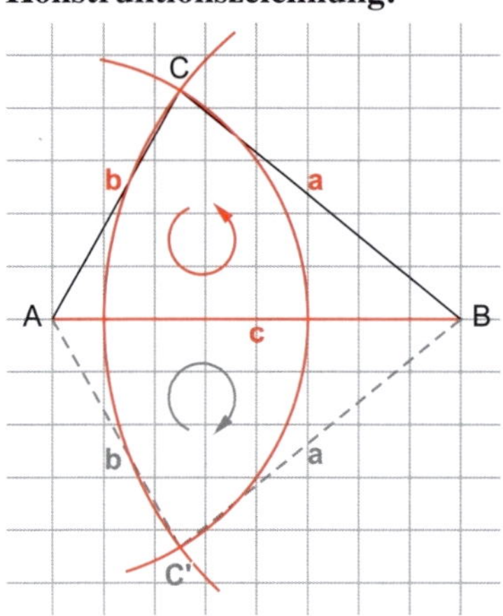


**Konstruktionsbeschreibung:**

1. Seite $\overline{AB} = c = 4$ cm zeichnen
2. Kreis um A mit Radius $\overline{CA} = b = 2{,}5$ cm zeichnen
3. Kreis um B mit dem Radius $\overline{BC} = a = 3{,}5$ cm zeichnen
4. Oberer Schnittpunkt der beiden Kreise ist Punkt C. (Mit dem unteren Schnittpunkt C' ergibt sich ein Dreieck ABC', das falsch orientiert ist.)

**96** Konstruiere das Dreieck ABC mithilfe der gegebenen 3 Kenngrößen. Fertige eine Planfigur, eine Konstruktionsbeschreibung und eine Konstruktionszeichnung an.

a) $\beta = 55°$; $\alpha = 80°$; $c = 5$ cm (WSW)

b) $b = 2{,}5$ cm; $a = 4{,}5$ cm; $\gamma = 85°$ (SWS)

c) $c = 5$ cm; $\gamma = 100°$; $b = 3{,}5$ cm (SSW)

d) $a = 4{,}5$ cm; $b = 2{,}5$ cm; $c = 3$ cm (SSS)

**97**

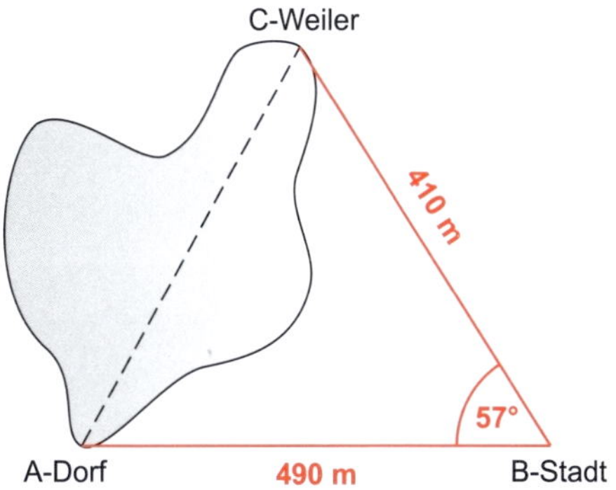


Die Entfernung zwischen den Orten A-Dorf und C-Weiler soll ermittelt werden. Zwischen beiden Orten erstreckt sich ein See. Löse die Aufgabe zeichnerisch. (Maßstab 1 : 10 000)

**98** Vom Dreieck ABC sind bekannt: $c = 4$ cm; $b = 3$ cm; $\beta = 97°$

a) Um welche Art der Konstruktion handelt es sich?

b) Zeichne eine Planfigur.

c) Versuche, eine Konstruktionszeichnung anzufertigen.

d) Fertige eine Konstruktionsbeschreibung an.

e) Warum gibt es bei diesen gegebenen Bestimmungsstücken keine Lösung, obwohl gegenüber dem Beispiel 3. a nur c und b vertauscht wurden?

**99** Vom Dreieck ABC sind bekannt: $c = 4$ cm; $b = 3$ cm; $\beta = 45°$

a) Um welche Art der Konstruktion handelt es sich?

b) Zeichne eine Planfigur.

c) Versuche, eine Konstruktionszeichnung anzufertigen.

d) Fertige eine Konstruktionsbeschreibung an.

e) Warum gibt es bei diesen gegebenen Bestimmungsstücken 2 Lösungen, obwohl gegenüber der obigen Aufgabe nur β verkleinert wurde?

Zwei Dreiecke sind **kongruent** bzw. deckungsgleich, wenn sie in Form und Größe übereinstimmen.
In Zeichen: $\Delta ABC \cong \Delta DEF$ („Dreieck ABC ist kongruent zu Dreieck DEF.“)

Kongruent sind alle Dreiecke, die übereinstimmen in:
- 1 Seite und den 2 anliegenden Winkeln (WSW)
- 2 Seiten und dem 1 eingeschlossenen Winkel (SWS)
- 2 Seiten und dem 1 Gegenwinkel der größeren Seite (SSW)
- 3 Seiten (SSS)

Beispiel

1. Zwei Dreiecke sind zueinander kongruent, wenn sie in allen Seiten übereinstimmen (SSS).

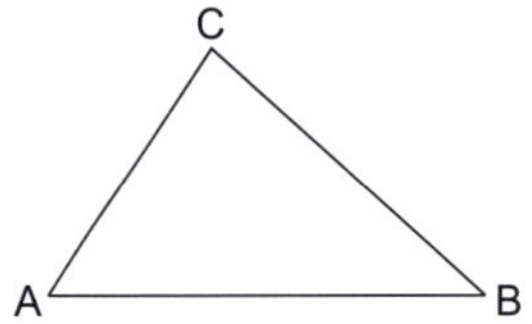


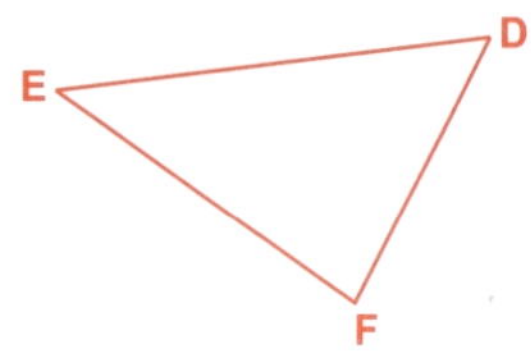


Es gilt: $\left.\begin{array}{l}\overline{AB} = \overline{\mathbf{DE}}\\ \overline{BC} = \overline{\mathbf{EF}}\\ \overline{CA} = \overline{\mathbf{FD}}\end{array}\right\}$ Also gilt: $\Delta ABC \cong \mathbf{\Delta EFD}$

2. Zwei Dreiecke sind zueinander kongruent, wenn sie in 2 Winkeln und der eingeschlossenen Seite übereinstimmen. (WSW)

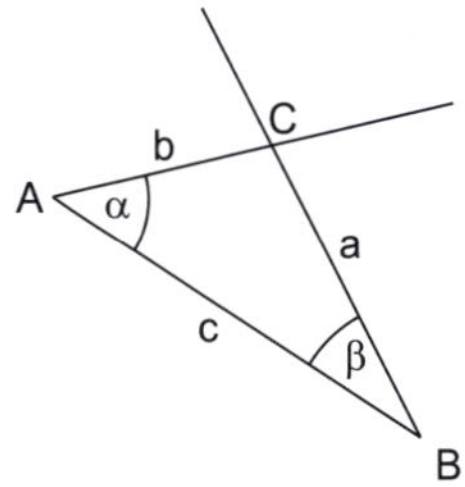


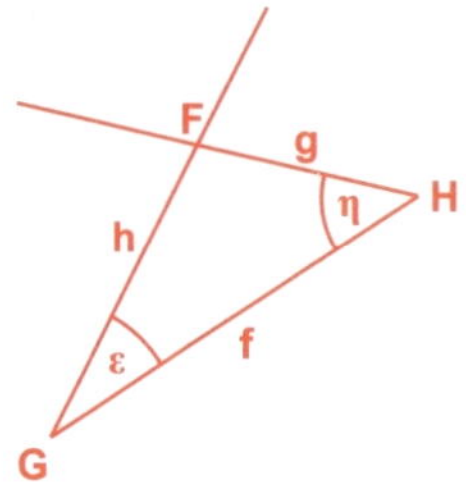


Es gilt: $\left.\begin{array}{l}\alpha = \boldsymbol{\eta}\\ c = \mathbf{f}\\ \beta = \boldsymbol{\varepsilon}\end{array}\right\}$ Also gilt: $\Delta ABC \cong \mathbf{\Delta GHF}$

**100** Zeichne 3 kongruente Dreiecke mit den Größen 4 cm, 35° und 3 cm (SWS) in verschiedenen Positionen.

**101** a) Wie führt man die Dreieckskonstruktion SWW (1 Seite und 2 Winkel, von denen einer der Seite gegenüberliegt) auf die WSW-Konstruktion zurück?

b) Warum kann es die eindeutige Dreieckskonstruktion WWW nicht geben?

# 4 Besondere Linien im Dreieck

## Mittelsenkrechte und Umkreis

3 Freundinnen wohnen in den Orten Breisach, Freiburg und Riegel. Damit sie alle gleich weit fahren müssen, wollen sie sich an einem Ort treffen, der von ihren 3 Wohnorten gleich weit entfernt ist.
Als Ausgangspunkte nehmen sie die beiden Münster in Breisach und Freiburg sowie die Dorfkirche in Riegel. An welchem Ort treffen sie sich?

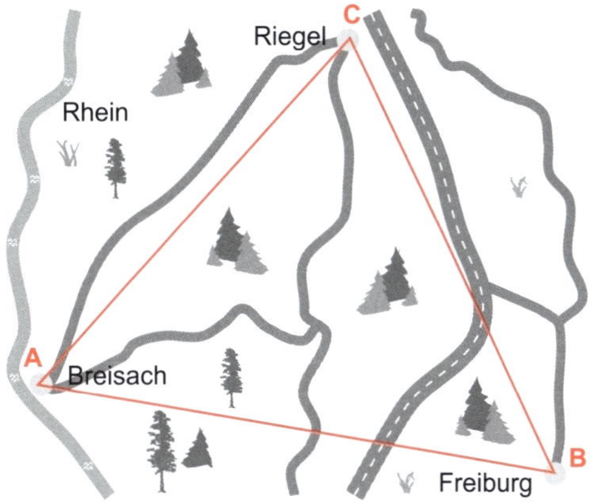


Die Gerade, die senkrecht durch den Mittelpunkt einer Strecke $\overline{AB}$ verläuft, nennt man die **Mittelsenkrechte $m_{\overline{AB}}$** der Strecke $\overline{AB}$.

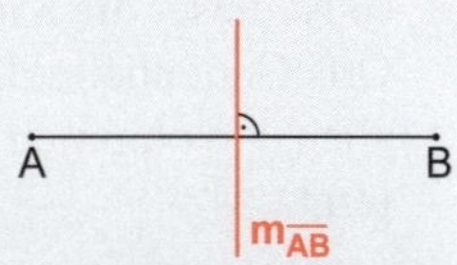


Eigenschaften der Mittelsenkrechten $m_{\overline{AB}}$ der Strecke $\overline{AB}$:

- Jeder Punkt der Mittelsenkrechten hat von den Punkten A und B den gleichen Abstand.
- Die Mittelsenkrechte $m_{\overline{AB}}$ ist Spiegelachse der Strecke $\overline{AB}$.

Beispiel

Bestimme den Punkt Q, der in einem beliebigen Dreieck ABC von allen Eckpunkten gleich weit entfernt ist. Bestimme so den Treffpunkt der 3 Freundinnen aus der Einleitung.

*Lösung:*
Bestimme zunächst alle Punkte, die von den 2 Eckpunkten A und B des Dreiecks gleich weit entfernt sind. Zeichne dazu 2 Kreise mit gleichem Radius durch die Punkte A und B. Damit sich die beiden Kreise schneiden, muss der Radius größer als die Hälfte der Länge der Strecke $\overline{AB}$ sein. Die Gerade durch die Schnittpunkte der beiden Kreise ist die **Mittelsenkrechte $m_{\overline{AB}}$** der Strecke $\overline{AB}$.

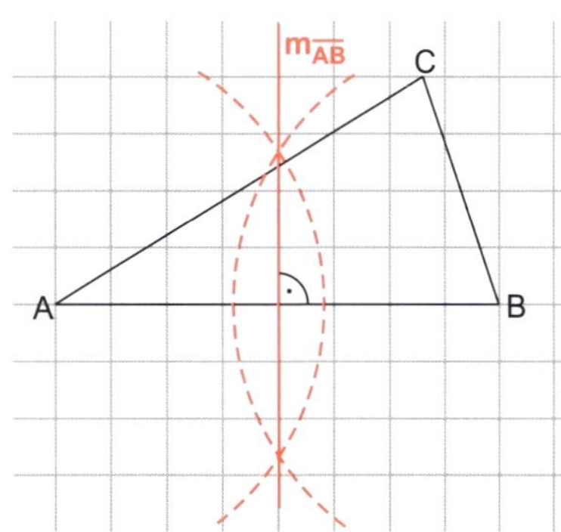

Bestimme in einem zweiten Schritt alle Punkte, die von den 2 Eckpunkten B und C des Dreiecks gleich weit entfernt sind. Durch dieselbe Konstruktion wie vorher erhält man die **Mittelsenkrechte $m_{\overline{BC}}$** der Strecke $\overline{BC}$.

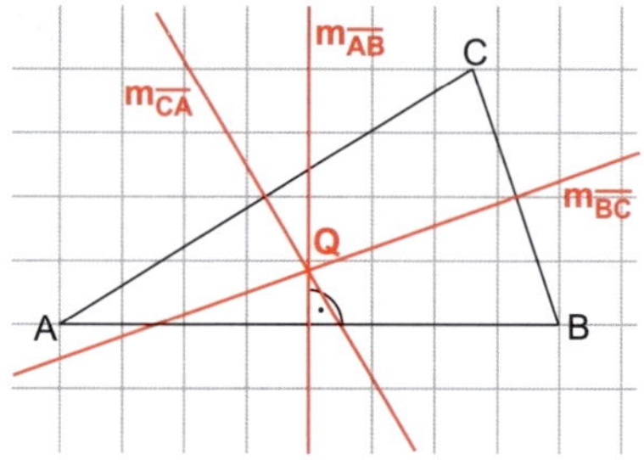


Der Schnittpunkt der Mittelsenkrechten $m_{\overline{AB}}$ und $m_{\overline{BC}}$ ist gleich weit von A und B entfernt (als Punkt auf $m_{\overline{AB}}$) und gleich weit von B und C entfernt (als Punkt auf $m_{\overline{BC}}$). Damit ist er auch gleich weit von A und C entfernt und folglich der gesuchte Punkt Q. Die Konstruktion der Mittelsenkrechten $m_{\overline{AC}}$ zur Strecke $\overline{AC}$ ist damit nicht mehr nötig, denn auch sie schneidet $m_{\overline{AB}}$ und $m_{\overline{BC}}$ im gleichen PunktQ.

Wendet man dieses Konstruktionsverfahren zur Bestimmung des Treffpunkts der 3 Freundinnen an, so ist dieser die Kirche des kleinen Orts Gottenheim. Dieser Ort ist von allen 3 Wohnorten gleich weit entfernt.

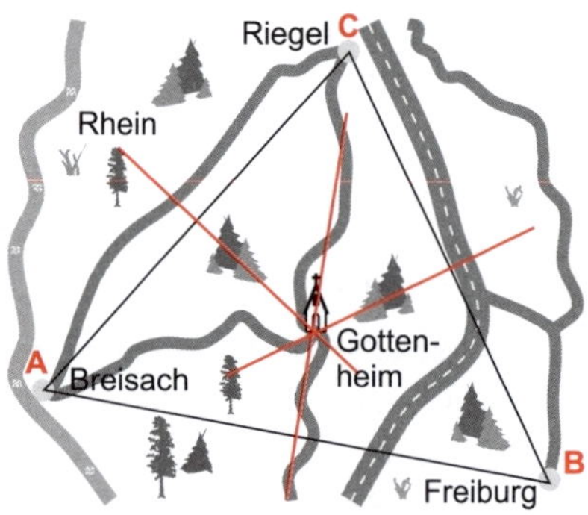

Der Kreis, der durch alle Eckpunkte eines Dreiecks geht, heißt **Umkreis** des Dreiecks.
**Der Schnittpunkt der 3 Mittelsenkrechten** ist der Mittelpunkt des Umkreises.

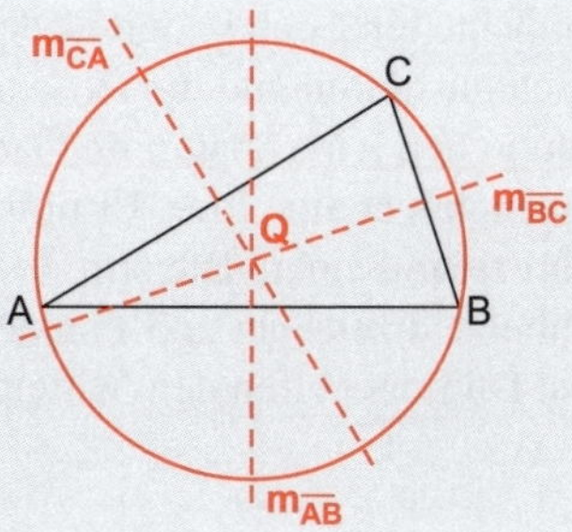


Beispiel

Konstruiere den Umkreis für das Dreieck ABC mit $a = 4{,}5$ cm, $\beta = 115°$ und $\gamma = 35°$.

*Lösung:*

**Konstruktionszeichnung:**

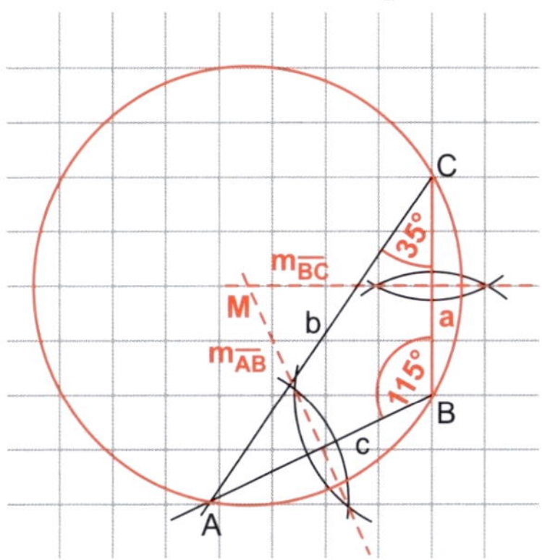


In diesem Beispiel liegt der Mittelpunkt M des Umkreises außerhalb des Dreiecks ABC.

**Konstruktionsbeschreibung:**

1. Konstruktion des Dreiecks ABC nach (WSW)
2. Konstruktion von zwei Mittelsenkrechten $m_{\overline{AB}}$ und $m_{\overline{BC}}$
3. $m_{\overline{AB}}$ und $m_{\overline{BC}}$ schneiden sich im Punkt M (Mittelpunkt des Umkreises)
4. Kreis um M durch die Eckpunkte A, B und C

**102** Gegeben ist ein Koordinatensystem (Einheit 0,5 cm) und ein Dreieck mit den Koordinaten A(1 | 1), B(7 | 0,5) und C(4 | 5).

a) Konstruiere die 3 Mittelsenkrechten des Dreiecks ABC.

b) Konstruiere den Umkreis.

c) Welche Koordinaten hat der Mittelpunkt des Umkreises?

**103** Zeichne drei beliebige Punkte A, B und C.
Konstruiere einen Kreis, auf dem alle drei Punkte liegen.

**104** Lars möchte ein Loch in den Boden einer Blechdose bohren, durch diese Öffnung eine Schnur führen und die Dose anschließend zum Schutz vor „diebischen" Vögeln in den Kirschbaum im Garten hängen. Um die Mitte des Dosendeckels zu finden, hat er eine Idee. Er nimmt die Dose, stellt sie auf ein Blatt Papier und umfährt sie mit einem Bleistift.
Anschließend zeichnet er 3 Punkte auf den Kreis …
Kannst Du Lars helfen den Mittelpunkt der Dose zu finden?

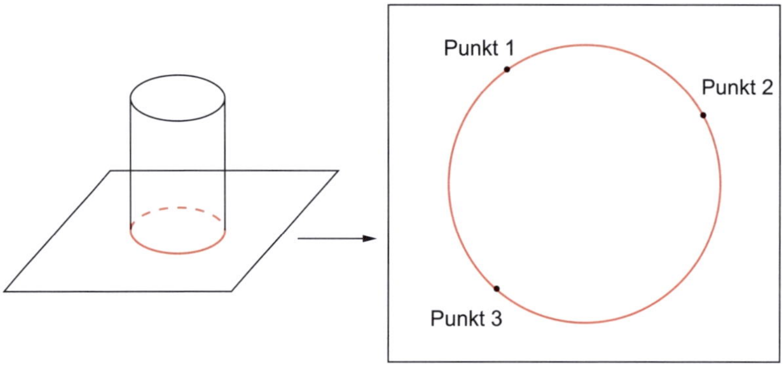


**105** Zeichne drei Dreiecke ABC mit den Größen

a) $c = 5$ cm; $b = 6$ cm; $\alpha = 50°$

b) $c = 5$ cm; $b = 6$ cm; $\alpha = 90°$

c) $c = 5$ cm; $b = 6$ cm; $\alpha = 110°$

Du stellst fest, dass sich nur der eingeschlossene Winkel ändert. Die anliegenden Seiten sind jeweils gleich groß. Konstruiere jeweils den Mittelpunkt M des Umkreises und zeichne den Umkreis ein.

Welche Schlussfolgerung kannst du ziehen? Versuche Regeln zu formulieren:

d) Hat ein Dreieck nur spitze Innenwinkel, so liegt M …

e) Hat ein Dreieck einen rechten Innenwinkel, so liegt M …

f) Hat ein Dreieck einen stumpfen Innenwinkel, so liegt M …

## Winkelhalbierende und Inkreis

Ein rohes Ei soll so auf einem dreieckigen Tisch platziert werden, dass es bestmöglich vor dem Herunterfallen geschützt ist. Gesucht ist also der Punkt, der zu jeder Seite den gleichen (rechtwinkligen) Abstand hat. Wie kann dieser Punkt gefunden werden?

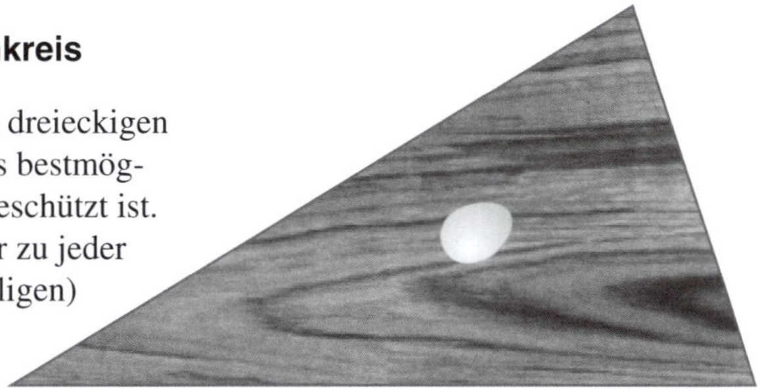

Die Gerade, die durch den Scheitel eines Winkels $\alpha$ verläuft und ihn halbiert, heißt **Winkelhalbierende $w_\alpha$** des Winkels $\alpha$. Jeder Punkt der Winkelhalbierenden $w_\alpha$ hat von den Schenkeln des Winkels $\alpha$ den gleichen (rechtwinkligen) Abstand.

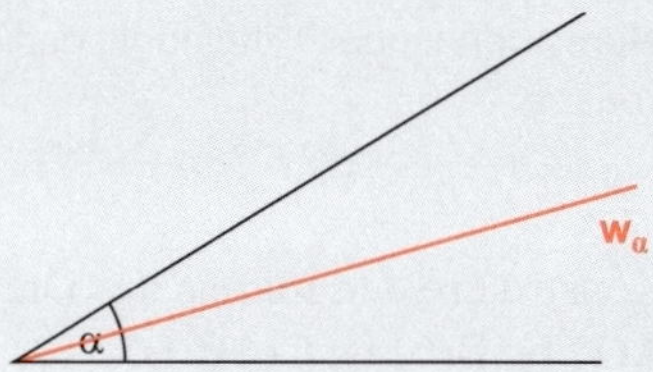


Beispiel

Bestimme den Punkt Q, der in einem beliebigen Dreieck ABC von allen Seiten gleich weit entfernt ist.

*Lösung:*

Bestimme zunächst alle Punkte, die von den Seiten c und b den gleichen Abstand haben. Zeichne dazu am Scheitelpunkt des Winkels $\alpha$ einen Kreisbogen so ein, dass er die beiden Schenkel in zwei Punkten D und E schneidet. Die **Winkelhalbierende $w_\alpha$** ist dann die Mittelsenkrechte der Strecke $\overline{DE}$.

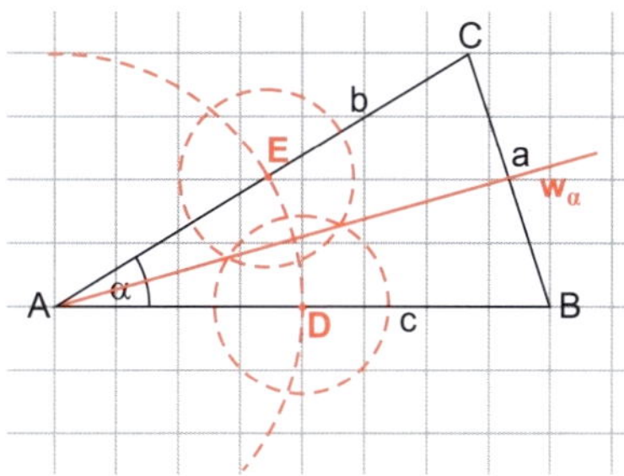


Bestimme in einem zweiten Schritt alle Punkte, die von den Seiten c und a des Dreiecks gleich weit entfernt sind. Durch dieselbe Konstruktion wie vorher erhält man die **Winkelhalbierende $w_\beta$** von $\beta$. Der Schnittpunkt der Winkelhalbierenden $w_\alpha$ und $w_\beta$ ist gleich weit von c und b entfernt (als Punkt auf $w_\alpha$) und gleich weit von c und a entfernt (als Punkt auf $w_\beta$).

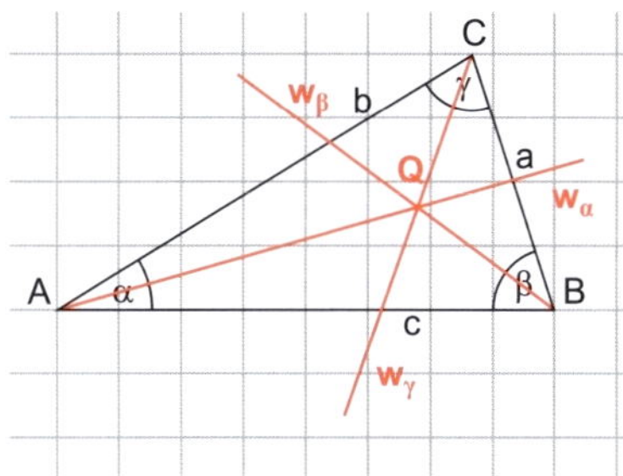


Damit ist er auch gleich weit von a und b entfernt und folglich der gesuchte Punkt Q. Die Konstruktion der Winkelhalbierenden $w_\gamma$ des Winkels $\gamma$ ist damit nicht mehr nötig, denn auch sie schneidet $w_\alpha$ und $w_\beta$ im selben Punkt Q.

*Achtung:*
Natürlich kann die Winkelhalbierende auch mithilfe des Geodreiecks bestimmt werden. Dabei handelt es sich aber **nicht** um eine Konstruktion, sondern nur um eine einfache Winkelbestimmung!

Der Kreis, der die 3 Seiten eines Dreiecks berührt, heißt **Inkreis** des Dreiecks.
Der **Schnittpunkt der 3 Winkelhalbierenden** ist der Mittelpunkt des Inkreises.

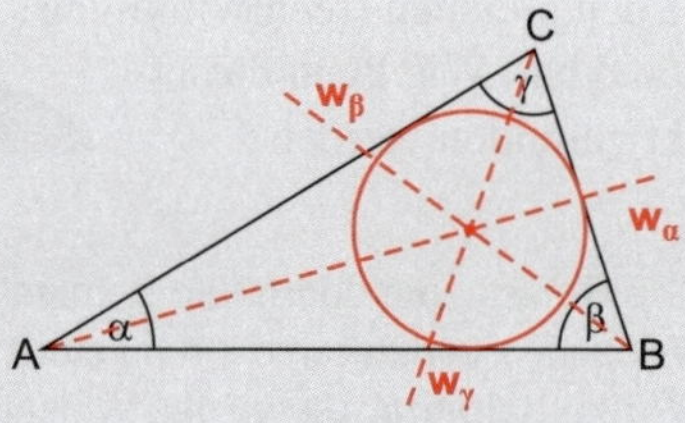


Beispiel

Konstruiere den Inkreis des Dreiecks ABC mit den Koordinaten:
A(1 | 1); B(6 | 1); C(4 | 6)
Welche Koordinaten hat der Mittelpunkt des Inkreises?

*Lösung:*

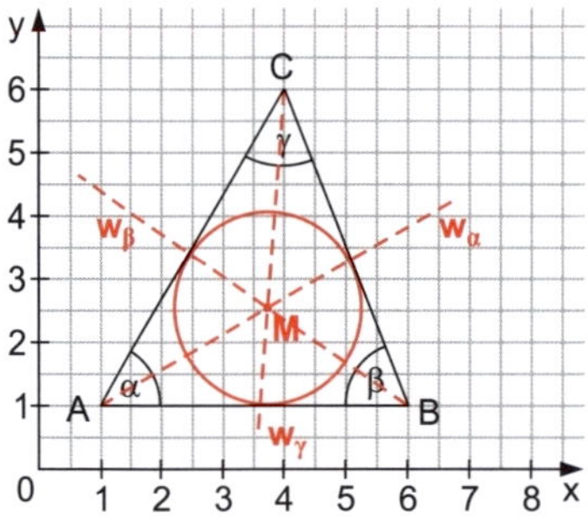


M(3,7 | 2,5)

Zunächst werden die Punkte A, B und C in das Koordinatensystem eingezeichnet.

Dann werden 2 der Winkelhalbierenden $w_\alpha$, $w_\beta$ und $w_\gamma$ der Winkel $\alpha$, $\beta$ und $\gamma$ nach dem bekannten Verfahren konstruiert.

Der Schnittpunkt M der 3 bzw. 2 Winkelhalbierenden ist der Mittelpunkt des Inkreises.

**106** Konstruiere den Schnittpunkt der Winkelhalbierenden des Dreiecks ABC mit A(–4 | 0), B(7 | –1) und C(–1 | 7), gib seine Koordinaten an und zeichne den Inkreis des Dreiecks ABC ein.

**107** Konstruiere den Schnittpunkt der Winkelhalbierenden bei einem beliebigen gleichseitigen Dreieck.
Was fällt dir auf?

**108** Bislang hast du das Halbieren eines Winkels geübt.
Kannst du auch einen gegebenen Winkel von beispielsweise 30° ebenfalls nur mit dem Zirkel verdoppeln?

**109** Übertrage die untenstehenden Dreiecke auf kariertes Papier und konstruiere jeweils den Inkreis.

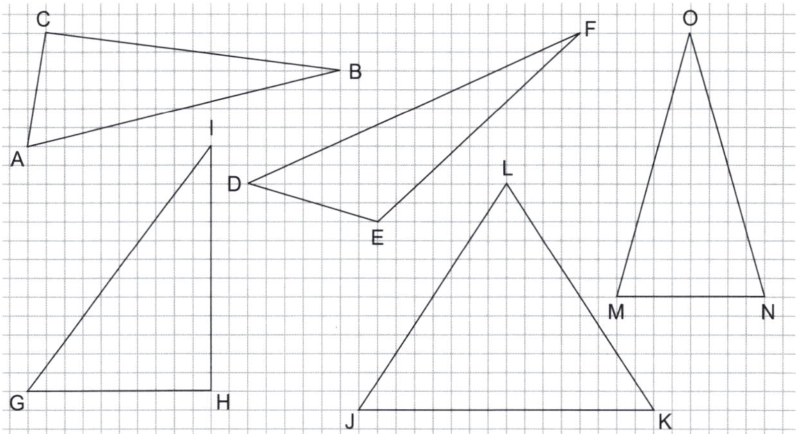


## Seitenhalbierende und Schwerpunkt

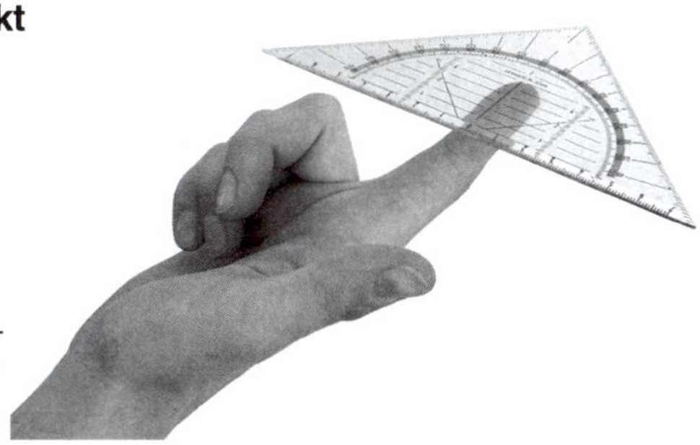

Die **Seitenhalbierenden** eines Dreiecks teilen es in zwei flächengleiche Teildreiecke. Ein Geodreieck mit einheitlicher Gewichtsverteilung teilen sie damit in zwei gleich schwere Teildreiecke. Legt man einen Finger entlang einer Seitenhalbierenden, kann man ein Geodreieck, auf dem Finger balancieren. Nur die Fingerspitze braucht man, wenn man das Geodreieck im Schnittpunkt der Seitenhalbierenden, dem sogenannten **Schwerpunkt S,** balanciert.

Die Verbindungsstrecken der 3 Eckpunkte des Dreiecks ABC mit den Mittelpunkten $M_a$, $M_b$ und $M_c$ der gegenüberliegenden Seiten heißen **Seitenhalbierende $s_a$, $s_b$ und $s_c$** des Dreiecks. Die drei Seitenhalbierenden eines Dreiecks schneiden sich im **Schwerpunkt S** des Dreiecks.

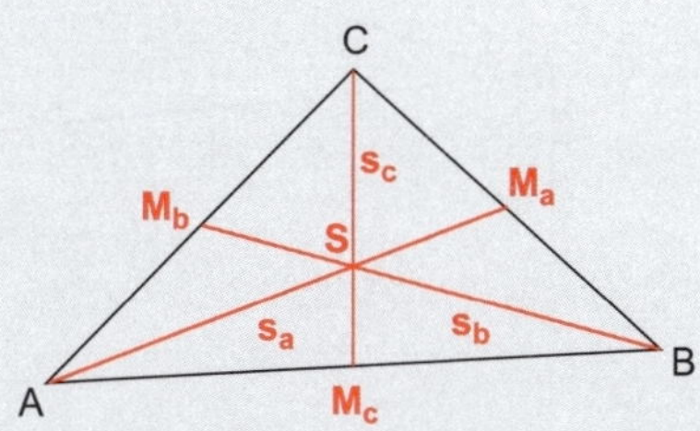

Beispiel

Zeichne das Dreieck ABC mit a = 6 cm, b = 4,5 cm und c = 6,5 cm.
Konstruiere den Schwerpunkt.

*Lösung:*

Die Mittelpunkte $M_a$, $M_b$ und $M_c$ der Seiten a, b und c erhält man durch Konstruktion der Mittelsenkrechten zu den Strecken $\overline{BC}$, $\overline{CA}$ und $\overline{AB}$.

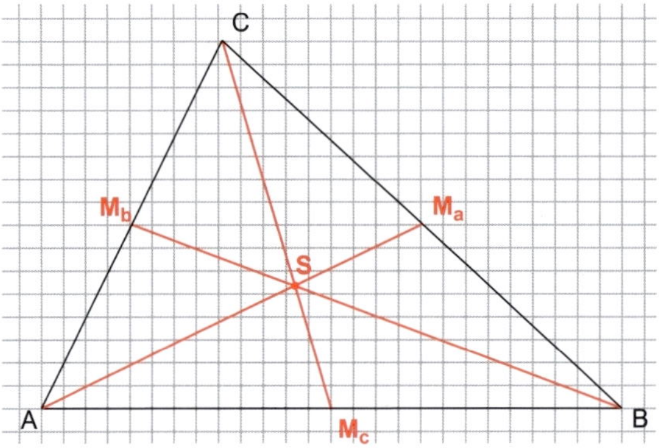


**110** Konstruiere den Schwerpunkt des Dreiecks mit den Eckpunkten A(–1 | 0), B(–5 | –4) und C(1 | –3).

**111** Übertrage die untenstehenden Dreiecke auf kariertes Papier und zeichne jeweils die Seitenhalbierenden und den Schwerpunkt ein.

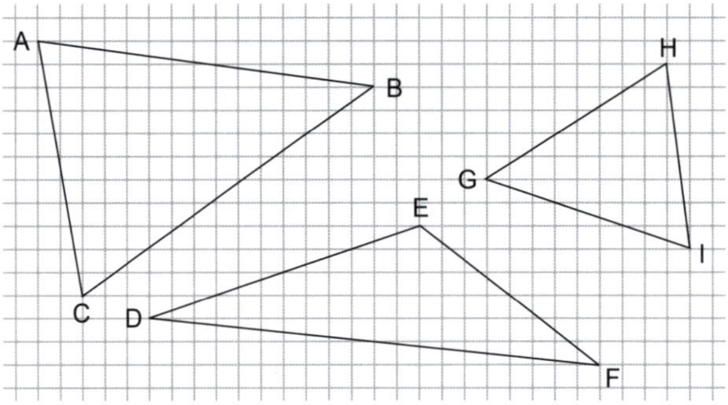

## Höhen und Höhenschnittpunkt

Im Dreieck ABC sind die Strecken $\overline{DC}$, $\overline{EC}$, $\overline{FC}$, $\overline{GC}$, $\overline{HC}$, $\overline{IC}$, $\overline{JC}$ und $\overline{KC}$ eingezeichnet. Eine Strecke davon wird als Höhe $h_c$ des Dreiecks ABC bezeichnet. Die Länge der Höhe $h_c$ entspricht dem Abstand des Punktes C von der Geraden AB. Welche Strecke ist also die Höhe $h_c$?

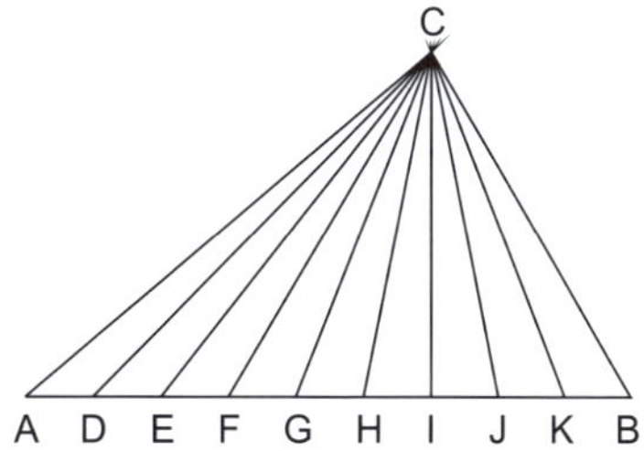


Eine Strecke, die durch den Eckpunkt eines Dreiecks geht und senkrecht auf der gegenüberliegenden Seite steht, heißt **Höhe**.
In jedem Dreieck gibt es 3 Höhen:

- $h_a$ steht senkrecht auf der Seite a und geht durch den Eckpunkt A.
- $h_b$ steht senkrecht auf der Seite b und geht durch den Eckpunkt B.
- $h_c$ steht senkrecht auf der Seite c und geht durch den Eckpunkt C.

Die Höhen eines Dreiecks schneiden sich im **Höhenschnittpunkt H**.

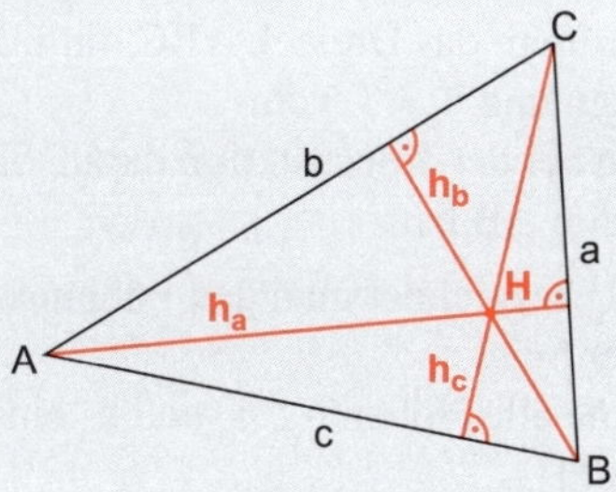


eispiele

**1.**

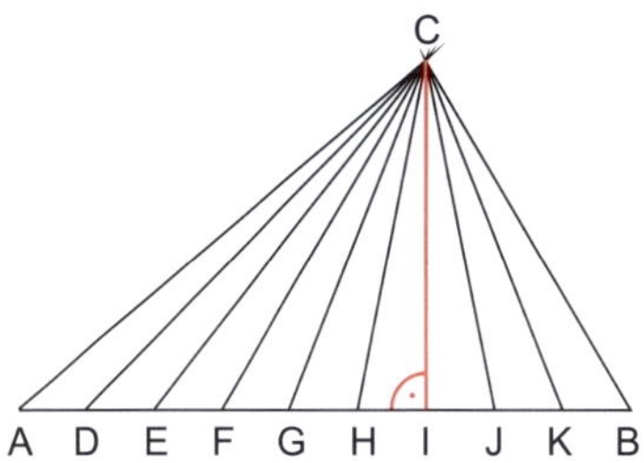


Die Höhe $h_c$ des Dreiecks ABC aus der Einleitung ist die Strecke $\overline{IC}$, denn sie steht **senkrecht** auf der Strecke $\overline{AB} = c$ und verläuft durch den gegenüberliegenden Eckpunkt C.

**2.** Konstruiere den Höhenschnittpunkt H eines stumpfwinkligen Dreiecks.

*Lösung:*

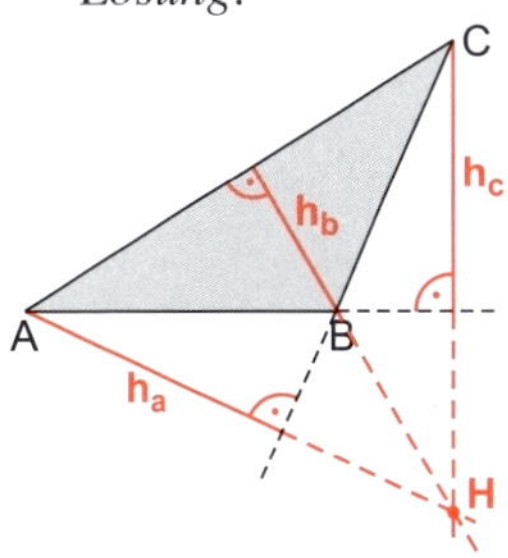


Bei einem stumpfwinkligen Dreieck liegen 2 Höhen und der Höhenschnittpunkt H außerhalb des Dreiecks. Zur Konstruktion der Höhen verlängert man die 2 Seiten des Dreiecks ABC, die den stumpfen Winkel einschließen, und zeichnet dann die Höhen durch die entsprechenden Eckpunkte ein. Den Höhenschnittpunkt erhält man durch Verlängerung der Höhen.

**112** Konstruiere die 3 Höhen der Dreiecke ABC bzw. EFG in einem einzigen Koordinatensystem.

a) A(1 | 1); B(7,5 | 1,5); C(5 | 6)

b) E(0 | 0); F(0,5 | 8); G(–6 | 7)

**113** Zeichne ein rechtwinkliges Dreieck und konstruiere den Höhenschnittpunkt. Was stellst du fest?

**114** Konstruiere das Dreieck ABC, die jeweiligen Höhen und den Höhenschnittpunkt.

a) $a = 3$ cm; $\beta = 65°$; $\gamma = 50°$

b) $a = 6$ cm; $b = 4{,}5$ cm; $c = 7$ cm

**115** a) Konstruiere das Dreieck ABC mithilfe der Bestimmungsstücke $c = 6$ cm, $a = 5$ cm und $h_c = 3{,}5$ cm.
Denke bei der Konstruktion daran, dass $h_c$ immer den gleichen Abstand von der Seite $\overline{AB}$ hat.

b) Mit $H_c$ bezeichnet man den Fußpunkt der Höhe $h_c$, also ihren Schnittpunkt mit der Seite c.
Zeichne alle Höhen $h_c$, $h_b$ und $h_a$ ein und markiere ihre Höhenfußpunkte $H_c$, $H_b$ und $H_a$.

**116** An obigem Beispiel 2 sieht man, dass Höhenfußpunkte auch außerhalb eines Dreiecks liegen können.
Zeichne ein beliebiges stumpfwinkliges Dreieck und markiere alle Höhenfußpunkte, die außerhalb des Dreiecks liegen. Zeichne auch den Höhenschnittpunkt ein.

## Vermischte Aufgaben

**117** Es gibt 6 Kategorien von Dreiecken. Im Allgemeinen sind Dreiecke aber Kombinationen dieser Kategorien zuzuordnen, beispielsweise kann ein Dreieck gleichzeitig rechtwinklig und gleichschenklig sein. Sind alle möglichen Kombinationen denkbar? Trage in die Tabelle entweder ja oder nein ein.

| Kategorien von Dreiecken | gleichseitig | gleichschenklig | allgemein, unregelmäßig |
|---|---|---|---|
| stumpfwinklig | | | |
| spitzwinklig | | | |
| rechtwinklig | | ja | |

**118** Ein Haus wirft einen Schatten von 25 m. Die Strahlen der Sonne treffen in einem Winkel von $\alpha = 33°$ auf der Erde auf.

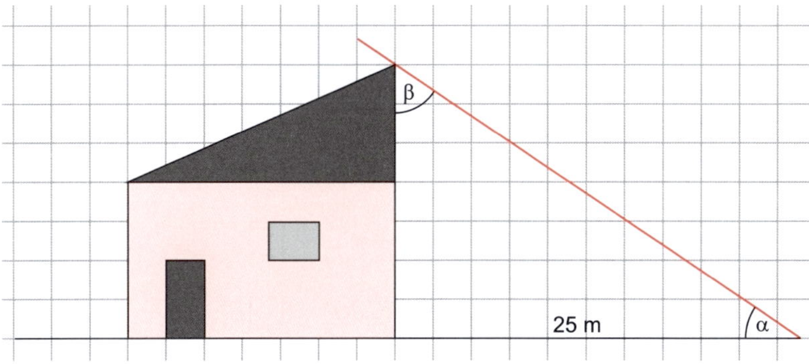


a) Wie hoch ist das Haus?

b) Wie groß ist der Winkel β?

**119** Das Dreieck ABC ist gleichschenklig. Die beiden Schenkel $\overline{CA}$ und $\overline{BC}$ sind gleich lang. In das Dreieck ist die Winkelhalbierende $w_\alpha$ eingezeichnet. Der Winkel α' beträgt 32°.
Wie groß sind die Winkel β und γ?

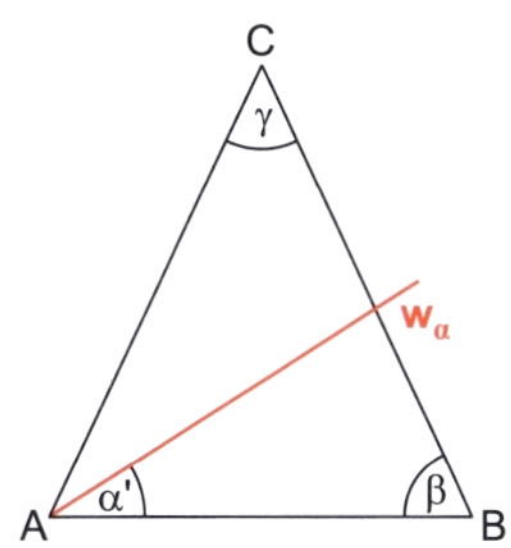


**120** Der Umfang eines gleichschenkligen Dreiecks beträgt 10 cm. Die Basis ist 4 cm lang.
Kann man dieses Dreieck konstruieren?

**121** Kannst du das Dreieck ABC konstruieren?

a) Gegeben: $c = 5$ cm; $\beta = 45°$; $w_\beta = 4$ cm

b) Gegeben: $a = 5$ cm; $\gamma = 50°$; $s_a = 4{,}5$ cm

c) Gegeben: $c = 5$ cm; $\alpha = 35°$; $s_b = 2{,}5$ cm

d) Gegeben: $a = 5$ cm; $h_a = 2$ cm; $b = 2{,}5$ cm

**122** Konstruiere jeweils die Schnittpunkte S, M, H und W der Seitenhalbierenden, Mittelsenkrechten, Höhen und Winkelhalbierenden des Dreiecks ABC.

a) Gegeben ist ein gleichschenkliges Dreieck ABC mit $a = 3$ cm, $b = 2$ cm und $c = 2$ cm.

b) Gegeben ist ein gleichseitiges Dreieck ABC mit $a = 2$ cm, $b = 2$ cm und $c = 2$ cm.

**123** Wahr (w) oder falsch (f)?

| | w | f |
|---|---|---|
| a) Ein rechtwinkliges Dreieck kann einen stumpfen Winkel haben. | ☐ | ☐ |
| b) Ein Dreieck ist immer eindeutig konstruierbar, wenn 2 Seiten und 1 Winkel gegeben sind | ☐ | ☐ |
| c) Ein Dreieck ist immer eindeutig konstruierbar, wenn 1 Seite und 2 Winkel gegeben sind. | ☐ | ☐ |
| d) Ein stumpfer Winkel liegt immer gegenüber der längsten Seite eines Dreiecks. | ☐ | ☐ |
| e) Der längsten Seite eines Dreiecks liegt stets ein stumpfer Winkel gegenüber. | ☐ | ☐ |
| f) Wenn man 3 Punkte verbindet, entsteht stets ein Dreieck. | ☐ | ☐ |
| g) Gegenüber der längsten Seite eines rechtwinkligen Dreiecks liegt stets der rechte Winkel. | ☐ | ☐ |

# Vierecke

## 1 Vierecksformen

Immer dann, wenn 4 verschiedene Punkte so in einer Ebene liegen, dass keine 3 Punkte auf einer Geraden liegen, entsteht durch Verbinden der Punkte ein Viereck. Du kennst bereits Form und Eigenschaften von **Quadrat** und **Rechteck** aus der 5. Klasse. Es gibt jedoch noch zahlreiche andere Vierecksformen. Auf dem Bild siehst du viele verschiedene Vierecke. Es handelt sich dabei um eine Buntglasscheibe, in der viele kleine viereckige Glasstücke zu einer großen Scheibe zusammengesetzt wurden.

**Bezeichnungen im Viereck:**

- Die Eckpunkte eines Vierecks werden mit großen Buchstaben bezeichnet, in der Regel mit A, B, C und D. Die Reihenfolge der Benennung erfolgt dabei immer im Gegenuhrzeigersinn. Man bezeichnet das Viereck dann auch als Viereck ABCD.

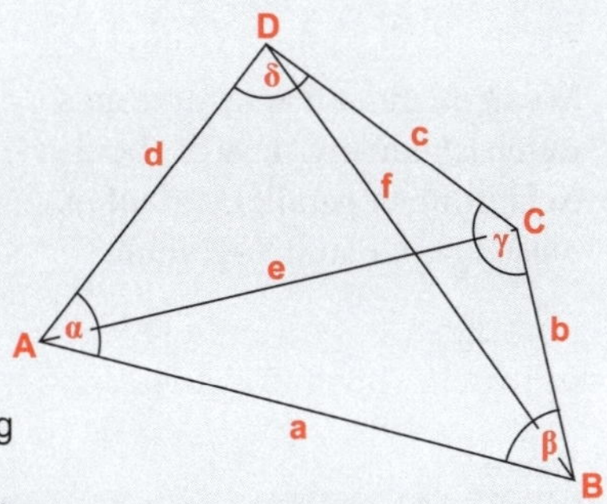


- Die Seiten eines Vierecks werden analog zu den Eckpunkten mit kleinen Buchstaben bezeichnet, in der Regel also mit a, b, c und d. (Im Gegenuhrzeigersinn nachfolgend den Eckpunkten A, B, C und D.)
- Gleichlange Seiten darf man mit den gleichen Buchstaben bezeichnen. (Muss man aber nicht!)
- Jedes Viereck hat 2 Diagonalen, die durch Verbinden der nicht benachbarten Eckpunkte entstehen. Im Viereck ABCD bezeichnet man die Diagonale von A nach C mit e, die Diagonale von B nach D mit f.
- Die Innenwinkel werden analog zu den Eckpunkten, die jeweils die Scheitel bilden, mit den entsprechenden griechischen Buchstaben bezeichnet, in der Regel also mit $\alpha$, $\beta$, $\gamma$ und $\delta$.

Neben den bereits bekannten Vierecksformen

- Quadrat
- Rechteck

unterscheidet man nach Anzahl und Lage gleich langer Seiten und gleich großer Winkel sowie der Lage der Diagonalen noch folgende Vierecksformen:

- Parallelogramm
- Raute
- Trapez
- Drachen
- allgemeines Viereck

**Parallelogramm**

- **Gegenüberliegende Seiten** sind **parallel** zueinander und **gleich lang**.
- **Gegenüberliegende Winkel** sind **gleich groß.**
- Die **Diagonalen halbieren sich** und teilen das Parallelogramm in jeweils 2 kongruente Dreiecke.

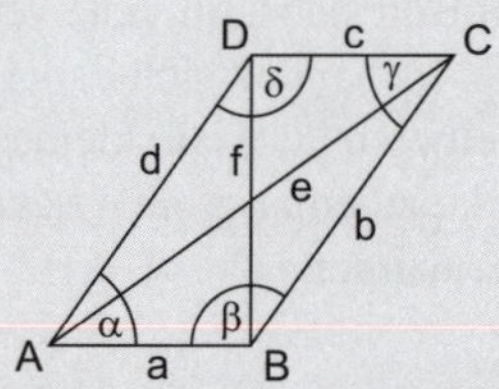


Beispiel

Wenn du einen Papierstreifen so durchschneidest, dass die beiden Schnittlinien parallel verlaufen, entsteht ein Parallelogramm.

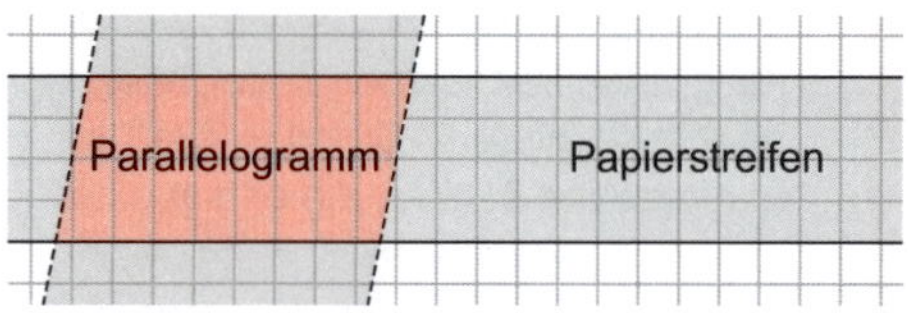


**Raute**

Eine Raute ist ein besonderes Parallelogramm.

- **Alle 4 Seiten** sind **gleich lang**.
- Die **Diagonalen** stehen **senkrecht** aufeinander und teilen das Parallelogramm in 4 kongruente Dreiecke.

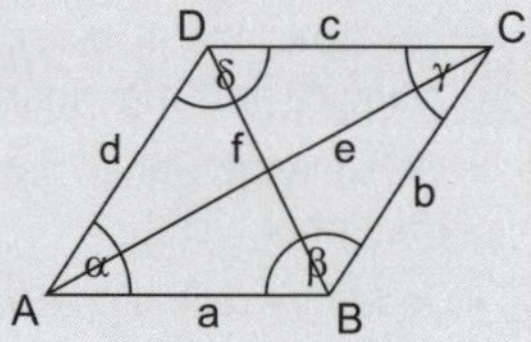


Beispiel

Wenn du einen Papierstreifen so durchschneidest, dass die beiden Schnittlinien parallel verlaufen und die 4 entstehenden Seiten gleich lang sind, entsteht eine Raute.

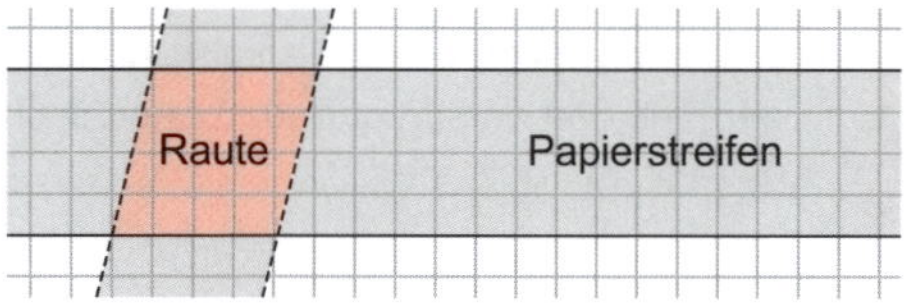

**Trapez**

- **Allgemeines Trapez:**
  **2 Seiten** sind **parallel**.

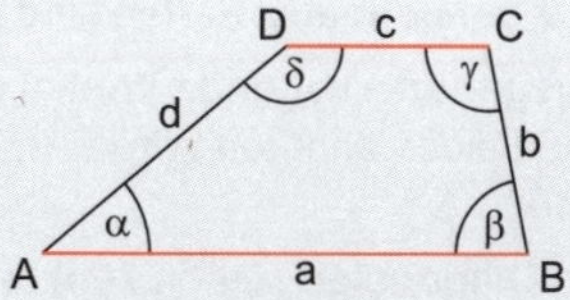


**allgemeines Trapez**

- **Rechtwinkliges Trapez:**
  Besitzt **2 rechte Winkel**.

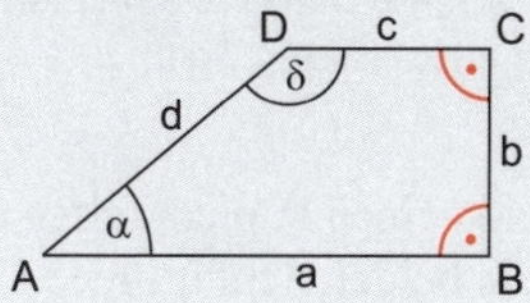


**rechtwinkliges Trapez**

- **Symmetrisches Trapez:**
  Die **2 nicht parallelen Seiten** und die Diagonalen sind jeweils **gleich lang**.
  Die **Winkel** an den **parallelen Seiten** sind jeweils **gleich groß**.
  Die **Mittelsenkrechte** der parallelen Seiten ist **Symmetrieachse**.

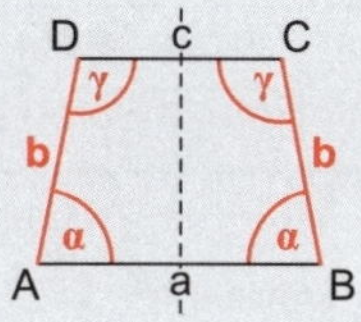


**symmetrisches Trapez**

Beispiel

Wenn du einen Papierstreifen so durchschneidest, dass die beiden Schnittlinien nicht parallel zueinander verlaufen, entsteht ein Trapez.

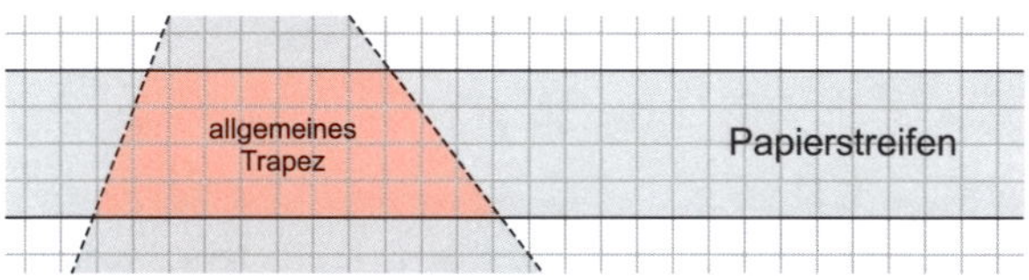


Schnittlinien beliebig.

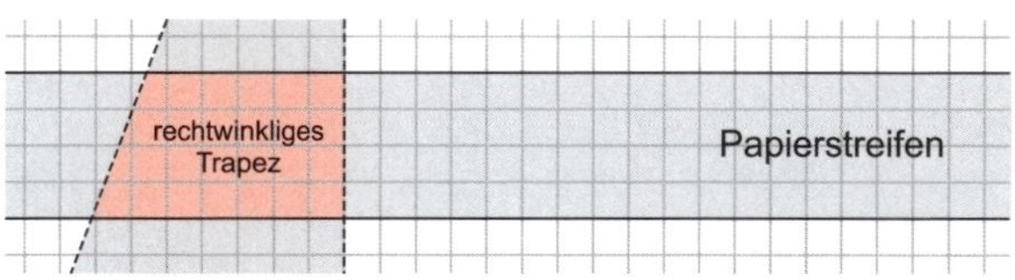


Eine Schnittlinie verläuft senkrecht zum Papierstreifen

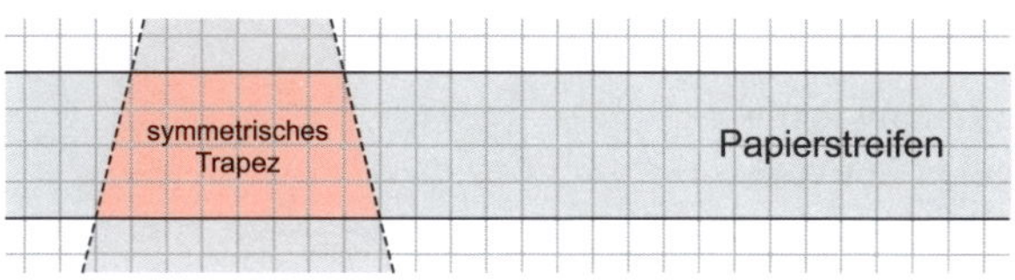


Die Schnittlinien sind gleich lang und symmetrisch zur Mittelsenkrechten der parallelen Seiten.

### Drachen

- Je **2 benachbarte Seiten** sind **gleich lang**.
- **2 gegenüberliegende Winkel** sind **gleich groß**. (Die beiden anderen Winkel sind unterschiedlich groß.)
- Die **Diagonalen** stehen **senkrecht** aufeinander.
- Eine Diagonale ist Symmetrieachse.
- Die längere Diagonale halbiert die kürzere. (Nur im konvexen Fall.)

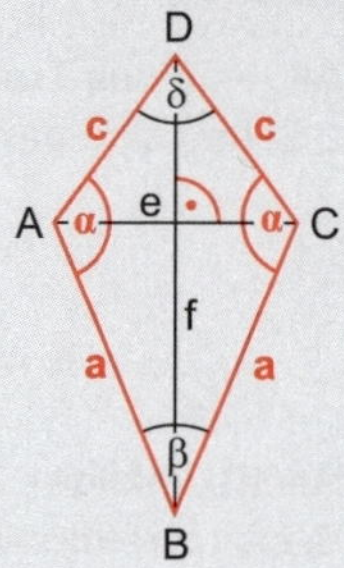


Beispiel

Wenn du einen Papierstreifen erst mittig faltest und dann so durchschneidest, dass die beiden Schnittlinien sich am Rand des Papierstreifens schneiden, entsteht ein Drachen.

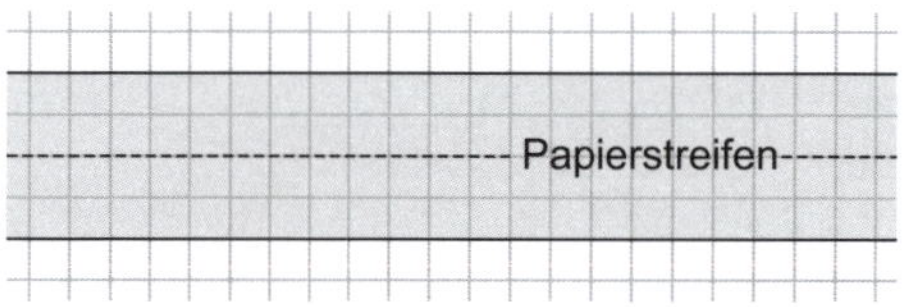


Papierstreifen mittig falten.

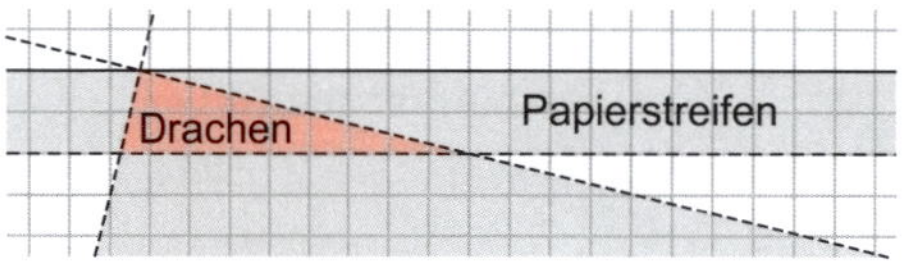


Die Schnittlinien schneiden sich am Rand des Papierstreifens.

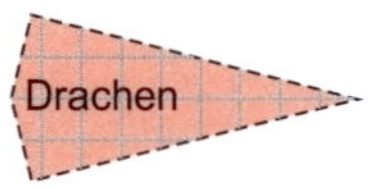


Auseinander falten.

### Allgemeines Viereck

- Keine besonderen Eigenschaften.

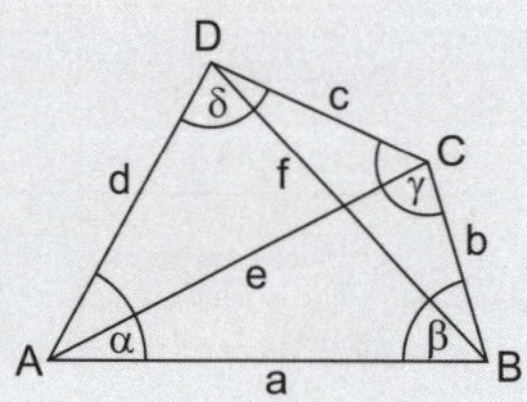


Vierecke, bei denen alle Innenwinkel kleiner als 180° sind, heißen **konvexe Vierecke**.

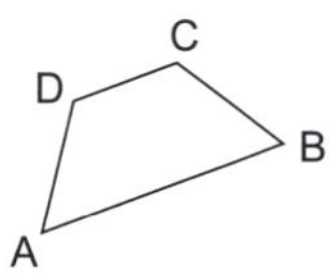

Vierecke, bei denen ein Innenwinkel größer als 180° ist, heißen **konkave Vierecke**.

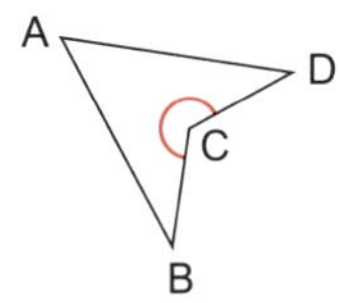


Eine Vierecksform ist spezieller als eine andere, wenn ihre Eigenschaften die der anderen abdecken. Demnach ist das **Quadrat** die **speziellste Vierecksform**, denn ein Quadrat besitzt alle Eigenschaften der anderen Vierecksformen.
Ist nach der Bezeichnung eines Vierecks gefragt, so ist in der Regel der Name der spezielleren Vierecksform gemeint.

Beispiele

**1.** Welche Namen haben folgende Vierecke? (Manche Vierecksformen kommen doppelt vor.)

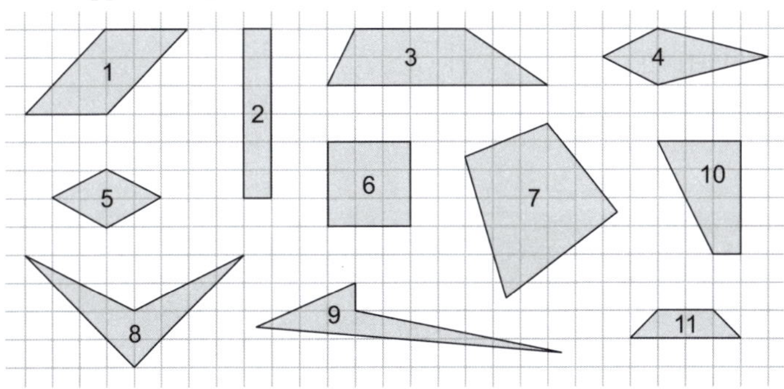


*Lösung:*

| | | | |
|---|---|---|---|
| Parallelogramm | 1 | Quadrat | 6 |
| Rechteck | 2 | allgemeines Viereck | 7; 9 |
| allgemeines Trapez | 3 | rechtwinkliges Trapez | 10 |
| Drachen | 4; 8 | symmetrisches Trapez | 11 |
| Raute | 5 | | |

**2.** Bei welchem Viereck sind genau 2 gegenüberliegende Seiten parallel?

*Lösung:*
Bei einem Trapez.

**124** Bei manchen Vierecken stehen die Diagonalen senkrecht aufeinander. Schreibe alle Vierecke auf, die diese Eigenschaft haben, und zeichne je ein Beispiel. Trage auch die beiden Diagonalen ein.

**125** Welche Vierecke besitzen folgende Eigenschaften?

a) Das Viereck hat genau zwei gleich große Winkel.

b) Das Viereck hat keinen rechten Winkel, aber 2 Paare von zueinander parallelen Seiten.

**126** Die Punkte A(3,5 | 5), B(1,5 | 4) und C(3,5 | 1) sind Eckpunkte eines Drachens. Wie heißen die Koordinaten des vierten Eckpunkts?

**127** Welche Vierecke kennst du, die keine Symmetrieeigenschaften aufweisen?

**128** Wie viele Trapeze erkennst du in der Zeichnung? Liste sie mit ihren Bezeichnungen auf (z. B.: ADCB, BCFE usw.).
Beachte:
BK || GJ, AG || DH || LJ

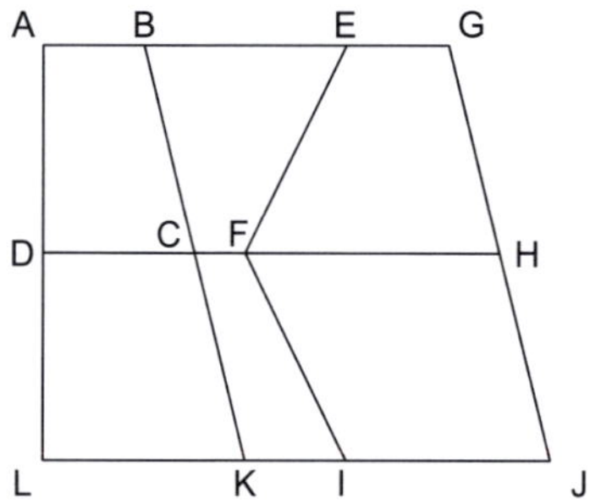


**129** In dieser Figur sind versteckt:
2 symmetrische Trapeze
6 Parallelogramme
1 Raute
1 Drachen
1 Rechteck
6 rechtwinklige Trapeze

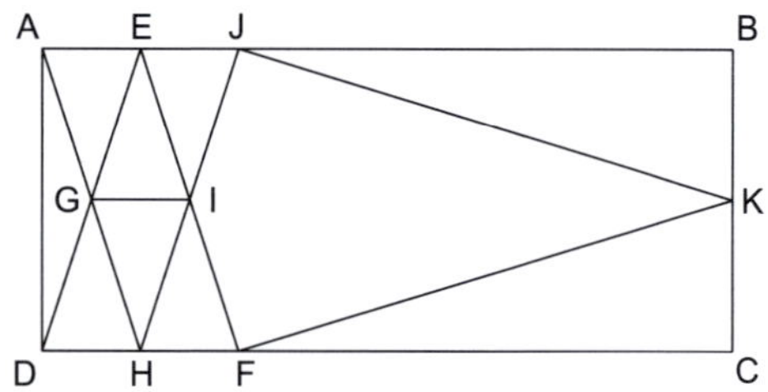


Finde die angegebenen Figuren und liste sie mit ihren Bezeichnungen auf (z. B. Parallelogramm 1: AGIE). Es gilt: AH || EF, ED || JH, AB || GI || DC

**130** Antworte mit wahr (w) oder falsch (f):

a) Jedes Viereck ist achsensymmetrisch.

b) In jedem Viereck gibt es 4 Innenwinkel.

c) Ein Viereck lässt sich immer in 2 Dreiecke zerlegen.

d) Die Seiten eines Vierecks werden mit großen Buchstaben gekennzeichnet.

e) Jedes Viereck hat 4 Seiten, 4 Eckpunkte, 4 Innenwinkel und 4 Diagonalen.

f) Bei einem konkaven Viereck ist ein Innenwinkel größer als 180°.

**131** Von einem Parallelogramm ABCD sind 3 Punkte vorgegeben.
Zeichne den Punkt D in das Koordinatensystem ein.
Wie heißen die Koordinaten aller 4 Eckpunkte und des Zentrums der Punktsymmetrie?

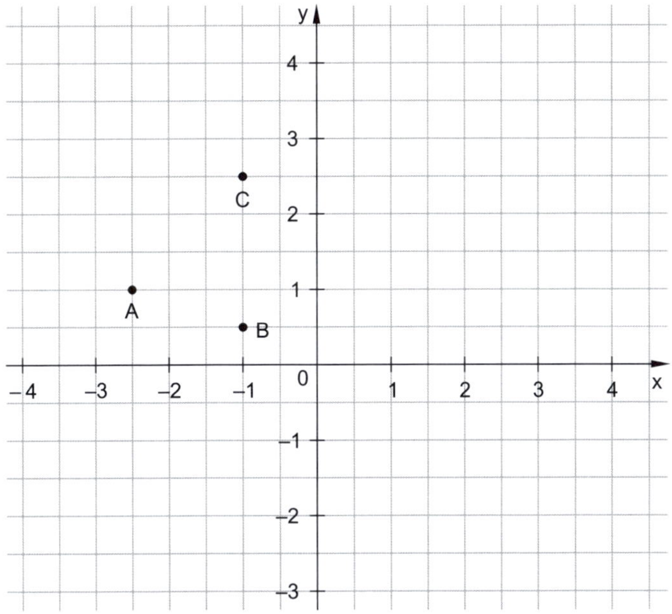


**132** Fülle die leeren Kästchen mit wahr (w) oder falsch (f) aus.

| | Quadrat | Raute | Rechteck | Drachen | Parallelogramm | symmetrisches Trapez | rechtwinkliges Trapez | allgemeines Trapez |
|---|---|---|---|---|---|---|---|---|
| nur gleich große Winkel | | | | | | | | |
| Diagonalen senkrecht aufeinander | | | | | | | | |
| gleich lange Seiten | | | | | | | | |
| gleich lange Diagonalen | | | | | | | | |
| parallele Seiten | | | | | | | | |
| Diagonalen halbieren sich | | | | | | | | |

## 2 Haus der Vierecke

Du kennst bereits die Eigenschaften, die **achsensymmetrische Figuren** wie die nebenstehenden aufweisen. Mithilfe einer weiteren Art der Symmetrie, der sogenannten **Punktsymmetrie**, können die unterschiedlichen Vierecksformen im **Haus der Vierecke** sinnvoll nach Anzahl und Art der Symmetrien angeordnet werden.

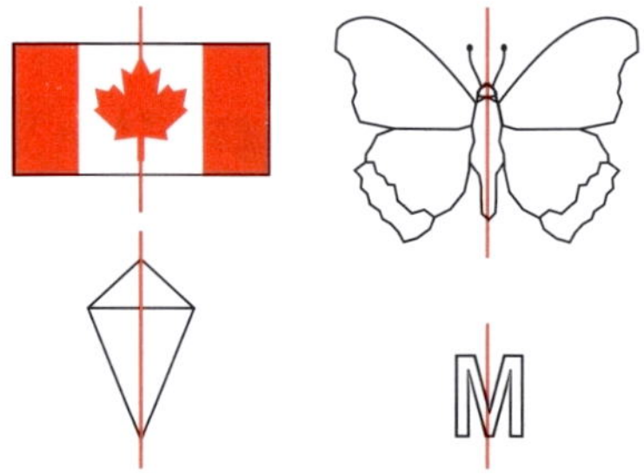

Wenn eine Figur an einem Punkt gespiegelt wird, entsteht eine **Punktspiegelung**. Figur und Bildfigur sind dann **punktsymmetrisch**.

- Der Punkt, an dem gespiegelt wird, heißt **Spiegelzentrum Z**.
- Punkte, die durch eine Punktspiegelung hervorgegangen sind, haben die gleiche Entfernung zum Spiegelzentrum Z.
- Die Verbindungsstrecke von Punkt und Bildpunkt (z. B. $\overline{CC'}$ ) geht immer durch das Spiegelzentrum Z.
- Figuren, die durch eine Punktspiegelung auf sich selbst abgebildet werden, sind (in sich) **punktsymmetrisch**.

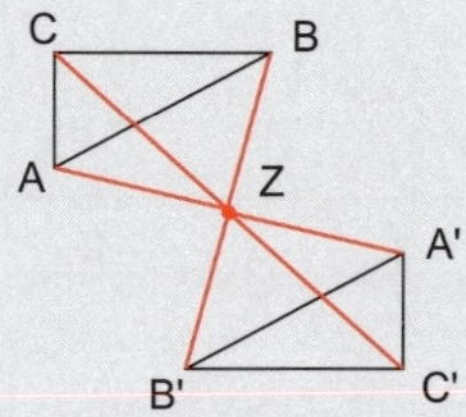


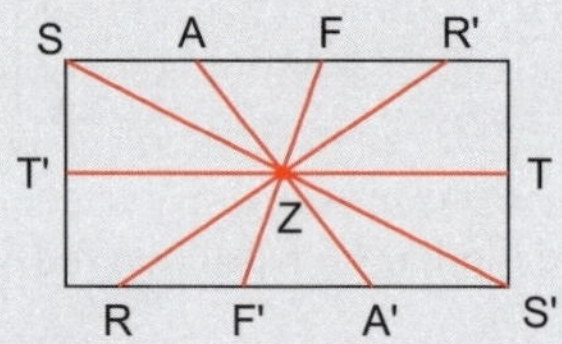


Beispiel

Zeichne das Spiegelzentrum Z in folgende punktsymmetrische Figuren ein.

a) 

b) 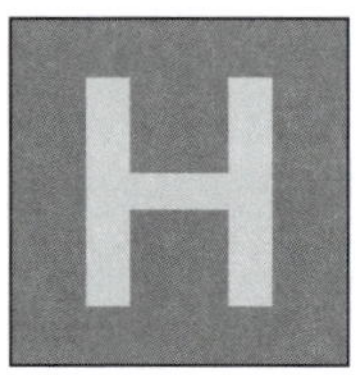

c) 

d) 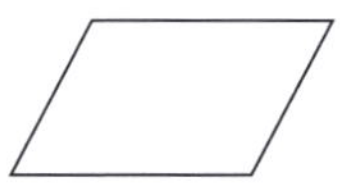

*Lösung:*
Verbinde jeweils mindestens 2 Punkt-Bildpunkt-Paare und bestimme den Schnittpunkt der Verbindungsstrecken. Dieser ist das gesuchte Spiegelzentrum Z.

a)
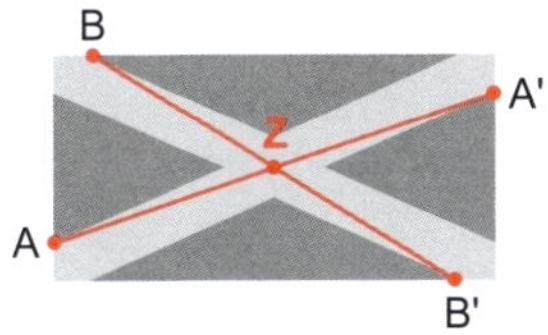


b)
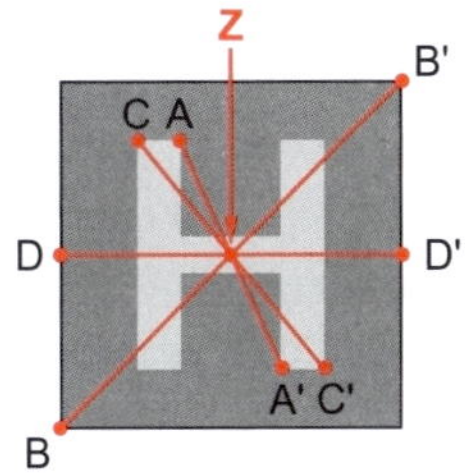


c)
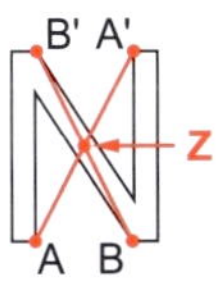


d)
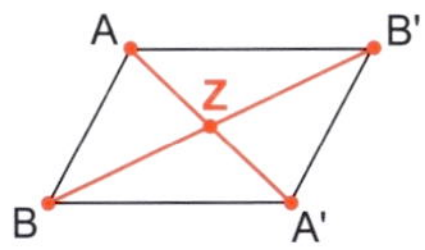


Nur wenn sich die Verbindungsstrecken bei allen Punkt-Bildpunkt-Paaren im gleichen Punkt schneiden, ist eine Figur punktsymmetrisch. Gibt es mehrere solcher Schnittpunkte, ist die Figur **nicht** punktsymmetrisch. (Dabei wird von beschränkten Figuren ausgegangen, die nicht unendlich sind. Geraden sind z. B. unendlich.) Gibt es Punkt-Bildpunkt-Paare deren Verbindungsstrecken sich nicht schneiden, so ist die Figur ebenfalls nicht punktsymmetrisch.
Manche Figuren sind zwar achsensymmetrisch, aber nicht punktsymmetrisch.

Beispiel

Ein Drachen ist achsensymmetrisch zur längeren Diagonale:

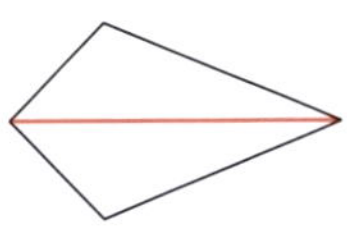

Aber ein Drachen ist nicht punktsymmetrisch:

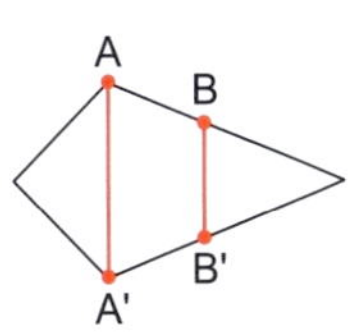


Die Verbindungsstrecken zweier Punkt-Bildpunkt-Paare schneiden sich nicht: keine Punktsymmetrie.

### Haus der Vierecke

Vierecke, die Symmetrien aufweisen, heißen **besondere Vierecke**. Diese sind im Haus der Vierecke entsprechend ihrer **Symmetrieeigenschaften angeordnet**.

- Ganz **oben** im Haus der Vierecke steht das **Quadrat** mit den meisten Symmetrien. Es hat 4 Achsensymmetrien und 1 Punktsymmetrie.
- Ganz **unten** im Haus der Vierecke steht das **allgemeine Viereck.** Es hat keine Achsensymmetrie und keine Punktsymmetrie.
- Das **rechtwinklige Trapez** und das **allgemeine Trapez** besitzen keine Achsensymmetrie und keine Punktsymmetrie.

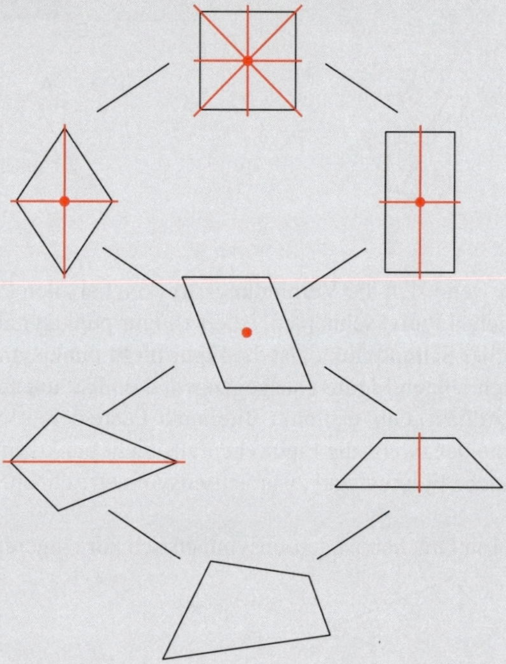

**Quadrat:**
4 Achsensymmetrien
1 Punktsymmetrie

**Raute und Rechteck:**
2 Achsensymmetrien
1 Punktsymmetrie

**Parallelogramm:**
1 Punktsymmetrie

**Drachen und symmetrisches Trapez:**
1 Achsensymmetrie

**Allgemeines Viereck:**
keine Achsensymmetrie
keine Punktsymmetrie

**Beachte:**
Es gibt unterschiedliche Arten, das Haus der Vierecke anzuordnen.

Beispiele

**1.** Welche Vierecke haben mindestens zwei Achsensymmetrien?

*Lösung:*
Das Quadrat, die Raute und das Rechteck.

**2.** Welche Vierecke haben eine Punktsymmetrie?

*Lösung:*
Das Quadrat, die Raute, das Rechteck und das Parallelogramm.

3. Welche Vierecke haben nur eine Achsensymmetrie?
*Lösung:*
Der Drachen und das symmetrische Trapez.

4. Welches Viereck ist achsensymmetrisch und hat 2 parallele Seitenpaare sowie einen rechten Winkel?
*Lösung:*
Nur das Quadrat erfüllt alle diese Eigenschaften gleichzeitig.

**133** Zeichne 3 verschiedene achsensymmetrische Vierecke und trage jeweils die Symmetrieachse(n) ein.

**134** Welche Vierecke haben mindestens eine Diagonale als Symmetrieachse?

**135** Welche Vierecke besitzen mindestens ein Paar paralleler Seiten?

## 3 Winkelsumme im Viereck

Da jedes Viereck, auch ein konkaves, mindestens eine innenliegende Diagonale hat, kann jedes Viereck in 2 Dreiecke mit Innenwinkelsumme 180° zerlegt werden. Die Innenwinkelsumme im Viereck ist daher doppelt so hoch.

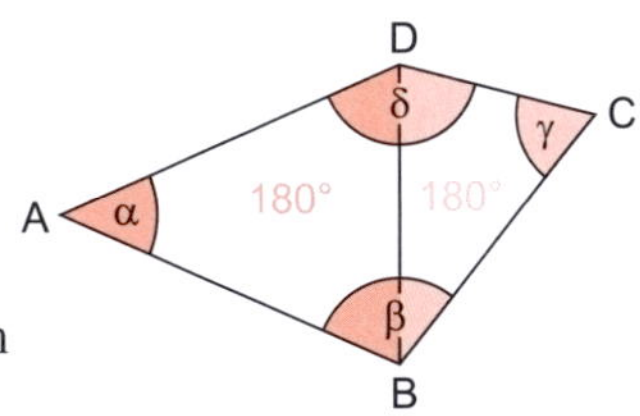


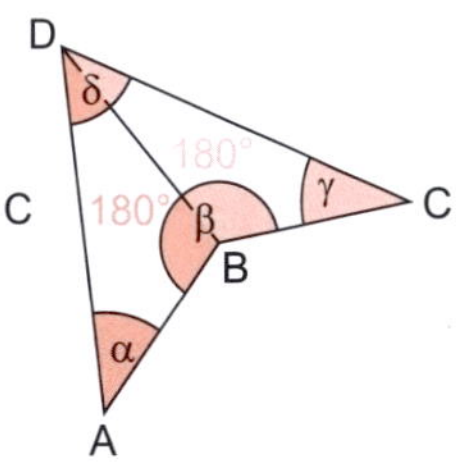


In jedem Viereck sind die Innenwinkel α, β, γ und δ zusammen 360° groß:
Es gilt: $\alpha + \beta + \gamma + \delta = 360°$

Beispiel

Wie groß sind die fehlenden Winkel in den folgenden Vierecken?

a) Symmetrisches Trapez
Gegeben: $\delta = 120°$

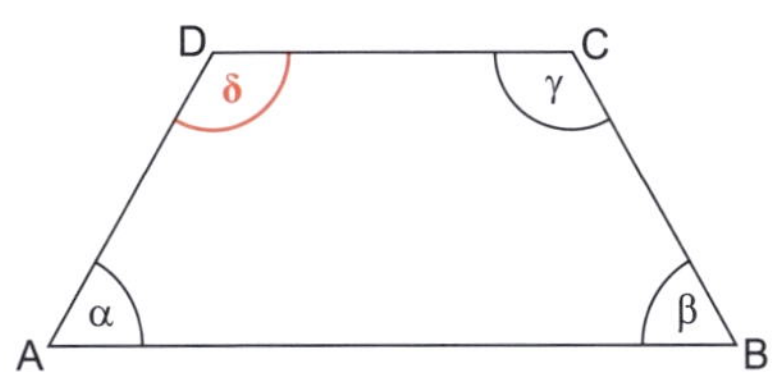


*Lösung:*
- Da das Trapez symmetrisch ist, gilt: $\gamma = \delta = 120°$
- Da die Winkelsumme im Viereck 360° ist, sind α und β zusammen $360° - 2 \cdot 120° = 120°$ groß.
- Da das Trapez symmetrisch ist, sind die Winkel α und β gleich groß. Also: $\alpha = 60°$ und $\beta = 60°$

**2.** Drachen
Gegeben: $\varphi = 106°$; $\varepsilon = 92°$

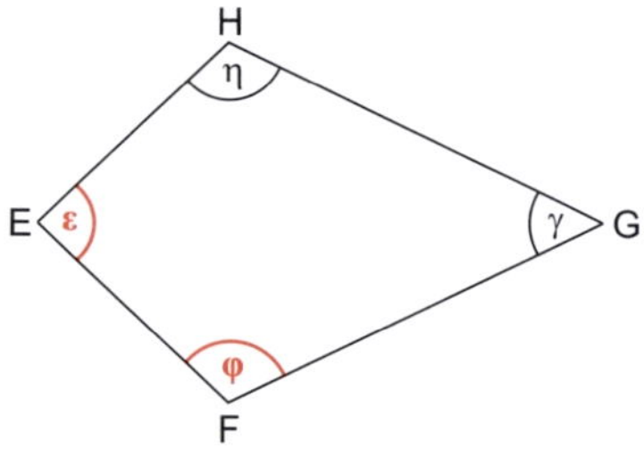


*Lösung:*
- Da der Drachen achsensymmetrisch ist, gilt: $\eta = \varphi = 106°$
- Da die Winkelsumme im Viereck 360° beträgt, gilt: $\gamma = 360° - \varphi - \varepsilon - \eta = 360° - 106° - 92° - 106° = 56°$

**136** Gegeben ist ein allgemeines Viereck ABCD.
Berechne die fehlenden Winkel und fülle die leeren Kästchen aus.

| | α | β | γ | δ |
|---|---|---|---|---|
| a) | 130° | | 70° | 80° |
| b) | 67° | 67° | 100° | |
| c) | | 82° | 82° | 82° |

**137** Berechne die fehlenden Winkel im Parallelogramm und schreibe die richtigen Buchstaben für Eckpunkte und Seiten an die Zeichnung.
Gegeben: $\alpha = 50°$

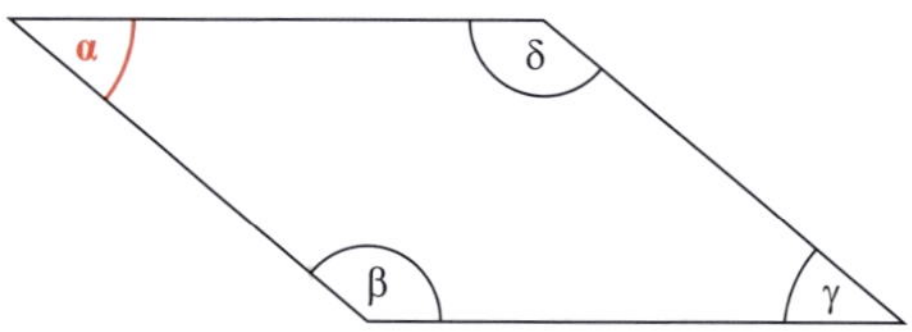


**138** Bei den folgenden Vierecken handelt es sich um besondere Vierecke.
Finde anhand der Winkelgrößen heraus, um welche Vierecke es sich handelt.
Zeichne eventuell eine Skizze.

a) $\alpha = 90°$; $\beta = 100°$; $\gamma = 70°$; $\delta = 100°$

b) $\alpha = 80°$; $\beta = 100°$; $\gamma = 80°$; $\delta = 100°$

c) $\alpha = 130°$; $\beta = 50°$; $\gamma = 90°$; $\delta = 90°$

(In einem Fall gibt es 2 Lösungen.)

**139** Gegeben sind die Winkel $\beta = 68°$, $\gamma = 100°$ und $\varepsilon = 122°$.
Kannst du damit im Viereck ABCD die Winkel $\alpha$ und $\delta$ berechnen?

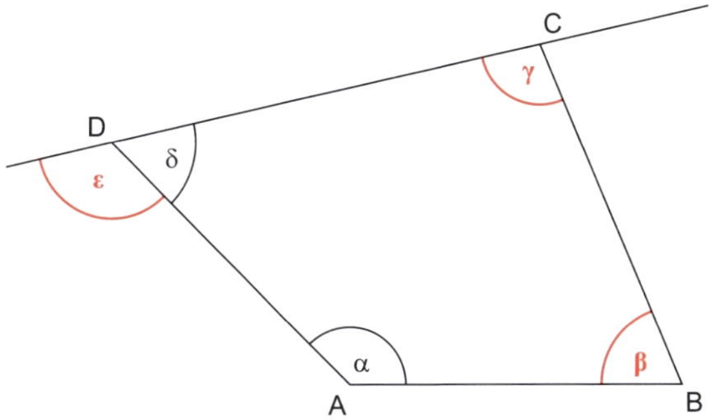


## 4 Konstruktion von Vierecken

Ein Viereck besteht aus 4 Seiten und 4 eingeschlossenen Winkeln.
Um ein Viereck mit Zirkel, Geodreieck und Bleistift konstruieren zu können, benötigt man mindestens 5 dieser insgesamt 8 Bestimmungsstücke. Bei manchen Vierecken, z. B. den besonderen Vierecken, genügen weniger Angaben.

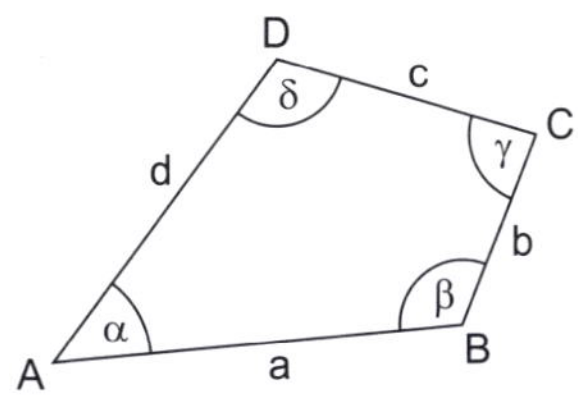


Wie beim Dreieck, gehören auch beim Viereck 3 Schritte zur Konstruktion:

> Zur **Konstruktion** eines Vierecks gehören:
> - Planfigur (nicht maßstabsgetreu; gegebene Stücke farbig hervorheben)
> - Konstruktionsbeschreibung
> - Konstruktionszeichnung

Beispiele

**1.** Konstruiere ein Viereck mit den Maßen:
$a = 4$ cm; $b = 3$ cm; $c = 4$ cm; $\beta = 100°$; $\gamma = 70°$

*Lösung:*

**Planfigur:**

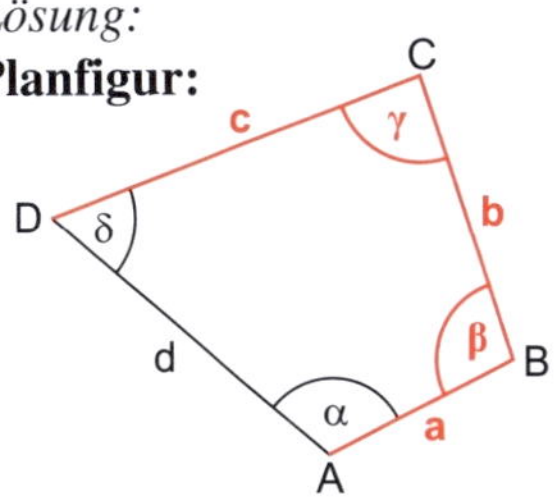


Gegebene Bestimmungsstücke sind rot markiert.

**Konstruktionszeichnung:**

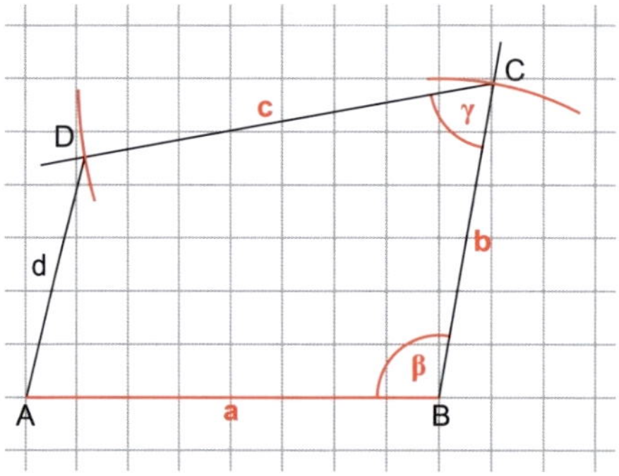


**Konstruktionsbeschreibung:**

1. Seite a = 4 cm zeichnen
   → A, B
2. Winkel β = 100° an B antragen
3. Kreis um B mit Radius b = 3 cm zeichnen → C
4. Winkel γ = 70° an C antragen
5. Kreis um C mit Radius c = 4 cm zeichnen → D
6. A und D verbinden
   → Viereck ABCD

**2.** Konstruiere ein Viereck mit den Maßen:
a = 2,5 cm; b = 4 cm; d = 3 cm; β = 95°; γ = 75°

*Lösung:*

**Planfigur:**

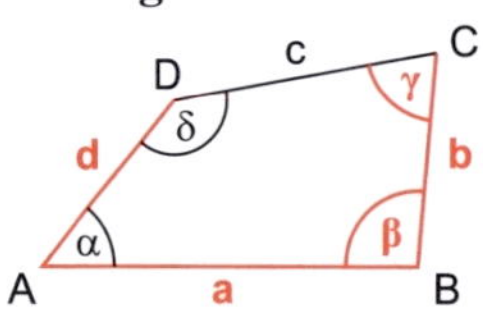


Gegebene Bestimmungsstücke sind rot markiert.

Bei der Konstruktion von Vierecken kann es vorkommen, dass 2 verschiedene Vierecke entstehen.

**Konstruktionszeichnung:**

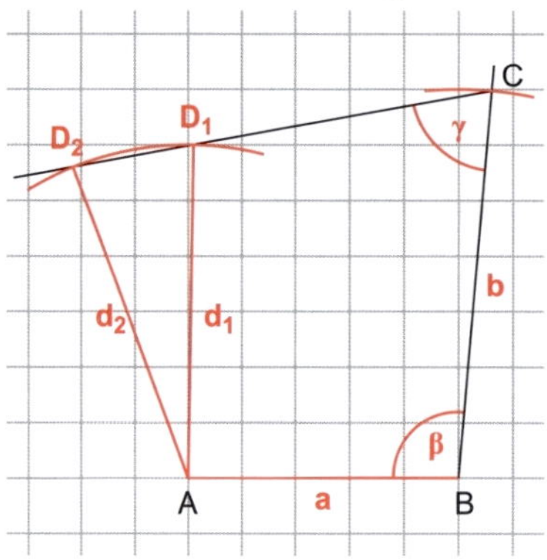


**Konstruktionsbeschreibung:**

1. Seite a = 2,5 cm zeichnen
   → A, B
2. Winkel β = 95° an B antragen
3. Kreis um B mit Radius b = 4 cm zeichnen → C
4. Winkel γ = 75° an C antragen
5. Kreis um A mit Radius d = 4 cm zeichnen → $D_1$, $D_2$
6. A mit $D_1$ und $D_2$ verbinden → Viereck $ABCD_1$ und Viereck $ABCD_2$

Wie bereits in der Einleitung angesprochen, lassen sich die besonderen Vierecke (Vierecke mit Symmetrie) auch aus weniger als 5 Bestimmungsstücken konstruieren. Im **Haus der Vierecke** sind die Vierecke bereits entsprechend angeordnet.

Angegeben ist jeweils die Anzahl der Bestimmungsstücke, die **mindestens** zur Konstruktion notwendig sind:

**Quadrat:**
1 Bestimmungsstück

**Raute und Rechteck:**
2 Bestimmungsstücke

**Parallelogramm:**
3 Bestimmungsstücke

**Drachen und symmetrisches Trapez:**
3 Bestimmungsstücke

**Allgemeines Viereck:**
5 Bestimmungsstücke

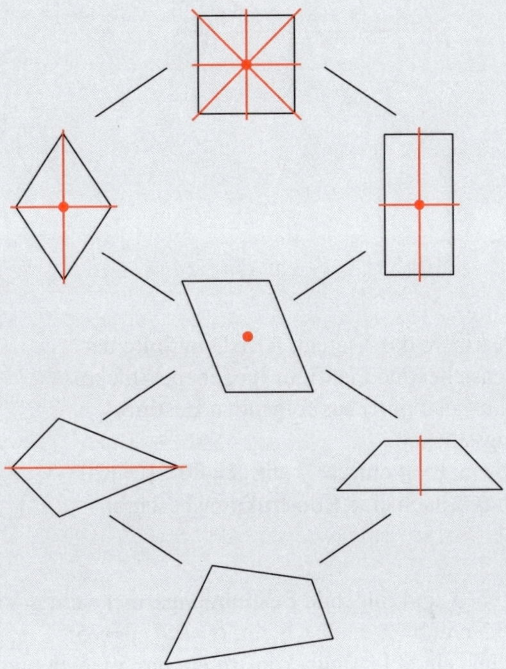

Beispiel

Konstruiere ein Parallelogramm mit den Maßen:
a = 3 cm; β = 120°; b = 2,5 cm

*Lösung:*

**Planfigur:**

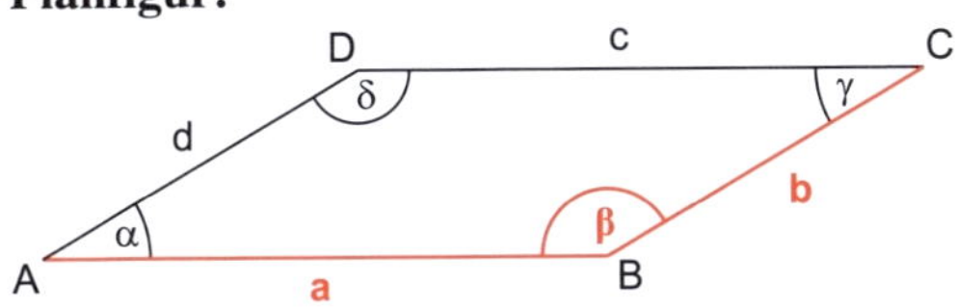


Gegebene Stücke sind rot markiert.

**Konstruktionszeichnung:**

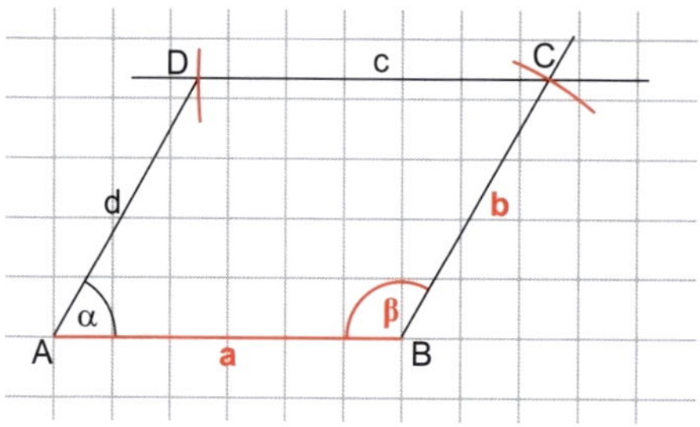


**Konstruktionsbeschreibung:**

1. Seite a = 3 cm zeichnen
   → A, B
2. Winkel β = 120° an B antragen
3. Kreis um B mit Radius b = 2,5 cm zeichnen
   → C
4. Parallele zu Seite a durch den Punkt C zeichnen
5. Kreis um C mit Radius c = a = 4 cm zeichnen
   → D
6. A mit D verbinden
   → Viereck ABCD

**140** Konstruiere das Viereck ABCD mithilfe der nebenstehenden Planfigur (gegebene Stücke sind rot markiert) aus folgenden Bestimmungsstücken:
$a = 5$ cm; $b = 4$ cm; $d = 7$ cm; $\alpha = 80°$; $\beta = 120°$
Verfasse auch eine Konstruktionsbeschreibung.

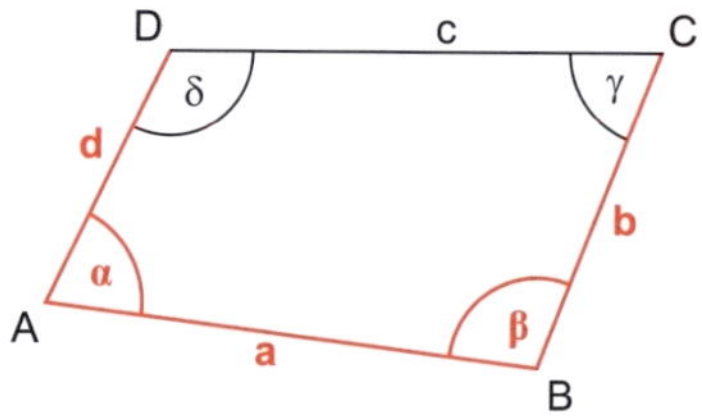


**141** Gegeben sind folgende Bestimmungsstücke eines Vierecks ABCD:
$a = 6{,}5$ cm; $b = 4$ cm; $c = 6$ cm; $\alpha = 95°$; $\beta = 75°$
Zeichne eine Planfigur, konstruiere das Viereck und verfasse eine Konstruktionsbeschreibung. (*Achtung:* Bei diesem Viereck gibt es 2 Lösungen.)

**142** Gegeben ist ein Viereck ABCD, das sich mithilfe der Bestimmungsstücke $\alpha = 75°$ und $\overline{AB} = 3$ cm eindeutig konstruieren lässt.
Um welches Viereck handelt es sich? Begründe deine Entscheidung, fertige eine Planfigur, erstelle eine Konstruktionsbeschreibung und zeichne das Viereck.

**143** Zeichne das symmetrische Trapez ABCD mit $a \parallel c$ und $a = 4$ cm; $\beta = 75°$; $b = 5$ cm. Mache eine Planfigur, fertige eine Konstruktionsbeschreibung an und zeichne das Viereck.

# 5 Regelmäßige Vielecke

Wenn du dich in deiner Umgebung umsiehst, entdeckst du regelmäßige Formen, die mehr Ecken als Dreiecke und Vierecke aufweisen:

- regelmäßige 5- und 6-Ecksformen beim Fußball
- regelmäßige 7-Ecksform bei den Einkerbungen auf der 20-Cent-Münze
- regelmäßige 8-Ecksformen beim Stoppschild

Ein **regelmäßiges Vieleck** (regelmäßiges 5-Eck, 6-Eck, 7-Eck, 8-Eck …) hat **gleich lange Seiten** und **gleich große (Innen-)Winkel**. Alle seine Eckpunkte liegen auf einem Kreis (Umkreis).

Ein regelmäßiges Vieleck mit n Eckpunkten ($n > 4$) lässt sich in **n kongruente gleichschenklige Dreiecke** zerlegen, wenn man den Mittelpunkt seines Umkreises mit den Eckpunkten verbindet. Der Winkel am Mittelpunkt ist bei allen Dreiecken gleich groß und heißt **Mittelpunktswinkel**. Er lässt sich abhängig von der Anzahl n der Eckpunkte berechnen:
**$360° : n$**

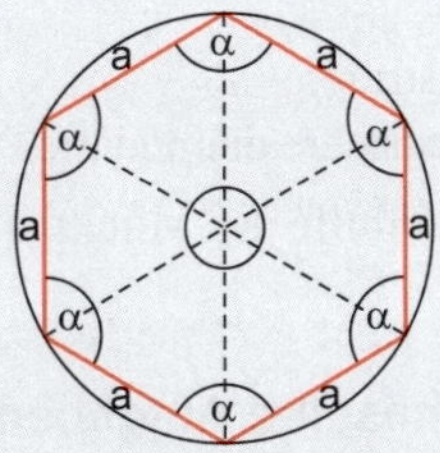


Beispiel

a) Wie groß sind die Mittelpunktswinkel eines regelmäßigen 8-Ecks?

b) Wie groß sind die beiden restlichen Innenwinkel der 8 Innendreiecke des 8-Ecks?

*Lösung:*

a) In der 6. Klasse hast du gelernt, dass der Mittelpunktswinkel in einem Vollkreis 360° beträgt. Wenn sich also ein regelmäßiges 8-Eck in 8 kongruente gleichschenklige Dreiecke zerlegen lässt, so beträgt ein Mittelpunktswinkel $360° : 8 = 45°$.

b) Die Winkelsumme im Dreieck beträgt 180°. Da alle Dreiecke gleichschenklig sind, beträgt jeder der beiden Basiswinkel $(180° - 45°) : 2 = 135° : 2 = 67{,}5°$.

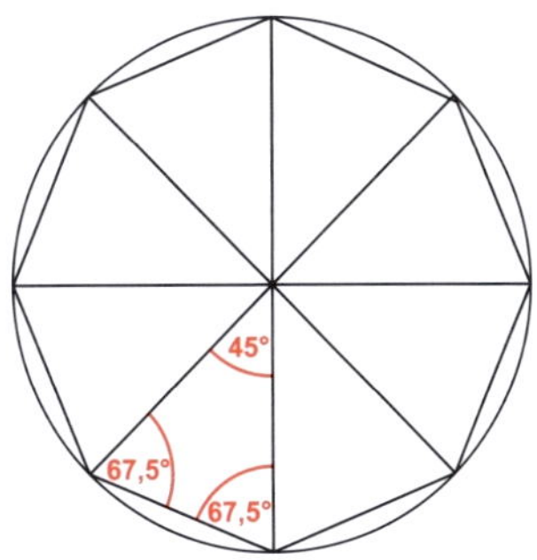

**144** Wie groß sind die Mittelpunktswinkel

a) in einem regelmäßigen 9-Eck?
b) in einem regelmäßigen 10-Eck?
c) in einem regelmäßigen 5-Eck?
d) in einem regelmäßigen 4-Eck?

**145** Nur das regelmäßige 6-Eck hat die Besonderheit, dass der Radius r des Umkreises und seine Seitenlänge a gleich groß sind.
Kannst du ein regelmäßiges 6-Eck mit der Seitenlänge a = 2 cm konstruieren?

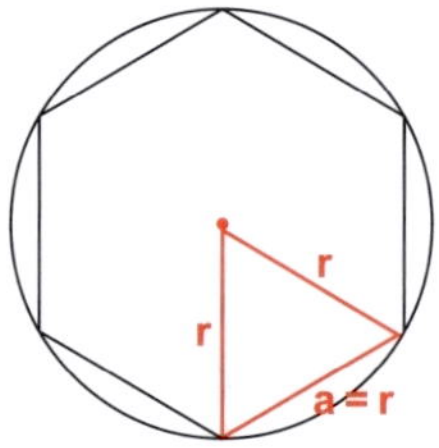


**146** Zeichne einen Kreis mit dem Radius r = 2 cm. Konstruiere dann ein regelmäßiges

a) 5-Eck
b) 9-Eck

*Tipp:* Berechne jeweils zunächst einen Mittelpunktswinkel und trage ihn in den Kreis ein.

**147** Konstruiere ein regelmäßiges 10-Eck auf 2 verschiedene Arten:

a) mithilfe des Mittelpunktswinkels
b) mithilfe eines regelmäßigen 5-Ecks

## Vermischte Aufgaben

**148** Ergänze die abgebildeten Teilfiguren jeweils zu einem besonderen Viereck. Wenn es mehrere Möglichkeiten gibt, so zeichne das Teilviereck nochmals.

a)
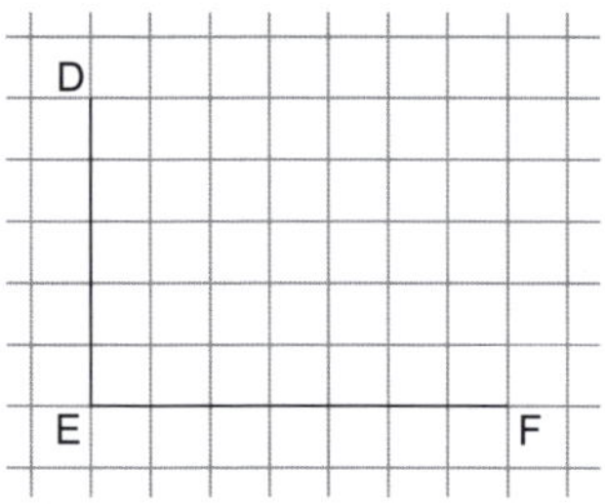


b)
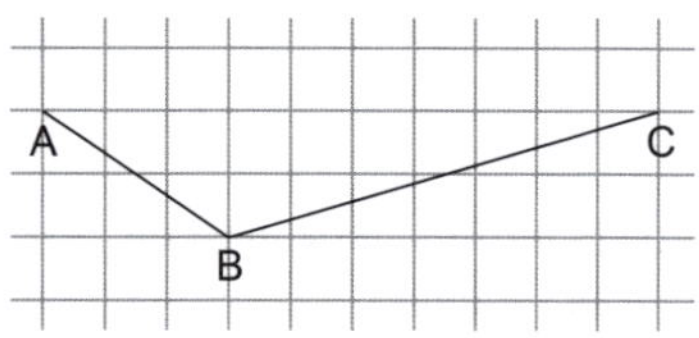


c)
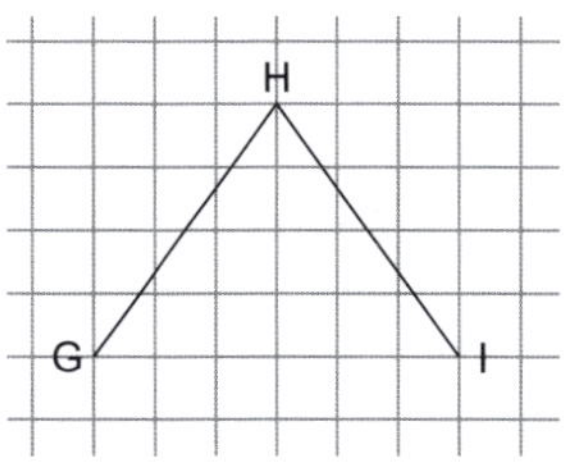

**149** Hier siehst du einen Steckbrief für einen Drachen.

Schreibe einen Steckbrief für

a) eine Raute.

b) ein rechtwinkliges Trapez.

**150** Welche Bestimmungsstücke müssen mindestens gegeben sein, um

a) eine Raute

b) ein Quadrat

konstruieren zu können?

**151** Wie viel Rauten sind in dem Muster versteckt?

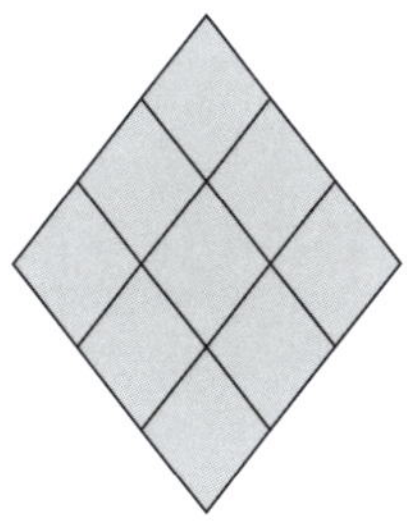

**152** Suche Vierecke in den Flaggen und nenne ihren Namen.

Jordanien

Kongo

Kuwait

Island

St. Vincent

Südafrika

**153** In einem Haus wird eine neue Treppe eingebaut. Da sie im rechten Winkel um die Ecke führt, mussten einige Stufen anders als die anderen angefertigt werden.

a) Aus welchen besonderen Vierecken besteht die Treppe der unteren Abbildung?

b) Zeichne im untenstehenden Feld eine andere Möglichkeit, wie eine Treppe rechtwinklig um die Ecke geführt werden kann.

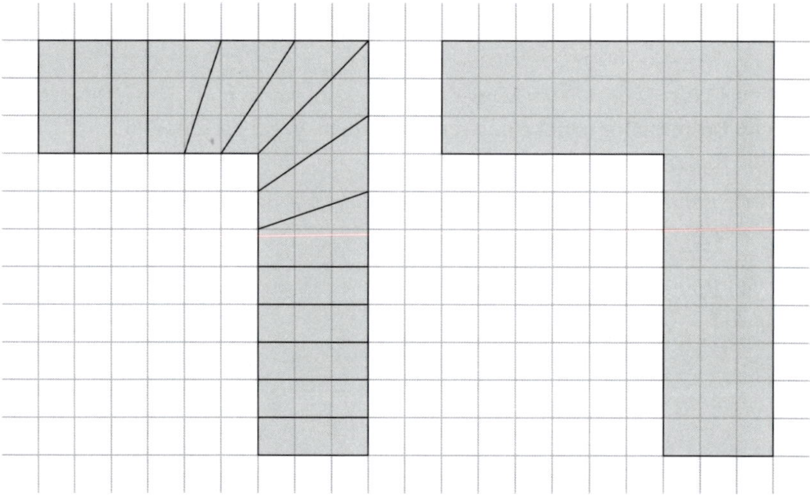

**154** Welche Symmetrien weist eine Gerade auf? Wie viele Symmetrieachsen und Symmetriezentren gibt es? Beschreibe ihre Lage.

**155** Im Parallelogramm ABCD ist der Winkel $\alpha$ doppelt so groß wie der Winkel $\beta$. Die Seite a ist mit 4 cm doppelt so lang wie die Seite b.
Konstruiere das Parallelogramm.

**156** Ein regelmäßiges n-Eck kann in n kongruente gleichschenklige Dreiecke zerlegt werden. Stimmt es, dass die Summe der Basiswinkel eines solchen Dreiecks genauso groß ist wie der Mittelpunktswinkel des regelmäßigen n-Ecks? Begründe.

# Terme

## 1 Terme mit Variablen (Wiederholung)

In der 6. Klasse hast du Terme mit Variablen schon kennengelernt. Hier findest du die wichtigsten Bezeichnungen noch einmal zur Wiederholung:

- **Variablen** sind **Platzhalter für Zahlen**. In der Regel werden sie als kleine Buchstaben geschrieben.
- **Terme** sind **sinnvolle Rechenausdrücke**, die sich aus Zahlen, Variablen und Rechenzeichen zusammensetzen lassen.
- Den **Wert eines Terms** kann man berechnen, indem man für die Variablen Zahlen einsetzt.

Beispiel

Ersetze die Variablen durch die angegebenen Zahlen und berechne jeweils den Wert des Terms.

| x | y | z | $3\cdot x+121$ | $x-(y+z)$ | $z+2\cdot x\cdot y$ |
|---|---|---|---|---|---|
| 1 | 2 | 3 | | | |
| 4 | –2 | 0,5 | | | |

*Lösung:*

$3\cdot \mathbf{x}+121$
$=3\cdot \mathbf{1}+121$
$=3+121$
$=\mathbf{124}$

$3\cdot \mathbf{x}+121$
$=3\cdot \mathbf{4}+121$
$=12+121$
$=\mathbf{133}$

Bei diesem Term muss nur die Variable x ersetzt werden.

$\mathbf{x}-(\mathbf{y}+\mathbf{z})$
$=\mathbf{1}-(\mathbf{2}+\mathbf{3})$
$=1-5$
$=\mathbf{-4}$

$\mathbf{x}-(\mathbf{y}+\mathbf{z})$
$=\mathbf{4}-(\mathbf{-2}+\mathbf{0{,}5})$
$=4+1{,}5$
$=\mathbf{5{,}5}$

Bei diesem Term müssen alle 3 Variablen ersetzt werden.

$\mathbf{z}+2\cdot \mathbf{x}\cdot \mathbf{y}$
$=\mathbf{3}+2\cdot \mathbf{1}\cdot \mathbf{2}$
$=3+4$
$=\mathbf{7}$

$\mathbf{z}+2\cdot \mathbf{x}\cdot \mathbf{y}$
$=\mathbf{0{,}5}+2\cdot \mathbf{4}\cdot \mathbf{(-2)}$
$=0{,}5-16$
$=\mathbf{-15{,}5}$

Ersetze an den richtigen Stellen und denke an die Regel „Punkt vor Strich“!

| x | y | z | $3\cdot x+121$ | $x-(y+z)$ | $z+x\cdot y$ |
|---|---|---|---|---|---|
| 1 | 2 | 3 | **124** | **–4** | **7** |
| 4 | –2 | 0,5 | **133** | **5,5** | **–15,5** |

**157** Fülle die Tabelle aus. Rechne dabei im Kopf.

| $y$ | 2 | 7 | | |
|---|---|---|---|---|
| $y+5$ | | | | 1 |
| $4-y$ | | | $-1$ | |
| $2\cdot y+3$ | | | | |

**158** Berechne den Wert des Terms.

a) $4\cdot x-2$ für $x=5$

b) $(h+7)-(r-1)$ für $h=1$ und $r=2$

c) $6\cdot s+g$ für $g=-7$ und $s=3$

d) $2-w\cdot 3$ für $w=0{,}7$

## 2 Addition und Subtraktion von Termen

Wie du schon seit der 5. Klasse weißt, kann eine wiederholte Addition als Multiplikation aufgefasst werden.

Bei der Addition von Variablen kann man genauso verfahren.

$x + x + x = 3\cdot x = 3x$

**Terme mit Koeffizient und Variable**

$x+x+x=3\cdot x=3x$

Koeffizient ↗ ↖ Variable

- Der Malpunkt zwischen Koeffizient (Zahlfaktor) und Variable kann weggelassen werden.
  Dies ist bei reinen Zahldarstellungen aber unzulässig (niemals 65 statt $6\cdot 5$).
- Der Koeffizient 1 kann weggelassen werden:
  $1\cdot y=1y=y$ oder $1\cdot x=1x=x$
- Terme, die sich nur in den Koeffizienten, nicht aber in ihren Variablen unterscheiden, nennt man **gleichartig**.

Beispiele

Welche der folgenden Terme sind gleichartig?

$1\cdot 1\cdot 1\cdot x\cdot 1$ $\quad 2\cdot x\cdot y$ $\quad x+x+x+x+x$ $\quad x\cdot y+x\cdot y+x\cdot y$

*Lösung:*

$1\cdot 1\cdot 1\cdot x\cdot 1=x$ und $x+x+x+x+x=5x$ sind gleichartige Terme.

Auch $2\cdot x\cdot y=2xy$ und $x\cdot y+x\cdot y+x\cdot y=3xy$ sind gleichartige Terme.

Diese Termpaare haben jeweils die gleichen Variablen und unterscheiden sich nur in den Koeffizienten. Alle anderen Kombinationen ergeben ungleichartige Termpaare.

### Addition und Subtraktion von Termen

$ax + bx = (a + b) \cdot x$

- **Gleichartige Terme** addiert oder subtrahiert man, indem die **Koeffizienten addiert oder subtrahiert** werden und die **Variablen beibehalten** werden.
- **Nicht gleichartige Terme** dürfen nicht zusammengefasst werden.

eispiele

**1.** $7f + 9f = (7 + 9) \cdot f = 16f$ — Addiere die Koeffizienten und behalte die Variable bei.

**2.** $45x - 30x = (45 - 30) \cdot x = 15x$

**3.** $-4ef + 9ef = (-4 + 9) \cdot ef = 5ef$

**4.** $5k - 4k + 8k + k = 5k - 4k + 8k + 1k = (5 - 4 + 8 + 1)k = 10k$

**5.** $\underline{3a} + \underline{4a} + 2b = 7a + 2b$ — Nur gleichartige Terme dürfen zusammengefasst werden!

**6.** $\underline{2xy} + \underline{12xy} + \underline{\underline{3xz}} - \underline{\underline{4xz}} = 14xy - xz$ — Nur gleichartige Terme dürfen zusammengefasst werden!

### Terme mit Potenzen

Analog zu den Potenzen bei rationalen Zahlen kann die mehrfache Multiplikation einer Variablen mit sich selbst kurz als Potenz geschrieben werden:

$$\underbrace{x \cdot x \cdot x \cdot \ldots \cdot x}_{b\text{-mal}} = x^b$$

- Es gilt: $x^1 = x$ und $x^0 = 1$
- Setzt man für x eine **negative Zahl** ein, so ist $\mathbf{x^b}$ **negativ**, falls **b ungerade** ist (Beispiel 4).
- Setzt man für x eine **negative Zahl** ein, so ist $\mathbf{x^b}$ **positiv**, falls **b gerade** ist (Beispiel 6).

eispiele

**1.** $143^0 = 1$

**2.** $17^1 = 17$

**3.** $4^3 = 4 \cdot 4 \cdot 4 = 64$

**4.** $(-2)^3 = (-2) \cdot (-2) \cdot (-2) = -8$ — Das Minuszeichen gehört zur Basis.

**5.** $-2^3 = -2 \cdot 2 \cdot 2 = -8$ — Das Minuszeichen gehört nicht zur Basis.

**6.** $(-2)^4 = (-2) \cdot (-2) \cdot (-2) \cdot (-2) = 16$ — Das Minuszeichen gehört zur Basis.

**7.** $-2^4 = -16$ — Das Minuszeichen gehört nicht zur Basis.

**159** Forme in einen einfacheren Term um.

a) $3vw + 4vw$
b) $7s - 4s - 5s$
c) $10y^3 + 4y^3$
d) $5{,}3v + 4{,}7v$
e) $\frac{1}{2}ab + \frac{3}{2}ab$
f) $5bc^2 - 2bc^2$
g) $4x - 2x + 1y$
h) $12x - x - 2x$

**160** Hier siehst du Ergebnisse einer Addition oder Subtraktion gleichartiger Glieder.

a) $17ac$
b) $3x^2$
c) $50b$
d) $15abc$

Schreibe zu jedem Ergebnis jeweils 3 verschiedene Summen und Differenzen.

**161** Vereinfache den Term so weit wie möglich.

a) $2x + 5y - 5z + x - 2y - 1z - z$
b) $3a - b - c + b + c - 2a$
c) $3d - 3bd + 3 - 3b + 3bd + b$
d) $\frac{4}{5}r + \frac{1}{5}r - \frac{1}{5} + 5\frac{1}{5}r + 0{,}2$
e) $4{,}5u - 5{,}5v + 1{,}5uv - 2{,}5uv^2 + uv - 0{,}5u + 1{,}5v$
f) $3a^2 + 2a^3 - 2 + 3 + a^2 - 2a^3 + 0a^3 - 1a^3$

**162** Bei einigen Berechnungen wurden Fehler gemacht.
Kreuze jeweils wahr (w) oder falsch (f) an.

a) $y^2 - y = y$ ☐ w ☐ f

b) $r - r = 0$ ☐ w ☐ f

c) $x + 1x = 2x$ ☐ w ☐ f

d) $2a + a^2 = 2a^2$ ☐ w ☐ f

e) $1y - y = 1$ ☐ w ☐ f

f) $x^2 + x - 1x^2 = 1x$ ☐ w ☐ f

g) $1 + x^3 = 1x^3$ ☐ w ☐ f

h) $r^2 - 2r = 0$ ☐ w ☐ f

i) $2z \cdot z = 2z^2$ ☐ w ☐ f

# 3 Multiplikation und Division von Termen

Das 3-Fache von 2 Fröschen 

sind natürlich 6 Frösche. 

Das gilt aber nicht nur für Frösche, sondern für alle Tierarten. Steht die Variable x für die Tierart, dann gilt:
Das 3-Fache von 2x ist $3 \cdot 2x = 6x$

Zahl Koeffizient Variable

**Multiplikation und Division von Termen**

- Ein Produkt/Quotient aus einer Zahl und einer Variablen mit Koeffizient wird berechnet, indem **Zahl und Koeffizient multipliziert/dividiert** werden. Die Variable wird beibehalten.
  $a \cdot bx = (a \cdot b) \cdot x$ $\quad$ $a : bx = (a : b) \cdot x$
  $ax \cdot b = (a \cdot b) \cdot x$ $\quad$ $ax : b = (a : b) \cdot x$
- Ein Produkt/Quotient aus mehreren Variablen mit Koeffizient wird berechnet, indem **Koeffizienten** und **Variablen getrennt multipliziert/dividiert** werden.
  $ax \cdot by = (a \cdot b) \cdot (x \cdot y)$ $\quad$ $ax : by = (a : b) \cdot (x : y)$

eispiele

**1.** Du hast in der 5. Klasse gelernt, wie man den Flächeninhalt von Rechtecken berechnet.

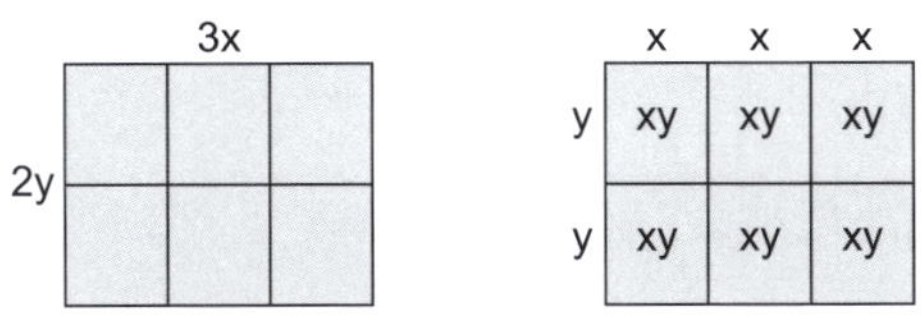


Sind die Seiten 3x und 2y lang, so gilt für den Flächeninhalt:
$A = 3x \cdot 2y = 6xy$

**2.** a) $4 \cdot 3y = (4 \cdot 3) \cdot y = 12y$

b) $10b : 2 = (10 : 2) \cdot b = 5b$

c) $4ab \cdot 2br \cdot 1s = 4 \cdot 2 \cdot 1 \cdot a \cdot b \cdot b \cdot r \cdot s = 8ab^2rs$

d) $20pq : (-5) = [20 : (-5)] \cdot pq = -4pq$

e) $\frac{36x}{6y} = 36x : 6y = (36 : 6) \cdot (x : y) = 6 \cdot \frac{x}{y} = \frac{6x}{y}$

*alternativ:*

$$\frac{\not{36}^{6}x}{\not{6}_{1}y}=\frac{6x}{1y}=\frac{6x}{y}$$

Kürze mit 6.

f) $3z \cdot 4z^2 = 3 \cdot 4 \cdot z \cdot z \cdot z = 12z^3$

g) $24t^3 : 6t^2 = \frac{24t^3}{6t^2} = \frac{\not{24}^{4} \cdot \not{t} \cdot \not{t} \cdot t}{\not{6}_{1} \cdot \not{t} \cdot \not{t}} = \frac{4t}{1} = 4t$

Da Variablen nur Platzhalter für Zahlen sind, gilt auch für Terme mit Variablen bei **Addition und Multiplikation** das **Kommutativgesetz (Vertauschungsgesetz)** für (rationale) Zahlen:

**ax + by = by + ax** und **ax · by = by · ax**

Dieses Gesetz gilt **nicht** bei Subtraktion und Division!

Beispiel

a) $2x + 4y + 3x = 2x + 3x + 4y = 5x + 4y$

Vertausche, sodass gleichartige Terme nebeneinanderstehen.

b) $3z \cdot 5v = 3 \cdot 5 \cdot z \cdot v = 15zv = 15vz$

c) $4ab \cdot 2rb \cdot a = 4 \cdot 2 \cdot a \cdot b \cdot r \cdot b \cdot a$
$= 8 \cdot a \cdot a \cdot b \cdot b \cdot r$
$= 8a^2b^2r$

Variablen werden in der Regel alphabetisch geordnet. Wegen des Kommutativgesetzes ist das möglich.

Zwei Terme heißen **äquivalent**, wenn sie für alle Belegungen der Variablen denselben Wert annehmen. Äquivalente Terme lassen sich ineinander umformen.

Beispiel

Sind die folgenden Terme zu $x^2 + 2x + 1$ äquivalent?

I $x \cdot x + x + x + x : x$

II $x + x^0 + x + x \cdot 0 + x \cdot x$

III $1 \cdot x + x^1 + 2x : x + x \cdot x^0 \cdot x$

*Lösung:*

Es gilt:

I $x \cdot x + x + x + x : x = x^2 + 2x + 1$ und

II $x + x^0 + x + x \cdot 0 + x \cdot x = x + 1 + x + 0 + x^2 = x^2 + 2x + 1$

Also sind Term I und II zu $x^2 + 2x + 1$ äquivalent.

Term III ist zu $x^2 + 2x + 1$ nicht äquivalent, denn

III $1 \cdot x + x^1 + 2x : x + x \cdot x^0 \cdot x = x + x + \frac{2x}{x} + x \cdot 1 \cdot x = 2x + 2 + x^2$

und z. B. für $x = 0$ gilt: $2 \cdot 0 + 2 + 0^2 = 2 \neq 1 = 0^2 + 2 \cdot 0 + 1$

**163** Fasse so weit wie möglich zusammen.

a) $6z \cdot 3$

b) $a \cdot 7 + 7 + 7a$

c) $2 \cdot d \cdot 6 \cdot s$

d) $3p \cdot 3p$

e) $3p + 3p$

f) $r \cdot r \cdot r \cdot s$

g) $12f : 3$

h) $25st : 5s$

i) $-45g : (-9g^2)$

j) $2s \cdot (-15s^4) : 3s$

**164** Kreuze die richtigen Lösungen an.
Achtung: Ein Term kann nicht weiter vereinfacht werden.

a) $d \cdot d \cdot d =$ ☐ $3d$ ☐ $d^3$

b) $n \cdot 4n =$ ☐ $4n^2$ ☐ $5n$

c) $t^2 + t^2 =$ ☐ $t^4$ ☐ $2t^2$

d) $3 + 7r + 1 =$ ☐ $11r$ ☐ $4 + 7r$

e) $k + k^2 =$ ☐ $2k^2$ ☐ $k^3$

f) $1w \cdot 5 =$ ☐ $5w$ ☐ $6w$

g) $3z \cdot z \cdot z =$ ☐ $3z^3$ ☐ $6z$

**165** Ergänze die fehlenden Terme in den leeren Kästchen.

a) $\square \cdot 4c = 48c^2$

b) $2g^2 \cdot \square = 10g^5$

c) $-4zu \cdot \square = +36zu$

d) $\square \cdot \square = 50s^3t^2$ (Bei dieser Aufgabe gibt es mehrere Möglichkeiten.)

e) $4d : \square = 2$

f) $\square : 5u = -30$

**166** Setze für a die Zahl 3, für b die Zahl –2 und für c die Zahl 1 ein und berechne die folgenden Terme.

a) $4a - 6b + 7c$

b) $a^2 + 3ab - 7c^5$

c) $2 \cdot (a + b) - c$

d) $2a \cdot 3b \cdot 4c$

e) $3a \cdot 2 + 2b \cdot 1 + 1c \cdot 1$

f) $20ac : (6b)$

g) $-abc : (+abc)$

h) $a \cdot b : c$

# 4 Terme mit Klammern

Die Männchen in einer Kugel können sich nur dann aus ihr befreien, wenn unter ihnen kein Männchen ist, das in einer kleineren Kugel steckt. Also müssen sich zuerst die roten Männchen aus ihren Kugeln befreien, dann die grauen und erst zuletzt, wenn es keine Kugel mehr in der großen Kugel gibt, können sich die schwarzen Männchen befreien.
Bei Termen mit mehreren Klammern geht man genauso vor und löst zuerst die inneren vor den äußeren Klammern auf. Darüber hinaus gibt es noch weitere Regeln und Gesetze zum Rechnen mit Klammern:

Beachte beim Auflösen von Klammern das Rechenzeichen vor der Klammer.

- **Plus** vor der Klammer: Die Klammer darf weggelassen werden, wenn Vor- und Rechenzeichen in der Klammer **beibehalten** werden.
- **Minus** vor der Klammer: Die Klammer darf weggelassen werden, wenn Vor- und Rechenzeichen in der Klammer **umgekehrt** werden (aus + wird – und aus – wird +).

Beispiel

$$\begin{aligned} 4x + [5{,}5x - (1 - x \cdot 1{,}5)] &= 4x + [5{,}5x - 1 + 1{,}5x] \\ &= 4x + 5{,}5x - 1 + 1{,}5x \\ &= 11x - 1 \end{aligned}$$

Zum Vereinfachen von Termen mit Klammern verwende diese Rechengesetze:

- **Assoziativgesetz (Verbindungsgesetz)**
  $(a + b) + c = a + (b + c)$ und $(a \cdot b) \cdot c = a \cdot (b \cdot c)$
  Dieses Gesetz gilt nicht bei der Subtraktion und Division!
- **Distributivgesetz (Verteilungsgesetz)**
  $(a + b) \cdot c = a \cdot c + b \cdot c$ und $(a - b) \cdot c = a \cdot c - b \cdot c$
  $(a + b) : c = a : c + b : c$ und $(a - b) : c = a : c - b : c$
  Termumformung mithilfe des Distributivgesetzes:
  $ax + ay$ Summenterm —ausklammern→ / ←ausmultiplizieren— $a \cdot (x + y)$ Produktterm
  Statt ausklammern sagt man auch **faktorisieren**.

Beispiele

**1.** $$\begin{aligned} (-1{,}1x \cdot 1{,}5) \cdot 2x &= -1{,}1x \cdot (1{,}5 \cdot 2x) \\ &= -1{,}1x \cdot 3x \\ &= -3{,}3x^2 \end{aligned}$$

Das Assoziativgesetz erlaubt es, die Klammer in diesem Produkt vorteilhaft zu vertauschen.

**2.** $30a - 2{,}7ab = \mathbf{3a} \cdot 10 - \mathbf{3a} \cdot 0{,}9b$
$= \mathbf{3a} \cdot (10 - 0{,}9b)$

Mithilfe des Distributivgesetzes lässt sich der Faktor 3a, der in Minuend und Subtrahend vorkommt, ausklammern. So wird aus der Differenz ein Produkt, sie wird faktorisiert.

**3.** $\mathbf{-4x} \cdot (1{,}25y + 2{,}5y)$
$= \mathbf{-4x} \cdot 1{,}25y + (\mathbf{-4x}) \cdot 2{,}5y$
$= -5xy + (-10xy)$
$= -5xy - 10xy$
$= -15xy$

Mithilfe des Distributivgesetzes lässt sich aus dem Produkt eine Summe machen, indem man **ausmultipliziert**.

**4.** $(12{,}8ab + 9{,}6bc) : (\mathbf{-3{,}2b})$
$= 12{,}8ab : (\mathbf{-3{,}2b}) + 9{,}6bc : (\mathbf{-3{,}2b})$
$= -4a + (-3c)$
$= -4a - 3c$

Mithilfe des Distributivgesetzes lässt sich aus dem Quotienten eine Summe machen, indem man **ausdividiert**.

**167** Schreibe ohne Klammern und vereinfache gegebenenfalls.

a) $12 - (d + 6)$
b) $s + (22 - s)$
c) $-(t + 3) + 1$
d) $f + (-2 - u)$
e) $-4 - (4 + z)$
f) $2t + (4t - 4)$
g) $15zu - (uz + 5u)$
h) $-(4d - 4e) + 8de$
i) $(3s + 6d) - (4s + 2d)$
j) $-(4v - 2w) - (-2v - 3w)$

**168** Multipliziere oder dividiere mithilfe des Distributivgesetzes.

a) $3 \cdot (5 + h)$
b) $2z \cdot (r + z)$
c) $(g - 2) \cdot g$
d) $4r \cdot (4r - 3)$
e) $-2 \cdot (-e + 2e)$
f) $(6d + 8) : 2$
g) $(15s - 10t) : 5$
h) $(40t^2 + 30t) : 10t$

**169** Faktorisiere und vereinfache danach, falls möglich.

a) $6n - 6m$
b) $30r + 10r$
c) $\frac{2}{5}a + \frac{1}{5}a$
d) $\frac{2}{3}z - \frac{1}{9}z$
e) $1\frac{1}{4}r + 2\frac{1}{2}r$
f) $z \cdot 2 - \frac{1}{2}z$

**170** Klammere so weit aus wie möglich.

a) $30 + 40b$
b) $56s - 44st$
c) $x^2 - x^3$
d) $d^3 + 5d - d^2$
e) $z^3h + h^3z$
f) $6f^4 - 4f^6$

# 5 Aufstellen von Termen

Ein Frosch vertilgt in der Woche 14 Fliegen (f) und einmal alle 4 Wochen eine Heuschrecke (h). Um den Futterbedarf ihrer 5 Frösche für eine beliebige Anzahl x von Wochen planen zu können, stellt Lena einen Term auf:
$5 \cdot (14f + 0{,}25h) \cdot x$

Bei vielen Sachproblemen ist es vorteilhaft, die Situation mithilfe eines Terms mathematisch zu veranschaulichen. Wenn für die Variablen konkrete Zahlen eingesetzt werden, kann man den Wert des Terms berechnen.

Die **zuletzt ausgeführte Rechnung** bestimmt den Namen eines Terms:

- $a \cdot b + c$ → **Summe**
- $a - b \cdot c$ → **Differenz**
- $a \cdot (b + c)$ → **Produkt**
- $(a - b) : c$ → **Quotient**

Beachte: Erst Klammer, dann Punkt, dann Strich

Bezeichnungen:

| | | | | | |
|---|---|---|---|---|---|
| Addition: | 1. Summand | + | 2. Summand | = | Wert der Summe |
| Subtraktion: | Minuend | − | Subtrahend | = | Wert der Differenz |
| Multiplikation: | 1. Faktor | · | 2. Faktor | = | Wert des Produkts |
| Division: | Dividend | : | Divisor | = | Wert des Quotienten |

Beispiele

**1.** Sarah braucht für eine Mathematikaufgabe 3 min länger als Jessica. Wie heißen die zugehörigen Terme (ohne Maßeinheiten)?

*Lösung:*

Zeit von Jessica: $x$
Zeit von Sarah: $x + 3$

oder:

Zeit von Sarah: $x$
Zeit von Jessica: $x - 3$

**2.** Addiere zum 5-Fachen einer Zahl das 3-Fache einer anderen Zahl. Benenne den zugehörigen Term.

*Lösung:*

Die erste Zahl: $x$
Die zweite Zahl: $y$
Das 5-Fache der ersten Zahl: $5 \cdot x$
Das 3-Fache der zweiten Zahl: $3 \cdot y$
Addition: $5 \cdot x + 3 \cdot y$
Name: **Summe**

**3.** Frau Zumunda ist halb so alt wie Herr Meister. Frau Kirschbaum hingegen ist 5 Jahre älter als Frau Zumunda.
Stelle für das Alter der 3 Personen je einen Term auf.
Bestimme dann das Alter der Frauen, wenn Herr Meister 38 Jahre alt ist.

*Lösung:*
Alter von Herrn Meister: $x$
Alter von Frau Zumunda: $x:2$ oder $\frac{x}{2}$ oder $\frac{1}{2}x$
Alter von Frau Kirschbaum: $x:2+5$

Konkret:
Herr Meister: 38 Jahre
Frau Zumunda: $38:2=19$ Jahre
Frau Kirschbaum: $38:2+5=24$ Jahre

**171** Schreibe die entsprechenden Terme auf und benenne sie.

a) Vom 8-Fachen einer Zahl wird das 3-Fache dieser Zahl subtrahiert.
b) Die Zahl 7 wird um das 2-Fache einer Zahl vermehrt.
c) Zu einer Zahl wird 4 addiert und die Summe mit 6 multipliziert.
d) Die Differenz von 8 und x wird durch 3 dividiert.

**172** Schreibe eine Aufgabe zu folgenden Termen.

a) $3\cdot x-2$
b) $(x-2):3$
c) $15-3\cdot x$
d) $x+2\cdot x-2$

**173** Wie viel Beine haben x Schweine und y Bauern zusammen?
Stelle den zugehörigen Term auf.

## Vermischte Aufgaben

**174** Welche Terme sind äquivalent?

a) $z + 7y - 3$

b) $-1 \cdot 7^0 - y^0 \cdot y + 3 \cdot (y + z)$

c) $3z + 2y - 1$

d) $3y - z^0 + 1z - 4z : 2z + 4y$

**175** Anika hat spät am Abend Terme umgeformt. Hat sie alles richtig gemacht? Prüfe nach und verbessere eventuell.

a) $4x^2 + 4x^2 = 8x^4$

b) $3c^3 \cdot 2c^2 = 6c^5$

c) $2 \cdot d \cdot 3 = 5d$

d) $2w \cdot 2w = 4w$

e) $z(3 + x) = 3z + xz$

f) $(-4 + r) : (-2) = 2 - \frac{r}{2}$

g) $(-4d) \cdot (d + 2) = -4d^2 + 8d$

h) $7(4r + x) = 28r + x$

**176** Beschreibe folgende Terme mit Worten.

a) $(h - 4) : 2$

b) $k \cdot 2 + 3$

c) $g : 4 - 7$

d) $(a + 3) - (b - 3)$

**177** Familie Ringelmann geht ins Schwimmbad. Der Eintritt kostet pro Kind 2,40 €. Erwachsene müssen jeweils 3,50 € zahlen.

a) Stelle einen Term für die Eintrittskosten einer Familie auf.
$x$ = Anzahl der Kinder
$y$ = Anzahl der Erwachsenen

b) Berechne den Eintrittspreis für 2 Erwachsene und 3 Kinder.

c) Was kostet Frau Ringelmann der Schwimmbadbesuch mit ihren 4 Kindern?

**178** Betrachte nebenstehendes Grundstück. Stelle einen Term für seinen

a) Umfang

b) Flächeninhalt

auf. Es gibt mehrere Möglichkeiten. Vereinfache anschließend so weit wie möglich.

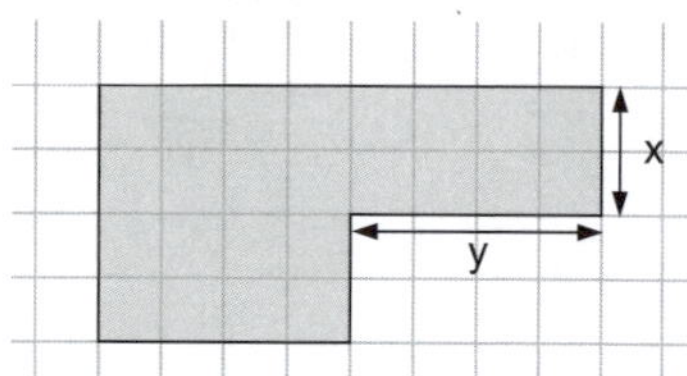


**179** Gib das Volumen und die Oberfläche eines quaderförmigen Kartons mit der Höhe h, der Breite b und der Tiefe t als Term an.

# Gleichungen

## 1 Aufstellen von Gleichungen

Damit sich eine Balkenwaage im Gleichgewicht befindet, muss in den Waagschalen auf beiden Seiten der Waage das gleiche Gewicht lasten. Bei mathematischen Gleichungen gilt das gleiche Prinzip. Links und rechts des Gleichheitszeichens stehen 2 gleichwertige Terme.
Eine Gleichung kann durch Worte beschrieben werden oder durch Angabe zweier Terme, die durch ein Gleichheitszeichen verbunden sind. Bei der „Übersetzung“ von Worten in eine Gleichung gibt es einige Schlüsselwörter:

- „eine Zahl“ → **x**
- „vermindert“ → **−**
- „vermehrt“ → **+**
- „verdoppelt“; „verdreifacht“, „vervierfacht“ … → **· 2**; **· 3**; **· 4** …
- „halbiert“; „gedrittelt“; „geviertelt“ … → **: 2**; **: 3**; **: 4** …
- „ist“; „ergibt“; „so erhält man“ → **=**

Summen und Differenzen müssen wegen der Regel „Punkt vor Strich“ gegebenenfalls geklammert werden.

eispiele

**1.** In Worten: „Das Doppelte **einer Zahl** ist 14.“ — Als Gleichung: $2 \cdot \mathbf{x} = 14$

**2.** Übersetze den Text in eine Gleichung.

a) „Das 3-Fache einer Zahl vermindert um 2 ergibt 22.“

b) „Die 4-Fache Summe aus dem 3-fachen einer Zahl und 5 ergibt 38.“

c) „Der Quotient aus 24 und einer Zahl, die um 2 vermehrt wurde, ist 4.“

d) „Der um 2 vermehrte Quotient aus 24 und einer Zahl ergibt 4.“

*Lösung:*

a) $3 \cdot x - 2 = 22$

b) $4 \cdot (3x + 5) = 38$ — Die Summe muss hier eingeklammert werden.

c) $24 : (x + 2) = 4$ — Der Divisor „x + 2“ muss eingeklammert werden.

d) $24 : x + 2 = 4$ — Der Quotient „24 : x“ muss nicht geklammert werden, da „Punkt vor Strich“ gilt.

**3.** Schreibe die Gleichung $d+3=7$ in Worten.

*Lösung:*
Die Summe aus einer Zahl und 3 ergibt 7.
*alternativ:*
Eine Zahl vermehrt um 3 ergibt 7.

**180** Welche „mathematischen Übersetzungen" sind richtig?
Schreibe jeweils w (wahr) oder f (falsch) in die Kästchen.

| | | |
|---|---|---|
| ☐ | $s+4=17$ | Die Summe aus einer Zahl und 4 ergibt 17. |
| ☐ | $3 \cdot g=18$ | Der Quotient aus 3 und g ergibt 18. |
| ☐ | $20 \cdot 2-x=12$ | 20 vermindert um das Produkt aus x und 2 ergibt 12. |
| ☐ | $(5+y):2=1$ | Die Summe aus y und 5 dividiert durch 2 ist 1. |
| ☐ | $5-2x=x-1$ | Das Doppelte einer Zahl vermindert um 5 ergibt 1 weniger als die Zahl selbst. |
| ☐ | $7=x:2+1$ | Der Quotient aus x und 2 vermehrt um 1 ergibt 7. |

Trage hier die richtigen Gleichungen für die falschen „Übersetzungen" ein:

| | |
|---|---|
| | Die Summe aus einer Zahl und 4 ergibt 17. |
| | Der Quotient aus 3 und g ergibt 18. |
| | 20 vermindert um das Produkt aus x und 2 ergibt 12. |
| | Die Summe aus y und 5 dividiert durch 2 ist 1. |
| | Das Doppelte einer Zahl vermindert um 5 ergibt 1 weniger als die Zahl selbst. |
| | Der Quotient aus x und 2 vermehrt um 1 ergibt 7. |

**181** „Übersetze" den Text in eine Gleichung.

a) Die Differenz aus einer Zahl und 3 ergibt 30.

b) Die Zahl 5 ist der Quotient aus f und 20.

c) 3 vermehrt um das Produkt aus 4 und x ergibt die Zahl 15.

d) Dividiert man die Differenz aus t und 3 durch 2, erhält man das Produkt aus t und 2.

e) Die Differenz aus 17 und der Summe aus z und 3 ergibt 9.

f) Multipliziere die Summe aus dem Vierfachen einer Zahl x und 4 mit 2 und du erhältst die Zahl 24.

**182** Schreibe die Gleichung in Worten.

a) $4x + 2 = 10$ b) $5 = y - 4$

c) $(f + 5) \cdot 2 = 14$ d) $10 - (3 + h) = 1$

**183** Das Rechteck hat einen Flächeninhalt von 18 $cm^2$.
Der Umfang beträgt 16 cm.

Stelle mithilfe der Zeichnung eine Gleichung für den Flächeninhalt und den Umfang auf.

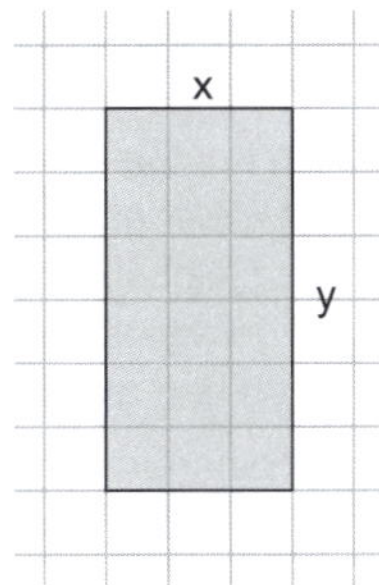


## 2 Äquivalenzumformungen, Lösen von Gleichungen

Eine Waage bleibt im Gleichgewicht, wenn man auf beiden Seiten:

- das Gleiche hinzufügt
- das Gleiche wegnimmt
- mit der gleichen Zahl vervielfacht
- durch die gleiche Zahl teilt

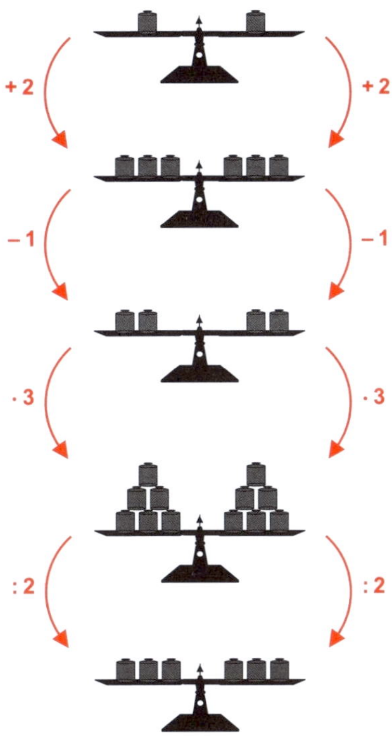

Entsprechende Operationen, die man zugleich auf beiden Seiten einer Gleichung ausführt, führen dazu, dass auf beiden Seiten stets äquivalente Terme stehen. Diese Umformungen heißen daher **Äquivalenzumformungen**.

**Äquivalenzumformungen**

Die Lösungsmenge einer Gleichung bleibt **unverändert**, wenn man auf beiden Seiten der Gleichung:

- den gleichen Term addiert
- den gleichen Term subtrahiert
- mit dem gleichen, von 0 verschiedenen, Term multipliziert
- durch den gleichen, von 0 verschiedenen, Term, dividiert

Notiere neben der Gleichung, welche Äquivalenzumformung du im nächsten Schritt durchführst.

Beispiele

**1.**

$$x+7=11 \quad |-7$$
$$x+7-7=11-7$$
$$x=4$$
$$L=\{4\}$$

Auf beiden Seiten der Gleichung wird 7 subtrahiert.

Die Variablenwerte, für die die Gleichung zu einer wahren Aussage führt, werden in der Lösungsmenge angegeben.

**2.**

$$z\cdot 4=24 \quad |:4$$
$$z\cdot 4:4=24:4$$
$$z=6$$
$$L=\{6\}$$

Auf beiden Seiten der Gleichung wird durch 4 geteilt.

**184** Bestimme die Lösung durch eine Äquivalenzumformung.

a) $x+3=5$ b) $7=y+1$

c) $z-4=2$ d) $2\cdot x=8$

e) $\frac{y}{3}=6$ f) $100=20\cdot x$

g) $f-8=0$ h) $f\cdot 8=0$

**185** Zum Lösen der folgenden Gleichungen brauchst du 2 Äquivalenzumformungen.

a) $3\cdot x+2=14$ b) $4y-6=10$

c) $4x-5=1$ d) $5x+3=2$

e) $\frac{x}{4}+3=6$ f) $2a+100=200$

g) $3c-10=-4$ h) $3+2x+5=58$

## Lösen von Gleichungen

- Fasse gleichartige Terme auf beiden Seiten der Gleichung zusammen.
- Führe Äquivalenzumformungen durch, bis die Terme mit und ohne Variable auf verschiedenen Seiten der Gleichung stehen. Zuerst die Strichumformungen, dann die Punktumformung zum Isolieren der Variablen.
- Gib die Lösungsmenge L der Gleichung an.
- Führe gegebenenfalls eine Probe durch.

Beispiele

**1.** $8 = \frac{x}{2} + 2 \quad | -2$

Strichumformung: Auf beiden Seiten der Gleichung wird 2 subtrahiert.

$8 - 2 = \frac{x}{2} + 2 - 2$

Wenn du geübt bist, kannst du diese Zeile weglassen.

$6 = \frac{x}{2} \quad | \cdot 2$

Punktumformung: Auf beiden Seiten der Gleichung wird mit 2 multipliziert.

$6 \cdot 2 = \frac{x}{2} \cdot 2$

Wenn du geübt bist, kannst du diese Zeile weglassen.

$12 = x$

$L = \{12\}$

Die Variable ist nun isoliert und die Lösungsmenge kann leicht angegeben werden.

*Probe:*

$\text{linke Seite} \overset{?}{=} \text{rechte Seite}$

$8 = \frac{12}{2} + 2$

$8 = 8 \quad \text{(w)}$

Prüfe in der Probe, ob sich beim Einsetzen der errechneten Lösung in die ursprüngliche Gleichung auf beiden Seiten der gleiche Wert ergibt.

**2.** $14y + 3 - 2y = 12 + 2y - 4 \quad | \text{Zfs.}$

Fasse gleichartige Terme zusammen.

$12y + 3 = 8 + 2y \quad | -2y$

$10y + 3 = 8 \quad | -3$

Wende zunächst Strich-Äquivalenzumformungen an, bis die Terme mit und ohne Variable auf verschiedenen Seiten der Gleichung stehen.

$10y = 5 \quad | :10$

Wende dann die Punktumformung an und teile durch den Koeffizienten der Variablen.

$y = \frac{5}{10} = \frac{1}{2}$

$L = \left\{\frac{1}{2}\right\}$

*Probe:*

$\text{linke Seite} \overset{?}{=} \text{rechte Seite}$

$14 \cdot \frac{1}{2} + 3 - 2 \cdot \frac{1}{2} = 12 + 2 \cdot \frac{1}{2} - 4$

$9 = 9 \quad \text{(w)}$

**3.**

$$
\begin{aligned}
-12y+4 &= -11y+1 \quad &&|\ \mathbf{+11y}\\
-1y+4 &= 1 &&|\ \mathbf{-4}\\
-y &= -3 &&|\ \mathbf{:(-1)}\\
y &= 3
\end{aligned}
$$

Um die Variable y alleine zu erhalten, muss das Minuszeichen vor y entfernt werden. Dividiere dazu durch –1.

$L = \{3\}$

*Probe:*

linke Seite $\overset{?}{=}$ rechte Seite

$-12 \cdot \mathbf{3} + 4 = -11 \cdot \mathbf{3} + 1$

$-32 = -32$ (w)

**186** Löse die Gleichung und mache die Probe. Gleichartige Terme auf einer Seite müssen vor einer Umformung zusammengefasst werden.

a) $5x - 1 = 3x + 7$

b) $-22 + 4x = 1x + 8$

c) $3 + 7x - 1 = 3x + 14$

d) $x + 4 - 4x = 3x + 2 + 6x$

**187** Es gibt zu jeder Gleichung unendlich viele äquivalente Gleichungen mit der gleichen Lösungsmenge.
Finde zu folgenden Gleichungen mindestens 3 äquivalente Gleichungen.

a) $2x + 5 = 15$

b) $6 = x : 8 - 2$

c) $6 \cdot y = y + 20$

d) $-4x - 6 = -2x$

**188** Stelle eine Gleichung auf und berechne die Lösung.

a) Das Vierfache einer Zahl ist 52.

b) Die Summe aus 7 und einer Zahl ergibt 19.

c) Die Differenz aus 50 und 35 ist genauso groß wie das Produkt aus 5 und einer Zahl.

d) Wenn du zum Dreifachen einer Zahl 5 addierst, erhältst du 23.

**Lösen von Textaufgaben**

- Lege zuerst eine Variable für die gesuchte Größe fest.
- Vor dem Lösen einer Textaufgabe ist es oft sinnvoll eine Tabelle, ein Diagramm, eine Skizze oder eine Zeichnung anzufertigen. Trage dort die gegebenen und gesuchten Größen und Variablen ein.
- Stelle Terme für die Textbestandteile auf.
- Finde im Text das Schlüsselwort für das Gleichheitszeichen (z. B. „ergibt", „ist", „erhält man") und stelle die Gleichung auf.
- Ermittle die Lösungsmenge der Gleichung durch Äquivalenzumformungen.
- Prüfe die Lösungsmenge (Ist das Ergebnis sinnvoll?) und führe eine Probe durch.
- Formuliere einen Antwortsatz.

Beispiel

Wolfgang ist 10 Jahre älter als Andreas. Zusammen sind sie 100 Jahre alt. Wie alt ist Andreas? Wie alt ist Wolfgang?

*Lösung:*

- Alter von Andreas: $x$
- Alter von Wolfgang: $x+10$
- Zusammen: Andreas + Wolfgang = 100
- Gleichung: $x+x+10=100$
- Lösung der Gleichung:

$$2x+10=100 \quad |-10$$
$$2x=90 \quad |:2$$
$$x=45$$

$L=\{45\}$

- Probe:
  Alter von Andreas: 45
  Alter von Wolfgang: 55
  Zusammen: $45+55=100$ (w)
- Antwort: Andreas ist 45 und Wolfgang 55 Jahre alt.

In obigem Beispiel kommt man gut ohne eine Zeichnung aus. Es gibt aber auch Textaufgaben, die sich ohne Gleichung gut mithilfe einer Zeichnung (oder Tabelle) lösen lassen. Im folgenden Beispiel führt die anschauliche Darstellung der Veränderungen mit der Zeit schnell zur Lösung.

Beispiel

In einem Kino ist der 3. Teil der Plätze durch Kinder besetzt. Im Kino sind 12 Erwachsene mehr als Kinder anwesend. 30 Plätze bleiben frei.
Wie viele Plätze hat das Kino?

*Lösung:*

- Lösung mithilfe einer Tabelle:

| | 1. Versuch (w\|f) | 2. Versuch (w\|f) | 3. Versuch (w\|f) | 4. Versuch (w\|f) |
|---|---|---|---|---|
| Schätzung Gesamtplätze | **120** | **135** | **129** | **126** |
| Kinder | 40 | 45 | 43 | 42 |
| Erwachsene | 52 | 57 | 55 | 54 |
| freie Plätze | 30 | 30 | 30 | 30 |
| Gesamtplätze | **122 (f)** | **132 (f)** | **128 (f)** | **126 (w)** |

- Lösung mithilfe einer Informationsskizze:

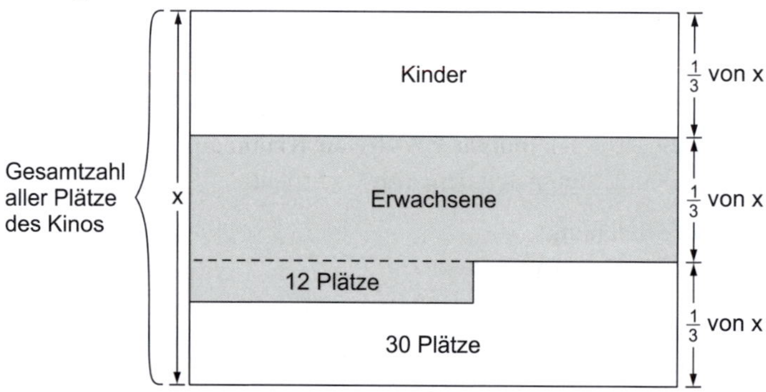


Der Skizze kann entnommen werden: $12+30=\frac{1}{3}x \Rightarrow x=3\cdot 42=\mathbf{126}$

- Lösung mithilfe einer Gleichung:

$$x=\underbrace{\frac{1}{3}x}_{\text{Kinder}}+\underbrace{\frac{1}{3}x+12}_{\text{Erwachsene}}+\underbrace{30}_{\text{Rest}}$$

$$x=\frac{2}{3}x+42 \quad |\cdot 3$$

$$3x=2x+126 \quad |-2x$$

$$x=\mathbf{126}$$

- Lösung durch Überlegung:
30 freie Plätze und 12 Erwachsene zusätzlich bilden zusammen den 3. Teil der Gesamtplätze. Also beträgt die Gesamtzahl der Plätze das Dreifache der Summe aus 12 und 30. Das heißt: Gesamtzahl Plätze $=3\cdot(12+30)=\mathbf{126}$

**189** Ursula und Romuald sind zusammen 75 Jahre alt. Romuald ist 1 Jahr jünger als Ursula. Wie alt sind beide?

**190** Christoph ist doppelt so alt wie Felix. In 5 Jahren ist er 12 Jahre älter, als Felix heute ist. Wie alt sind Christoph und Felix?

**191** Schreibe zu folgenden Gleichungen jeweils eine passende Textaufgabe.

a) $2x - 6 = 28$ b) $8x : 4 = 3 + x$

c) $48 - y = y \cdot 4 - 2$ d) $5x = 4 + 4x$

**192** Thomas, Gerhard, Erika und Jutta gewinnen in der Lotterie. Thomas bezahlte das Doppelte des Einsatzes von Jutta, Gerhard das Dreifache und Erika das Vierfache. Zusammen gewinnen sie 1 200 €. Der Gewinn soll gerecht verteilt werden. Wie kann dies geschehen?

## 3 Gleichungen mit Klammern

Wenn in einer Gleichung Terme mit ein oder mehreren Klammern vorkommen, so musst du zunächst die Klammern mithilfe der Klammerregeln auflösen. Danach löst man die Gleichung nach dem alten Fahrplan:

**Lösen von Gleichungen mit Klammern**

- Löse alle Klammern auf. (Ausmultiplizieren, Plus-/Minusklammern auflösen)
- Fasse gleichartige Terme auf beiden Seiten der Gleichung zusammen.
- Führe Äquivalenzumformungen durch, bis die Terme mit und ohne Variable auf verschiedenen Seiten der Gleichung stehen. Zuerst die Strichumformungen, dann die Punktumformung zum Isolieren der Variablen.
- Gib die Lösungsmenge L der Gleichung an.

Führe gegebenenfalls eine Probe durch.

Beispiel

| Gleichung | Umformung | Erläuterung |
|---|---|---|
| $15 \cdot (x-3) - 2 = 14x - (2x - 1) + x$ | | linke Seite: Klammer ausmultiplizieren<br>rechte Seite: Minus-Klammer auflösen |
| $15x - 45 - 2 = 14x - 2x + 1 + 1x$ | Zfs. | Gleichartige Terme zusammenfassen |
| $15x - 47 = 13x + 1$ | $-13x$ | Strichumformungen |
| $2x - 47 = 1$ | $+47$ | |
| $2x = 48$ | $:2$ | Punktumformung |
| $x = 24$ | | |
| $L = \{24\}$ | | |

*Probe:*

$$\text{linke Seite} \stackrel{?}{=} \text{rechte Seite}$$

$$15 \cdot (24 - 3) - 2 = 14 \cdot 24 - (2 \cdot 24 - 1) + 24$$
$$15 \cdot 21 - 2 = 336 - (48 - 1) + 24$$
$$315 - 2 = 336 - 47 + 24$$
$$313 = 313 \qquad \text{(w)}$$

**193** Löse die Gleichung und mache die Probe.

a) $2(x+3) = 12$

b) $(y-2) \cdot 3 = 2y$

c) $3(z-2) = (z+1) \cdot 2$

d) $-2(x+3) = 5x - (2+3x)$

**194** Ordne die Lösungen den richtigen Gleichungen zu. Durch Nachdenken kannst du vielleicht manche Lösung bestimmen, ohne zu rechnen.

| $\frac{3}{4}$ | 0 | 1,5 | 6 | 1 | –3 | 63 | 24 |
|---|---|---|---|---|---|---|---|

a) $3(2x-4) = 4x$

b) $2y - 4 + 8y = 8 - 4y + 2$

c) $\frac{1}{3}x - 5 = 16$

d) $2 \cdot x = 0$

e) $-5 + x : 4 = 1$

f) $4x - 2 = 1$

g) $2z + 5 = 8$

h) $2x + 8 = 2$

**195** Löse die Gleichungen mit Variablen im Zähler oder Nenner eines Bruches. Denke an den Fahrplan: Zuerst die Strichumformungen!

a) $\frac{9}{x} - 4 = 5$

b) $\frac{x}{9} - 4 = 5$

c) $4 + \frac{x}{3} = -3$

d) $\frac{1}{x} + 3 = 2$

**196** Löse die Gleichung: $\frac{40}{4} \cdot (x-3) + 0,25x = \frac{1}{4}x$

Achte auf Brüche, Dezimalzahlen und Klammern!

**197** Diese Gleichungen sind nicht einfach. Kannst du sie lösen?

a) $-2(3x+4) + 4(3-1x) = 3(2+2x-3) - 1$

b) $\frac{1}{4} - \left(1x - \frac{3}{4}\right) = \frac{2}{4} + 2x$

c) $2\left(\frac{1}{2}x - 1\right) - \left(\frac{3}{2} - x\right) = 0$

d) $-(x-1) - 1 = -x - 1 \cdot (x+1)$

## Vermischte Aufgaben

**198** Die Geschwister Ferdinand (7 Jahre), Theresia (9 Jahre), Jakob (12 Jahre) und Nora (14 Jahre) erhalten aufgrund ihres Alters unterschiedlich viel Taschengeld im Monat.
Theresia bekommt 2 € mehr als Ferdinand.
Jakob bekommt 3 € mehr als Theresia.
Nora bekommt 5 € mehr als Theresia.
Zusammen erhalten sie 54 €.
Wie könnte eine Frage zu dieser Aufgabe lauten?
Versuche, deine Frage mit einer Gleichung zu lösen.

**199** Bei diesen Äquivalenzumformungen wurden fehlerhafte Umformungen gemacht. Verbessere die Fehler und finde die richtige Lösung.

a)
$$\begin{aligned} 5(x+2)+3x &= (6x-4):2-x \\ 5x+2+3x &= 6x-4:2-x \\ 8x &= 5x-2 && \mid -5x \\ 3x &= -2 && \mid +2 \\ 3x &= 0 && \mid :3 \\ x &= 0 \end{aligned}$$

b)
$$\begin{aligned} -(4x-2)+(-5+2x) &= x \\ -4x-2-5+2x &= x \\ -2x-7 &= x && \mid -7 \\ -2x-14 &= x && \mid +14 \\ -2x &= x+14 && \mid -x \\ -x &= 14 && \mid :(-1) \\ x &= -14 \end{aligned}$$

**200** Im Kapitel „Dreiecke" hast du gelernt, wie groß die Winkelsumme im Dreieck ist. Kannst du mithilfe einer Gleichung (ohne abzumessen) den Winkel α des Dreiecks berechnen und die Größe der anderen 2 Winkel angeben?

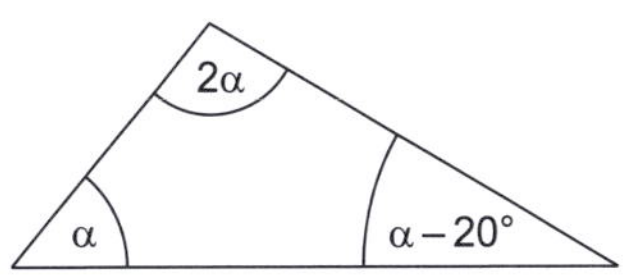


**201** Eine 1 m lange Holzleiste soll als Rahmen für ein Bild dienen und wird in 4 Teile zersägt. Die beiden längeren Rahmenstücke sind jeweils 28 cm lang.
Wie lang sind dann die beiden kürzeren Rahmenstücke?

**202** Der Umfang eines Rechtecks mit den Seitenlängen $x + 1$ und $x + 2$ (in m) beträgt 16 m.
Wie groß sind die beiden Seitenlängen?

**203**
a) Berechne die Breite und den Umfang des Tisches, wenn der Flächeninhalt der Tischoberfläche $A = 48d^2$ beträgt.

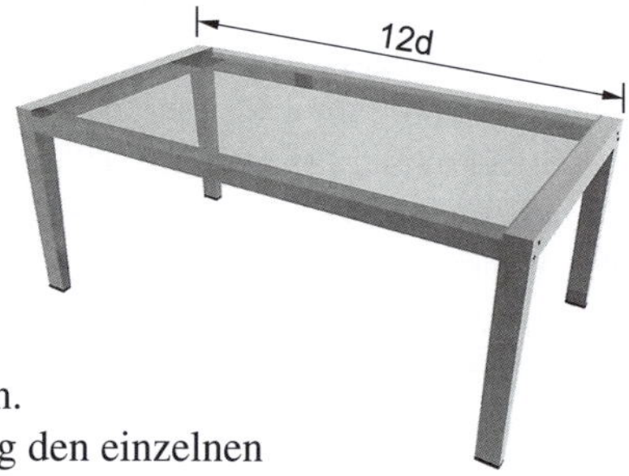


b) Entlang den Seiten eines rechteckigen Schwimmbeckens liegen quadratische Steinplatten, insgesamt 30 Stück. An den Längsseiten liegen zusammengezählt 2 Platten mehr als an den Breitseiten. Kannst du sagen, wie viele Platten entlang den einzelnen Seiten liegen und außerdem den Flächeninhalt der Grundfläche des Beckens in Steinplatten angeben?

**204** Gegeben ist die Gleichung: $2y + (y - 3) = (y + 3) \cdot 2$
a) Kannst du ein Zahlenrätsel zu der Gleichung erfinden?
b) Löse die Gleichung und mache die Probe.

**205** Tom und seine 7 Freunde sind Mitglieder in einer Lotto-Tippgemeinschaft. Für ihren wöchentlichen Tipp geben sie alle zusammen im Monat 120 € aus. Tim, Christoph, Fiona und Maite möchten sich an der Tippgemeinschaft beteiligen. Der Monatsbeitrag soll nicht erhöht werden.
a) Wie hoch ist der Monatsbeitrag pro Person, wenn sich die neuen Mitglieder beteiligen?
b) Um welche Zuordnung handelt es sich bei dieser Aufgabe?
*Tipp:* Es gibt mehrere Lösungsmöglichkeiten.

# Prozentrechnen

## 1 Der Prozentbegriff

Der große Joghurt mit einem Gewicht von 500 g enthält 0,5 g Fett. Der kleine Joghurt mit einem Gewicht von 100 g enthält 0,1 g Fett. Absolut ist also mehr Fett in dem großen Joghurt enthalten. Trotzdem ist der relative bzw. prozentuale Fettanteil von 0,1 % bei beiden Joghurts gleich. Das kommt daher, dass bei der Prozentangabe der Fettgehalt ins Verhältnis zu 100 g Joghurt gesetzt wird. Der Begriff **Prozent** kommt aus dem Italienischen („per cento") und heißt wörtlich **„pro hundert"**.

Zur Darstellung von Prozentangaben gibt es verschieden Möglichkeiten. Dabei spielt die Zahl 100 eine entscheidende Rolle:

$1\,\% = \frac{1}{100} = 0{,}01$ und steht für: „**1** von 100" oder „**1** : 100" (lies: 1 zu 100)

$10\,\% = \frac{10}{100} = 0{,}10$ und steht für: „**10** von 100" oder „**10** : 100" (lies: 10 zu 100)

$100\,\% = \frac{100}{100} = 1{,}00$ und steht für: „**100** von 100" oder „**100** : 100" (lies: 100 zu 100)

$p\,\% = \frac{p}{100}$ und steht für: „**p** von 100" oder „**p** : 100" (lies: p zu 100)

Beispiel

Verschiedene Arten der Darstellung von 20 %:

- $20\,\% = \frac{20}{100} = \frac{2}{10} = \frac{1}{5}$
- $20\,\% = 20 : 100 = 2 : 10 = 1 : 5 = 0{,}2$
- 20 Rechtecke von 100 Rechtecken:

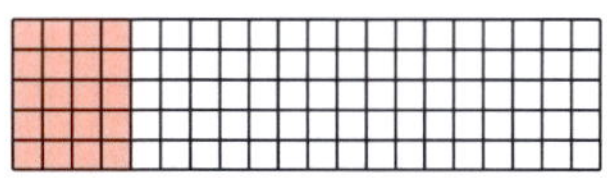

- 2 Rechtecke von 10 Rechtecken:

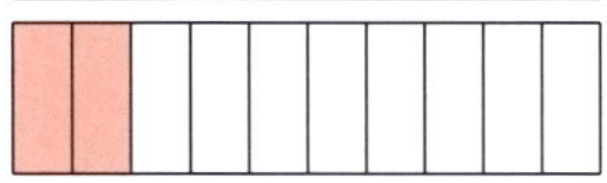

- 1 Rechteck von 5 Rechtecken:

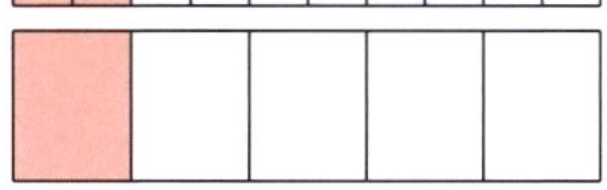

- 20 Kreisausschnitte von 100 Kreisausschnitten:

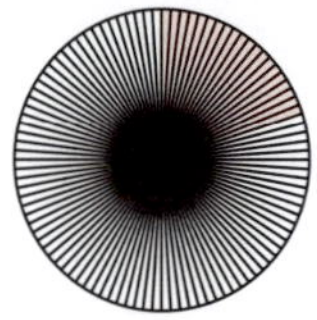

Berechnung des zugehörigen Winkels:
100 % ≙ 360° (Vollwinkel)
1 % ≙ 3,6°
20 % ≙ 72°

- 2 Kreisausschnitte von 10 Kreisausschnitten:

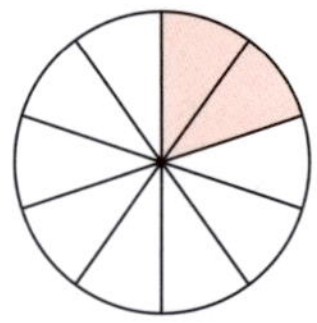

- 1 Kreisausschnitt von 5 Kreisausschnitten:

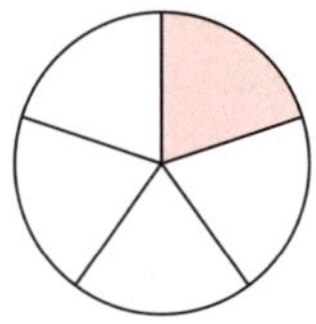

**Umwandlungsregel:**

0,10 Dezimalzahl —— Komma um **2 Stellen nach rechts** verschieben ⟶ 10,0 % Prozentangabe

Prozentangabe —— Komma um **2 Stellen nach links** verschieben ⟶ Dezimalzahl

Beispiele

**1.** Häufig vorkommende Brüche als Prozentangaben:

- $1 = 1{,}00 = 100\ \%$
- $\frac{1}{2} = 0{,}50 = 50\ \%$
- $\frac{1}{4} = 0{,}25 = 25\ \%$
- $\frac{1}{8} = 0{,}125 = 12{,}5\ \%$
- $\frac{1}{10} = 0{,}10 = 10\ \%$
- $\frac{1}{20} = 0{,}05 = 5\ \%$

**2.** Auch Zahlen größer als 1 und nicht abbrechende Brüche können als Prozentangaben geschrieben werden:

- $1{,}5 = 1{,}50 = 150\ \%$
- $\frac{1}{3} = 1:3 = 0{,}33333\ldots \approx 33{,}33\ \%$
- $\frac{16}{12} = 16:12 = 1{,}33333\ldots \approx 133{,}33\ \%$

Ist der Zähler größer als der Nenner, ist die zugehörige Dezimalzahl größer als 1 und die zugehörige Prozentangabe größer als 100 %.

Ein Bruch kann auch ohne den Weg über die Dezimalzahl als Prozentangabe geschrieben werden, wenn man ihn so erweitert oder kürzt, dass im Nenner 100 steht. Die Prozentangabe entspricht dann dem Zähler dieses Bruchs.

Beispiele

**1.** $\frac{3}{4} = \frac{3 \cdot \mathbf{25}}{4 \cdot \mathbf{25}} = \frac{\mathbf{75}}{100} = \mathbf{75}\ \%$

100 : 4 = 25 → Erweitere mit 25.

**2.** $\frac{50}{125} = \frac{50 : \mathbf{1,25}}{125 : \mathbf{1,25}} = \frac{\mathbf{40}}{100} = \mathbf{40}\ \%$

125 : 100 = 1,25 → Kürze mit 1,25.

oder:

$\frac{50}{125} = \frac{50 \cdot \mathbf{8}}{125 \cdot \mathbf{8}} = \frac{400 : \mathbf{10}}{1\,000 : \mathbf{10}} = \frac{\mathbf{40}}{100} = \mathbf{40}\ \%$

1 000 : 125 = 8 → Erweitere mit 8.

**206** Schreibe die Prozentangabe als Dezimalzahl und als Bruch mit dem Nenner hundert. Kürze diesen, falls möglich, anschließend.

a) 5 %
b) 14 %
c) 21 %
d) 0 %
e) 100 %
f) 120 %
g) 200 %
h) 0,03 %

**207** Wandle durch Erweitern oder Kürzen in Brüche mit dem Nenner hundert um und schreibe den Hundertstelbruch als Prozentzahl.

a) $\frac{4}{10}$
b) $\frac{1}{2}$
c) $\frac{3}{4}$
d) $\frac{45}{5}$
e) $\frac{3}{25}$
f) $\frac{3}{20}$
g) $\frac{18}{50}$
h) $\frac{12}{200}$
i) $\frac{60}{150}$
j) $\frac{45}{500}$
k) $\frac{88}{800}$
l) $\frac{1\,200}{1\,000}$
m) $\frac{180}{250}$
n) $\frac{120}{60}$
o) $\frac{44}{80}$
p) $\frac{112}{40}$

**208** Wandle mit einem Verfahren deiner Wahl in Prozentangaben um.

a) 0,34

b) $\frac{3}{10}$

c) 1,78

d) 4

e) $\frac{9}{8}$

f) 0,055

**209** Welchen Prozentangaben entsprechen diesen Aussagen?

a) Einer von vier

b) Das Doppelte

c) Die Hälfte

d) 6 von 100

e) Jeder Fünfte

f) Ein Viertel von der Hälfte

**210** Unter den Figuren stehen die zugehörigen Prozentangaben.
Ergänze die Figuren so, dass sie 100 % darstellen.

a)

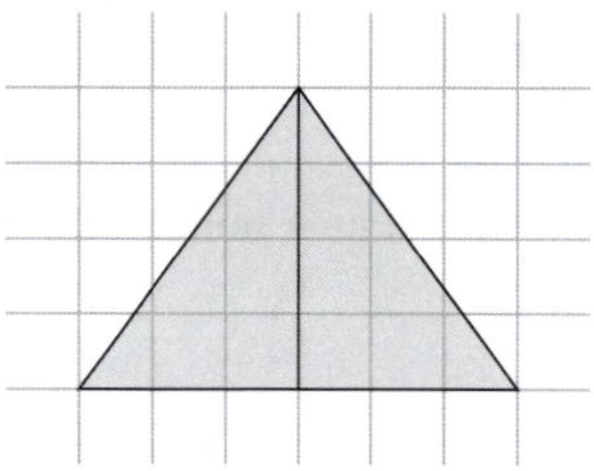

50 %

b)

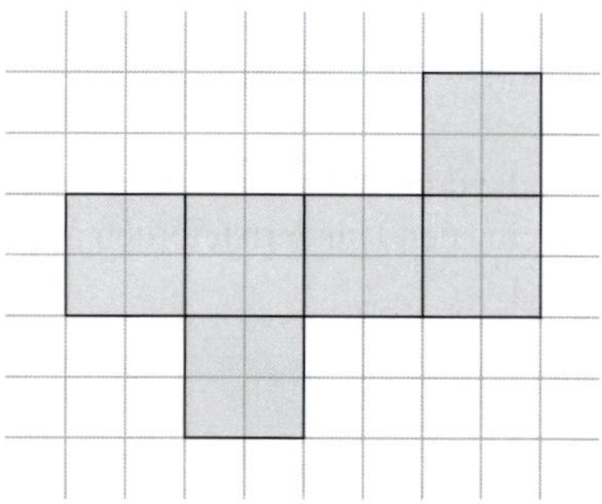

60 %

c)

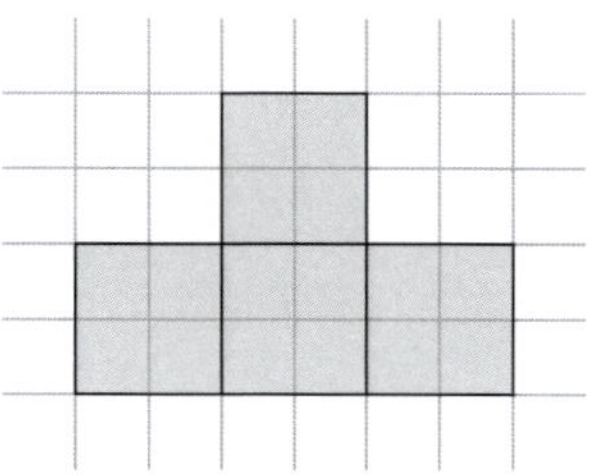

80 %

d)

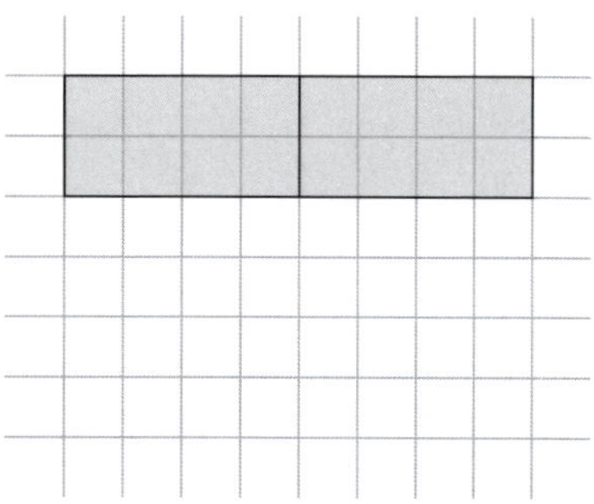

40 %

**211** Färbe im grauen Feld so viele Kästchen, dass

a) 10 % eingefärbt sind.

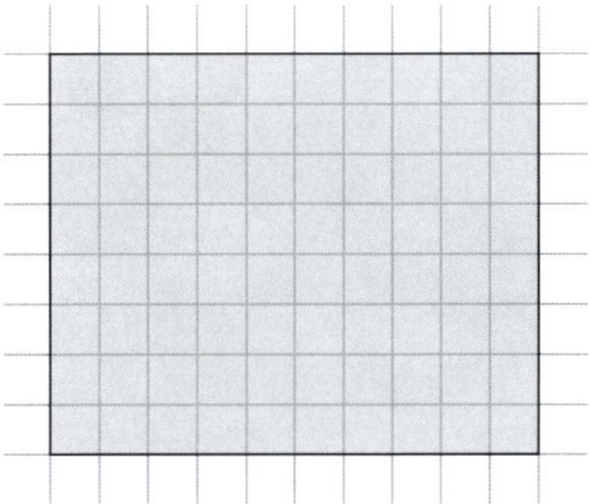

b) 25 % eingefärbt sind.

c) 35 % eingefärbt sind.

d) 47,5 % eingefärbt sind.

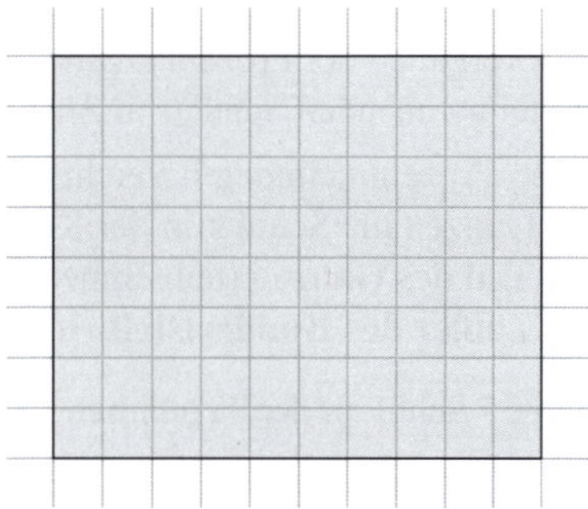

**212** Wie du weißt, können Brüche als Hundertstelbrüche, Dezimalbrüche und in der Prozentdarstellung geschrieben werden.
Fülle die leeren Felder aus.

| Bruch | Hundertstelbruch | Dezimalbruch | Prozentdarstellung |
|---|---|---|---|
| $\frac{1}{2}$ | $\frac{50}{100}$ | 0,50 | 50 % |
| $\frac{1}{4}$ | | | |
| | $\frac{40}{100}$ | | |
| | | 0,12 | |
| | | | 300 % |
| $\frac{3}{8}$ | | | |

## 2 Der Prozentsatz p

In der Klasse 7a nehmen 21 von insgesamt 25 Schülern am Abschlussgottesdienst vor den Ferien teil. In der Klasse 7b sind es 17 von 20 Schülern. Um einen relativen Vergleich der Anteile $\frac{\text{teilnehmende Schüler}}{\text{Schüler in der Klasse}}$ vornehmen zu können, erweitert man die beiden Brüche auf Hundertstelbrüche:

7a: $\frac{21}{25} = \frac{21 \cdot 4}{25 \cdot 4} = \frac{84}{100} = 84\ \%$

7b: $\frac{17}{20} = \frac{17 \cdot 5}{20 \cdot 5} = \frac{85}{100} = 85\ \%$

Der Vergleich der Prozentangaben 84 % und 85 % zeigt sofort, dass der Anteil der teilnehmenden Schüler in der 7b größer ist.

In der Prozentrechnung bezeichnet man
das **Ganze** (alle Schüler in der Klasse) als **Grundwert G**,
den **Teil des Ganzen** (teilnehmende Schüler der Klasse) als **Prozentwert P** und
den **Zähler des Hundertstelbruchs** als **Prozentsatz p**.

Von [25 Schülern] der 7a nehmen [21 Schüler] teil, das entspricht [84] %.

**Grundwert** **Prozentwert** **Prozentsatz**

Von [20 Schülern] der 7b nehmen [17 Schüler] teil, das entspricht [85] %.

Den Prozentsatz in Prozent erhält man, indem man den Prozentwert P durch den Grundwert G dividiert:

$$\textbf{Prozentsatz in \%} = \frac{\textbf{Prozentwert}}{\textbf{Grundwert}} \quad \text{bzw.} \quad \mathbf{p\ \% = \frac{P}{G}} \quad \Leftrightarrow \quad \mathbf{\frac{p}{100} = \frac{P}{G}}$$

- Manchmal wird für den Prozentsatz auch die Bezeichnung $P_S$ verwendet.
- Prozentsätze in Prozent können auch größer als 100 % sein.

Beispiel

Wie viel Prozent sind 36 m von 48 m?

*Lösung:*

- Mit Formel:

$$p\ \% = \frac{P}{G} = \frac{36\text{ m}}{48\text{ m}} = \frac{3}{4} = \frac{75}{100} = 75\ \%$$

- Mit Dezimalbruch:

$$p\ \% = \frac{P}{G} = \frac{36\text{ m}}{48\text{ m}} = 36 : 48 = 0{,}75 = 75\ \%$$

- Mit Dreisatz:

  $48\text{ m} \mathrel{\hat{=}} 100\ \%$

  $1\text{ m} \mathrel{\hat{=}} \frac{100}{48}\ \%$

  $36\text{ m} \mathrel{\hat{=}} \frac{100\ \% \cdot 36}{48} = 75\ \%$

Antwort: 36 m von 48 m sind 75 %.

**213** Berechne mit einem Verfahren deiner Wahl.
Wie viel Prozent sind

a) 20 von 50?
b) 5 von 25?
c) 12 von 200?
d) 12 m von 8 m?
e) 7 km von 35 km?
f) 34 g von 85 g?
g) 25 min von 1 h 45 min?
h) 17 € von 4 €?
i) 5,6 kg von 12,3 kg?
j) 0,27 t von 1,41 t?

(Denke daran: Prozentsätze in Prozent können größer als 100 % sein!)

**214** Bei einer Umfrage unter 30 Schülern einer 7. Klasse lautete die Frage:
Was ist dein Lieblingsessen?

Es gab folgende Antworten:

| | |
|---|---|
| Pizza: | 10 Schüler |
| Milchreis: | 3 Schüler |
| Salat: | 2 Schüler |
| Pommes Frites: | 1 Schüler |
| Hähnchen: | 5 Schüler |
| Fischstäbchen: | 6 Schüler |
| Alles: | 1 Schüler |
| Pfannkuchen: | 2 Schüler |

Gib für jedes Essen die zugehörigen Prozentanteile an.

**215** Im Schuljahr 2008/2009 gingen in Baden-Württemberg insgesamt 1 254 224 Schüler in allgemeinbildende Schulen. Davon waren 246 656 Schüler an einer Realschule.
Wie hoch war der Prozentsatz der Realschüler?

**216** Ein Mensch wird heutzutage im Durchschnitt 79 Jahre alt.

a) Hauskatzen erreichen ein durchschnittliches Lebensalter von ca. 13 Jahren.

b) Es gibt Mückenarten mit einer Lebenserwartung von ca. 50 Tagen.

Wie viel Prozent des Alters eines Menschen erreichen Katze und Mücke?

**217** Die Tabelle und das Diagramm zeigen, welche Lieblingshobbys die Siebtklässler einer Realschule haben.

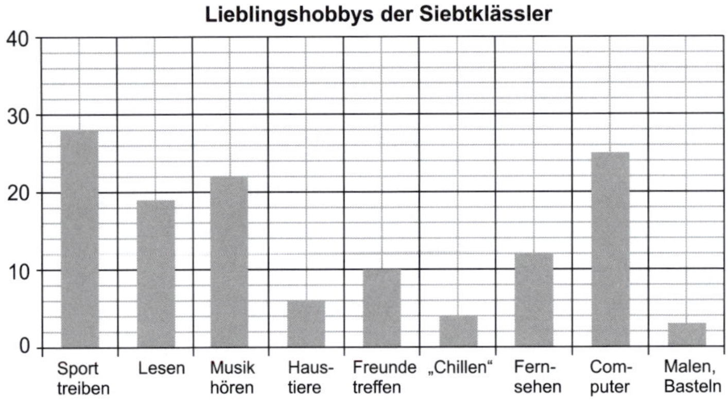


Gib für jedes Hobby die zugehörige Prozentangabe an, wenn es keine Mehrfachnennungen gab.

## 3 Der Prozentwert P

Von den 12 Kindern in einer Klasse der privaten Grundschule „KinderLernHaus" sind 25 % Mädchen. Um die Frage zu beantworten, wie viele Mädchen in der Klasse sind, muss der Prozentwert berechnet werden, der 25 % vom Grundwert 12 Kinder entspricht.

Den Prozentwert erhält man, indem man den Prozentsatz in Prozent mit dem Grundwert multipliziert:

**Prozentwert = Prozentsatz in % · Grundwert** bzw. $\mathbf{P = p\,\% \cdot G \Leftrightarrow P = \frac{p}{100} \cdot G}$

- Übersetze **„von"** mit **„·"**: „... p % **von** G ..." → p % · G
- Manchmal wird für den Prozentwert auch die Bezeichnung $P_W$ verwendet.
- Für p % > 100 % ist der zugehörige Prozentwert größer als der Grundwert.

Beispiel

Wie viel sind 15 % von 500 €?

*Lösung:*

- Mit Formel:
  $P = p\,\% \cdot G = 15\,\% \cdot 500\,€ = \frac{15}{100} \cdot 500\,€ = \frac{7\,500}{100}\,€ = 75\,€$
- Mit Dezimalbruch:
  $P = p\,\% \cdot G = 15\,\% \cdot 500\,€ = 0{,}15 \cdot 500\,€ = 75\,€$
- Mit Dreisatz:
  $100\,\% \mathrel{\hat{=}} 500\,€$
  $1\,\% \mathrel{\hat{=}} \frac{500}{100}\,€$
  $15\,\% \mathrel{\hat{=}} \frac{500 \cdot 15}{100}\,€ = 75\,€$

Antwort: 15 % von 500 € sind 75 €.

**218** Wie viel sind 45 % von 180 Kilometern?
Berechne den Prozentwert P auf 3 verschiedene Arten:

a) mit einem Hundertstelbruch

b) mit einem Dezimalbruch

c) mit einem Dreisatz

**219** Manche Prozentwerte sind sehr einfach im Kopf zu berechnen. Berechne durch Überlegung.

a) 10 % von 30 €
b) 1 % von 1 200
c) 100 % von 34 kg
d) 50 % von 688 t
e) 200 % von 57 $m^2$
f) 20 % von 50 min
g) 25 % von 36 ha
h) 90 % von 20 g

**220** Berechne den Prozentwert mit einem Verfahren deiner Wahl.

a) 3 % von 20 €
b) 45 % von 12 m
c) 125 % von 36 min
d) 1,5 % von 4 t
e) $\frac{3}{4}$ % von 2 $m^2$
f) 1 % von 34,45 g

**221** In einer 6,6 km langen Tempo-70-Zone am Ortseingang von Freiburg-Ebnet wurden in 3 Stunden 120 Fahrzeuge gezählt. Davon fuhren 5 % zu schnell und müssen mit einer Anzeige rechnen. Wie viel Fahrzeuge waren das?

**222** Unsere Atemluft enthält 21 % Sauerstoff, 78 % Stickstoff und 1 % andere Stoffe.
Wie viel Sauerstoff, Stickstoff und andere Stoffe sind in einem Zimmer mit dem Volumen V = 32 $m^3$?

**223** In der Stadt Freiburg leben 1,86 % der Einwohner von Baden-Württemberg (10 719 000 Einwohner).
Wie viele Einwohner hat die Stadt Freiburg? Runde situationsgerecht.

# 4 Der Grundwert G

In einer 7. Klasse nehmen 3 Schüler am Ethik-Unterricht teil. Das sind 12 % der Schüler. Um die Frage zu beantworten wie viele Schüler in der Klasse sind, muss der Grundwert berechnet werden, also der Wert, der 100 % entspricht, wenn der Prozentwert von 3 Kindern 12 % entspricht.

Den Grundwert erhält man, indem man den Prozentwert durch den Prozentsatz in Prozent dividiert:

$$\text{Grundwert} = \frac{\text{Prozentwert}}{\text{Prozentsatz in \%}} \quad \text{bzw.} \quad G = \frac{P}{p\,\%} \Leftrightarrow G = P \cdot \frac{100}{p}$$

- Manchmal wird für den Grundwert auch die Bezeichnung $G_W$ verwendet.

Beispiel

Wie viel Euro waren es ursprünglich, wenn mit 30 € noch 40 % übrig sind?

*Lösung:*

- Mit Formel:

$$G = \frac{P}{p\,\%} = \frac{30\text{ €}}{40\,\%} = 30\text{ €} \cdot \frac{100}{40} = 75\text{ €}$$

- Mit Dezimalbruch:

$$G = \frac{P}{p\,\%} = \frac{30\text{ €}}{0{,}4} = 30\text{ €} : 0{,}4 = 75\text{ €}$$

- Mit Dreisatz:

$$40\,\% \mathrel{\hat=} 30\text{ €}$$

$$1\,\% \mathrel{\hat=} \frac{30}{40}$$

$$100\,\% \mathrel{\hat=} \frac{30 \cdot 100}{40} = 75\text{ €}$$

Antwort: Der Grundwert beträgt 75 €.

**224** Berechne den Grundwert mit einem Verfahren deiner Wahl. Runde, falls nötig!

a) 75 % sind 150 km
b) 110 m sind 2 %
c) 30 % entsprechen 9 kg
d) 4 567 cm sind 10 %
e) 12,5 % sind 1 000 €
f) 54 % sind 34 Liter
g) 1,5 % sind 12 $m^3$
h) 300 mm sind 99 %

**225** Im Badenova Stadion in Freiburg waren 19 975 Zuschauer beim Spiel gegen den 1. FC Köln. Das Stadion war zu 81 % besetzt.
Wie viele Zuschauer passen ins Stadion, wenn es ausverkauft ist?

**226** Berechne den Grundwert, wenn gilt:

a) Prozentsatz 5 %; Prozentwert 40 €
b) Prozentsatz 2 %; Prozentwert 10 m
c) Prozentsatz 10 %; Prozentwert 50 km
d) Prozentsatz 25 %; Prozentwert 75 kg

**227** Die Rechtecke stellen einen bestimmten Prozentsatz in Prozent dar. Ergänze die Rechtecke auf 100 %.

a)
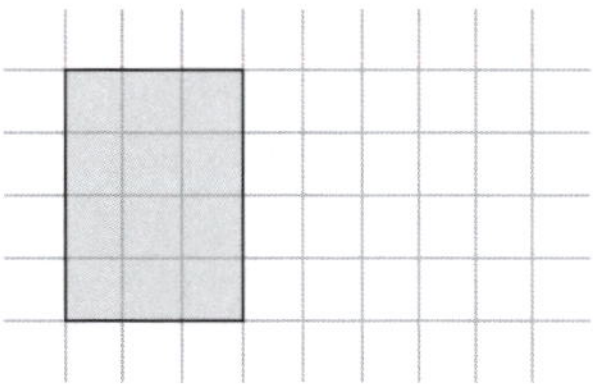
50 %

b)
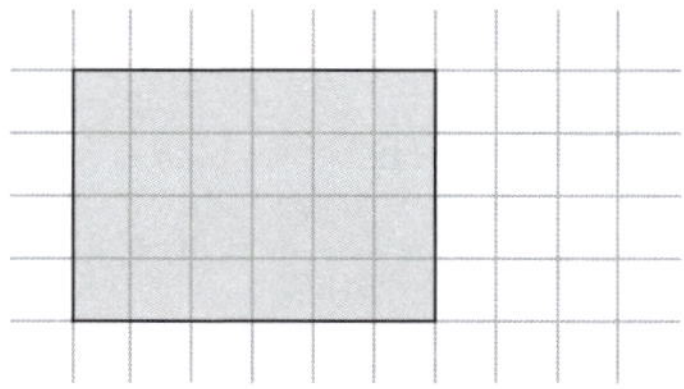
75 %

c)
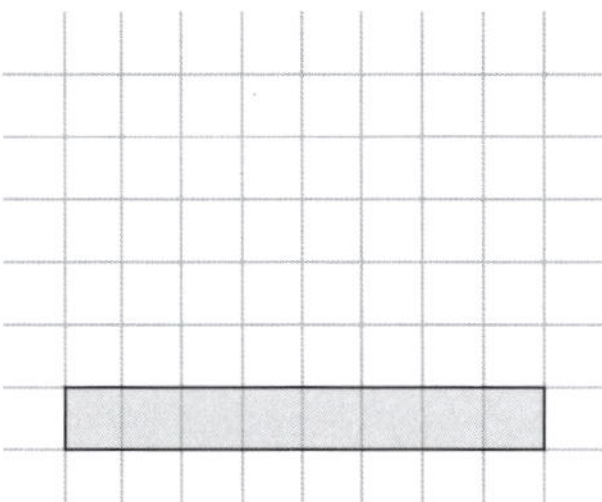
20 %

d)
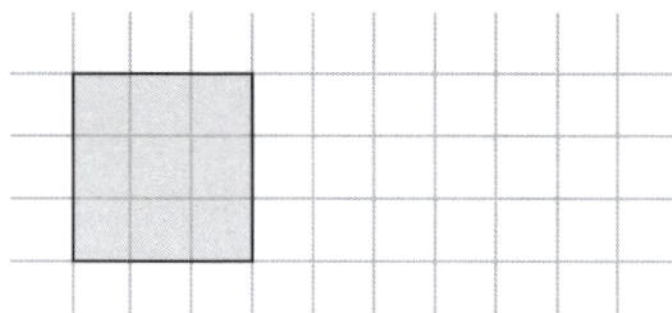
60 %

**228** Wie groß ist der Grundwert? Kombiniere und berechne.

a) Addiere zum Grundwert 10 % und du erhältst 55 €.
b) Subtrahiere vom Grundwert 10 % und du erhältst 81 kg.
c) Vergrößert man den Grundwert um die Hälfte, so erhält man 75 cm.
d) Vermindert man den Grundwert um die Hälfte, so erhält man 22 $m^2$.

# 5 Zusammenfassung: Die 3 Grundaufgaben der Prozentrechnung

In der Prozentrechnung gibt es **3 Grundaufgaben**:

- Berechnung des Prozentsatzes p in Prozent
- Berechnung des Prozentwerts P
- Berechnung des Grundwerts G

Diese 3 Grundaufgaben lassen sich mit der **Grundformel** und den entsprechenden Umformungen leicht lösen. Ein **Formeldreieck** hilft beim Umformen:

Decke die gesuchte Größe ab. Trennt die verbleibenden Größen ein **senkrechter Strich**, werden sie **multipliziert**, bei einem **waagrechten Strich** werden sie **dividiert**.
Falls nötig, verwende $p\,\% = \frac{p}{100}$.

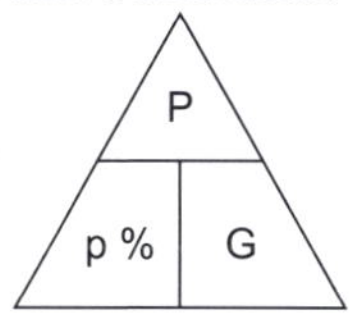


**Grundformel der Prozentrechnung:**

$P = p\,\% \cdot G$

Umformungen:

$p\,\% = \frac{P}{G}$ $\qquad P = p\,\% \cdot G$ $\qquad G = \frac{P}{p\,\%}$

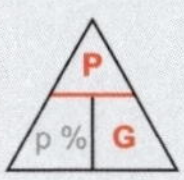


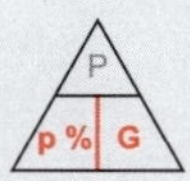


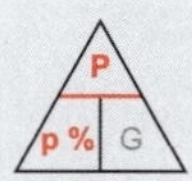


Beispiel

| 20 % | von | 45 € | sind | 9 €. |
|---|---|---|---|---|
| **Prozentsatz** | | **Grundwert** | | **Prozentwert** |

- Berechnung von p %:
  $p\,\% = \frac{P}{G} = \frac{9\,€}{45\,€} = 0{,}2 = 20\,\%$

- Berechnung von P:
  $P = p\,\% \cdot G = 20\,\% \cdot 45\,€ = 0{,}2 \cdot 45\,€ = 9\,€$

- Berechnung von G:
  $G = \frac{P}{p\,\%} = \frac{9\,€}{20\,\%} = \frac{9\,€}{0{,}2} = 45\,€$

**229** Am 31. 12. 2008 waren in Deutschland 13 694 334 Jugendliche unter 18 Jahren. Das waren 16,7 % der Gesamtbevölkerung.
Wie viele Einwohner hatte Deutschland an diesem Stichtag? Runde sinnvoll.

**230** a) Berechne den Prozentsatz in Prozent. Runde sinnvoll. Wie viel Prozent sind 3,1 cm von 4,5 dm?

b) Berechne den Prozentwert. Runde sinnvoll. Wie viel sind 2,5 % von 14 €?

c) Berechne den Grundwert. Runde sinnvoll. 23 % sind 19 kg.

**231** Ein 14-jähriger Schüler hat einen durchschnittlichen täglichen Energiebedarf von 11 723 kJ (Kilojoule), die er durch die Nahrung dem Körper zuführen muss. Wenn er einen Schokoriegel isst, hat er bereits etwa 1 151 kJ zu sich genommen. Wie viel Prozent des durchschnittlichen Tagesbedarfs sind das?

**232** Äpfel bestehen zu ca. 83 % aus Wasser. Wie viel Wasser enthalten 2,5 kg Äpfel?

**233** a) Das Trainingsbuch Grundwissen Realschule Mathematik 5. Klasse hat insgesamt 190 Seiten. In diesem Buch hat Felix bereits 40 % durchgearbeitet. Wie viel Seiten sind das?

b) Maya hat 114 Seiten bearbeitet. Wie viel Prozent sind das?

## Vermischte Aufgaben

234

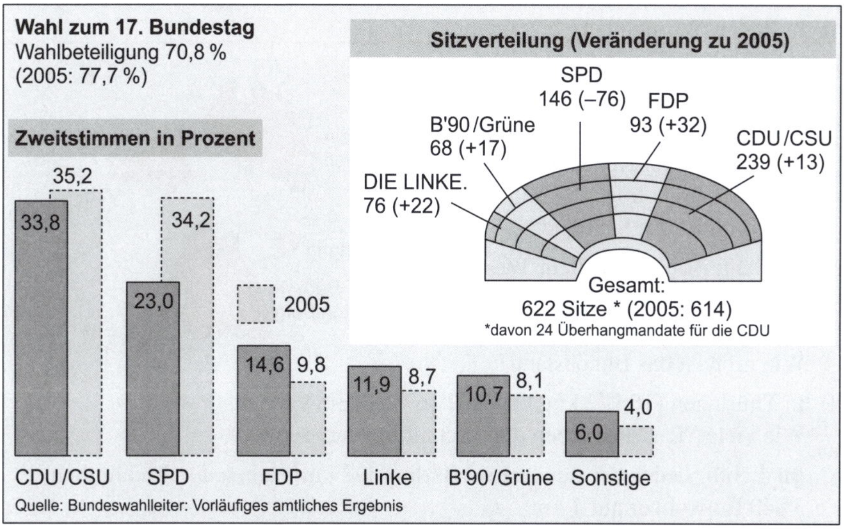


Oben stehende Grafik visualisiert das Ergebnis der Bundestagswahl 2009. Versuche, die Grafik zu „lesen“, und beantworte die Fragen.

a) Wie viel Prozent aller Zweitstimmen erreichte die CDU/CSU im Jahr 2009?

b) Wie viel Prozent aller Zweitstimmen erreichten B'90/Grüne im Jahr 2005?

c) Wie viele Sitze gab es insgesamt im Parlament in den Jahren 2009 und 2005?

d) Welche Partei hat gegenüber 2005 Sitze verloren?
Wie viel Sitze waren dies? Gib den Rückgang auch in Prozent an.

e) Welche Partei hat 2009 gegenüber 2005 am meisten Zweitstimmen gewonnen? Wie viel Prozent waren dies?

f) Welche Partei hat 2009 gegenüber 2005 3,2 % mehr Stimmen bekommen?

g) Wie hoch war die Wahlbeteiligung im Jahr 2005 in Prozent?

h) Wie viele Sitze hatte die CDU/CSU im Jahr 2005?

i) Alle sonstigen Parteien haben die 5 %-Hürde nicht erreicht und sind deswegen im Bundestag 2009 nicht vertreten.
Wie viel Prozent der Zweitstimmen haben sie insgesamt erreicht?

**235** Deutschland hat eine Gesamtfläche von 357 104 km$^2$.

a) In Baden-Württemberg beträgt die Gesamtfläche 35 752 km$^2$.
Wie viel Prozent der Gesamtfläche sind dies?

b) Die Fläche aller Bundesländer ohne das Saarland beträgt 354 535 km$^2$.
Wie groß ist das Saarland?

c) Der Anteil von Nordrhein-Westfalen an der Gesamtfläche von Deutschland beträgt 9,5 %.
Wie groß ist das Bundesland?

d) In Thüringen (16 172 km$^2$) leben 2 267 763 Einwohner.
Wie viele Menschen leben durchschnittlich auf 1 km$^2$?

e) Im dichtbesiedelsten Bundesland Berlin (892 km$^2$) leben durchschnittlich 3 849 Einwohner auf 1 km$^2$.
Wie viele Einwohner hat Berlin?

(Daten: Statistisches Bundesamt 1. 1. 2009)

**236** Anfang des Jahres 2012 werden 7 Milliarden Menschen auf der Erde leben. Damit hat sich die Weltbevölkerung in 100 Jahren vervierfacht.
(Quelle: Vereinte Nationen)

a) Um wie viel Prozent hat die Weltbevölkerung in 100 Jahren zugenommen?

b) Kannst du mit dieser Mitteilung noch andere Daten berechnen?

**237** Nimm Stellung zum unten stehenden Zeitungsausschnitt.
Was kannst du mit diesen Angaben berechnen?

Nach den am Freitag vom Statistischen Bundesamt in Wiesbaden vorgelegten Zahlen wurden im März insgesamt 181 600 Verkehrsunfälle polizeilich erfasst, 0,4 Prozent weniger als im entsprechenden Vorjahresmonat. Während die Zahl der reinen Sachschaden-Crashs mit 160 500 nahezu konstant geblieben ist, sank die Zahl der Unfälle mit Personenschaden um 3,4 Prozent auf rund 21 100. Dabei verunglückten 281 Menschen tödlich, das sind 47 Personen oder 14 Prozent weniger als im März 2008. Die Zahl der Verletzten nahm im gleichen Zeitraum um 6,8 Prozent auf 26 800 ab.

**238** Wahr (w) oder falsch (f)? Begründe.

a) Das Gehalt eines Angestellten ist um 50 % angestiegen. Er verdient jetzt doppelt so viel wie vorher.

b) Eine Zunahme um 100 % entspricht einer Verdopplung.

c) Wenn man eine beliebige Größe (z. B. Tempo, Preise, Schülerzahlen, …) um 50 % erhöht und anschließend das Ergebnis nochmals um 50 % erhöht, so erhält man insgesamt eine Erhöhung um 100 %.

**239** 8 % Steigung bedeutet: Auf einer Strecke von 100 m steigt die Straße um 8 m.

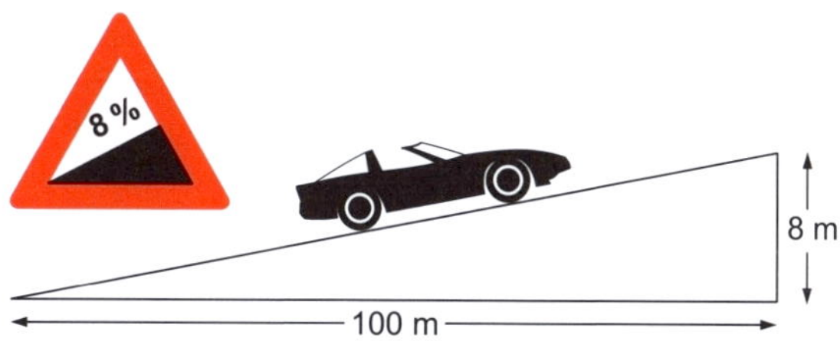


a) Eine Straße hat eine Steigung von 12 %. Sie ist nur 50 m lang. Um wie viel steigt die Straße?

b) Auf einer Strecke von 360 m steigt eine Straße um 9 m. Wie viel Prozent beträgt die Steigung?

c) Zeichne eine Steigung von 15 % (Maßstab beachten!).

**240** Lies beide Zeitungsartikel durch und schreibe jeweils einen kurzen Kommentar.

> Fuhr vor einigen Jahren noch jeder zehnte Autofahrer zu schnell, so ist es mittlerweile heute „nur noch“ jeder fünfte. Doch auch fünf Prozent sind zu viele, und so wird weiterhin kontrolliert, und die Schnellfahrer haben zu zahlen. ■
>
> *Norderneyer Badezeitung,*
> *zitiert nach Der Spiegel 41/1991, S. 352*

> Bis in die siebziger Jahre starben 20 Prozent der herzkranken Kinder in den ersten Lebensjahren. „Heute überleben 80 Prozent“, sagt Dr. Bauer mit leichtem Stolz. ■
>
> *Marburger Magazin Express,*
> *zitiert nach Der Spiegel 1/1998, S. 178*

# Daten

Die Erfassung und Auswertung von Daten in Listen und Diagrammen sowie das Zählen und Notieren von Ereignissen nennt man **statistische Datenerhebung**. Ein wichtiger Kennwert bei statistischen Untersuchungen ist die **Häufigkeit**, mit der ein Merkmal auftritt. Die **absolute Häufigkeit** eines Merkmals wird in **Strichlisten** oder **Häufigkeitslisten** festgehalten.

Beispiel

Die Klassen 7a und 7b einer Realschule sind sehr fußballbegeistert. In einer Umfrage notieren die Schüler ihre Lieblingsclubs in Form von Strichlisten.

**Strichlisten:**

Klasse 7a:

Klasse 7b:

Übersichtlicher und leichter zu erfassen als Strichlisten sind Häufigkeitslisten, aus denen man die absoluten Häufigkeiten der Nennungen eines Vereins direkt ablesen kann.

**Häufigkeitslisten:**

Klasse 7a:

| Verein | Bayern München | Borussia Dortmund | SC Freiburg | 1. FC Köln | HSV | VfB | 1899 Hoffenheim |
|---|---|---|---|---|---|---|---|
| absolute Häufigkeit | 2 | 3 | 7 | 3 | 2 | 4 | 4 |

Klasse 7b:

| Verein | Bayern München | Borussia Dortmund | SC Freiburg | 1. FC Köln | HSV | VfB | 1899 Hoffenheim |
|---|---|---|---|---|---|---|---|
| absolute Häufigkeit | 4 | 3 | 8 | 7 | 2 | 1 | 5 |

# 1 Relative Häufigkeit

Um die Häufigkeit des Auftretens eines Merkmals bei zwei verschiedenen Datenerhebungen zu beurteilen, sind die absoluten Häufigkeiten nur bedingt geeignet, denn sie berücksichtigen die Gesamtzahl der jeweils Befragten nicht. Man berechnet stattdessen besser für beide Datenerhebungen die **relative Häufigkeit** des Merkmals, indem man die Anteile an der Gesamtheit angibt, und vergleicht dann diese miteinander.

Die **relative Häufigkeit** eines Merkmals ist der Quotient aus der absoluten Häufigkeit des Merkmals und der Gesamtzahl:

$$\textbf{relative Häufigkeit} = \frac{\textbf{absolute Häufigkeit}}{\textbf{Gesamtzahl}}$$

- Die relative Häufigkeit eines Merkmals kann als Bruch, Dezimalzahl und Prozentangabe angegeben werden.
- Es gilt: 0 ≤ relative Häufigkeit ≤ 1 bzw. 0 % ≤ relative Häufigkeit ≤ 100 %
- Die Summe der relativen Häufigkeiten aller untersuchten Merkmale ergibt 1 bzw. 100 %.

Beispiel

Klasse 7a (25 Schüler):

| Verein | Bayern München | Borussia Dortmund | SC Freiburg | 1. FC Köln | HSV | VfB | 1899 Hoffenheim |
|---|---|---|---|---|---|---|---|
| absolute Häufigkeit | 2 | 3 | 7 | 3 | 2 | 4 | 4 |
| relative Häufigkeit als Bruch | $\frac{2}{25}$ | $\frac{3}{25}$ | $\frac{7}{25}$ | $\frac{3}{25}$ | $\frac{2}{25}$ | $\frac{4}{25}$ | $\frac{4}{25}$ |
| relative Häufigkeit als Dezimalzahl | 0,08 | 0,12 | 0,28 | 0,12 | 0,08 | 0,16 | 0,16 |
| relative Häufigkeit als Prozentangabe | 8 % | 12 % | 28 % | 12 % | 8 % | 16 % | 16 % |

Klasse 7b (30 Schüler):

| Verein | Bayern München | Borussia Dortmund | SC Freiburg | 1. FC Köln | HSV | VfB | 1899 Hoffenheim |
|---|---|---|---|---|---|---|---|
| absolute Häufigkeit | 4 | 3 | 8 | 7 | 2 | 1 | 5 |
| relative Häufigkeit als Bruch | $\frac{4}{30}$ | $\frac{3}{30}$ | $\frac{8}{30}$ | $\frac{7}{30}$ | $\frac{2}{30}$ | $\frac{1}{30}$ | $\frac{5}{30}$ |
| relative Häufigkeit als Dezimalzahl | 0,133… | 0,1 | 0,266… | 0,233… | 0,066… | 0,033… | 0,166… |
| relative Häufigkeit als Prozentangabe | 13,3 % | 10 % | 26,7 % | 23,3 % | 6,7 % | 3,3 % | 16,7 % |

Bemerkungen:

- Zur Berechnung der relativen Häufigkeiten müssen zunächst für beide Klassen die Gesamtzahlen der Schüler ermittelt werden:
  Klasse 7a: $2+3+7+3+2+4+4=25$ Schüler
  Klasse 7b: $4+3+8+7+2+1+5=30$ Schüler
- Im absoluten Vergleich ist der SC Freiburg in der 7a nicht so beliebt wie in der 7b (7 zu 8 Stimmen), im relativen Vergleich ist der Verein in der 7a allerdings beliebter (28 % zu 26,7 %). Der Anteil an SC-Anhängern ist in der 7a also größer.
- Bei der Angabe der relativen Häufigkeiten als Prozentangabe wurde gerundet. Die Summe aller Prozentangaben muss 100 % ergeben, denn die Summe aller Anteile ergibt stets ein Ganzes. Durch das Runden kann sich bisweilen allerdings eine minimale Abweichung um wenige Prozent von 100 % ergeben. (Hier ist das nicht der Fall.)
- Für die verwendeten statistischen Begriffen gibt es Entsprechungen in der Prozentrechnung. Die Berechnungen erfolgen analog:

$$\text{rel. Häufigkeit} = \frac{\text{abs. Häufigkeit}}{\text{Gesamtzahl}} \Leftrightarrow \text{Prozentsatz in } \% = \frac{\text{Prozentwert}}{\text{Grundwert}}$$

Die relative Häufigkeit von Merkmalen einer Datenerhebung wird oft in einem **Kreisdiagramm** veranschaulicht. Hinweise zur Erstellung:

- Berechne die relativen Häufigkeiten der Merkmale als Prozentangabe.
- Bestimme die Mittelpunktswinkel mithilfe eines Dreisatzes ($100\ \% \mathrel{\hat{=}} 360°$).
- Trage die Kreissektoren beginnend auf der 12-Uhr-Position an. Färbe unterschiedlich.

Beispiel

Das nebenstehende Diagramm wurde mithilfe eines Tabellenkalkulationsprogramms erstellt. Wie groß ist der Mittelpunktswinkel des Kreissektors, der zum SC Freiburg gehört?

*Lösung:*

Dreisatz:

$100\ \% \mathrel{\hat{=}} 360°$

$1\ \% \mathrel{\hat{=}} 3{,}6°$

$28\ \% \mathrel{\hat{=}} 28 \cdot 3{,}6° = 100{,}8°$

Der gesuchte Mittelpunktswinkel beträgt 100,8°.

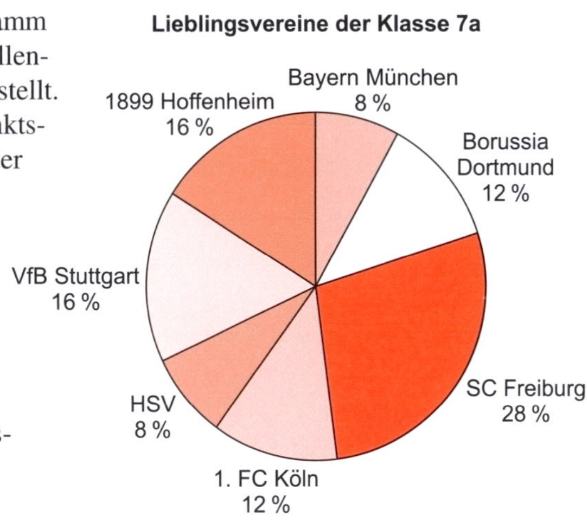

**241** Mit einem Würfel wurde 20-mal gewürfelt und die erreichten Augenzahlen notiert:
6 5 4 5 1 2 4 6 5 6 1 3 4 5 6 4 2 2 2 6

Bestimme die absoluten und die relativen Häufigkeiten der Augenzahlen bei dieser statistischen Erhebung.

| Augenzahl | 1 | 2 | 3 | 4 | 5 | 6 |
|---|---|---|---|---|---|---|
| Strichliste | | | | | | |
| absolute Häufigkeit | | | | | | |
| relative Häufigkeit als Bruch | | | | | | |
| relative Häufigkeit als Dezimalzahl | | | | | | |
| relative Häufigkeit als Prozentangabe | | | | | | |

**242** Relative Häufigkeiten kann man auf unterschiedliche Art und Weise angeben. Bestimme jeweils die entsprechende Prozentangabe.

a) 12 von 34
b) jeder Dritte
c) 0,27
d) $\frac{15}{40}$
e) 7 : 22
f) jeder 20-ste

**243** In der Tabelle sind die Ergebnisse von Claudia, Judith, Norbert, Nicolai und Niklas beim Torwandschießen notiert. Welches Mädchen oder welcher Junge hat die beste Trefferquote?

| | Versuche | Treffer |
|---|---|---|
| Claudia | 29 | 5 |
| Judith | 34 | 6 |
| Norbert | 54 | 11 |
| Nicolai | 6 | 2 |
| Niklas | 17 | 4 |

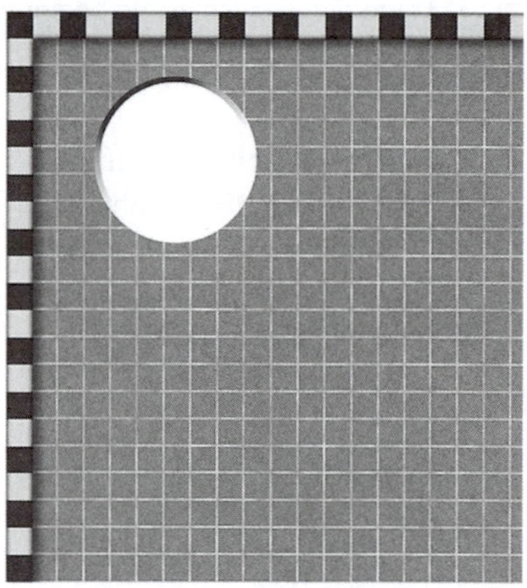

**244** Bei der Auswertung einer Verkehrszählung stellen die Schüler fest, dass ihre Strichliste verschwunden ist. Die zugehörigen Prozentangaben hatten die Schüler zuvor allerdings schon ausgerechnet. Außerdem weiß Mike sicher, dass er genau 3 Lkws gezählt hat.

| Fahrrad | Bus | Lkw | Motorrad | Traktor | Pkw |
|---|---|---|---|---|---|
| 15 % | 5 % | 2,5 % | 17,5 % | 5 % | 55 % |
| | | 3 | | | |

a) Kannst du im Nachhinein noch die Anzahl der anderen Fahrzeuge feststellen?

b) Erstelle ein Kreisdiagramm.

## 2 Stichproben

Bei einer Bundestagswahl schließen die Wahllokale um 18:00 Uhr. Bis zur Auszählung der Stimmen in allen Wahlkreisen vergehen dann aber noch viele Stunden. Trotzdem werden schon ab 18:00 Uhr erste Hochrechnungen veröffentlicht, die die Stimmanteile der Parteien mit einer nur geringen Abweichung zum tatsächlichen Endergebnis vorhersagen.
Dies gelingt mithilfe einer **Stichprobe**. Dazu werden Personen vor der Wahl gebeten, einen Fragebogen anonym auszufüllen. Dabei sind u. a. Angaben zum Alter, Geschlecht, Beruf und natürlich zur Wahlentscheidung zu machen. Die so erhaltenen Daten werden gesammelt und daraus eine Hochrechnung erstellt, die um 18:00 Uhr veröffentlicht wird. Um eine möglichst genaue Vorhersage über das Endergebnis treffen zu können, muss die Stichprobe **repräsentativ** sein, d. h., sie muss die Gesamtheit der Wähler gut widerspiegeln.

Ist es bei einer Datenerhebung nicht möglich oder sehr aufwendig, Daten von allen Objekten der Gesamtheit zu ermitteln, greift man auf die Ziehung einer **Stichprobe** zurück. Dabei werden nur für einen **Teil der Gesamtheit** Daten erhoben und daraus **Rückschlüsse** über die Gesamtheit gezogen. Dies kann nur erfolgreich geschehen, wenn die Stichprobe **repräsentativ** ist, sie also die Gesamtheit gut widerspiegelt. Die relative Häufigkeit eines Merkmals in der Stichprobe entspricht dann (etwa) der relativen Häufigkeit des Merkmals in der Gesamtheit.

Beispiele

**1.** Warum werden bei der Umfrage für die Hochrechnung bei einer Bundestagswahl neben der Wahlentscheidung noch andere Merkmale (Alter, Geschlecht, Beruf ...) erfragt?

*Lösung:*
Diese Merkmale werden erfragt, um zu gewährleisten, dass sie im befragten Personenkreis in der gleichen Ausprägung wie in der Gesamtheit der wahlberechtigten Bürger auftreten und die Umfrage somit repräsentativ ist. Außerdem kann über diese Merkmale die sogenannte „Wählerwanderung" nachvollzogen werden und so Verluste/Gewinne einer Partei bei bestimmten Wählergruppen festgestellt werden.

**2.** Die Einschaltquote einer Fernsehsendung ist der prozentuale Anteil der Fernsehhaushalte, die diese Sendung schauen, an der Gesamtheit aller Fernsehhaushalte in Deutschland.

Bei insgesamt ca. 35,2 Millionen Fernsehhaushalten ist es klar, dass es sehr aufwendig und teuer wäre, Daten von allen Fernsehhaushalten zu ermitteln. Stattdessen werden stellvertretend die Daten von 5 640 ausgewählten Haushalten ermittelt. Dies geschieht mithilfe einer sog. Quotenbox, die die Daten an die Gesellschaft für Konsumforschung (GfK) übermittelt. Die GfK berechnet daraus dann die Einschaltquote.

a) 17,8 % aller Haushalte sahen am 14. 10. 2009 eine beliebte Sendung in der ARD.
Wie viel Zuschauer waren dies?

b) Die Sendung „Das große Promi-Turnen" im ZDF vom 14. 10. 2009 sahen lt. Hochrechnung insgesamt 4,12 Millionen Zuschauer.
Wie viele Stichprobenhaushalte hatten eingeschaltet?

*Lösung:*

a) Die Repräsentativität der Stichprobe (Haushalte mit Quotenbox) vorausgesetzt, ist die relative Häufigkeit von 17,8 % in Stichprobe und Gesamtheit identisch. Also rechnet man wie folgt:

Berechnung mithilfe des Dreisatzes:

$$100\,\% \triangleq 35,2 \text{ Millionen Haushalte}$$

$$1\,\% \triangleq \frac{35,2 \text{ Millionen}}{100} \text{ Haushalte}$$

$$17,8\,\% \triangleq \frac{35,2 \text{ Millionen}}{100} \cdot 17,8 = 6,2656 \text{ Millionen Haushalte}$$

*alternativ:*

Berechnung mithilfe der relativen Häufigkeit:

$$\text{relative Häufigkeit} = \frac{\text{absolute Häufigkeit}}{\text{Gesamtzahl}}$$

$$17{,}8\,\% = \frac{x}{35{,}2\text{ Mio.}} \qquad |\cdot 35{,}2\text{ Mio.}$$

$$x = 17{,}8\,\% \cdot 35{,}2\text{ Mio.}$$

$$x = 0{,}178 \cdot 35{,}2\text{ Mio.}$$

$$x = 6{,}2656\text{ Mio.}$$

*alternativ:*

Berechnung mithilfe der Prozentrechnung:
Gegeben: p % = 17,8 % (rel. Häufigkeit); G = 35,2 Mio. (Gesamtzahl)
Gesucht: P (abs. Häufigkeit)

$$P = p\,\% \cdot G = 17{,}8\,\% \cdot 35{,}2\text{ Mio.} = 0{,}178 \cdot 35{,}2\text{ Mio.} = 6{,}2656\text{ Mio.}$$

Antwort:
6,2656 Millionen (6 265 600) Haushalte in Deutschland sahen am 14. 10. 2009 das Programm der ARD.

b) Berechnung mithilfe des Dreisatzes:

$$35{,}2\text{ Millionen Haushalte} \mathrel{\hat{=}} 5\,640\text{ Stichprobenhaushalte}$$

$$1\text{ Million Haushalte} \mathrel{\hat{=}} \frac{5\,640}{35{,}2}\text{ Stichprobenhaushalte}$$

$$4{,}12\text{ Millionen Haushalte} \mathrel{\hat{=}} \frac{5\,640}{35{,}2} \cdot 4{,}12 = 660\text{ Stichprobenhaushalte}$$

*alternativ:*

Die relative Häufigkeit der Zuschauer der Sendung ist in der repräsentativen Stichprobe genauso groß wie in der Gesamtheit.

Berechnung mithilfe der relativen Häufigkeit:

$$\frac{(\text{absolute Häufigkeit})_{\text{Stichprobe}}}{\text{Gesamtzahl}_{\text{Stichprobe}}} = \frac{(\text{absolute Häufigkeit})_{\text{Gesamtheit}}}{\text{Gesamtzahl}_{\text{Gesamtheit}}}$$

$$\frac{x}{5\,640} = \frac{4{,}12\text{ Mio}}{35{,}2\text{ Mio.}} \qquad |\cdot 5\,640$$

$$x = \frac{4{,}12\text{ Mio}}{35{,}2\text{ Mio.}} \cdot 5\,640$$

$$x = 660$$

Antwort:
660 Stichprobenhaushalte sahen die Fernsehsendung „Das große Promi-Turnen“ am 14. 10. 2009.

**245** a) Welche Teilmenge ist als Stichprobe am geeignetsten?
Begründe deine Wahl.

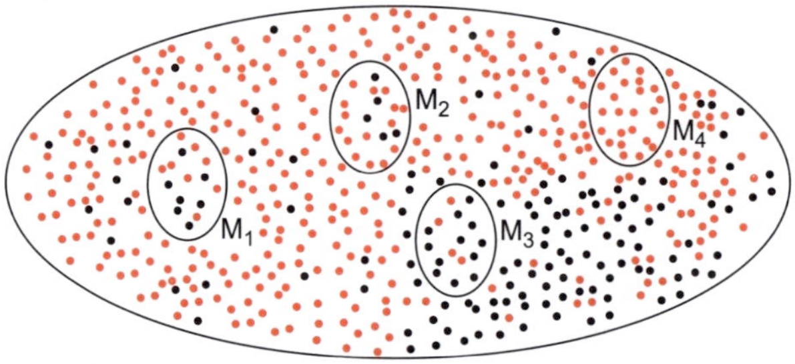


b) Von einer unbekannten Menge sind 4 Teilmengen bekannt.
Welche ist als Stichprobe am besten geeignet?

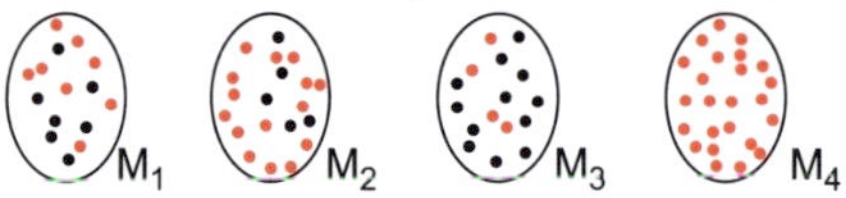


**246** Bauer Reichenbach hat 40 Rinder in seinem Stall. Davon sind 2 Rinder erkrankt. Er rechnet: In ganz Deutschland müssten dann ungefähr 640 000 Kühe erkrankt sein.

a) Von welcher Gesamtzahl an deutschen Rindern ist demnach Bauer Reichenbach ausgegangen?

b) Eine Stichprobe sollte repräsentativ sein, also so gewählt sein, dass das Ergebnis gut auf die Gesamtmenge übertragbar ist. Was hältst du von dem Vorgehen von Bauer Reichenbach? Wie würdest du vorgehen, um die Zahl kranker Rinder in Deutschland zu bestimmen?

**247** Bauunternehmer Steinhauser plant ein Haus und rechnet für den Rohbau mit 8 Sandsteinblöcken pro $m^2$ Außenfläche. Das Haus hat eine Gesamtaußenfläche von 325 $m^2$.

a) Wie viele Steine werden benötigt?

b) Er kontrolliert 50 Sandsteinblöcke und stellt 4 fehlerhafte Blöcke mit Rissen fest.
Wie viel fehlerhafte Sandsteinblöcke vermutet er ausgehend von dieser Stichprobe unter allen benötigten Steinen?

**248** Ein Cateringunternehmen richtet eine Feier für eine Firma mit 3 125 Mitarbeitern in einem großen Saal aus. Es stehen 5 Gerichte zur Auswahl. Um einen ungefähren Anhaltspunkt über die Bestellmengen der einzelnen Essen zu gewinnen, werden kurzfristig 100 Mitarbeiter nach ihren Vorlieben gefragt.

Das Ergebnis:

| | |
|---|---|
| Schweinebraten mit Gemüse und Salat: | 23 |
| Schnitzel mit Pommes Frites: | 35 |
| Panierter Fisch mit Salzkartoffeln: | 17 |
| Elsässer Flammkuchen mit Beilagen: | 11 |
| Italienische Pasta: | 14 |

Wie viele Gerichte jeder Art würdest du vorbereiten?

## 3 Rangliste, Zentralwert, mittlere Abweichung

Neben Minimum, Maximum, Spannweite, Mittelwert, Modalwert und absoluter und relativer Häufigkeit gibt es noch weitere statistische Kennwerte, etwa den **Zentralwert** und die **mittlere Abweichung**. Zusammen mit dem Mittelwert lässt sich mit ihrer Hilfe eine Datenerhebung noch besser interpretieren. Dazu sollten die Daten zuerst sortiert werden.

- Die bei einer Datenerhebung ursprüngliche aufgestellte Datenliste heißt **Urliste**.
- Eine Urliste ist in der Regel ungeordnet. Im Fall von zahlenmäßig erfassten Merkmalen kann sie der Größe nach (absteigend oder aufsteigend) sortiert werden. Die so erhaltene sortierte Liste heißt **Rangliste**. In einer Rangliste ist jedem Wert ein **Rangplatz** zugeordnet.

Beispiel

Die 11 Mädchen der Klasse 7b wurden nach der Anzahl der im letzten Monat verschickten SMS befragt. Die Angaben der 11 Mädchen:
Urliste (ungeordnet): 17; 5; 0; 38; 41; 78; 38; 21; 101; 40; 12
Rangliste (aufsteigend geordnet): 0; 5; 12; 17; 21; 38; 38; 40; 41; 78; 101

Der **Zentralwert (Median) z** steht in der Mitte einer Rangliste, sodass die eine Hälfte der Werte kleiner, die andere größer als der Zentralwert ist. Bei großen Abweichungen einzelner Werte ist der Zentralwert aussagekräftiger als der Mittelwert.

Ist n die Anzahl der Werte einer Rangliste $x_1, x_2 \dots x_n$, dann gilt:
- n ungerade: Der Zentralwert z ist der mittlere Wert der Rangliste.
- n gerade: Der Zentralwert z ist der Mittelwert der beiden mittleren Werte der Rangliste.

Beispiel

Bei den Schulmeisterschaften im Weitsprung erzielten die besten Schülerinnen der 7. Klassen folgende Resultate:

| Angelika | Judith | Claudia | Susan | Heike | Ricarda | Sabine |
|---|---|---|---|---|---|---|
| 3,23 m | 3,64 m | 4,85 m | 3,33 m | 4,05 m | 3,45 m | 3,60 m |

a) Berechne den Mittelwert und den Zentralwert und interpretiere die erhaltenen Werte.

b) Claudia hat bei ihrem Versuch übertreten und wird darum aus der Liste gestrichen. Berechne erneut Mittel- und Zentralwert und interpretiere.

*Lösung:*

a) Erstellung einer (aufsteigenden) Rangliste aus der gegebenen Urliste:

| Rangplatz | 1 | 2 | 3 | **4** | 5 | 6 | 7 |
|---|---|---|---|---|---|---|---|
| Name | Angelika | Susan | Ricarda | **Sabine** | Judith | Heike | Claudia |
| Weite | 3,23 m | 3,33 m | 3,45 m | **3,60 m** | 3,64 m | 4,05 m | 4,85 m |

Berechnung des Mittelwerts:
$(3{,}23 + 3{,}33 + 3{,}45 + 3{,}60 + 3{,}64 + 4{,}05 + 4{,}85)\ \text{m} : 7 \approx 3{,}74\ \text{m}$

Berechnung des Zentralwerts:
$n = 7$ ist ungerade, also gibt es **1 Rangplatz in der Mitte** der Rangliste:
$z = x_4 = 3{,}60\ \text{m}$

Im Durchschnitt springen die Mädchen 3,74 m weit. Claudia (mit 4,85 m) ist sehr viel weiter als die anderen gesprungen, was einen nach oben verfälschten Mittelwert zur Folge hat. Tatsächlich sind die meisten Mädchen kürzer als 3,74 m gesprungen.
Der Zentralwert ist von dem Ausreißer nach oben unbeeinflusst und gibt einen besseren Eindruck über die Verteilung der Werte.

b) Die neue Rangliste entsteht durch Streichen der letzten Spalte:

| Rangplatz | 1 | 2 | **3** | **4** | 5 | 6 |
|---|---|---|---|---|---|---|
| Name | Angelika | Susan | **Ricarda** | **Sabine** | Judith | Heike |
| Weite | 3,23 m | 3,33 m | **3,45 m** | **3,60 m** | 3,64 m | 4,05 m |

Berechnung des Mittelwerts:
(3,23 + 3,33 + 3,45 + 3,60 + 3,64 + 4,05) m : 6 = 3,55 m

Berechnung des Zentralwerts:
n = 6 ist gerade, also gibt es **2 Rangplätze in der Mitte** der Rangliste.
Der Zentralwert ist der Mittelwert der zugehörigen Werte:

$$z = \frac{x_3 + x_4}{2} = \frac{3,45\text{ m} + 3,60\text{ m}}{2} \approx 3,53\text{ m}$$

Mittel- und Zentralwert liegen sehr eng beieinander, was für eine symmetrische Verteilung der Daten nach der Größe spricht. Beide Werte spiegeln die Mitte der Datenwerte gut wider.

Die **Abweichung** eines Werts einer Datenmenge vom zugehörigen Mittelwert ist der **positive Abstand**, den Wert und Mittelwert auf dem Zahlenstrahl zueinander haben.

Die **mittlere Abweichung** ist der Quotient aus der Summe aller Abweichungen und der Anzahl der Werte. Sie gibt an, um wie viel jeder einzelne Wert im Schnitt vom Mittelwert abweicht.

Es gilt:

$$\text{mitttlere Abweichung} = \frac{\text{Abweichung 1} + \text{Abweichung 2} + \text{Abweichung 3} + \text{Abweichung 4} + \ldots}{\text{Anzahl der Werte}}$$

Beispiel

In der berichtigten Rangliste aus obigem Beispiel ergeben sich folgende Abweichungen vom Mittelwert 3,55 m:

| Rangplatz | 1 | 2 | 3 | 4 | 5 | 6 |
|---|---|---|---|---|---|---|
| Name | Angelika | Susan | Ricarda | Sabine | Judith | Heike |
| Weite | 3,23 m | 3,33 m | 3,45 m | 3,60 m | 3,64 m | 4,05 m |
| Abweichung | 0,32 m | 0,22 m | 0,10 m | 0,05 m | 0,09 m | 0,50 m |

Berechnung der mittleren Abweichung:

$$\frac{(0,32 + 0,22 + 0,10 + 0,05 + 0,09 + 0,50)\text{ m}}{6} \approx 0,21\text{ m}$$

**249** Gib für die Körpergrößen 1,36 m, 1,45 m, 1,29 m, 1,50 m, 1,31 m, 1,37 m, 1,38 m, 1,45 m und 1,40 m eine absteigende Rangliste und den Zentralwert an.

**250** 10 Schüler der Klasse 7d machen folgende Angaben über ihr monatliches Taschengeld:

| Tim | Uwe | Lea | Deniz | Sandro | Niclas | Maxie | Jannik | Hannah | Laura |
|---|---|---|---|---|---|---|---|---|---|
| 16 € | 23 € | 20 € | 17,50 € | 25 € | 22 € | 20 € | 15 € | 25 € | 22,50 € |

Ermittle für die Taschengeldbeträge den Zentralwert und die mittlere Abweichung.

**251** Gib jeweils 10 verschiedene Zahlen an, deren

a) Mittelwert 15 ist.

b) Zentralwert 25 ist.

**252** In allen 7. Klassen einer Schule wird eine Umfrage durchgeführt.

Die Frage lautet:
Wie viel Stunden verbringst du in der Woche durchschnittlich vor dem Computer?

Das Ergebnis:

| Zeit in Stunden (h) | 0–2 | 2–4 | 4–6 | 6–8 | 8–10 | 10–12 | 12–14 |
|---|---|---|---|---|---|---|---|
| Anzahl der Schüler | 4 | 12 | 29 | 35 | 22 | 21 | 16 |

| Zeit in Stunden (h) | 14–16 | 16–18 | 18–20 | 20–22 | 22–24 | 24–26 | 26–28 |
|---|---|---|---|---|---|---|---|
| Anzahl der Schüler | 6 | 3 | 7 | 3 | 4 | 2 | 1 |

Berechne den Mittelwert und den Median.

## Vermischte Aufgaben

**253** In den Diagnose- und Vergleichsarbeiten (DVA) des Jahres 2009 für die 7. Klassen der Realschulen in Baden-Württemberg konnten maximal 31 Punkte erreicht werden. Die folgende Liste gibt die erreichten Punktzahlen einer Klasse mit 28 Schülern wieder:

27, 30, 20, 14, 8, 26, 21, 22, 29, 19, 12, 13, 15, 17, 17, 18, 25, 21, 29, 31, 24, 18, 26, 27, 25, 9, 12, 18

a) Stelle diese Urliste so um, dass daraus eine Rangliste entsteht.

b) Ermittle die absoluten und die relativen Häufigkeiten der erreichten Punktzahlen.

c) Ermittle den Zentralwert.

d) Ermittle den Mittelwert.

**254** Für die Einführung von Dezimalzahlen (Dezimalbrüchen) hat Lehrer Lammers ein Pust-Spiel mit einer kleinen Filzkugel entwickelt. Die Zeit, welche die Filzkugel durch einen Parcours braucht („Pustweg") wird mit einer Stoppuhr gemessen. Folgende Zeiten wurden notiert:

| Pascal | Jonas | Saskia | Nico | Laura | Felix | Max | Simon | Anna | Isi |
|---|---|---|---|---|---|---|---|---|---|
| 6,18 s | 5,23 s | 4,67 s | 7,01 s | 5,45 s | 4,95 s | 16,34 s | 5,67 s | 4,98 s | 6,11 s |

Bestimme mit diesen Daten so viele statistische Kennwerte wie möglich.

**255** Auf ein außerordentlich großes Interesse stießen die ZDF-Übertragungen vom Biathlon-Weltcup im thüringischen Oberhof (7. bis 11. Januar 2009). Den höchsten Wert mit 5,58 Millionen Zuschauern – in der Spitze sogar 6,10 Millionen – erzielte dabei der 7,5-Kilometer-Sprint der Frauen am Freitag, 9. Januar 2009.

a) Gib die Sehbeteiligung für die beiden genannten Zuschauerzahlen in Prozent an.

b) Wie viel Stichprobenhaushalte hatten jeweils eingeschaltet?

(Es gibt 35,2 Mio. Fernsehhaushalte in Deutschland mit ca. 71 Mio. Personen ab 3 Jahren. Davon sind 5 640 „Stichprobenhaushalte".)

**256** In der Tabelle sind die Schwimmbadbesucher eines Tages erfasst. Einige Angaben fehlen jedoch. Kannst du sie berechnen?

| | Frauen | Männer | Mädchen bis 16 Jahre | Jungen bis 16 Jahre |
|---|---|---|---|---|
| absolute Häufigkeit | | 86 | | |
| relative Häufigkeit | 25 % | | 35 % | 30 % |

# Tabellenkalkulation

Zu den Vorteilen eines Tabellenkalkulationsprogramms zählen folgende Punkte:

- Diagramme können schnell und einfach erzeugt werden. Die grafische Darstellung von Tabellendaten macht Zahlenreihen anschaulich.
- Werte können jederzeit abgeändert werden. Berechnungen werden auf Grundlage der geänderten Werte automatisch ausgeführt und ausgegeben. So kannst du ohne Rechenaufwand die Auswirkung von Veränderungen leicht studieren und Gesetzmäßigkeiten nachvollziehen oder ableiten.
- Statistische Kennwerte von Daten wie Mittelwert, Minimum, Maximum oder Zentralwert lassen sich mit vordefinierten Funktionen leicht ermitteln.

Wie du alle diese Vorteile nutzen kannst, zeigen die folgenden Unterkapitel zu ausgewählten Themen des Unterrichtsstoffs der 7. Klasse. (Als Tabellenkalkulationsprogramm wurde „Microsoft Office Excel 2007“ verwendet.)

## 1 Berechnungen in einer Tabellenkalkulation

Berechnungen in einer Tabellenkalkulation erfolgen mithilfe von Formeln, die direkt in die Zelle eingegeben werden, die das Ergebnis der Berechnung anzeigen soll.

- Jede Formel beginnt mit einem Gleichheitszeichen „=“.
  Die Eingabe einer Formel wird mit der Enter-Taste „↵“ abgeschlossen.
- Der Multiplikationspunkt wird durch ein Sternchen „*“ symbolisiert.
- Das Divisionszeichen wird durch einen Schrägstrich „/“ symbolisiert.
- Zahlenwerte in einer Formel können direkt eingegeben werden. Es kann aber auch eine indirekte Eingabe erfolgen, indem in die Formel der Zellbezug der Zelle eingegeben wird, die den Zahlenwert enthält.

Beispiele

| | A | B | C |
|---|---|---|---|
| 1 | 3 | 4 | ? |
| 2 | 16 | 2 | |

direkt:

| Formel in Zelle C1 | Ausgabe |
|---|---|
| =3*4 | 12 |
| =16/2 | 8 |
| =16/4 | 4 |

indirekt:

| Formel in Zelle C1 | Ausgabe |
|---|---|
| =A1*B1 | 12 |
| =A2/B2 | 8 |
| =A2/B1 | 4 |

# 2 Proportionale und umgekehrt proportionale Zuordnungen

> Zuordnungen lassen sich mithilfe der Diagrammfunktion eines Tabellenkalkulationsprogramms bequem anschaulich darstellen. So lässt sich auch schnell entscheiden, ob eine Zuordnung proportional oder umgekehrt proportional ist.

Beispiele

**1.** Mithilfe einer Tabellenkalkulation wurden Stunden in Sekunden umgerechnet. Über Einfügen → Diagramm wurde zu den Werten in den Zeilen 1 und 2 ein Diagramm erstellt.

| | A | B | C | D | E | F | G | H |
|---|---|---|---|---|---|---|---|---|
| 1 | Stunden | 1 | 6 | 12 | 18 | 24 | 30 | 36 |
| 2 | Sekunden | 3600 | 21600 | 43200 | 64800 | 86400 | 108000 | 129600 |
| 3 | Sekunden pro Stunde | 3600 | 3600 | 3600 | 3600 | 3600 | 3600 | 3600 |

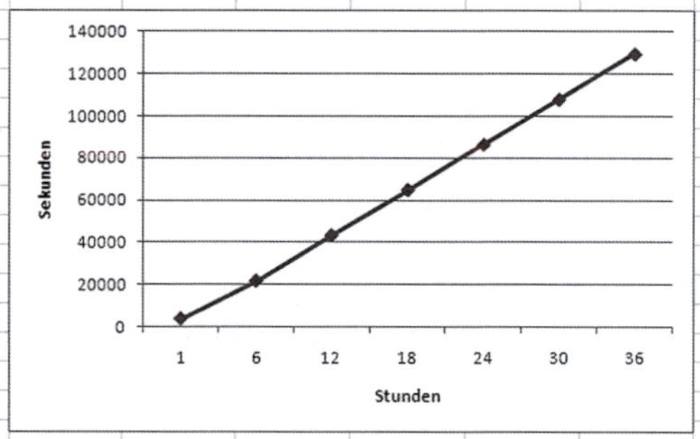


a) Mit welcher Formel lässt sich der Wert in Zelle H2 berechnen?

b) Mit welcher Formel lässt sich der Wert in Zelle H3 berechnen?

c) Um welche Art von Zuordnung handelt es sich?

*Lösung:*

a) Formel in Zelle H2: =36*3600
*alternativ:*
Formel in Zelle H2: =H1*3600

b) Formel in Zelle H3: =129600/36
*alternativ:*
Formel in Zelle H3: =H2/H1

c) Die Werte in Zeile 3 (Quotientengleichheit) und das Diagramm zeigen, dass es sich um eine proportionale Zuordnung handelt.

**2.** Mithilfe einer Tabellenkalkulation wurden die Mittelpunktswinkel von Kuchenstücken in Abhängigkeit von der Anzahl der Stücke berechnet.

| | A | B | C | D | E | F | G | H |
|---|---|---|---|---|---|---|---|---|
| 1 | Anzahl Stücke | 1 | 2 | 4 | 6 | 8 | 10 | 12 |
| 2 | Mittelpunktswinkel je Stück | 360° | 180° | 90° | 60° | 45° | 36° | 30° |
| 3 | Mittelpunktswinkel des Kuchens | 360° | 360° | 360° | 360° | 360° | 360° | 360° |

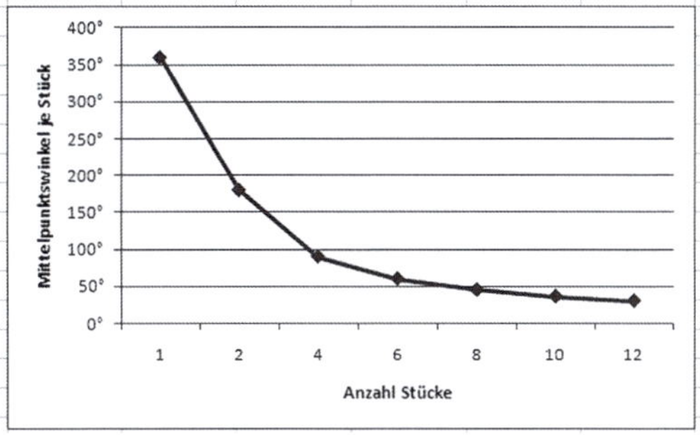


a) Mit welcher Formel lässt sich der Wert in Zelle H2 berechnen?

b) Mit welcher Formel lässt sich der Wert in Zelle H3 berechnen?

c) Um welche Art von Zuordnung handelt es sich?

*Lösung:*

a) Formel in Zelle H2: =360°/12 *alternativ:* =360°/H1

b) Formel in Zelle H3: =12*30° *alternativ:* =H1*H2

c) Die Werte in Zeile 3 (Produktgleichheit) und das Diagramm zeigen, dass es sich um eine umgekehrt proportionale Zuordnung handelt.

**257** Wie viele US-Dollar erhält man auf der Bank für 10 €, 20 €, 30 €, 40 €, 50 €, 60 €, 70 €, 80 €, 90 € bzw. 100 €?
Wechselkurs am 11. 5. 2010: 1 € = 1,2961 $

a) Erstelle eine Tabelle für die zugehörigen $-Beträge von 10 € bis 100 € in einem Tabellenkalkulationsprogramm.

b) Stelle die Daten in einem geeigneten Diagramm dar.

**258** Um einen Zaun zu streichen, werden 48 Arbeitsstunden kalkuliert.
Wie lange benötigen 1, 2, 3, 4, 6 bzw. 8 Maler dafür?

a) Erstelle eine Tabelle mit dem Tabellenkalkulationsprogramm.

b) Stelle die Daten in einem geeigneten Diagramm dar.

# 3 Lösen von Gleichungen

Gleichungen mit Variable x und Parametern a, b, c … können mithilfe einer Tabellenkalkulation für beliebige Werte der Parameter gelöst werden. Dazu wird die allgemeine Form der Gleichung in **nach x aufgelöster Form** eingegeben.

Beispiel

Die Gleichung $2x+3=7$ erhält man auch, wenn man in der allgemeinen Form der Gleichung $ax+b=c$ die Parameter a, b und c wie folgt wählt:
$a=2;\ b=3;\ c=7$

Dementsprechend erhält man die Lösung $x=2$ der Gleichung $2x+3=7$ auch, wenn man die allgemeine Form der Gleichung erst nach x auflöst und dann $a=2$, $b=3$ und $c=7$ einsetzt:

Speziell:

$$2x+3=7 \quad |-3$$
$$2x=7-3 \quad |:2$$
$$x=\frac{7-3}{2}$$
$$x=2$$

Allgemein:

$$ax+b=c \quad |-b$$
$$ax=c-b \quad |:a$$
$$x=\frac{c-b}{a} \quad |a=2;\ b=3;\ c=7$$
$$x=\frac{7-3}{2}$$
$$x=2$$

Im Tabellenkalkulationsprogramm kann demnach jede Gleichung der Form $ax+b=c$ gelöst werden, indem die Zahlenwerte für die Parameter a, b und c in die Zellen A3, B3 und C3 eingegeben werden und in der Ausgabezelle D3 für den Wert von x die Formel =(C3–B3)/A3 eingetragen wird, denn dies entspricht $x=\frac{c-b}{a}$.

| | A | B | C | D |
|---|---|---|---|---|
| 1 | Parameter | | | Lösung |
| 2 | a | b | c | x |
| 3 | 2 | 3 | 7 | 2 |
| 4 | | | | |

**259** Die allgemeine Form der folgenden Gleichungen ist identisch. (*Tipp*: Umstellen!)

a) $5+4x=1$

b) $10+4x=5$

c) $2-3x=-4$

d) $6x-1=-10$

Löse die allgemeine Form der Gleichungen nach x auf und berechne damit die Lösungen der Gleichungen bequem mithilfe einer Tabellenkalkulation.

# 4 Prozentrechnung

- Formel zur Ermittlung des **Prozentsatzes**: =P/G
- Formel zur Ermittlung des **Prozentwerts**: =p %*G
- Formel zur Ermittlung des **Grundwerts**: =P/p %

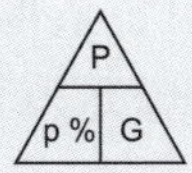


Beispiele

**1.** Aus dem Prozentwert in Zelle A2 und dem Grundwert in Zelle B2 soll in Zelle C2 der Prozentsatz in Prozent berechnet werden.

| | A | B | C |
|---|---|---|---|
| 1 | P | G | p % |
| 2 | 11,25 € | 45,00 € | ? |

Wie lautet die Formel in Zelle C2? Welcher Wert wird in C2 ausgegeben?

*Lösung:*
Formel in Zelle C2: =11,25€/45,00€
*alternativ:*
Formel in Zelle C2: =A2/B2

Ausgabe in Zelle C2: 25 %

Beachte: Zelle A2 muss zur Eingabe von 11,25 € auf die Anzeige von 2 Dezimalstellen eingestellt sein.

**2.** Aus dem Prozentsatz in Prozent in Zelle A2 und dem Grundwert in Zelle B2 soll in Zelle C2 der Prozentwert berechnet werden.

| | A | B | C |
|---|---|---|---|
| 1 | p % | G | P |
| 2 | 20% | 30 € | ? |

Wie lautet die Formel in Zelle C2? Welcher Wert wird in C2 ausgegeben?

*Lösung:*
Formel in Zelle C2: =20%*30€
*alternativ:*
Formel in Zelle C2: =A2*B2

Ausgabe in Zelle C2: 6 €

**3.** Aus dem Prozentwert in Zelle A2 und dem Prozentsatz in Prozent in Zelle B2 soll in Zelle C2 der Grundwert berechnet werden.

| | A | B | C |
|---|---|---|---|
| 1 | P | p % | G |
| 2 | 35 € | 20% | ? |

Wie lautet die Formel in Zelle C2? Welcher Wert wird in C2 ausgegeben?

*Lösung:*
Formel in Zelle C2: =35€/20%
*alternativ:*
Formel in Zelle C2: =A2/B2
Ausgabe in Zelle C2: 175 €

**260** Berechne mit einem Tabellenkalkulationsprogramm die fehlenden Werte in der Tabelle.

| | P | p % | G |
|---|---|---|---|
| a) | | 30 % | 35 |
| b) | 45 | | 225 |
| c) | 66 | 15 % | |

## 5 Statistische Kennwerte

Vordefinierte Funktionen zur Ermittlung der wichtigsten statistischen Kennwerte bezogen auf Daten in den Zellen A1 bis A10:

- **Minimum:** =MIN(A1:A10)
- **Maximum:** =MAX(A1:A10)
- **Spannweite:** =MAX(A1:A10)-MIN(A1:A10)
- **Modalwert:** =MODALWERT(A1:A10)
- **Mittelwert:** =MITTELWERT(A1:A10)
- **mittlere Abweichung:** =MITTELABW(A1:A10)
- **Zentralwert (Median):** =MEDIAN(A1:A10)

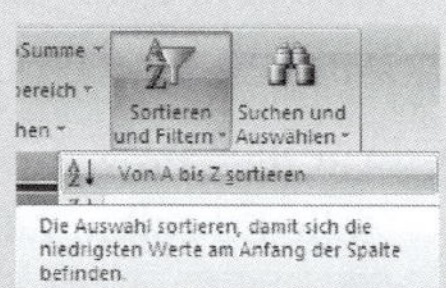


- Um eine Urliste in eine Rangliste umzuwandeln verwende die Schaltfläche „Sortieren und Filtern“. Mit ihrer Hilfe lassen sich die Daten auf- und absteigend sortieren.
- Zur Ermittlung des Zentralwerts (Medians) mithilfe der vordefinierten Funktion „MEDIAN“ muss die Urliste allerdings nicht sortiert werden. Man muss dazu also nicht notwendigerweise eine Rangliste erstellen. Aus Gründen der Übersichtlichkeit ist es aber in der Regel sinnvoll.

Beispiel

Ein Verlag listet am Ende des Jahres die Verkaufszahlen seiner Bücher auf. Die Zahlen der Monate Januar bis Dezember werden in einer Tabelle übersichtlich zusammengefasst. Rechts daneben werden die Monate aufsteigend nach Verkaufszahlen sortiert. Beziehe dich bei der Beantwortung der folgenden Fragen auf die Werte in Spalte F.

| | A | B | C | D | E | F |
|---|---|---|---|---|---|---|
| 1 | Monat | Verkaufszahlen | | Rangliste | Monat | Verkaufszahlen |
| 2 | Januar | 23238 | | 1. | März | 17854 |
| 3 | Februar | 41312 | | 2. | August | 19898 |
| 4 | März | 17854 | | 3. | Januar | 23238 |
| 5 | April | 26369 | | 4. | September | 25459 |
| 6 | Mai | 32456 | | 5. | April | 26369 |
| 7 | Juni | 38565 | | 6. | November | 28523 |
| 8 | Juli | 28762 | | 7. | Juli | 28762 |
| 9 | August | 19898 | | 8. | Oktober | 31341 |
| 10 | September | 25459 | | 9. | Mai | 32456 |
| 11 | Oktober | 31341 | | 10. | Juni | 38565 |
| 12 | November | 28523 | | 11. | Februar | 41312 |
| 13 | Dezember | 45347 | | 12. | Dezember | 45347 |
| 14 | | | | | | |
| 15 | | | | | | Ergebnis |
| 16 | | | | Spannweite | | 27493 |
| 17 | | | | durchschnittlicher Abverkauf | | 29927 |
| 18 | | | | mittlere Abweichung | | 6564,3 |
| 19 | | | | Zentralwert | | 28642,5 |

a) Welche Formel gehört in Zelle F16?

b) Welche Formel gehört in Zelle F17?

c) Welche Formel gehört in Zelle F18?

d) Welche Formel gehört in Zelle F19?
Wie lautet die Formel ohne vordefinierte Funktion?

*Lösung:*

a) Formel in Zelle F16: =MAX(F2:F13)-MIN(F2:F13)

b) Formel in Zelle F17: =MITTELWERT(F2:F13)

c) Formel in Zelle F18: =MITTELABW(F2:F13)

d) Formel in Zelle F19: =MEDIAN(F2:F13)

Die Anzahl $n = 12$ der Monate im Jahr ist eine gerade Zahl.
Der Zentralwert z ist also der Mittelwert der beiden mittleren Verkaufszahlen auf Rangplatz 6 und 7:

$$z = \frac{x_6 + x_7}{2}$$

Entsprechend lautet die Formel ohne vordefinierte Funktion: =(F7+F8)/2

**261** Beim Schulsportfest erreichen die Schüler der Klasse 6d beim 50-Meter-Lauf folgende Ergebnisse (in Sekunden):

| | | | | | | | |
|---|---|---|---|---|---|---|---|
| Lukas | 7,6 | Markus | 8,9 | Carolin | 7,1 | Maurice | 8,1 |
| Collin | 6,9 | Judith | 7,6 | Julian | 8,2 | Kathrin | 7,0 |
| Marvin | 8,0 | Thommy | 7,2 | Lisa | 8,0 | Sophia | 7,3 |
| Marius | 8,4 | Simon | 8,2 | Olivia | 7,9 | Timo | 8,2 |
| Jan | 7,2 | Tom | 7,2 | Kathy | 8,5 | Anna | 9,2 |
| Lara | 7,9 | Gloria | 7,5 | Saskia | 6,9 | Lea | 8,4 |
| Zoe | 8,1 | Rana | 7,8 | Mario | 7,7 | Phillip | 7,8 |

a) Gib diese Daten in zwei Spalten in ein Tabellenkalkulationsprogramm ein.

b) Erstelle damit eine Rangliste.

c) Bestimme das Minimum der Zeiten mit der vordefinierten Funktion.

d) Bestimme das Maximum der Zeiten mit der vordefinierten Funktion.

e) Bestimme den Durchschnitt der Zeiten mit der vordefinierten Funktion.

f) Bestimme den Zentralwert der Zeiten mit der vordefinierten Funktion.

g) Bestimme die am häufigsten vorkommende Zeit mit der vordefinierten Funktion.

h) Streiche die beiden schnellsten und die beiden langsamsten Zeiten.
Wie ändern sich die Ergebnisse der Teilaufgaben c bis g?

# Lösungen

**1**

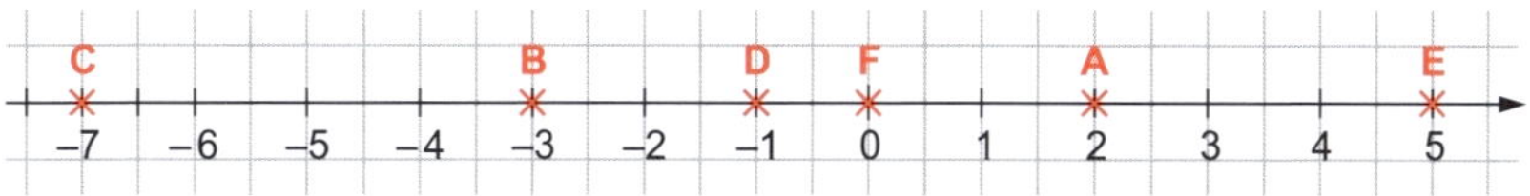


Die Zahlen lauten:
A = +2; B = –3; C = –7; D = –1; E = +5; F = 0

**2** a)

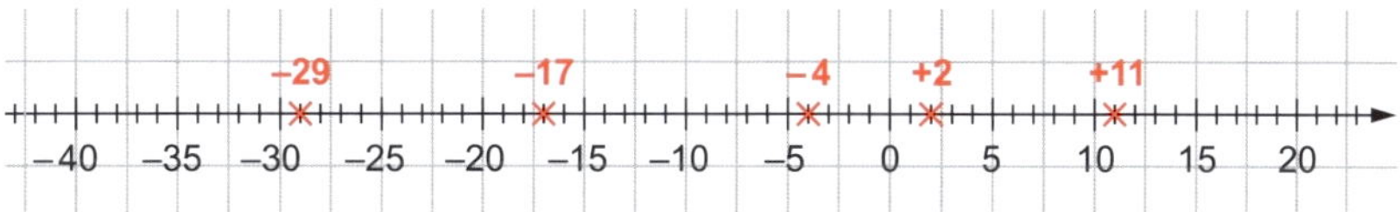


b)

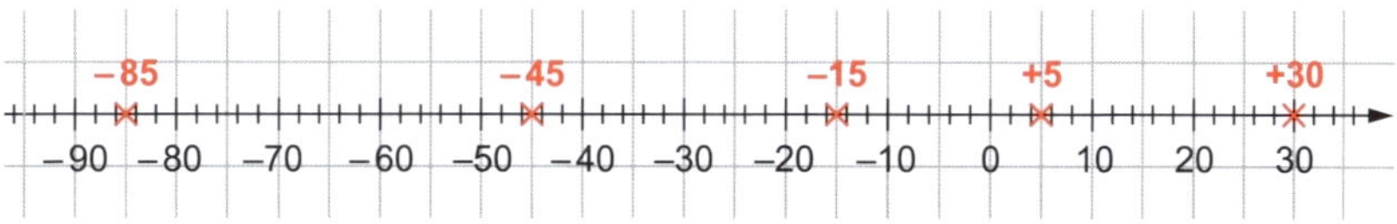


c)

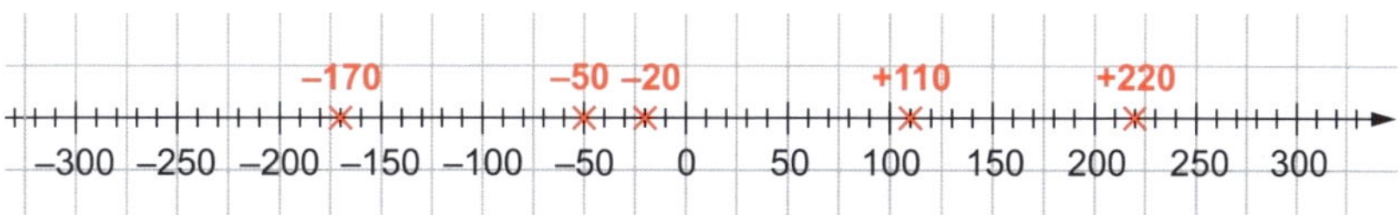


**3**

| Zahl | 3 | –6 | **0** | **+2** | **+178** | 45 000 |
|---|---|---|---|---|---|---|
| Gegenzahl | **–3** | **6** | 0 | –2 | –178 | **–45 000** |

- Die Gegenzahl liegt immer spiegelbildlich zur Zahl bezüglich der 0 auf der Zahlengeraden.
- Die Gegenzahl hat stets den gleichen Abstand zur Zahl 0 (Ursprung) wie die Zahl selbst.
- Die Zahl 0 hat als Gegenzahl sich selbst.

**4** a) Die ganzen Zahlen zwischen –3 und +3: –3; –2; –1; 0; +1; +2; +3
Es sind **7** ganze Zahlen.

*alternativ:*

$$\underbrace{3}_{\text{3 negative Zahlen}} + \underbrace{1}_{0} + \underbrace{3}_{\text{3 positive Zahlen}} = \mathbf{7}$$

b) Die ganzen Zahlen zwischen –10 und +10: –10; –9; –8; –7; –6; –5; –4; –3; –2; –1; 0; +1; +2; +3; +4; +5; +6; +7; +8; +9; +10
Es sind **21** ganze Zahlen.

*alternativ:*

$$\underbrace{10}_{\text{10 negative Zahlen}} + \underbrace{1}_{0} + \underbrace{10}_{\text{10 positive Zahlen}} = \mathbf{21}$$

**5** a) 87 € ≈ **90 €** b) 14 km ≈ **10 km**

c) 25 kg ≈ **30 kg** d) –19 € ≈ **–20 €**

e) –5 g ≈ **–10 g** f) –44 m ≈ **–40 m**

**6** a) 82 ≈ **80**; –39 ≈ **–40**; –176 ≈ **–180**; 6 ≈ **10**; –244 ≈ **–240**

b) –217 ≈ **–200**; 69 ≈ **100**; 341 ≈ **300**; –147 ≈ **–100**; –1 263 ≈ **–1 300**

c) –3 416 ≈ **–3 000**; –768 ≈ **–1 000**; 1 401 ≈ **1 000**; –2 046 ≈ **–2 000**; 62 ≈ **0**

**7** a)

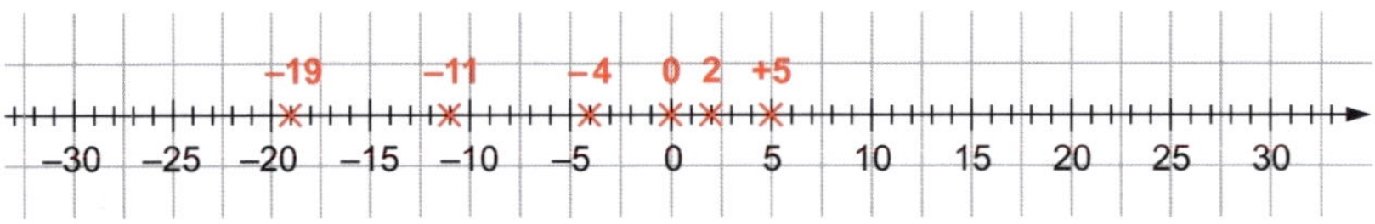


b)

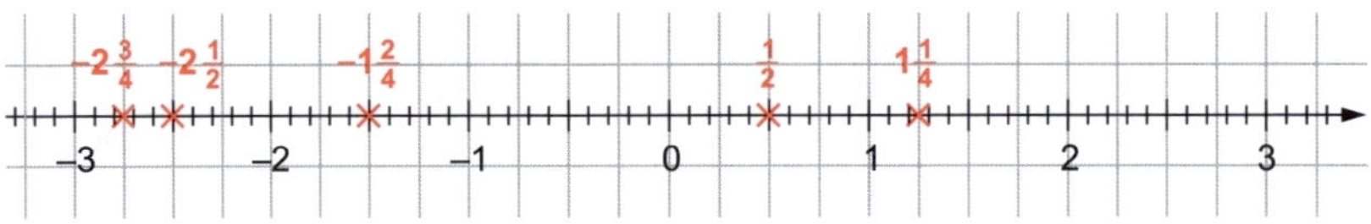


Hier ist es sinnvoll, die gemischten Brüche zuerst in Dezimalbrüche (Dezimalzahlen) umzuwandeln, um sie leichter eintragen zu können:

$-2\frac{1}{2} = -2,5$; $1\frac{1}{4} = 1,25$; $-1\frac{2}{4} = -1,5$; $\frac{1}{2} = 0,5$; $-2\frac{3}{4} = -2,75$

c)

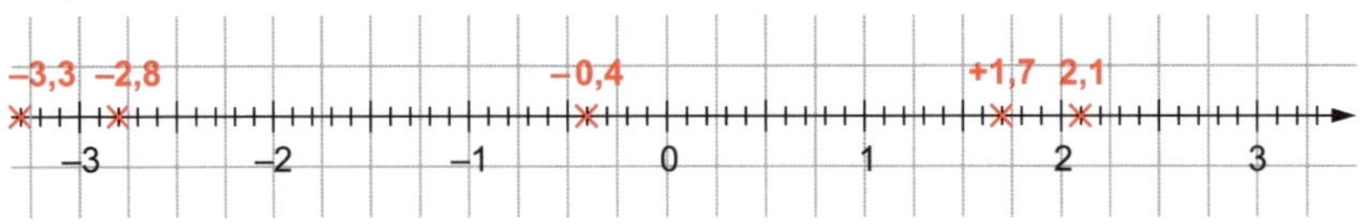


d)

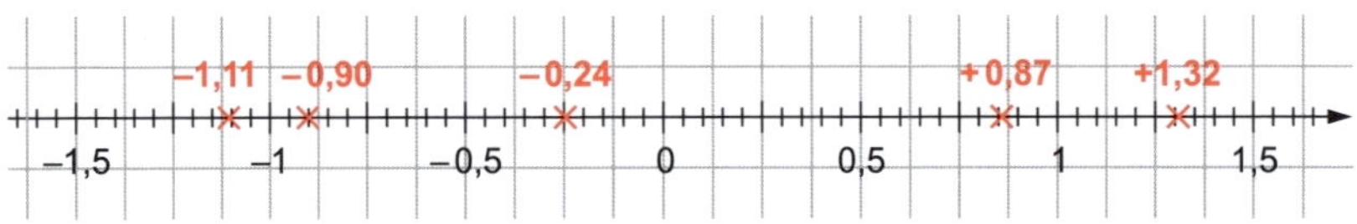


Hier sind die Zahlen so genau wie möglich markiert. Für eine noch feinere Einteilung (Skalierung) müssten noch weitere Markierungsstriche eingetragen werden. Die Zahlengeraden müsste dazu so vergrößert werden, dass die Darstellung nicht in dieses Buch passt.

**8** a)

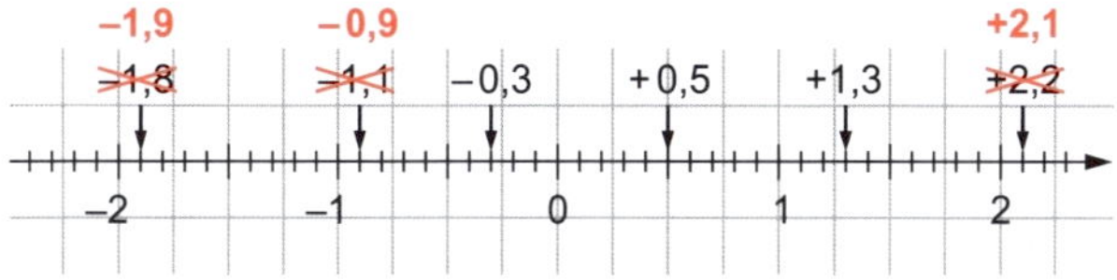


Hier beträgt der Abstand zwischen 2 Markierungsstrichen 0,1 Einheiten.

b)

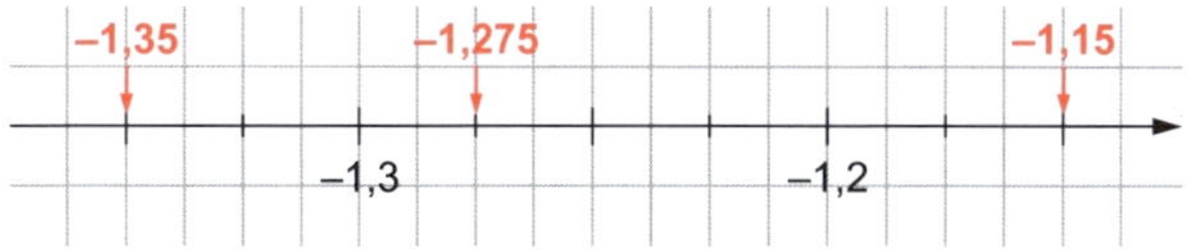


Hier beträgt der Abstand zwischen 2 Markierungsstrichen 0,1 : 4 = 0,025 Einheiten.

**9** a)

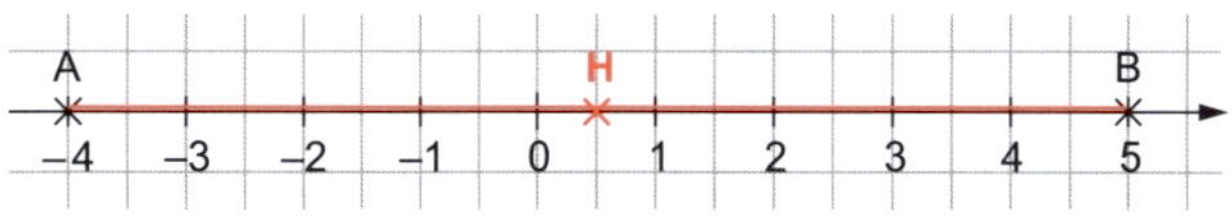


In der Mitte der Zahlen A = –4 und B = +5 liegt die Zahl H(älfte) = +0,5. Dies ist am Zahlenstrahl sehr gut zu erkennen. Der Abstand von –4 bzw. +5 zu H = +0,5 beträgt jeweils 4,5 Längeneinheiten (4,5 LE).

b)

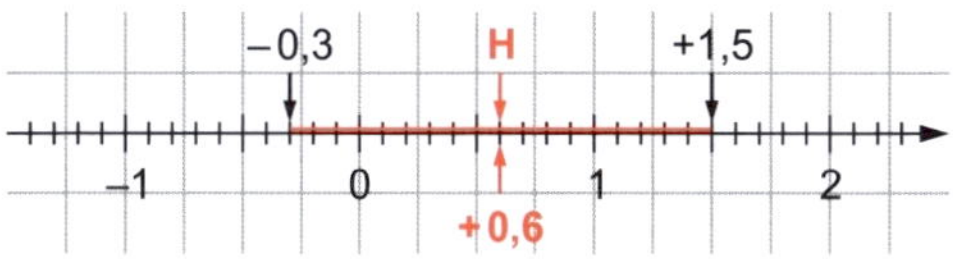


In der Mitte der Zahlen –0,3 und +1,5 liegt die Zahl H(älfte) = +0,6. Dies ist am Zahlenstrahl sehr gut zu erkennen. Der Abstand von –0,3 und +1,5 zu H = +0,6 beträgt jeweils 0,9 Längeneinheiten (0,9 LE).

**10** Um die Brüche exakt eintragen zu können, ist es sinnvoll, sie zuerst in Dezimalbrüche (Dezimalzahlen) umzuwandeln.

$\frac{1}{3} = 0,333333\ldots; \frac{2}{3} = 0,666666\ldots$

Du erkennst, dass es jeweils unendlich viele Nachkommastellen gibt. Man müsste die Skalierungen auf der Zahlengeraden unendlich genau verfeinern. Daraus resultiert, dass die beiden rationalen Zahlen $\frac{1}{3}$ und $\frac{2}{3}$ **nicht exakt** auf der Zahlengeraden eingetragen werden können, sondern nur annähernd.

**11**

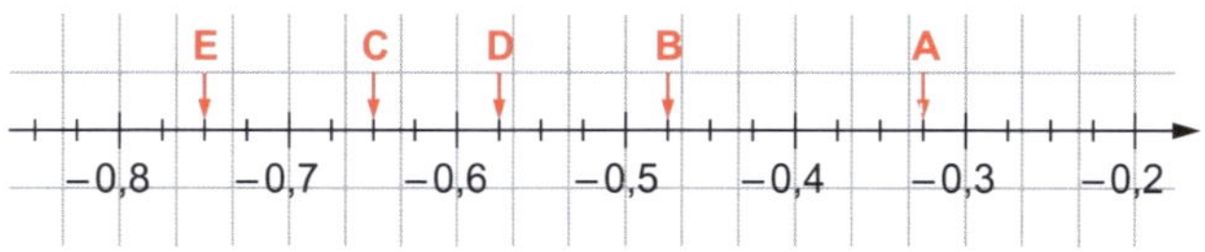


E = **–0,75**; C = **–0,65**; D = **–0,575**; B = **–0,475**; A = **–0,325**

**12**

| | gerundet auf Einer | gerundet auf Zehntel | gerundet auf Hundertstel |
|---|---|---|---|
| –7,81 | **–8** | **–7,8** | **–7,81** |
| +2,463 | **+2** | **+2,5** | **+2,46** |
| –14,5276 | **–15** | **–14,5** | **–14,53** |

**13** a) Höchste Temperatur: **17 °C** (Madrid)
Tiefste Temperatur: **–9 °C** (Archangelsk)

b) Wärmer als in Paris (12 °C) wird es in London (13 °C), Rom (13 °C), auf den Azoren (14 °C) und in Madrid (17 °C).

c)

| | |
|---|---|
| Madrid | 17 °C |
| Azoren | 14 °C |
| Rom | 13 °C |
| London | 13 °C |
| Paris | 12 °C |
| Athen | 11 °C |
| Bukarest | 9 °C |
| Berlin | 9 °C |
| Reykjavík | 7 °C |
| Ankara | 6 °C |
| Wien | 5 °C |
| Warschau | 3 °C |
| Färöer | 3 °C |
| Wolgograd | 3 °C |
| Oslo | 2 °C |
| Stockholm | 0 °C |
| Moskau | –2 °C |
| Lulea | –8 °C |
| Archangelsk | –9 °C |

Alle Teilaufgaben sind besonders leicht zu bearbeiten, wenn zu Beginn die Orte und Temperaturen in einer Tabelle sortiert werden.

Eine übersichtliche Darstellung kann dir auch bei anderen Aufgaben eine Hilfe sein. (Nicht nur wichtig beim Thema Sachrechnen.)

d) Orte, in denen es kälter als in Berlin (+9 °C) und zugleich wärmer als in Moskau (–2 °C) wird:
Reykjavík (7 °C); Ankara (6 °C); Wien (5 °C); Warschau (3 °C); Färöer (3 °C); Wolgograd (3 °C); Oslo (2 °C); Stockholm (0 °C)

e) Höchste Temperatur: 17 °C (Madrid)
Niedrigste Temperatur: –9 °C (Archangelsk)
Spannbreite: 17 °C + 9 °C = **26 °C**

**14**

| Stoff | Schmelzpunkt |
|---|---|
| Eisen | +1 536 °C |
| Gold | +1 064 °C |
| Zinn | +231 °C |
| Benzol | +5,5 °C |
| Wasser | 0 °C |
| Quecksilber | –38,36 °C |
| Wasserstoff | –259 °C |

**15**

a) $3 > -3$ b) $-4 > -5$

c) $-6{,}2 = -6\frac{1}{5}$ d) $1 > -1$

e) $-12{,}3 > -12\frac{1}{3}$ f) $3{,}02 < 3{,}20$

g) $-\frac{1}{5} > -\frac{5}{1}$ h) $-\frac{12}{3} = -4$

- Denke daran: Eine Zahl ist umso größer, je weiter rechts sie auf der Zahlengeraden steht.
- An den Teilaufgaben c und h kann man erkennen, dass Zahlen unterschiedlich dargestellt werden können und trotzdem den gleichen Zahlenwert besitzen. (Ein weiteres Beispiel: $5 = +5 = 5{,}0 = \frac{25}{5} = \frac{15}{3} = \frac{5}{1} = \ldots$)

**16**

a) $x > 11$: z. B.: $x = \mathbf{12}$; $x = \frac{\mathbf{26}}{\mathbf{2}}$; $x = \mathbf{18{,}4}$

b) $x > -4$: z. B.: $x = \mathbf{-1}$; $x = -\frac{\mathbf{6}}{\mathbf{2}}$; $x = \mathbf{5{,}15}$

c) $x < -10$: z. B.: $x = \mathbf{-14}$; $x = -\frac{\mathbf{121}}{\mathbf{11}}$; $x = \mathbf{-12{,}3}$

d) $5 > x$: z. B.: $x = \mathbf{1}$; $x = \frac{\mathbf{1}}{\mathbf{2}}$; $x = \mathbf{4{,}98}$

Denke beim Überlegen immer daran: Eine Zahl ist umso größer, je weiter rechts sie auf der Zahlengeraden steht.

$5 > x$ ist gleichbedeutend mit $x < 5$.

e) $-2 > x$: z. B.: $x = -7$; $x = -\frac{7}{3}$; $x = -10{,}5$

$-2 > x$ ist gleichbedeutend mit $x < -2$.

f) $0 < x$: z. B.: $x = 1$; $x = \frac{6}{2}$; $x = 302$

$0 < x$ ist gleichbedeutend mit $x > 0$.

**17** Bei dem derzeitigen Kenntnisstand ist es sinnvoll, diese Aufgabe (wie Aufgabe 9) zeichnerisch am Zahlenstrahl zu lösen. Zu Beginn sollte ein geeigneter Maßstab für den jeweiligen Zahlenstrahl eingezeichnet werden und danach die Entfernung zwischen den beiden Punkten halbiert werden.

a)

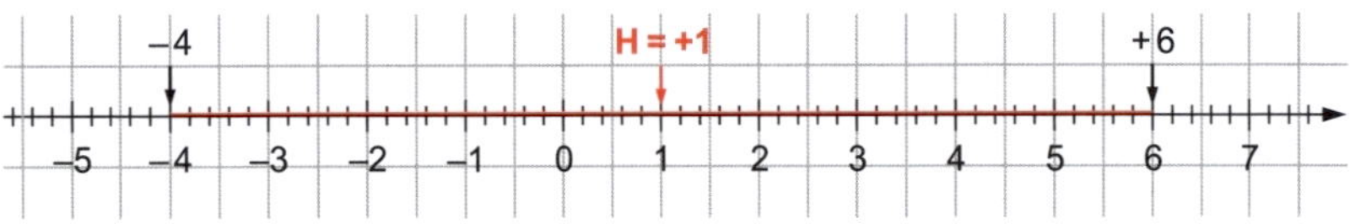


b)

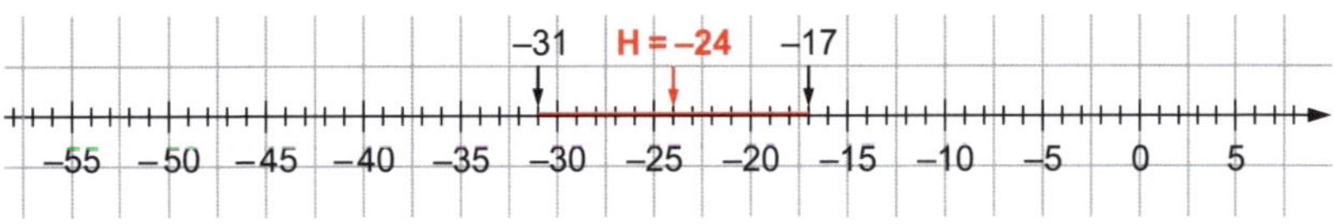


c)

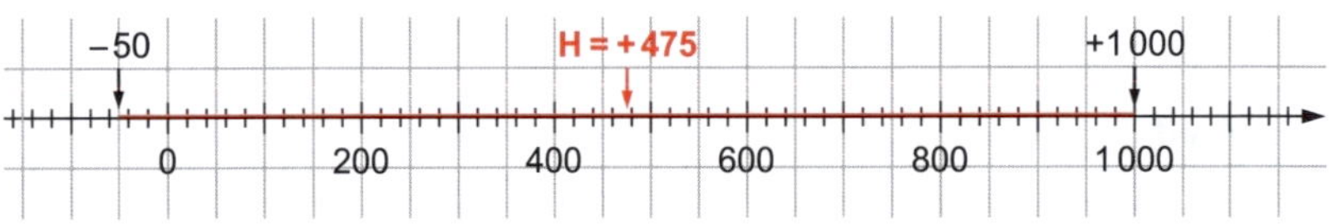


d)

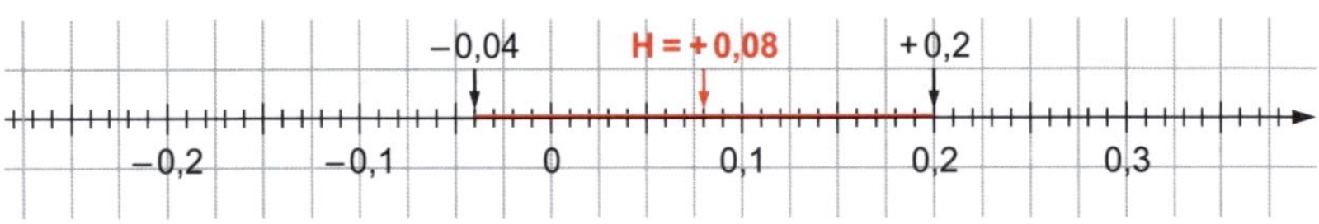


**18** $-\frac{11}{10} < -1\frac{1}{100} < -1{,}0 < -0{,}1 < \frac{1}{10} < 10^0 < 1{,}01 < 1{,}1$

Zur Anordnung der Zahlen ist es sinnvoll, alle Zahlen in Dezimalzahlen (Dezimalbrüche) umzuwandeln und der Größe nach zu vergleichen.

$-\frac{11}{10} = -1{,}1$; $-1\frac{1}{100} = -1{,}01$;

$-1{,}0 = -1{,}0$; $-0{,}1 = -0{,}1$;

$\frac{1}{10} = 0{,}1$; $10^0 = 1{,}0$; $1{,}01 = 1{,}01$;

$1{,}1 = 1{,}1$

**19** a) $-4{,}8\,°C \xrightarrow{+6{,}16\,°C} +1{,}36\,°C$

b) $+3{,}1\,°C \xrightarrow{-4{,}3\,°C} -1{,}2\,°C$

c) $-0{,}7\,°C \xrightarrow{-1{,}4\,°C} -2{,}1\,°C$

d) $-2{,}7\,°C \xrightarrow{+3{,}6\,°C} +0{,}9\,°C$

**20** a)

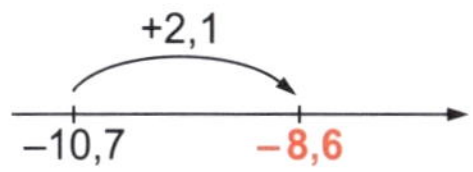


b)

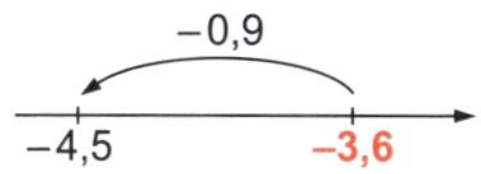


c)

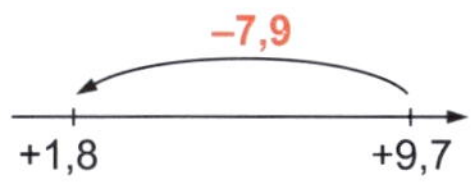


d)

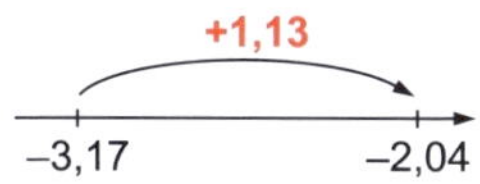


**21**

| Buchung | Wert | Buchungsinformation | zu Ihren Lasten | zu Ihren Gunsten |
|---|---|---|---|---|
| 22. 02. | 22. 02. | Überweisung | 220,00 | |
| 23. 02. | 23. 02. | Vodafone Telefonkarte | 10,00 | |
| 23. 02. | 23. 02. | GEZ | 44,90 | |
| 24. 02. | 24. 02. | Telefonrechnung | 50,56 | |

a) Aktueller Kontostand:
310,54 € – 220,00 € – 10,00 € – 44,90 € – 50,56 € = **–14,92 €**

Der aktuelle Kontostand beträgt –14,92 €. Das Konto von Herrn Halder weißt demnach kein Guthaben mehr auf. Es ist im „Soll“.

Belastungen bedeuten, dass Geld abgebucht wird.

b) Vor den Belastungen:
456,31 € + 220,00 € + 10,00 € + 44,90 € + 50,56 € = **+781,77 €**

Der Kontostand betrug vor den Belastungen +781,77 €. Das Konto von Herrn Halder wies also ein Guthaben auf.

c) Die Abbuchungen betragen insgesamt:
220,00 € + 10,00 € + 44,90 € + 50,56 € = **325,46 €**

| | Kontostand vorher | Abbuchung | Kontostand nachher |
|---|---|---|---|
| Möglichkeit 1: | **+532,36 €** | –325,46 € | **+206,90 € (Haben)** |
| Möglichkeit 2: | **–107,45 €** | –325,46 € | **–432,91 € (Soll)** |

**22** Skizzen:

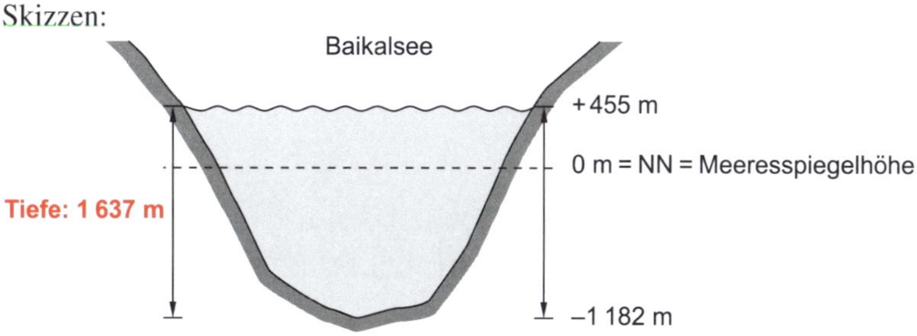

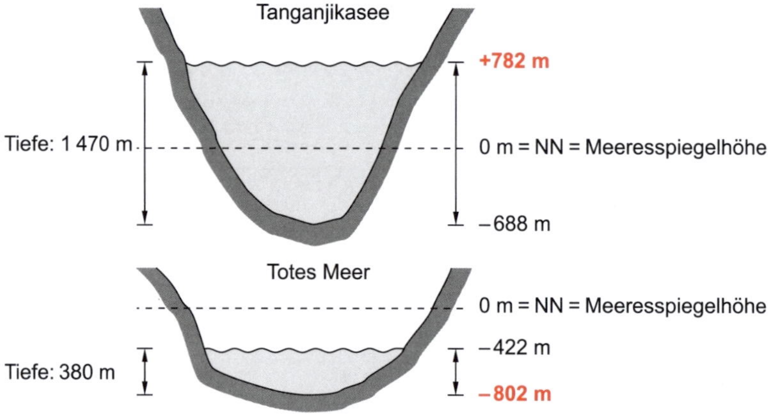


Tabelle:

| See | Wasserspiegel | Grund | Tiefe |
|---|---|---|---|
| Baikalsee | +455 m | –1 182 m | **455 m + 1 182 m = 1 637 m** |
| Tanganjikasee | **1 470 m – 688 m = +782 m** | –688 m | 1 470 m |
| Totes Meer | –422 m | **–422 m – 380 m = –802 m** | 380 m |

Diese Aufgabe ist ein weiteres Beispiel dafür, wie man mittels aussagekräftiger Skizzen oder über eine übersichtliche Lösungstabelle schnell zur Lösung gelangt. (Es gilt: Wasserspiegel – Grund = Tiefe)

a) Der Baikalsee ist 1 637 m tief.

b) Der Wasserspiegel des Tanganjikasees liegt 782 m über NN.

c) Der Seegrund des Toten Meeres liegt 802 m unter NN.

**23**

| Punkt | Quadrant |
|---|---|
| A(–3 \| +1) | **II. Quadrant** |
| B(+2 \| +2) | **I. Quadrant** |
| C(+8 \| –2) | **IV. Quadrant** |
| D(–2 \| –1) | **III. Quadrant** |

**24**

| | w | f |
|---|---|---|
| a) Die Koordinaten der Punkte im III. Quadranten haben alle negative Vorzeichen. | ☒ | ☐ |

b) Der Punkt A(+3 | –4) liegt im II. Quadranten. ☐ ☒ Der Punkt A(+3 | –4) liegt im IV. Quadranten.

c) Der Punkt B(0 | –2) liegt auf der x-Achse. ☐ ☒ Der Punkt B(0 | –2) liegt auf der y-Achse.

d) Alle Punkte im II. und IV. Quadranten haben positive x-Werte. ☐ ☒ Zwar haben alle Punkte im IV. Quadranten positive x-Werte, aber die Punkte im II. Quadranten haben negative x-Werte.

**25** a)

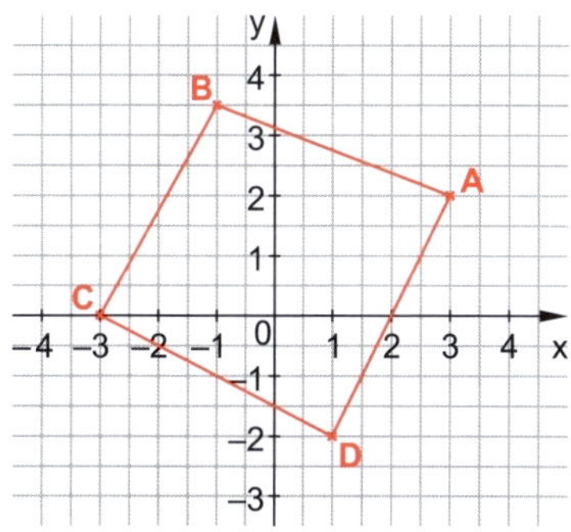


b)

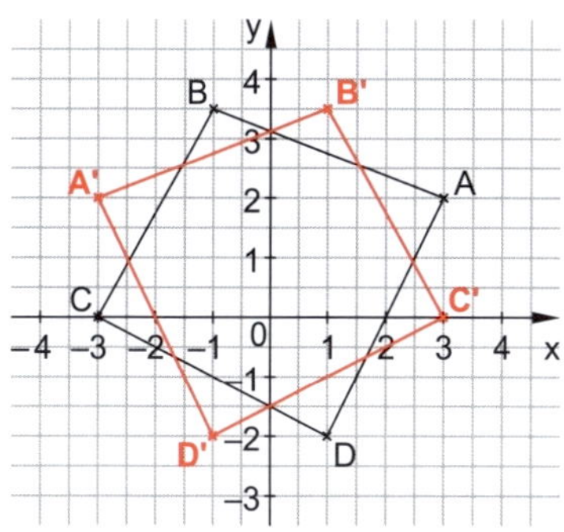


**A'(–3 | 2)**
**B'(1 | 3,5)**
**C'(3 | 0)**
**D'(–1 | –2)**

c)

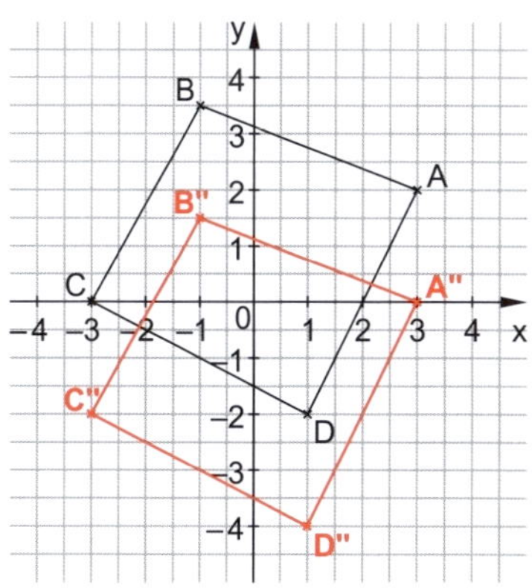


**A''(3 | 0)**
**B''(–1 | 1,5)**
**C''(–3 | –2)**
**D''(1 | –4)**

**26** Lösung durch Zeichnung:

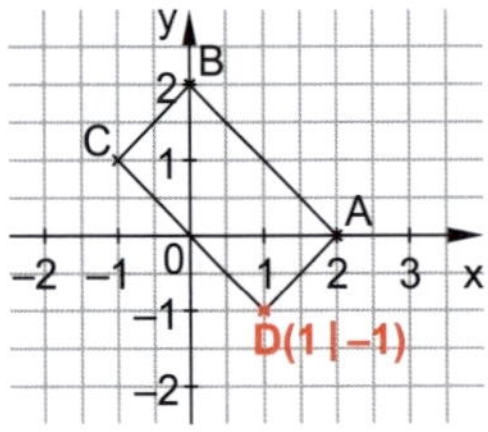


Lösung durch Überlegung:
Da einerseits die Seiten $\overline{BC}$ und $\overline{DA}$ im Rechteck ABCD parallel und gleich lang sind und andererseits C eine Einheit tiefer und eine Einheit weiter links als B liegt, muss analog D eine Einheit tiefer und eine Einheit weiter links als A liegen:
$A(2|0) \rightarrow D(2-1|0-1) =$ **D(1|–1)**

**27** Skizze:

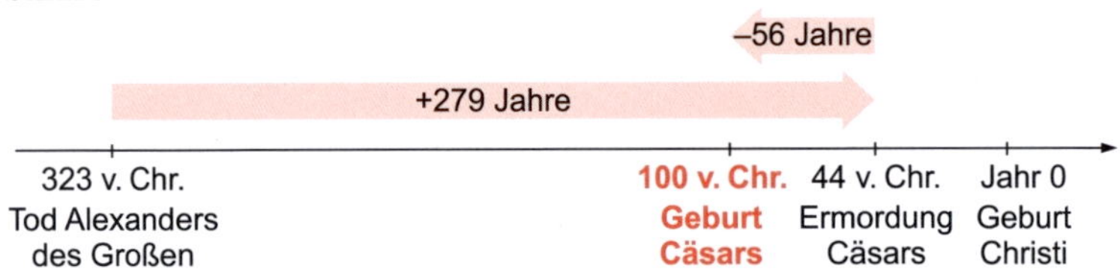


Diese Aufgabe kann mit einer Lösungsskizze leichter gelöst werden. (Die Daten sind nur annähernd exakt eingetragen.)

- Trage auf einer geeigneten Jahreszahl-Geraden die Jahreszahl 232 v. Chr. (Tod Alexanders des Großen) und die Jahreszahl 0 (Christi Geburt) ein.
- 279 Jahre nach dem Tod Alexanders des Großen wurde Cäsar ermordet.
  (323 v. Chr. + 279 Jahre ergibt 44 v. Chr.) → Eintrag auf der Jahreszahl-Geraden
- Cäsar wäre 44 v. Chr. 56 Jahre alt geworden. Also liegt sein Geburtsjahr 56 Jahre zurück.
  (44 v. Chr. – 56 Jahre ergibt als Geburtsdatum von Cäsar: 100 v. Chr.) → Eintrag auf der Jahreszahl-Geraden

**28** Skizze:

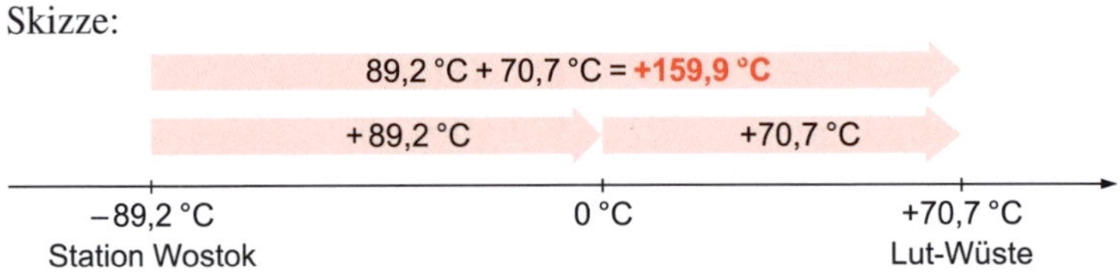


Der Temperaturunterschied beträgt 159,9 °C.

**29** a) Jede Zahl aus ℕ oder aus ℤ lässt sich als rationale Zahl schreiben. **(w)**
Jede ganze Zahl (und damit auch jede natürliche Zahl) lässt sich als Bruch mit Nenner 1 schreiben. Beispiele: $3 = \frac{3}{1}$; $-5 = -\frac{5}{1}$

b) Alle Punkte mit negativer y-Koordinate liegen im II. oder III. Quadranten. **(f)**
Gegenbeispiel: A(2|–4) liegt im IV. Quadranten.

c) Zwischen 2 natürlichen Zahlen liegen höchstens 1 000 rationale Zahlen. **(f)**
Richtig wäre: Zwischen 2 natürlichen Zahlen liegen unendlich viele rationale Zahlen.

d) Wenn man alle positiven und negativen Bruchzahlen, inklusive der 0, zusammenfasst, erhält man die rationalen Zahlen. **(w)**

e) Jede negative Zahl ist nicht positiv. **(w)**
Eine Zahl kann nicht gleichzeitig positiv und negativ sein.

f) Die Zahl 0 ist keine rationale Zahl. **(f)** (vgl. Teilaufgabe d)

**30** a) $+4,4 > +\frac{4}{4} > \frac{1}{2} > 0,4 > \frac{1}{4} > -\frac{1}{3} > -\frac{4}{4}$

$+4,4 = 4,4;\ +\frac{4}{4} = 1;\ \frac{1}{2} = 0,5;\ 0,4$

$\frac{1}{4} = 0,25;\ -\frac{1}{3} = -0,33\ldots;\ -\frac{4}{4} = -1$

b) $7,01 > +\frac{7}{1} > 1,7 > +0,17 > -\frac{1}{7} > -1\frac{1}{7} > -7,1$

$7,01;\ +\frac{7}{1} = 7;\ 1,7;\ 0,17;$

$-\frac{1}{7} = -0,\overline{142857};$

$-1\frac{1}{7} = -1,\overline{142857};\ -7,1$

**31**

| Punkt | Quadrant |
|---|---|
| A(–2\|4) | **II. Quadrant** |
| B(0,1\|3) | **I. Quadrant** |
| C(1\|–2) | **IV. Quadrant** |
| D(–2\|–3) | **III. Quadrant** |
| E(–1,7\|–0,2) | **III. Quadrant** |
| $F\left(1\frac{1}{2} \mid \frac{1}{2}\right)$ | **I. Quadrant** |

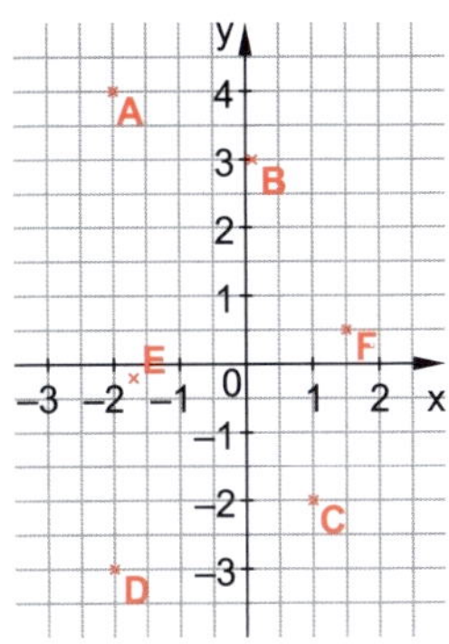


**32** a) $(+17) + (-3) = +(17 - 3) = +14 = \mathbf{14}$

b) $(-1) + (-4) = -(1 + 4) = \mathbf{-5}$

c) $(-3,7) + (+1,8) = -(3,7 - 1,8) = \mathbf{-1,9}$

d) $(+2,1) + (+3,3) = +(2,1 + 3,3) = +5,4 = \mathbf{5,4}$

e) $(+2{,}9)+(-6{,}5)=-(6{,}5-2{,}9)=\mathbf{-3{,}6}$

f) $(-1{,}4)+\left(+\frac{1}{2}\right)=-\left(1{,}4-\frac{1}{2}\right)=-(1{,}4-0{,}5)=\mathbf{-0{,}9}$

g) $\left(+\frac{3}{4}\right)+(-2{,}25)=-\left(2{,}25-\frac{3}{4}\right)=-(2{,}25-0{,}75)=\mathbf{-1{,}5}$

h) $\left(-3\frac{1}{8}\right)+(-3{,}25)=-\left(3{,}25+3\frac{1}{8}\right)=-(3{,}25+3{,}125)=\mathbf{-6{,}375}$

**33** a) $(+4)-(+2)=(+4)+(-2)=+(4-2)=+2=\mathbf{2}$

b) $(-3)-(+1)=(-3)+(-1)=-(3+1)=\mathbf{-4}$

c) $(-2{,}3)-(-0{,}9)=(-2{,}3)+(+0{,}9)=-(2{,}3-0{,}9)=\mathbf{-1{,}4}$

d) $(+3{,}7)-(-2{,}6)=(+3{,}7)+(+2{,}6)=+(3{,}7+2{,}6)=+6{,}3=\mathbf{6{,}3}$

e) $(-3{,}8)-(+4{,}2)=(-3{,}8)+(-4{,}2)=-(3{,}8+4{,}2)=-8{,}0=\mathbf{-8}$

f) $(+8{,}9)-\left(+3\frac{1}{4}\right)=(+8{,}9)+\left(-3\frac{1}{4}\right)$

$=(+8{,}9)+(-3{,}25)$

$=+(8{,}9-3{,}25)$

$=+5{,}65$

$=\mathbf{5{,}65}$

Treffen in einer Aufgabe Bruchzahlen und Dezimalzahlen zusammen, so kannst du dich entscheiden, ob die ganze Berechnung in Bruchzahlen oder Dezimalzahlen ausgeführt wird. In der Regel solltest du dich für die einfachere Methode entscheiden.

*alternativ:*

$(+8{,}9)-\left(+3\frac{1}{4}\right)=\left(+8\frac{9}{10}\right)+\left(-3\frac{1}{4}\right)$

$=+\left(8\frac{9}{10}-3\frac{1}{4}\right)$

$=+\left(\frac{89}{10}-\frac{13}{4}\right)$

$=+\left(\frac{178}{20}-\frac{65}{20}\right)$

$=+\frac{113}{20}$

$=\frac{565}{100}$

$=\mathbf{5{,}65}$

**34** a) $-4,3+(-3,1)+1,7=-4,3-3,1+1,7=-7,4+1,7=\mathbf{-5,7}$

b) $13,1-(-4,7)-6,3+(-0,6)=\underbrace{13,1+4,7}\underbrace{-6,3-0,6}$
$= 17,8 \quad -6,9$
$=\mathbf{10,9}$

Kommen in einem Rechenausdruck ohne Klammern mehrere Summanden und Subtrahenden vor, so kann man diese jeweils zusammenfassen und anschließend berechnen. (Zeitersparnis!)

Natürlich ist es auch möglich, den gesamten Term nacheinander von links nach rechts zu berechnen.

c) $-\frac{1}{2}+\left(-\frac{5}{2}\right)+\frac{7}{2}-2\frac{1}{2}+\frac{3}{2}=\underbrace{-\frac{1}{2}-\frac{5}{2}}+\underbrace{\frac{7}{2}-\frac{5}{2}}+\frac{3}{2}$
$=-\frac{6}{2}+\underbrace{\frac{2}{2}+\frac{3}{2}}$
$=-\frac{6}{2}+\frac{5}{2}$
$=\mathbf{-\frac{1}{2}}$

d) $-\frac{3}{4}+\frac{1}{2}-\left(\frac{7}{4}\right)+0,25-1,0=-0,75-1,75-1,0+0,5+0,25$
$=-3,5+0,75$
$=\mathbf{-2,75}$

**35** a) $(+8)-(+2)=+6$ vereinfacht: $8-2=6$

b) $(+3)-(-2)=+5$ vereinfacht: $3+2=5$

c) $(-3,1)+(+2,3)=-0,8$ vereinfacht: $-3,1+2,3=-0,8$

d) $(-4,8)+(-2,3)=-7,1$ vereinfacht: $-4,8-2,3=-7,1$

e) $(+3,2)-\left(-3\frac{1}{2}\right)=+6\frac{7}{10}$ vereinfacht: $3,2+3\frac{1}{2}=6\frac{7}{10}$

f) $\left(-\frac{1}{4}\right)-\left(+\frac{4}{1}\right)=-4\frac{1}{4}$ vereinfacht: $-\frac{1}{4}-\frac{4}{1}=-4\frac{1}{4}$

alternativ:
$\left(-\frac{1}{4}\right)+\left(-\frac{4}{1}\right)=-4\frac{1}{4}$ vereinfacht: $-\frac{1}{4}-\frac{4}{1}=-4\frac{1}{4}$

**36** a) Höchster Wert: $+1+(+3)=+4$ oder $(+3)+(+1)=+4$

b) Niedrigster Wert: $(-4)+(-5)=-9$ oder $(-5)+(-4)=-9$

c) Vertauschen:
- $(-5)+(-4)=(-4)+(-5)$
- $(-5)+(-2)=(-2)+(-5)$
- $(-5)+(+1)=(+1)+(-5)$
- $(-5)+(+3)=(+3)+(-5)$
- $(-4)+(-2)=(-2)+(-4)$
- $(-4)+(+1)=(+1)+(-4)$
- $(-4)+(+3)=(+3)+(-4)$
- $(-2)+(+3)=(+3)+(-2)$
- $(-2)+(+1)=(+1)+(-2)$
- $(+1)+(+3)=(+3)+(+1)$

Es gibt insgesamt $4+3+2+1=10$ verschiedene Möglichkeiten!
Es handelt sich bei dieser Aufgabe um eine **Summe**; man kann stets die beiden Summanden vertauschen, ohne dass sich der Wert ändert. (Kommutativgesetz)
Handelt es sich aber um eine Differenz, so darf man auf **keinen Fall** vertauschen!

d) $(-4)+(+3)=-1$ oder $(+3)+(-4)=-1$
$(-2)+(+3)=+1$ oder $(+3)+(-2)=+1$
$(-2)+(+1)=-1$ oder $(+1)+(-2)=-1$

e) Beispiele:
- $(-5)+(-4)=-9$
- $(+1)+(-5)=-4$
- $(-2)+(+3)=+1$
- $(+1)+(+3)=+4$
- $(-4)+(-2)=-6$

f) Alle Möglichkeiten:
1./2.: $(-5)+(-4)=(-4)+(-5)$
3./4.: $(-5)+(-2)=(-2)+(-5)$
5./6.: $(-5)+(+1)=(+1)+(-5)$
7./8.: $(-5)+(+3)=(+3)+(-5)$
9./10.: $(-4)+(-2)=(-2)+(-4)$
11./12.: $(-4)+(+3)=(+3)+(-4)$
13./14.: $(-4)+(+1)=(+1)+(-4)$
15./16.: $(-2)+(+3)=(+3)+(-2)$
17./18.: $(-2)+(+1)=(+1)+(-2)$
19./20.: $(+1)+(+3)=(+3)+(+1)$

Es gibt 5 Möglichkeiten für den 1. Summanden und 4 Möglichkeiten für den 2. Summanden, also insgesamt $5 \cdot 4=20$ verschiedene Möglichkeiten! (vgl. Teilaufgabe c)

**37** a) Der Lift fuhr vom 4. OG um 5 Stationen nach unten.
Rechnung: $(+4)-5=$ **$-1$**
Der Lift hält im 1. UG (Untergeschoss).

Es handelt sich um eine Abnahme.

b) Die Temperatur in der Wüste stieg von 28 °C um 15 °C.
Rechnung: $(+28)+(+15)=$ **$+43$**
Die Temperatur beträgt nun +43 °C.

c) Bea hat 5 € Schulden bei ihrem Vater. Nachdem sie ihm fleißig bei der Gartenarbeit geholfen hat, schuldet der Vater nun Bea 5 €.
Rechnung: $+5-(-5)=(\mathbf{+10})$

Für die Gartenarbeit bekam Bea 10 €.

d) Pia hat 14 € Schulden. Ihre Mutter übernimmt davon 5 €.
Rechnung: $(-14)-(-5)=\mathbf{-9}$

Pia hat nachher nur noch 9 € Schulden.

e) Aus dem Alltag in Absurdistan: Aus einem Bus, der mit 15 Leuten besetzt ist, steigen 23 Leute aus. Wie viele Leute müssen wieder einsteigen, damit der Bus leer ist?
Rechnung: $(+15)-(+23)=-8$

Es müssten wieder 8 Leute zusteigen, damit der Bus leer ist??!!

Natürlich hast du bemerkt, dass dies eine „Jux-Aufgabe" ist. Aus einem Bus mit 15 Leuten können selbstverständlich keine 23 Leute aussteigen!

**38** Zur Lösung muss man die „positive" Höhe des Mount Everest (+8 848 m) und die „negative" Tiefe des Marianengrabens (–11 034 m) ohne das Vorzeichen addieren.

Rechnung:
$$\begin{array}{r} 8\,848\text{ m} \\ +\,11\,034\text{ m} \\ \hline 19\,882\text{ m} \end{array}$$

Der Höhenunterschied zwischen Mount Everest und Marianengraben beträgt **19 882 m**. (Das sind fast 20 km!)

Lösungsskizze:

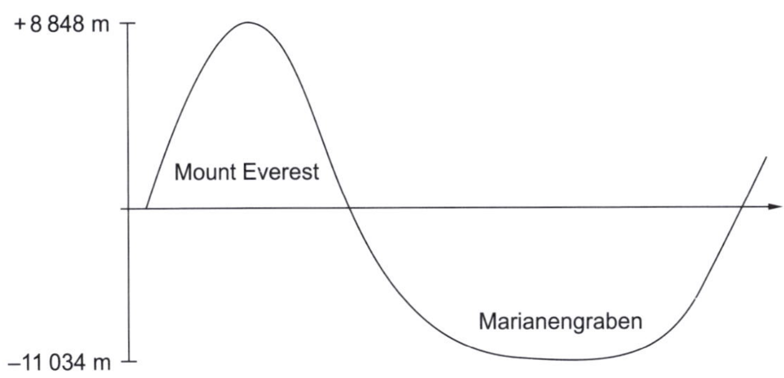


**39** a) $-1,4-1,4=2,8$ Korrektur: $-1,4-1,4=\mathbf{-2,8}$

b) $+3,5+(-0,5)=+4,0=4$ Korrektur: $+3,5+(-0,5)=+3,5-0,5=+3,0=\mathbf{3}$

c) $(-2,3)-(+1,7)=-4,0$ Korrektur: $(-2,3)-(+1,7)=-2,3-1,7=-4,0$ **(richtig)**

d) $+2\frac{1}{3}-1\frac{2}{3}=1\frac{1}{3}$ Korrektur: $+2\frac{1}{3}-1\frac{2}{3}=+\frac{7}{3}-\frac{5}{3}=+\frac{2}{3}$

e) $-4,2+3-1+2,1=-1,1$ Korrektur: $-4,2+3-1+2,1=-5,2+5,1=-0,1$
Kommen in einem Term mehrere Summanden und Subtrahenden vor, so können diese zusammengefasst und berechnet werden (vgl. Aufgabe 34)

f) $(-1)-(-2)-(-1)=-4$ Korrektur: $(-1)-(-2)-(-1)=-1+2+1=+2$

**40**

a) $(-3)\cdot(+6)=-(3\cdot 6)=-18$ Das Vorzeichen – wird vorher bestimmt.

b) $(+7)\cdot(-9)=-(7\cdot 9)=-63$ Das Vorzeichen – wird vorher bestimmt.

c) $(-5)\cdot(-17)=+(5\cdot 17)=+85=85$ Das Vorzeichen + wird vorher bestimmt.

d) $(-6):(-2)=+(6:2)=+3=3$ Das Vorzeichen + wird vorher bestimmt.

e) $(+5):(-1,25)=-(5:1,25)=-4$ Das Vorzeichen – wird vorher bestimmt.

f) $(7,5):(-3)=-(7,5:3)=-2,5$ Das Vorzeichen – wird vorher bestimmt.

g) $(-3,2)\cdot(-0,2)=+(3,2\cdot 0,2)=+0,64=0,64$

h) $(-4,8):(1,2)=-(4,8:1,2)=-4$

i) $-2\frac{4}{5}:\left(-\frac{4}{5}\right)=+\left(\frac{14}{5}:\frac{4}{5}\right)=+\left(\frac{14}{5}\cdot\frac{5}{4}\right)=+\frac{7}{2}=3,5$

j) $1,7\cdot\left(-1\frac{1}{7}\right)=-\left(\frac{17}{10}\cdot\frac{8}{7}\right)=-\left(\frac{17}{5}\cdot\frac{4}{7}\right)=-\frac{68}{35}$

**41**

a) $(+3)\cdot(-2)=-6$

b) $(+4):(-2)=-2$

c) $(-21):(+7)=-3$

d) $(-5,2):(-1,3)=4$

e) $\left(-\frac{3}{4}\right)\cdot\left(-\frac{2}{5}\right)=\frac{3}{10}$

f) $\left(-2\frac{1}{2}\right)\cdot(+3)=-7,5$

*alternativ:*

$\left(+2\frac{1}{2}\right)\cdot(+3)=+7,5$

**42** a) Die beiden rationalen Zahlen **5** und **$-\frac{5}{4}$** erfüllen z. B. die Bedingung.

Rechnung:

$$5:\left(-\frac{5}{4}\right)=5\cdot\left(-\frac{4}{5}\right)=-4$$

Allgemein:
Der Quotient zweier rationaler Zahlen der Form x und $-\frac{x}{4}$ oder –x und $\frac{x}{4}$ ergibt immer –4.
Weitere Beispiele: 207 und $-\frac{207}{4}$ oder –1 024 und $\frac{1\,024}{4}$, usw.

b) Die beiden rationalen Zahlen **$\frac{1}{5}$** und **12** erfüllen z. B. die Bedingung.

Rechnung:

$$\frac{1}{5}\cdot 12=\frac{12}{5}=2\frac{2}{5}=1\frac{7}{5}$$

Allgemein:
Das Produkt zweier rationaler Zahlen der Form $\frac{1}{5x}$ und 12x oder $-\frac{1}{5x}$ und –12x hat immer den Wert $\frac{12}{5}=1\frac{7}{5}$.
Weitere Möglichkeiten: $\frac{12}{5}$ und +1; $-\frac{1}{5}$ und –12; $\frac{1}{10}$ und 24; $-\frac{1}{20}$ und –48; usw.

**43** a) $2{,}4\cdot x=-7{,}2 \Rightarrow$ **$x=-3$** Berechnung: $-7{,}2:2{,}4=-3$

b) $y\cdot(-1{,}5)=9 \Rightarrow$ **$y=-6$** Berechnung: $9:(-1{,}5)=-6$

c) $-75:x=-3 \Rightarrow$ **$x=25$** Berechnung: $(-75):(-3)=25$

d) $y:(-4)=1{,}2 \Rightarrow$ **$y=-4{,}8$** Berechnung: $(-4)\cdot 1{,}2=-4{,}8$

**44** a) **Vorzeichenfehler**
$-45\cdot 0{,}1=4{,}5$

Korrektur:
$-45\cdot 0{,}1=$ **$-4{,}5$**

b) **Rechenfehler**
$+1\,000:(-0{,}1)=-100$

Korrektur:

$$+1\,000:(-0{,}1)=+1\,000:\left(-\frac{1}{10}\right)=+1\,000\cdot\left(-\frac{10}{1}\right)=\mathbf{-10\,000}$$

c) **Kommafehler**
$(-12{,}45):(-1{,}00)=+124{,}5$

Korrektur:
$(-12{,}45):(-1{,}00)=$ **$+12{,}45$**

d) **nicht definiert!**

$$-15\frac{2}{5}:0=-15\frac{2}{5}$$

Korrektur:

$-15\frac{2}{5}:0=$ **nicht definiert!**

e) **Vorzeichenfehler**
$-1\cdot(-12{,}36)=-12{,}36$

Korrektur:
$-1\cdot(-12{,}36)=$ **$+12{,}36$**

f) **Rechenfehler**
$-23{,}6:(-23{,}6)=0$

Korrektur:
$-23{,}6:(-23{,}6)=$ **$+1$**

**45** a) $(+3)\cdot(-12):(-9)=-36:(-9)=\mathbf{+4}$

b) $(-70):(-10)\cdot 2=+7\cdot 2=\mathbf{+14}$

c) $(-3)\cdot 8:6\cdot 4=-24:6\cdot 4=-4\cdot 4=\mathbf{-16}$

d) $4{,}2:(-2{,}1)\cdot 1{,}2:(-3)=-2\cdot 1{,}2:(-3)=-2{,}4:(-3)=\mathbf{+0{,}8}$

e) $1\frac{1}{3}:\left(-\frac{1}{2}\right)\cdot\frac{1}{3}:\left(-\frac{8}{9}\right)=\frac{4}{3}\cdot\left(-\frac{2}{1}\right)\cdot\frac{1}{3}:\left(-\frac{8}{9}\right)=-\frac{8}{3}\cdot\frac{1}{3}:\left(-\frac{8}{9}\right)=-\frac{8}{9}\cdot\left(-\frac{9}{8}\right)=\mathbf{+1}$

f) $(-3)\cdot(-1)\cdot(-1):3=3\cdot(-1):3=-3:3=\mathbf{-1}$

**46** Da es sich um rationale Zahlen handelt, gibt es **unendlich** viele Möglichkeiten, denn die Gleichung $36:x=y$ ist für alle rationalen Zahlen ungleich 0 lösbar.

Möglichkeiten:
$(+1)\cdot(+36)$ und $(+36)\cdot(+1)$; $(+2)\cdot(+18)$ und $(+18)\cdot(+2)$; $(-9)\cdot(-4)$ und $(-4)\cdot(-9)$ …
aber auch
$\frac{1}{2}\cdot 72$; $\left(-\frac{1}{4}\right)\cdot(-144)$; $(-0{,}125)\cdot(-288)$ …

**47** a) $-1{,}1+(-2{,}2+1{,}1):1{,}1=-1{,}1+(-1{,}1):1{,}1$
$=-1{,}1+(-1)$
$=-1{,}1-1$
$=\mathbf{-2{,}1}$

Bei diesen Aufgaben sind die 4 wichtigsten Rechenregeln zu beachten.

b) $\left(-3\frac{1}{2}-2\frac{1}{4}\right)\cdot\left(\frac{1}{2}-\frac{1}{4}\right)=\left(-3\frac{2}{4}-2\frac{1}{4}\right)\cdot\left(\frac{2}{4}-\frac{1}{4}\right)$
$=\left(-5\frac{3}{4}\right)\cdot\left(\frac{1}{4}\right)$
$=\left(-\frac{23}{4}\right)\cdot\frac{1}{4}$
$=\mathbf{-\frac{23}{16}}$

c) $5{,}4+4{,}6\cdot[0{,}5-(1{,}1-3{,}2\cdot 0{,}5)]=5{,}4+4{,}6\cdot[0{,}5-(1{,}1-1{,}6)]$
$=5{,}4+4{,}6\cdot[0{,}5-(-0{,}5)]$
$=5{,}4+4{,}6\cdot[+1]$
$=5{,}4+4{,}6$
$=\mathbf{10}$

d) $(-3{,}2+1{,}6)\cdot(-2):1{,}6-1{,}2-(2{,}1-1{,}3\cdot 2)=-1{,}6\cdot(-2):1{,}6-1{,}2-(2{,}1-2{,}6)$
$=-1{,}6\cdot(-2):1{,}6-1{,}2-(-0{,}5)$
$=3{,}2:1{,}6-1{,}2+0{,}5$
$=2-1{,}2+0{,}5$

$= -0{,}8 + 0{,}5$
$= \mathbf{-0{,}3}$

**48** a) $-2{,}1 + (-3{,}2) + 2{,}1 - 1{,}8 = -2{,}1 + 2{,}1 + (-3{,}2) - 1{,}8$
$= 0 - 3{,}2 - 1{,}8$
$= \mathbf{-5{,}0}$

Anwendung des Kommutativgesetzes

b) $(-4{,}3 + 3{,}1) + 6{,}9 = -4{,}3 + (3{,}1 + 6{,}9)$
$= -4{,}3 + 10$
$= \mathbf{5{,}7}$

Anwendung des Assoziativgesetzes

c) $-12 \cdot \left[\left(+\frac{2}{3}\right) + \left(-\frac{3}{4}\right)\right] = -12 \cdot \left(+\frac{2}{3}\right) + (-12) \cdot \left(-\frac{3}{4}\right)$
$= -8 + 9$
$= \mathbf{1}$

Durch Anwenden des Distributivgesetzes kann man die Summe berechnen ohne einen Hauptnenner finden zu müssen.

d) $-25 \cdot 3{,}7 \cdot 0{,}4 = -25 \cdot 0{,}4 \cdot 3{,}7 = -10 \cdot 3{,}7 = \mathbf{-37}$

Anwendung des Kommutativgesetzes

e) $\left(\frac{3}{5} + \frac{1}{8}\right) - \left(\frac{1}{5} + \frac{1}{4}\right) = \frac{3}{5} + \frac{1}{8} - \frac{1}{5} - \frac{1}{4}$
$= \frac{24}{40} + \frac{5}{40} - \frac{8}{40} - \frac{10}{40}$
$= \mathbf{\frac{11}{40}}$

Steht ein Minuszeichen vor der Klammer, so darf die Klammer weggelassen werden, wenn die Vorzeichen in der Klammer umgekehrt werden.

f) $4{,}5 \cdot (-3) + 1{,}5 \cdot (-3) = (4{,}5 + 1{,}5) \cdot (-3) = 6 \cdot (-3) = \mathbf{-18}$

Anwendung des Distributivgesetzes

g) $\frac{1}{4} \cdot \left(\frac{1}{2} - \frac{1}{3}\right) = \frac{1}{4} \cdot \left(\frac{3}{6} - \frac{2}{6}\right) = \frac{1}{4} \cdot \left(\frac{1}{6}\right) = \mathbf{\frac{1}{24}}$

In der Klammer den Hauptnenner suchen

h) $3 \cdot 4{,}1 + 3 \cdot 0{,}9 = 3 \cdot (4{,}1 + 0{,}9) = 3 \cdot 5 = \mathbf{15}$

Anwendung des Distributivgesetzes

i) $-3{,}1 \cdot 0 + 2{,}9 \cdot 0 = 0 + 0 = \mathbf{0}$

Die Multiplikation mit 0 ergibt immer 0.

j) $\left(-1{,}5 - 2\frac{1}{4}\right) \cdot 0{,}1 = (-1{,}5 - 2{,}25) \cdot 0{,}1$
$= (-3{,}75) \cdot 0{,}1$
$= \mathbf{-0{,}375}$

Es ist zeitsparender, die ganze Aufgabe in Dezimalzahlen zu rechnen. Durch die Multiplikation mit 0,1 wird das Komma im Ergebnis um eine Stelle nach links verschoben.

**49** a) $(-3) \cdot 3{,}3 + 0{,}7 = -12$ (f) Änderung: $(-3) \cdot (3{,}3 + 0{,}7) = -12$ (w)

b) $+4-3{,}1+1{,}1=-0{,}2$ (f) Änderung: $+4-3{,}1-1{,}1=-0{,}2$ (w)

c) $\left(-2\frac{1}{2}+0{,}5\right)\cdot 2{,}5=-7{,}5$ (f) Änderung: $\left(-2\frac{1}{2}-0{,}5\right)\cdot 2{,}5=-7{,}5$ (w)

d) $3{,}8\cdot 0{,}8:(-0{,}2)=7{,}8$ (f) Änderung: $3{,}8-0{,}8:(-0{,}2)=7{,}8$ (w)

e) $7{,}5+2{,}5\cdot 2=20$ (f) Änderung: $(7{,}5+2{,}5)\cdot 2=20$ (w)

f) $1\frac{3}{4}\cdot\left(0{,}9-\frac{3}{20}\right)=1$ (f) Änderung: $1\frac{3}{4}-\left(0{,}9-\frac{3}{20}\right)=1$ (w)

**50** a) $-3{,}2:4+11{,}2:4=(-3{,}2+11{,}2):4=8:4=2$

b) $6\cdot\left[\frac{1}{4}-(0{,}75)\right]=6\cdot[-0{,}5]=-3$

c) $\left(-5\frac{4}{5}\right)\cdot\left(-5\frac{4}{5}\right)\cdot 0=0$

Jede Multiplikation mit 0 ergibt 0.

d)
$$\begin{aligned}(-2{,}1)+\left(-\frac{1}{4}\right)-(3{,}9)+\left(-2\frac{1}{4}\right)-(-0{,}5)&=-2{,}1-\frac{1}{4}-3{,}9-2\frac{1}{4}+0{,}5\\&=(-2{,}1-3{,}9)+\left(-\frac{1}{4}-2\frac{1}{4}\right)+0{,}5\\&=-6-2{,}5+0{,}5\\&=-8{,}5+0{,}5\\&=-8\end{aligned}$$

**51** a) $(15-10)\cdot 2-(20\cdot(-3)+30)=25$ (f)
Änderung: $15-10\cdot 2-(20\cdot(-3)+30)=25$ (w)

b) $-6{,}1+(3{,}8-(2{,}7-3{,}8))=-8{,}8$ (f)
Änderung: $-6{,}1+(3{,}8-2{,}7-3{,}8)=-8{,}8$ (w)

c) $(-(4{,}3+0{,}4)-2{,}1)\cdot(1{,}3+0{,}7\cdot 0{,}1)=-8{,}22$ (f)
Änderung:
$(-4{,}3+0{,}4-2{,}1)\cdot(1{,}3+0{,}7\cdot 0{,}1)=(-6)\cdot(1{,}3+0{,}07)=(-6)\cdot(1{,}37)=-8{,}22$ (w)

d) $-(7{,}5+2\cdot 2{,}5)-\left(1\cdot\left(\frac{1}{2}\cdot\frac{6}{3}-\frac{2}{3}:\frac{4}{6}\right)+12{,}5\right)=0$ (f)

Änderung:
$$\begin{aligned}-(7{,}5+2\cdot 2{,}5)-1\cdot\left(\frac{1}{2}\cdot\frac{6}{3}-\frac{2}{3}:\frac{4}{6}\right)+12{,}5&=-(7{,}5+5)-1\cdot\left(\frac{6}{6}-\frac{12}{12}\right)+12{,}5\\&=-12{,}5+12{,}5\\&=0\quad\text{(w)}\end{aligned}$$

**52** a) $3 \cdot 3 \cdot 3 \cdot 3 \cdot 3 \cdot 3 = 729 = \mathbf{3^6} = \mathbf{9^3}$

b) $(-2,3) \cdot (-2,3) \cdot (-2,3) \cdot (-2,3) = 27,9841 = \mathbf{(-2,3)^4} = \mathbf{(2,3)^4}$

c) $\frac{2}{5} \cdot \frac{2}{5} \cdot \frac{2}{5} = \frac{8}{125} = \left(\frac{2}{5}\right)^3 = \frac{8^2}{10^3}$

2. Möglichkeit nur mit verschiedenen Hochzahlen möglich

d) $1 = 1 = \mathbf{1^1} = \mathbf{1^0}$

Es gibt unendlich viele Möglichkeiten: z. B. $1^{23}$; $45^0$; $234\,798^0$; $(-67)^0$

e) $0 = 0 = \mathbf{0^{17}} = \mathbf{0^{23456}}$

Achtung: $0^0$ ist nicht definiert!! (allgemein: $0^n = 0$ für $n \neq 0$)

f) $(-x) \cdot (-x) \cdot (-x) \cdot (-x) = \mathbf{(-x)^4} = \mathbf{x^4}$

**53** a) $2^6 = 2 \cdot 2 \cdot 2 \cdot 2 \cdot 2 \cdot 2 = \mathbf{64}$

b) $(-4)^2 = (-4) \cdot (-4) = \mathbf{16}$

c) $\left(-\frac{2}{3}\right)^3 = \left(-\frac{2}{3}\right) \cdot \left(-\frac{2}{3}\right) \cdot \left(-\frac{2}{3}\right) = \mathbf{-\frac{8}{27}}$

d) $-3^2 = \mathbf{-9}$

Die Potenz $3^2$ hat ein negatives Vorzeichen. Potenziere und übernimm das Vorzeichen.

e) $1,4^1 = \mathbf{1,4}$

f) $\left(-1\frac{1}{3}\right)^0 = \mathbf{1}$

g) $(-1)^7 = (-1) \cdot (-1) \cdot (-1) \cdot (-1) \cdot (-1) \cdot (-1) \cdot (-1) = \mathbf{-1}$

h) $(-0,2)^2 = (-0,2) \cdot (-0,2) = \mathbf{0,04}$

**54** a) $(-5)^2 = -25$ (f) Korrektur: $(-5)^2 = (-5) \cdot (-5) = \mathbf{25}$ (w)

b) $-7^2 = 49$ (f) Korrektur: $-7^2 = \mathbf{-49}$ (w)

Die Potenz $7^2$ hat ein negatives Vorzeichen. Potenziere und übernimm das Vorzeichen.

c) $\left(+\frac{2}{5}\right)^2 = \frac{4}{10}$ (f) Korrektur: $\left(+\frac{2}{5}\right)^2 = \left(+\frac{2}{5}\right) \cdot \left(+\frac{2}{5}\right) = \mathbf{\frac{4}{25}}$ (w)

d) $0^2 = 1$ (f) Korrektur: $0^2 = \mathbf{0}$ (w)

$0^n$ ergibt stets 0.

e) $(-1)^0 = -1$ (f) Korrektur: $(-1)^0 = \mathbf{1}$ (w)

f) $-0{,}2^2 = 0{,}4$ (f) Korrektur: $-0{,}2^2 = \mathbf{-0{,}04}$ (w) Die Potenz $0{,}2^2$ hat ein negatives Vorzeichen. Potenziere und übernimm das Vorzeichen.

g) $2{,}3^2 = 4{,}6$ (f) Korrektur: $2{,}3^2 = 2{,}3 \cdot 2{,}3 = \mathbf{5{,}29}$ (w)

h) $-21^0 = -21$ (f) Korrektur: $-21^0 = \mathbf{1}$ (w) $a^0 = 1$ für jede Zahl $a \neq 0$

**55** a) $(-2{,}3+1{,}6)-(-2{,}3-1{,}6) = (-0{,}7)-(-3{,}9) = -0{,}7+3{,}9 = \mathbf{3{,}2}$

b) $\left(-\frac{1}{2}\cdot\frac{1}{3}\right)\cdot 6{,}6 = -\frac{1}{6}\cdot 6{,}6 = -\frac{6{,}6}{6} = \mathbf{-1{,}1}$

c) $(3{,}2-(-0{,}8))+(3{,}2:(-0{,}8)) = (3{,}2+0{,}8)+(-4) = 4+(-4) = 4-4 = \mathbf{0}$

**56** a) Summe der Belastungen:

– 16,16 €
– 59,94 €
– 26,17 €
– 27,45 €
**– 129,72 €**

Summe der Gutschriften:

+ 378,66 €
+ 520,00 €
**+ 898,66 €**

Die Belastungen betragen insgesamt –129,72 €; die Gutschriften betragen insgesamt +898,66 €.

b)

| | |
|---|---|
| + 303,20 € | Alter Kontostand |
| + 898,66 € | Summe der Gutschriften |
| – 129,72 € | Summe der Belastungen |
| **+ 1 072,14 €** | Kontostand nach dem Gehaltseingang |

Der Kontostand nach dem Gehaltseingang beträgt +1 072,14 €.

c) +1 072,14 € – 1 000,00 € = **72,14 €**

Es müsste eine Belastung von 72,14 € erfolgen, damit der Kontostand ein Guthaben von 1 000,00 € aufweist.

d) +1 072,14 € + Überziehungslimit = maximale Belastung
+1 072,14 € + 2 000,00 € = **3 072,14 €**

Herr Ringelmann darf von seinem Konto höchstens 3 072,14 € abheben.

**57** a) Alle Regeln für das Rechnen mit natürlichen Zahlen gelten auch für die rationalen Zahlen.
Antwort: (w)

b) Der Wert eines Produktes ist negativ, wenn beide Faktoren negativ sind.
Antwort: **(f)**
Gegenbeispiel: $(-3) \cdot (-2{,}1) = 6{,}3$

c) Ist das Ergebnis einer Multiplikation positiv, dann waren beide Faktoren positiv.
Antwort: **(f)**
Gegenbeispiel: $(-4) \cdot \left(-\frac{1}{2}\right) = 2$

d) Die Zahl $(-2)^3$ ist eine Potenz mit der Basis –2 und dem Exponenten 3. Der Wert der Potenz beträgt –8.
Antwort: **(w)**
Begründung: $(-2)^3 = (-2) \cdot (-2) \cdot (-2) = (+4) \cdot (-2) = -8$

**58** a) $[(-2{,}1) + (-0{,}9)]^2 - (-3) \cdot (+2)$ Anwendung der KlaPS-Regel
$= [-3{,}0]^2 - (-6)$
$= 9 + 6$
$= \mathbf{15}$

b) $[(-1{,}1)^2 - 1{,}1^2] + (-5{,}0) : (-2{,}5)$ Anwendung der KlaPS-Regel
$= [1{,}21 - 1{,}21] + 2$
$= 0 + 2$
$= \mathbf{2}$

c) $-2{,}1 \cdot \left[\left(-21{,}0 - \frac{9}{1}\right) - \left(-\frac{40}{2}\right)\right]$ Innere Klammern vor äußerer Klammer
$= -2{,}1 \cdot [-30 - (-20)]$
$= -2{,}1 \cdot [-30 + 20]$
$= -2{,}1 \cdot [-10]$
$= \mathbf{21}$

d) $\left(-\frac{2}{3}\right) : (-2)^2 \cdot 3 = -\frac{2}{3} : 4 \cdot 3$ Berechnung von „links" nach „rechts"
$= -\frac{2}{3} \cdot \frac{1}{4} \cdot 3$
$= -\frac{6}{12}$
$= -\mathbf{\frac{1}{2}}$

**59** a) $(-2)^4 > -2^4$ $(-2)^4 = 16$; $-2^4 = -16$

b) $(-3)^3 = -3^3$ $\quad$ $(-3)^3 = -27$; $\quad -3^3 = -27$

c) $0,4^2 > 0,2^4$ $\quad$ $0,4^2 = 0,16$; $\quad 0,2^4 = 0,0016$

d) $5,6^0 = \frac{5}{7} : \frac{5}{7}$ $\quad$ $5,6^0 = 1$; $\quad \frac{5}{7} : \frac{5}{7} = \frac{5}{7} \cdot \frac{7}{5} = \frac{35}{35} = 1$

e) $\left(-\frac{4}{5}\right)^2 > -\left(\frac{4}{5}\right)^2$ $\quad$ $\left(-\frac{4}{5}\right)^2 = \frac{16}{25}$; $\quad -\left(\frac{4}{5}\right)^2 = -\frac{16}{25}$

f) $(-2^3) < -(-2)^3$ $\quad$ $(-2^3) = -8$; $\quad -(-2)^3 = -(-8) = 8$

**60** $2,2^3 = 10,684$; $\quad 3^2 = 9$; $\quad (-1,7)^4 = 8,3521$

$(-2)^3 = -8$; $\quad (-9)^1 = -9$; $\quad \left(-\frac{7}{3}\right)^3 = -\frac{343}{27} = -12,\overline{703}$

Ordnen der Größe nach: **$2,2^3 > 3^2 > (-1,7)^4 > (-2)^3 > (-9)^1 > \left(-\frac{7}{3}\right)^3$**

**61** a) $\left(-1,5 + \frac{3}{4}\right) \cdot \left(\frac{4}{1} - 1\right) = -2,25$ $\quad$ $\left(-1,5 + \frac{3}{4}\right) \cdot \left(\frac{4}{1} - 1\right) = (-0,75) \cdot 3 = -2,25$

b) $-1,5 + \frac{3}{4} \cdot \left(\frac{4}{1} - 1\right) = 0,75$

$$\begin{aligned} -1,5 + \frac{3}{4} \cdot \left(\frac{4}{1} - 1\right) &= -1,5 + \frac{3}{4} \cdot 3 \\ &= -1,5 + \frac{9}{4} \\ &= -1,5 + 2,25 \\ &= 0,75 \end{aligned}$$

c) $\left(-1,5 + \frac{3}{4}\right) \cdot \frac{4}{1} - 1 = -4$ $\quad$ $\left(-1,5 + \frac{3}{4}\right) \cdot \frac{4}{1} - 1 = (-0,75) \cdot \frac{4}{1} - 1 = -3 - 1 = -4$

d) Da die drei Zahlen multipliziert werden, hat die Reihenfolge, in der die Multiplikationen durchgeführt werden, keinen Einfluss auf das Endergebnis:

- $(-2) \cdot \left(+\frac{1}{2}\right) \cdot (-2,5) = 2,5$
- $(-2) \cdot (-2,5) \cdot \left(+\frac{1}{2}\right) = 2,5$
- $\left(+\frac{1}{2}\right) \cdot (-2) \cdot (-2,5) = 2,5$
- $\left(+\frac{1}{2}\right) \cdot (-2,5) \cdot (-2) = 2,5$
- $(-2,5) \cdot (-2) \cdot \left(+\frac{1}{2}\right) = 2,5$
- $(-2,5) \cdot \left(+\frac{1}{2}\right) \cdot (-2) = 2,5$

Alle möglichen Kombinationen haben die Lösung 2,5, denn es gilt das Kommutativgesetz der Multiplikation!

**62** a)

| | | | | |
|---|---|---|---|---|
| 1. Satz: | ·3 | 1 Stunde | ≙ | 38 km | ·3 |
| 2. Satz: | | 3 Stunden | ≙ | **114 km** | |

Antwort: In 3 Stunden legt er 114 km zurück.

Streng genommen handelt es sich hierbei um einen Zweisatz.

b)

| | | | | | |
|---|---|---|---|---|---|
| 1. Satz: | :6 | 6 Perlen | ≙ | 48 Gramm | :6 |
| 2. Satz: | ·18 | 1 Perle | ≙ | 8 Gramm | ·18 |
| 3. Satz: | | 18 Perlen | ≙ | **144 Gramm** | |

Antwort: 18 Perlen wiegen 144 Gramm.

c)

| | | | | | |
|---|---|---|---|---|---|
| 1. Satz: | :4 | 4 Übernachtungen | ≙ | 124 € | :4 |
| 2. Satz: | ·2 | 1 Übernachtung | ≙ | 31 € | ·2 |
| 3. Satz: | | 2 Übernachtungen | ≙ | **62 €** | |

Antwort: 2 Übernachtungen kosten 62 €.

d) 1. Satz: 20 Liter Super ≙ 29,00 €
2. Satz: 1 Liter Super ≙ 29,00 € : 20 = 1,45 €
3. Satz: 27 Liter Super ≙ 1,45 € · 27 = **39,15 €**
Antwort: 27 Liter Super kosten 39,15 €.

Hier und in Teilaufgabe e wurde eine zeitsparende verkürzte Notation gewählt.

e)
- 1. Satz: 3 Pckg. Fliesen (à 21 Stück) ≙ 75,39 €
  2. Satz: 1 Pckg. Fliesen (à 21 Stück) ≙ 75,39 € : 3 = 25,13 €
  3. Satz: 2 Pckg. Fliesen (à 21 Stück) ≙ 25,13 € · 2 = **50,26 €**
  Antwort: 2 Pckg. Fliesen (à 21 Stück) kosten 50,26 €.
- 1. Satz: 21 Fliesen ≙ 25,13 €
  2. Satz: 1 Fliese ≙ 25,13 € : 21 = $1{,}19\overline{6}$ € ≈ 1,20 €
  3. Satz: 50 Fliesen ≙ 1,20 € · 50 = **60 €**
  Antwort: 50 Fliesen kosten 60 €.
- 1. Satz: 1 Fliese ≙ 25,13 € : 21 = $1{,}19\overline{6}$ € ≈ 1,20 €
  2. Satz: 95 Fliesen ≙ 1,20 € · 95 = **114 €**
  Antwort: Die 95 Fliesen kosten 114 €.

(siehe vorhergehende Teilaufgabe)

**63**

| | | ·2 | :4 | **·3** | ·5 |
|---|---|---|---|---|---|
| Gewicht in g | 100 | **200** | **50** | 150 | **750** |
| Preis in € | 0,80 | **1,60** | **0,40** | 1,20 | **6,00** |
| | | ·2 | :4 | **·3** | ·5 |

Es könnte sich bei dieser Zuordnung um den Preis von Wurst handeln.
Beispiel: 100 Gramm Schinkenwurst kosten 0,80 €.

**64** a) 1. Satz: 7,5 Liter Orangensaft ≙ 9 €
2. Satz: 2,5 Liter Orangensaft ≙ 9 € : 3 = 3 €
3. Satz: 10 Liter Orangensaft ≙ 3 € · 4 = **12 €**
Antwort: 10 Liter Orangensaft kosten 12 €.

Manchmal ist es vorteilhaft, beim 2. Satz nicht auf die „Einheit", sondern auf eine „Zwischengröße" zu schließen. (Das ist in der Regel ein gemeinsamer Teiler des 1. und 3. Satzes: 2,5 ist Teiler von 7,5 und 10.)

b) 1. Satz: 20 CD-Hüllen ≙ 3,60 €
2. Satz: 5 CD-Hüllen ≙ 3,60 € : 4 = 0,90 €
3. Satz: 25 CD-Hüllen ≙ 0,90 € · 5 = **4,50 €**
Antwort: 25 CD-Hüllen kosten 4,50 €.

c) 1. Satz: 27 Schokoriegel ≙ 15,93 €
(: 9) 2. Satz: 3 Schokoriegel ≙ 1,77 € (: 9)
(· 4) 3. Satz: 12 Schokoriegel ≙ **7,08 €** (· 4)
Antwort: 12 Schokoriegel kosten 7,08 €.

d) 1. Satz: 3 Energiesparlampen ≙ 5,37 €
2. Satz: 1 Energiesparlampe ≙ 5,37 € : 3 = 1,79 €
3. Satz: 2 Energiesparlampen ≙ 1,79 € · 2 = **3,58 €**
Antwort: 2 Energiesparlampen kosten 3,58 €.

Diese Aufgabe entspricht der klassischen Dreisatzlösung. Trotzdem ist auch hier die Einheit (2. Satz) ein gemeinsamer Teiler des 1. und 3. Satzes.

**65** a) Alter eines Menschen
→ Körpergewicht **(f)**

Es kann keine proportionale Funktion sein, denn sonst müsste z. B. ein Mensch mit 40 Jahren doppelt so viel wiegen wie mit 20 Jahren.

b) Seitenlänge eines Quadrats
→ Umfang des Quadrats **(w)**

Es gilt: Verdoppelt, verdreifacht, vervierfacht, … man die Seitenlänge, so verdoppelt, verdreifacht, vervierfacht, … sich auch der Umfang des Quadrats.

c) Kraftstoffmenge
→ Preis dieser Kraftstoffmenge **(w)**

d) zurückgelegte Strecke eines Sportlers
→ benötigte Zeit **(f)**

Es kann keine proportionale Funktion sein, denn sonst dürfte z. B. ein Sportler für einen 1 500-Meter-Lauf nur die 15-fache Zeit wie für einen 100-Meter-Lauf brauchen.

e) Anzahl Äpfel → gepresster Apfelsaft (w)

f) Kochzeit eines Eies → Garstufe (f)

Es kann keine proportionale Funktion sein, denn ein Ei ist spätestens nach 10 Minuten hart und wird dann auch nicht mehr härter.

g) Euro → US-Dollar (w)

**66** Der Gesamtpreis der 33 Brezeln setzt sich zusammen aus dem Preis von $3 \cdot 10$ Brezeln und $1 \cdot 3$ Brezeln.
Die $3 \cdot 10$ Brezeln kosten $3 \cdot 4{,}50\ € = 13{,}50\ €$. 3 Brezeln kosten 1,35 €.
Die Verkäuferin musste also nur noch 13,50 € und 1,35 € im Kopf addieren.
Dies ergibt den Endpreis von 14,85 €.

**67** a) Berechnung des Proportionalitätsfaktors k:

$$k = \frac{4\ \ell}{25\ \text{m}^2} = 0{,}16\ \frac{\ell}{\text{m}^2}$$

Berechnung der zu 25 $\text{m}^2$ Wandfläche zugeordneten Farbbedarfs y:

$$y = x \cdot k$$

$$y = 25\ \text{m}^2 \cdot 0{,}16\ \frac{\ell}{\text{m}^2} = 4\ \ell$$

*alternativ:*

1. Satz: 25 $\text{m}^2$ Wandfläche ≙ 4 Liter
2. Satz: 5 $\text{m}^2$ Wandfläche ≙ 4 Liter : 5 = 0,8 Liter
3. Satz: 60 $\text{m}^2$ Wandfläche ≙ 0,8 Liter · 12 = **9,6 Liter**

Man würde natürlich zum gleichen Ergebnis kommen, wenn man im 2. Satz berechnen würde, wie viel Farbe für 1 $\text{m}^2$ gebraucht werden würde. (Klassischer Schluss von der Mehrheit auf die Einheit.)

Antwort: Für 60 $\text{m}^2$ Wandfläche braucht man 9,6 Liter Farbe.

b) Berechnung der Wandfläche zu 10 Liter Farbbedarf:

$$y = x \cdot k \qquad |:k$$

$$x = \frac{y}{k}$$

$$x = \frac{10\ \ell}{0{,}16\ \frac{\ell}{\text{m}^2}} = 62{,}5\ \text{m}^2$$

*alternativ:*

1. Satz: 4 Liter $\hat{=}$ 25 $m^2$ Wandfläche
2. Satz: 1 Liter $\hat{=}$ 25 $m^2 : 4 = 6{,}25$ $m^2$ Wandfläche
3. Satz: 10 Liter $\hat{=}$ 6,25 $m^2 \cdot 10 =$ **62,50 $m^2$ Wandfläche**

Da hier die Wandfläche die zugeordnete Größe ist, stehen in dieser Teilaufgabe die Literangaben links vom $\hat{=}$.

Antwort: Mit 10 Liter Farbe kann man 62,50 $m^2$ Wandfläche streichen.

**68**

| € | $ | |
|---|---|---|
| 1 | 1,3158 | (w) |
| 2 | 2,6316 | (w) |
| 3 | 3,9464 | **(f)** |
| 10 | 131,58 | **(f)** |
| 50 | 65,79 | (w) |

Da es sich bei der Währungsumrechnung um eine proportionale Funktion handelt, muss der Proportionalitätsfaktor $\frac{\text{Dollar}}{\text{Euro}}$ bei allen zugeordneten Paaren immer gleich sein.

Probe:

$$\frac{1{,}3158}{1} = \frac{2{,}6316}{2} = \frac{65{,}79}{50} = 1{,}3158$$

$$\frac{3{,}9464}{3} \approx 1{,}3155 \text{ (falsches Wertepaar)}$$

$$\frac{131{,}58}{10} = 13{,}158 \text{ (falsches Wertepaar)}$$

**69** a)

| Gewicht (g) | 250 | 500 | 750 | 1 000 | 1 250 | 1 500 | 1 750 | 2 000 |
|---|---|---|---|---|---|---|---|---|
| Preis (€) | 1,57 | 3,14 | 4,71 | 6,28 | 7,85 | 9,42 | 10,99 | 12,56 |

b)

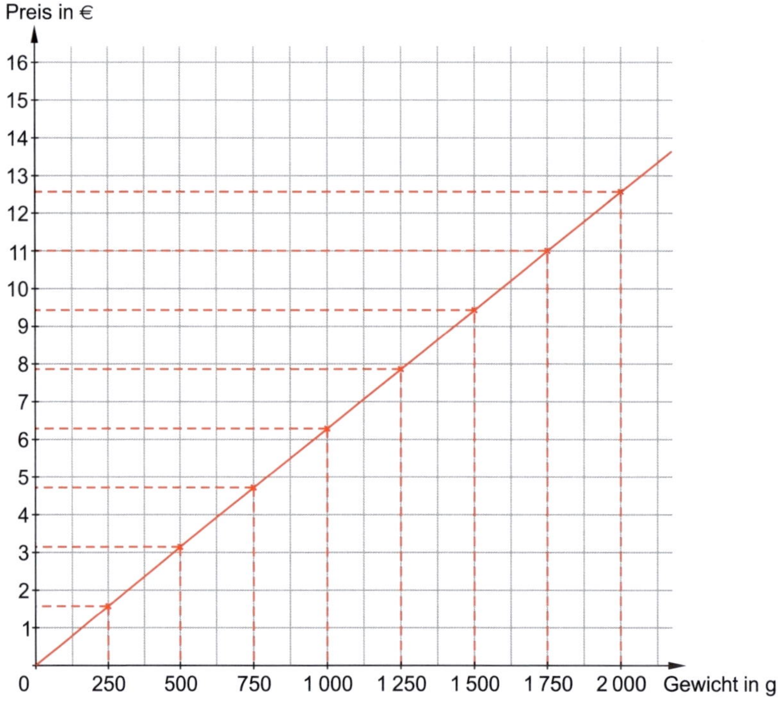

c)

| Gewicht (g) | 250 | 500 | 750 | 1 000 | 1 250 | 1 500 | 1 750 | 2 000 |
|---|---|---|---|---|---|---|---|---|
| Preis (€) | 1,87 | 3,74 | 5,61 | 7,48 | 9,35 | 11,22 | 13,09 | 14,96 |

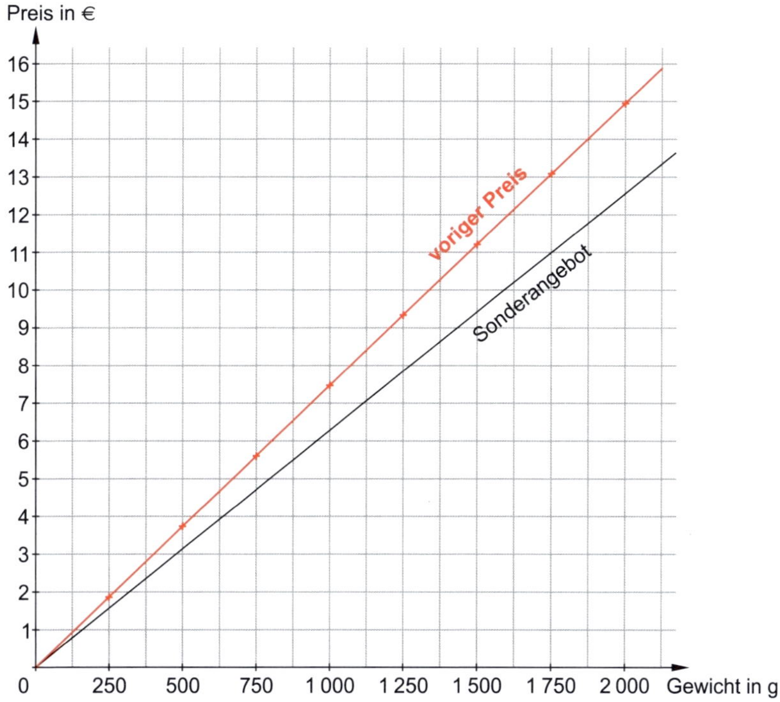

**70**

| Verkaufte Bücher | 1 | 5 | 10 | 15 | 20 | 25 | 50 |
|---|---|---|---|---|---|---|---|
| Einnahmen (€) | 1,50 | 7,50 | 15 | 22,50 | 30 | 37,50 | 75 |

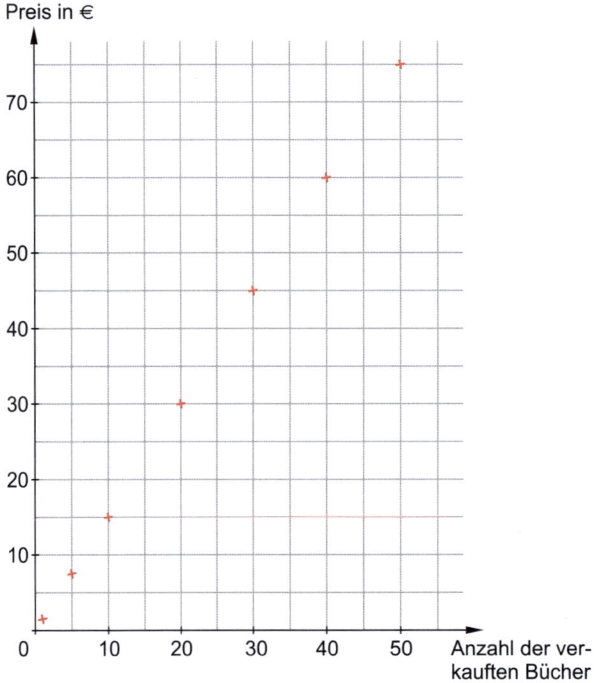


Es ist nicht sinnvoll, die Punkte des Graphen zu verbinden, da z. B. keine 3,2 oder 7,8 Bücher verkauft werden. Man könnte den Graphen allerdings mit exakt 50 Punkten zeichnen, sodass für jedes Buch ein Punkt steht.

**71** a) 1. Satz: 3 Anstreicher ≙ 48 Stunden

2. Satz: (: 3) 1 Anstreicher ≙ 144 Stunden (· 3)

3. Satz: (· 4) 4 Anstreicher ≙ **36 Stunden** (: 4)

Antwort: 4 Anstreicher brauchen 36 Stunden.

b) • 1. Satz: Futter für 2 Hamster ≙ 12 Tage

2. Satz: Futter für 1 Hamster ≙ 12 Tage · 2 = 24 Tage

3. Satz: Futter für 8 Hamster ≙ 24 Tage : 8 = **3 Tage**

Antwort: Für 8 Hamster reicht das Futter 3 Tage.

• 1. Satz: 12 Tage ≙ Futter für 2 Hamster

2. Satz: (: 2) 6 Tage ≙ Futter für 4 Hamster (· 2)

Antwort: Wenn das Paket 6 Tage gereicht hat, wurden 4 Hamster gefüttert.

c) • 1. Satz: 1 Mitspieler ≙ 4 200 €
2. Satz: 6 Mitspieler ≙ 4 200 € : 6 = **700 €**
Antwort: Jeder Mitspieler gewinnt 700 €.

• 1. Satz: 1 Mitspieler ≙ 4 200 €
2. Satz: 8 Mitspieler ≙ 4 200 € : 8 = **525 €**
Antwort: Hätte die Tippgemeinschaft aus 8 Mitgliedern bestanden, hätte jeder 525 € gewonnen.

**72** 1. Satz: 9 m Länge ≙ 8 m Breite
**2. Satz: 1 m Länge ≙ 8 m · 9 = 72 m Breite**

a) 3. Satz: 4 m Länge ≙ 72 m : 4 = **18 m** Breite
b) 3. Satz: 6 m Länge ≙ 72 m : 6 = **12 m** Breite
c) 3. Satz: 12 m Länge ≙ 72 m : 12 = **6 m** Breite
d) 3. Satz: 1 m Länge ≙ 72 m : 1 = **72 m** Breite
e) 3. Satz: 2 m Länge ≙ 72 m : 2 = **36 m** Breite
f) 3. Satz: 3 m Länge ≙ 72 m : 3 = **24 m** Breite

Wenn man die Ausgangsgröße (hier: 2. Satz) mit 4, 6, 12, 1, 2 oder 3 multipliziert, so muss man die zugeordnete Größe durch 4, 6, 12, 1, 2 oder 3 dividieren.

**73**

| Geschwindigkeit $\left(\frac{km}{h}\right)$ | 80 | 100 | **160** | 40 | **64** | 200 |
|---|---|---|---|---|---|---|
| Benötigte Zeit (h) | 4 | **3,2** | 2 | **8** | 5 | **1,6** |
| Konstante k (km) | 320 | 320 | 320 | 320 | 320 | 320 |

Die Konstante k = Geschwindigkeit · benötigte Zeit beträgt bei jedem Wertepaar 320. Man muss deshalb nur bei jedem Wertepaar (Geschwindigkeit | benötigte Zeit) die gesuchte Größe so bestimmen, dass das Produkt des Wertepaares 320 ergibt. Dies kann recht einfach durch Kopfrechnen geschehen.

**74** Es handelt sich um eine umgekehrt proportionale Zuordnung mit Konstante k = 5 · 24 h = 120 h.

a) $x \cdot y = k \quad |:x$

$$y = \frac{k}{x}$$

$$y = \frac{120\ h}{2}$$

$y =$ **60 h**

Antwort: Der Teich ist mit 2 Pumpen in 60 Stunden gefüllt.

b) $x \cdot y = k \quad |: y$

$$x = \frac{k}{y}$$

$$x = \frac{120\text{ h}}{8\text{ h}}$$

$$x = \mathbf{15}$$

Antwort: Wenn der Teich in genau 8 Stunden gefüllt ist, sind 15 Pumpen aktiv.

**75** Es handelt sich um eine umgekehrt proportionale Zuordnung mit Konstante $k = 132\text{ Seiten} \cdot 35\,\frac{\text{Zeilen}}{\text{Seite}} = 4\,620\text{ Zeilen}$.

a) $x \cdot y = k \quad |: y$

$$x = \frac{k}{y}$$

$$x = \frac{4\,620\text{ Zeilen}}{30\,\frac{\text{Zeilen}}{\text{Seite}}}$$

$$x = \mathbf{154\ Seiten}$$

Antwort: Bei nur 30 Zeilen je Seite hätte das Buch 154 Seiten.

b) $x \cdot y = k \quad |: x$

$$y = \frac{k}{x}$$

$$y = \frac{4\,620\text{ Zeilen}}{140\text{ Seiten}}$$

$$y = \mathbf{33\,\frac{Zeilen}{Seite}}$$

Antwort: Bei 140 Buchseiten würden auf jeder Seite 33 Zeilen stehen.

**76**

| Verbrauch in ℓ | 4 | 4,5 | 5 | 5,5 |
|---|---|---|---|---|
| Reichweite in km | 1 500 | **1 333,3** | **1 200** | **1 090,91** |
| Konstante k | 6 000 | 6 000 | 6 000 | 6 000 |

| Verbrauch in ℓ | 6 | 6,5 | 7,0 | 7,5 |
|---|---|---|---|---|
| Reichweite in km | **1 000** | **923,08** | **857,14** | **800** |
| Konstante k | 6 000 | 6 000 | 6 000 | 6 000 |

Berechnung der Reichweite y in Abhängigkeit des Verbrauchs x:

$x \cdot y = k \quad |: x$

$$y = \frac{k}{x}$$

$$y = \frac{6\,000}{x}$$

| Verbrauch in ℓ | 8 | 8,5 | 9 | 9,5 | 10,0 |
|---|---|---|---|---|---|
| Reichweite in km | 750 | **705,88** | **666,67** | **631,58** | **600** |
| Konstante k | 6 000 | 6 000 | 6 000 | 6 000 | 6 000 |

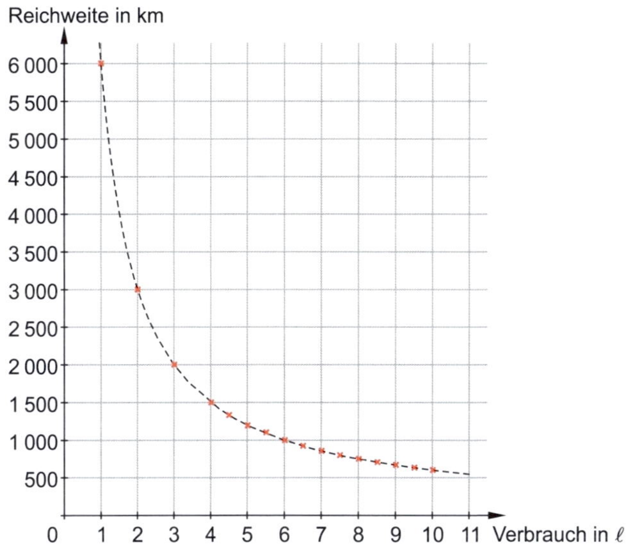


Der gestrichelte Teil des Graphen stellt eine Ergänzung dar, die nicht in der Tabelle enthalten ist.

**77** Es handelt sich um eine umgekehrt proportionale Zuordnung mit Konstante $k = 12 \cdot 20 = 240$.

a) $x \cdot y = k \quad |: x$

$$y = \frac{k}{x}$$

$$y = \frac{240}{5}$$

$$y = \mathbf{48}$$

Für 5 Zwergkaninchen reicht der Vorrat 48 Tage.

b) $x \cdot y = k \quad |: y$

$$x = \frac{k}{y}$$

$$x = \frac{240}{6}$$

$$x = \mathbf{40}$$

40 Zwergkaninchen können 6 Tage mit Wasser versorgt werden.

c) $x \cdot y = k \quad |:x$

$$y = \frac{k}{x}$$

$$y = \frac{240}{24}$$

$$y = \mathbf{10}$$

Für die jetzt 24 Zwergkaninchen reicht der Wasservorrat 10 Tage.

d)

| Anzahl Zwergkaninchen | 2 | 5 | 10 | 20 | 40 | 80 | 120 |
|---|---|---|---|---|---|---|---|
| Anzahl Tage | 120 | 48 | 24 | 12 | 6 | 3 | 2 |
| Konstante k | 240 | 240 | 240 | 240 | 240 | 240 | 240 |

e)

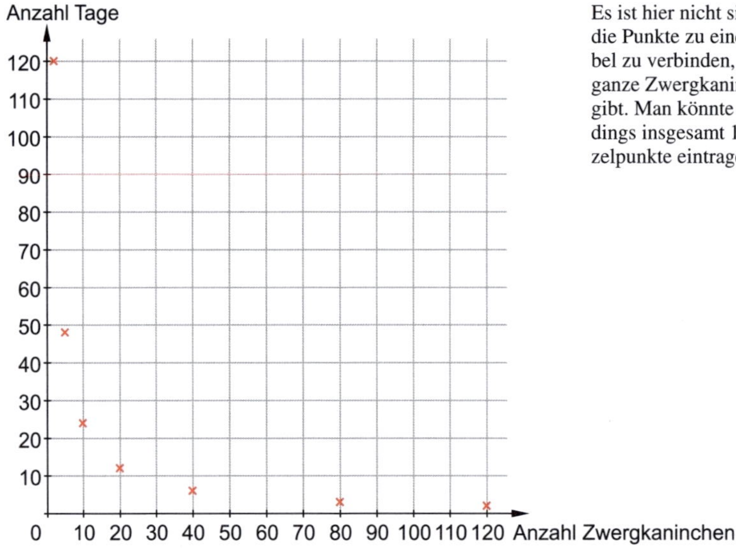


Es ist hier nicht sinnvoll, die Punkte zu einer Hyperbel zu verbinden, da es nur ganze Zwergkaninchen gibt. Man könnte allerdings insgesamt 120 Einzelpunkte eintragen.

**78** a) Hamsterfuttervorrat: **umgekehrt proportionale Zuordnung**

| Hamster | Zeit in Stunden | Konstante k |
|---|---|---|
| 3 | 24 | 72 |
| 1 | **72** | 72 |
| **12** | 6 | 72 |

b) Schraubenherstellung: **proportionale Zuordnung**

| Zeit in Tagen | Schrauben | Quotient |
|---|---|---|
| 2 | 3 200 | 1 600 |
| 1 | **1 600** | 1 600 |
| **5** | 8 000 | 1 600 |

**79** a) Wertetabelle:

| a in cm | 0,5 | 1 | 1,5 | 2 | 2,5 | 3 | 3,5 |
|---|---|---|---|---|---|---|---|
| A in $cm^2$ | 0,25 | 1 | 2,25 | 4 | 6,25 | 9 | 12,25 |
| Konstante k | 0,125 | 1 | 3,375 | 8 | 15,625 | 27 | 42,875 |
| Quotient | 2 | 1 | 0,67 | 0,5 | 0,4 | 0,33 | 0,2857 |

Graph:

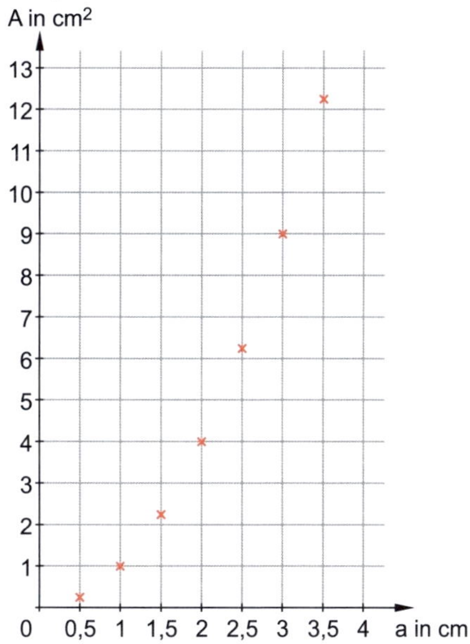


b) Da die Zuordnung weder produkt- noch quotientengleich ist, handelt es sich weder um eine umgekehrt proportionale Zuordnung noch um eine proportionale Zuordnung. **Es ist eine allgemeine Zuordnung.**

**80** Es handelt sich um eine umgekehrt proportionale Zuordnung mit Konstante $k = 135 \cdot 69 = 9\,315$.

a) $x \cdot y = k \quad |:y$

$x = \frac{k}{y}$

$x = \frac{9\,315}{72}$

$x = 129{,}375$

Nach 129 Schritten hat Veronika den Schulweg noch nicht komplett zurückgelegt. Sie muss also noch einen Schritt mehr machen.

Bei einer Schrittlänge von 72 cm braucht sie **130** Schritte für den Schulweg.

b) $x \cdot y = k \quad |:x$

$y = \frac{k}{x}$

$y = \frac{9\,315}{150}$

$y = \mathbf{62{,}1}$

Die Schrittlänge beträgt bei 150 Schritten 62,1 cm.

**81** a) Bei „Anzahl Pumpen → Zeit in Jahren“ handelt es sich um eine umgekehrt proportionale Zuordnung.

| | | | | |
|---|---|---|---|---|
| 1. Satz: | $\cdot 3$ ( | 1 Pumpe | ≙ 6 Jahre | ) $:3$ |
| 2. Satz: | | 3 Pumpen | ≙ **2 Jahre** | |

Antwort: 3 Pumpen brauchen 2 Jahre.

b) Bei „Zeit → Förderleistung“ handelt es sich um eine proportionale Zuordnung mit Proportionalitätsfaktor $k = \frac{3\,000\,\ell}{1\,h} = 3\,000\,\frac{\ell}{h}$.

Berechnung der zu 6 Jahren zugeordneten Förderleistung y:

$y = x \cdot k$

$y = 6\,a \cdot 3\,000\,\frac{\ell}{h} = 6 \cdot 365\,d \cdot 3\,000\,\frac{\ell}{h} = 6 \cdot 365 \cdot 24\,h \cdot 3\,000\,\frac{\ell}{h} = 157\,680\,000\,\ell$

Antwort: Das gesamte Ölfeld beinhaltet 157 680 000 Liter.
(157 Millionen 680 Tausend Liter)

c) Bei „Zeit in Jahren → Anzahl Pumpen“ handelt es sich um eine umgekehrt proportionale Zuordnung (vgl. Teilaufgabe a).

| | | | | |
|---|---|---|---|---|
| 1. Satz: | $:12$ ( | 6 Jahre | ≙ 1 Pumpe | ) $\cdot 12$ |
| 2. Satz: | | 0,5 Jahre | ≙ **12 Pumpen** | |

Antwort: Man bräuchte 12 Pumpen, wenn man für die Förderung nur 0,5 Jahre Zeit hätte.

d) Bei „Förderzeit pro Tag → Gesamte Förderzeit“ handelt es sich um eine umgekehrt proportionale Zuordnung.

1. Satz: 24 Stunden ≙ 6 Jahre

2. Satz: 6 Stunden ≙ **24 Jahre**

(: 4 … · 4)

Antwort: Wenn die Pumpe nur 6 Stunden pro Tag läuft, braucht sie 24 Jahre, um das gesamte Öl zu fördern.

**82** a) Es handelt sich um eine **allgemeine Zuordnung**, da die Graphen weder Hyperbeln noch Halbgeraden durch den Ursprung (0|0) sind.

b) 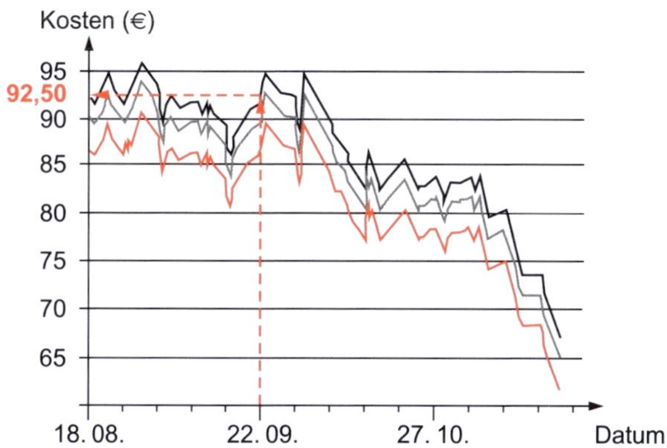


Antwort: Am 22. 09. kosteten 100 Liter Heizöl bei Abnahme von 2 000 Litern ungefähr 92,50 €.

c) 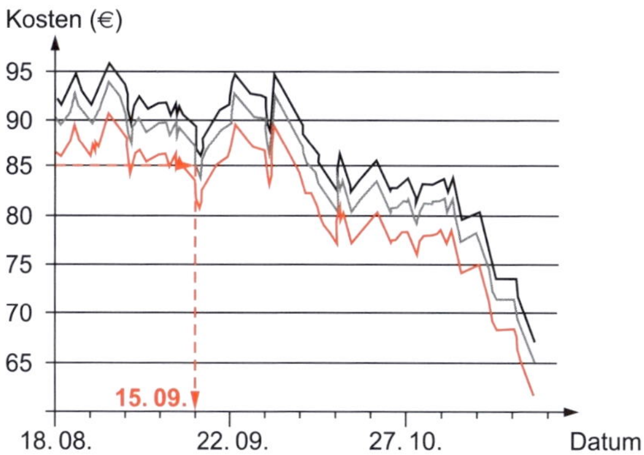


Antwort: Ein Skalierstrich auf der Zeitachse entspricht einer Woche. Am 15. 09. kosteten 100 Liter erstmals 85 € bei Abnahme von 3 000 Litern.

d) 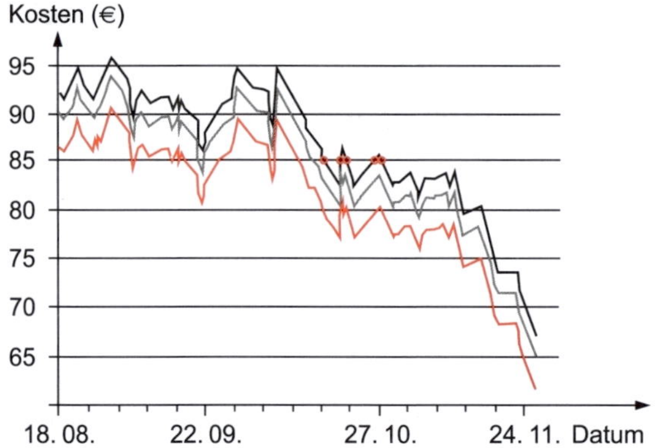


Antwort: Insgesamt fünfmal kosteten 100 Liter bei Abnahme von 2 000 Litern 85 €.

e) 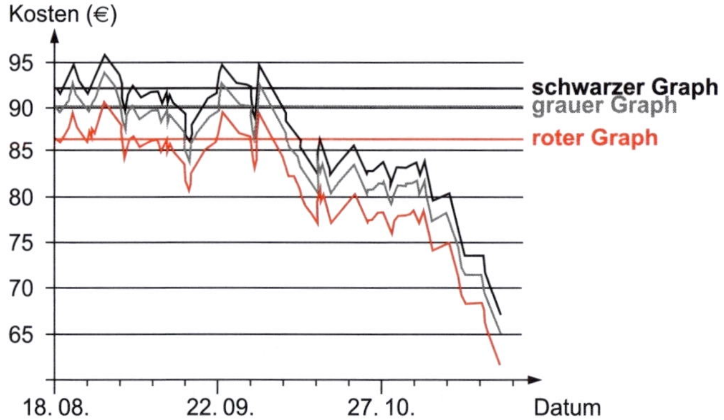


Antwort: Wenn die Heizölpreise im angegebenen Zeitraum stets gleich geblieben wären, so wären alle 3 Graphen eine **Parallele zur Zeitachse**. Es handelt sich auch in diesem Fall um eine **allgemeine Zuordnung**, da die Graphen weder Hyperbeln noch Halbgeraden durch den Ursprung (0|0) sind.

**83** **1. Schritt:**

| | | | |
|---|---|---|---|
| 1. Satz: | **3** Maschinen fertigen in 36 Minuten | **8** Werkstücke | |
| | · 3 | | · 3 |
| 2. Satz: | **9** Maschinen fertigen in 36 Minuten | **24** Werkstücke | |

Um diese schwierige Aufgabe zu lösen, ist es günstig sie in 3 Schritte zu zerlegen. Es handelt sich bei allen Schritten um proportionale Zuordnungen.

**2. Schritt:**

Es gibt mehrere Möglichkeiten, um zur Lösung zu gelangen.

| | | | |
|---|---|---|---|
| 1. Satz: | 9 Maschinen fertigen in **36** Minuten | **24** Werkstücke | |
| : 12 | | | : 12 |
| 2. Satz: | 9 Maschinen fertigen in **3** Minuten | **2** Werkstücke | |

**3. Schritt:**

| | | | |
|---|---|---|---|
| 1. Satz: | 9 Maschinen fertigen in **3** Minuten | **2** Werkstücke | |
| · 17 | | | · 17 |
| 2. Satz: | 9 Maschinen fertigen in **51 Minuten** | **34** Werkstücke | |

Antwort: 9 Maschinen brauchen 51 Minuten, um 34 Werkstücke zu fertigen.

**84** a) Gegeben: $\alpha = 17°$; $\gamma = 129°$
Gesucht: $\beta$
Rechnung: $\beta = 180° - (\alpha + \gamma) = 180° - (17° + 129°) = 180° - 146° = \mathbf{34°}$

b) Gegeben: $\beta = 89°$; $\alpha = 89°$
Gesucht: $\gamma$
Rechnung: $\gamma = 180° - (\alpha + \beta) = 180° - (89° + 89°) = 180° - 178° = \mathbf{2°}$

c) Gegeben: $\gamma = 32{,}1°$; $\beta = 100{,}7°$
Gesucht: $\alpha$
Rechnung: $\alpha = 180° - (\gamma + \beta) = 180° - (32{,}1° + 100{,}7°) = 180° - 132{,}8° = \mathbf{47{,}2°}$

d) Gegeben: $\sphericalangle ACB = \gamma = 44{,}1°$; $\sphericalangle BAC = \alpha = 0{,}3°$
Gesucht: $\sphericalangle CBA = \beta$
Rechnung: $\sphericalangle CBA = \beta = 180° - (\gamma + \alpha) = 180° - (44{,}1° + 0{,}3°) = 180° - 44{,}4° = \mathbf{135{,}6°}$

**85** Gegeben: $\beta = 44°$

| Möglichkeit | 1 | 2 | 3 |
|---|---|---|---|
| $\beta$ | 44° | 44° | 44° |
| $\alpha$ | **6°** | **100°** | **135°** |
| $\gamma$ | **130°** | **36°** | **1°** |
| Winkelsumme | 180° | 180° | 180° |

Es gibt noch viele andere Möglichkeiten.

**86**

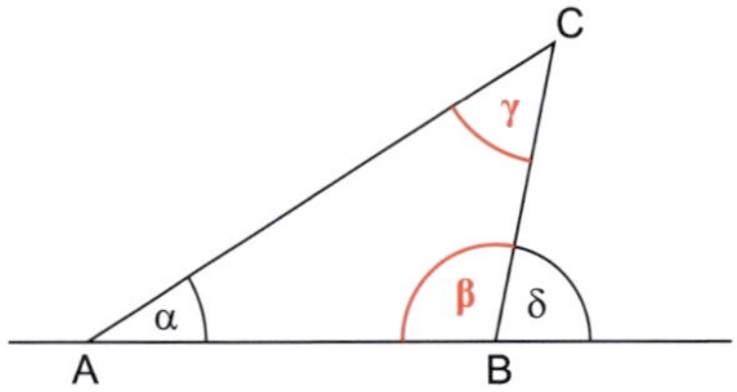


Gegeben: $\beta = 109°$; $\gamma = 51°$
Gesucht: $\alpha$; $\delta$

- $\alpha = 180° - \beta - \gamma = 180° - 109° - 51° = \mathbf{20°}$ — Winkelsumme im Dreieck ABC
- $\delta = 180° - \beta = 180° - 109° = \mathbf{71°}$ — $\delta$ ist Nebenwinkel zu $\beta$. Beide ergänzen sich zu 180°.

**87**

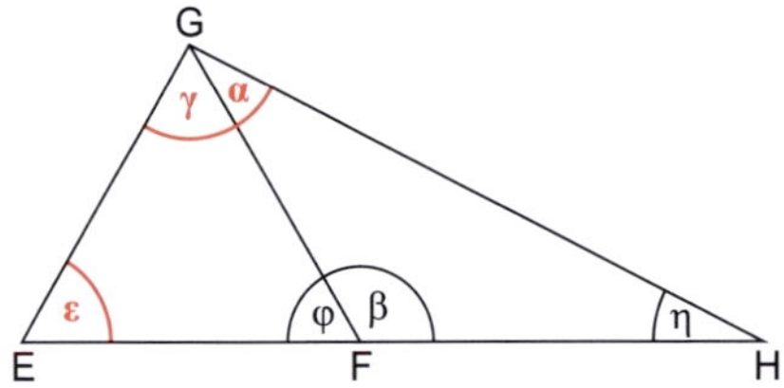


Gegeben: $\varepsilon = 60°$; $\gamma = 60°$; $\alpha = 28°$
Gesucht: $\varphi$; $\beta$; $\eta$

- $\varphi = 180° - \varepsilon - \gamma = 180° - 60° - 60° = \mathbf{60°}$ — Winkelsumme im Dreieck EFG. Wenn in einem Dreieck zwei der drei Winkel 60° betragen, muss der dritte Winkel auch 60° groß sein. Es handelt sich dann um ein gleichseitiges Dreieck.
- $\beta = 180° - \varphi = 180° - 60° = \mathbf{120°}$ — $\beta$ ist Nebenwinkel von $\varphi$. Beide ergänzen sich zu 180°.
- $\eta = 180° - \beta - \alpha = 180° - 120° - 28° = \mathbf{32°}$ — Winkelsumme im Dreieck FHG

**88** a)

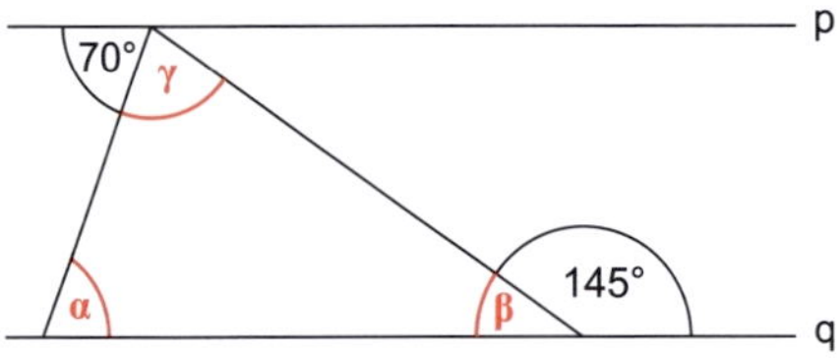


Gesucht: $\alpha$; $\beta$; $\gamma$ (mit $p \parallel q$)

- $\beta = 180° - 145° = \mathbf{35°}$ — $\beta$ ist Nebenwinkel von 145°; beide ergänzen sich zu 180°.
- $\alpha = \mathbf{70°}$ — $\alpha$ ist Wechselwinkel zu 70°. (Wechselwinkel sind gleich groß.)
- $\gamma = 180° - \beta - \alpha = 180° - 35° - 70° = \mathbf{75°}$ — Winkelsumme im Dreieck

b)

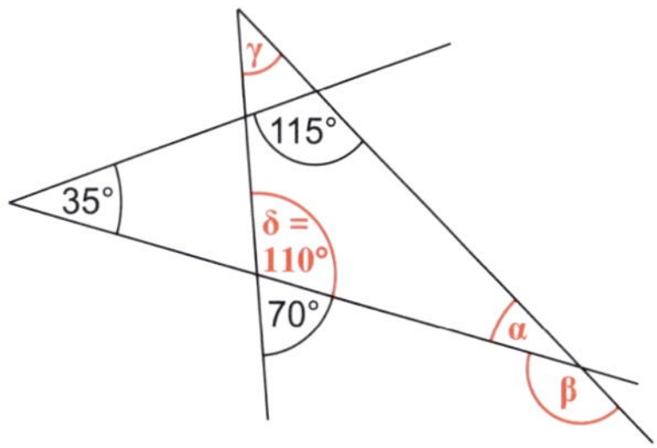


Gesucht: β; α; γ

- $\alpha = 180° - 35° - 115° =$ **30°** — Winkelsumme im Dreieck
- $\beta = 180° - \alpha = 180° - 30° =$ **150°** — β ist Nebenwinkel von α. Beide ergänzen sich zu 180°.
- $\delta = 180° - 70° = 110°$ — δ ist Nebenwinkel von 70°. Beide ergänzen sich zu 180°.
- $\gamma = 180° - \alpha - \delta = 180° - 30° - 110° =$ **40°** — Winkelsumme im Dreieck

**89** a) Gibt es ein Dreieck, bei dem 2 Winkel größer als 90° sind? **nein**

b) Gibt es ein Dreieck, bei dem alle Winkel kleiner als 60° sind? **nein**

c) Kann ein Dreieck einen überstumpfen Winkel besitzen? **nein**

d) Kann ein Dreieck 2 spitze und einen stumpfen Innenwinkel besitzen? **ja**

e) Sind in einem Dreieck mindestens 2 Winkel spitz? **ja**

**90** a) **spitzwinkliges** Dreieck — Alle Winkel sind kleiner als 90°.

b) **stumpfwinkliges** Dreieck — $\beta > 90°$

c) **rechtwinkliges** Dreieck — $\gamma = 90°$

d) **spitzwinkliges** Dreieck — Alle Winkel sind gleich groß.

**91** a) **gleichschenkliges** Dreieck — $a = c$

b) **gleichseitiges** Dreieck — $a = b = c$

c) **allgemeines-rechtwinkliges** Dreieck — Es handelt sich tatsächlich auch um ein rechtwinkliges Dreieck. Den Beweis dafür wirst du in der 9. Klasse kennenlernen.

d) **gleichseitiges** Dreieck — $a = b = c$

**92** Wegen der Winkelsumme im Dreieck sind die beiden anderen Winkel zusammen $180° - 50° = 130°$ groß. Einer der beiden anderen Winkel ist der zweite Basiswinkel im gleichschenkligen Dreieck und damit so groß wie der erste, also **50°**. Somit ist der verbleibende Winkel $130° - 50° =$ **80°** groß.

**93**

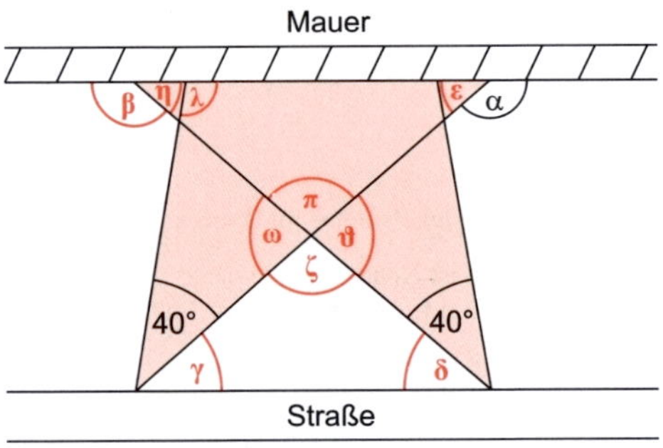


Gegeben: $\alpha = 140°$
Gesucht: $\beta, \gamma, \delta, \varepsilon, \zeta, \eta, \vartheta$
Weitere Winkel, die berechnet werden können, sind z. B. $\lambda$, $\pi$ und $\omega$.

- $\varepsilon = 40°$ — Nebenwinkel zu $\alpha = 140°$
- $\gamma = 40°$ — Wechselwinkel zu $\varepsilon = 40°$ (Wechselwinkel sind gleich groß)
- $\delta = 40°$ — $\delta = \gamma$, da die Laser unter dem gleichen Winkel zur Straße auf die Mauer gerichtet werden.
- $\zeta = 100°$ — Winkelsumme im Dreieck: $\zeta = 180° - 2 \cdot 40° = 100°$
- $\vartheta = 80°$ — $\vartheta$ ist Nebenwinkel zu $\zeta = 100°$.
- $\eta = 40°$ — Wechselwinkel zu $\delta = 40°$ (Wechselwinkel sind gleich groß)
- $\beta = 140°$ — Nebenwinkel zu $\eta = 140°$

zusätzlich:

- $\lambda = 100°$ — Winkelsumme im Dreieck; die beiden anderen Winkel betragen jeweils 40°.
- $\pi = 100°$ — Scheitelwinkel zu $\zeta = 100°$ (Scheitelwinkel sind gleich groß)
- $\omega = 80°$ — Scheitelwinkel zu $\vartheta = 80°$ (Scheitelwinkel sind gleich groß)

**94** a) $a = 1$ cm; $b = 2$ cm; $c = 2$ cm **(w)** Es gilt: $a < b + c$; $b < a + c$; $c < a + b$

Die 3 Seitenlängen können zu einem Dreieck gehören.

b) a = 7 cm; b = 2 cm; c = 3 cm **(f)**

Die 3 Seitenlängen können **nicht** zu einem Dreieck gehören.

Es gilt: b < a + c; c < a + b; aber es gilt nicht: a < b + c

c) a = 1 cm; b = 2 cm; c = 3 cm **(f)**

Die 3 Seitenlängen können **nicht** zu einem Dreieck gehören.

Es gilt: a < b + c; b < a + c; aber es gilt nicht: c < b + a, sondern c = b + a

d) a = 0,5 cm; b = 0,5 cm; c = 0,75 cm **(w)**

Es gilt: a < b + c; b < a + c; c < a + b

Die 3 Seitenlängen können zu einem Dreieck gehören.

**95** a) Gemessene Werte:
$\alpha = 30°$; a = 2,1 cm
$\beta = 63°$; b = 3,8 cm
$\gamma = 87°$; c = 4,3 cm

Die Behauptung stimmt. Je größer der Winkel, desto größer ist die gegenüberliegende Seite.

b) Wenn in einem Dreieck 2 Seiten gleich lang sind, so sind die diesen Seiten gegenüberliegenden Winkel ebenfalls gleich groß.

c) Wenn in einem Dreieck alle 3 Winkel gleich groß sind, so sind alle Seiten auch gleich lang.

**96** a) Gegeben: $\beta = 55°$; $\alpha = 80°$; c = 5 cm (WSW)

Planfigur:

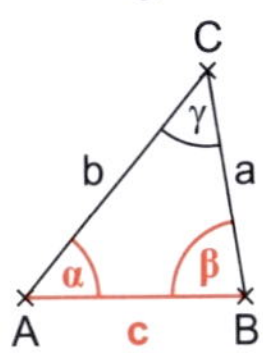


Gegebene Stücke sind rot markiert.

Konstruktionszeichnung:

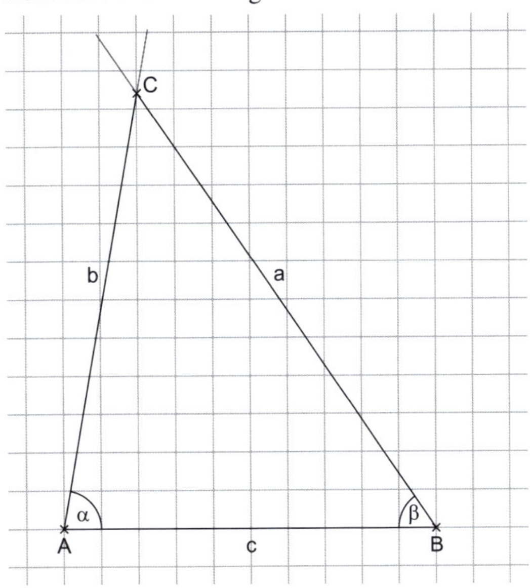

Konstruktionsbeschreibung:
1. Seite $c = \overline{AB} = 5$ cm zeichnen
2. Winkel $\alpha = 80°$ an A antragen
3. Winkel $\beta = 55°$ an B antragen
4. Schnittpunkt der freien Schenkel von $\alpha$ und $\beta$ ist Punkt C

b) Gegeben: $b = 2{,}5$ cm; $a = 4{,}5$ cm; $\gamma = 85°$ (SWS)

Planfigur:

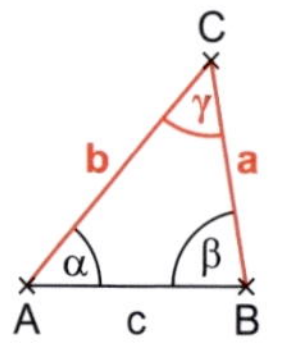


Gegebene Stücke sind rot markiert.

Konstruktionszeichnung:

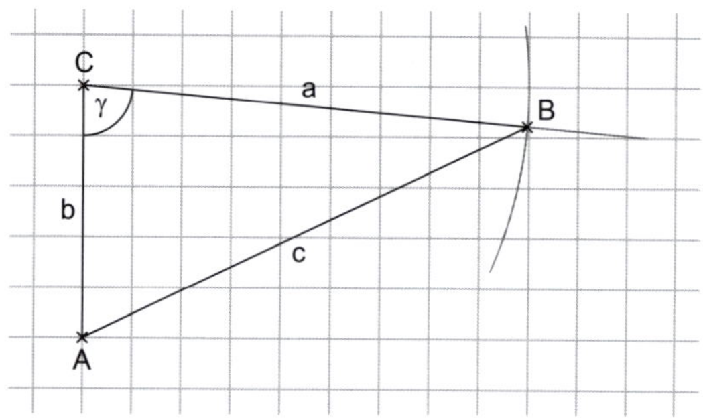


Konstruktionsbeschreibung:
1. Seite $b = \overline{CA} = 2{,}5$ cm zeichnen
2. Winkel $\gamma = 85°$ an C antragen
3. Kreis um C mit Radius $\overline{BC} = a = 4{,}5$ cm zeichnen
4. Schnittpunkt des Kreises um C mit dem freien Schenkel von $\gamma$ ergibt den Punkt B

c) Gegeben: $c = 5$ cm; $\gamma = 100°$; $b = 3{,}5$ cm
(SSW Fall 1: Es ist der Gegenwinkel der größeren Seite gegeben.)

Planfigur:

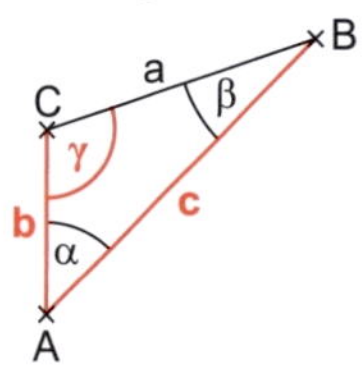


Gegebene Stücke sind rot markiert.

Konstruktionszeichnung:

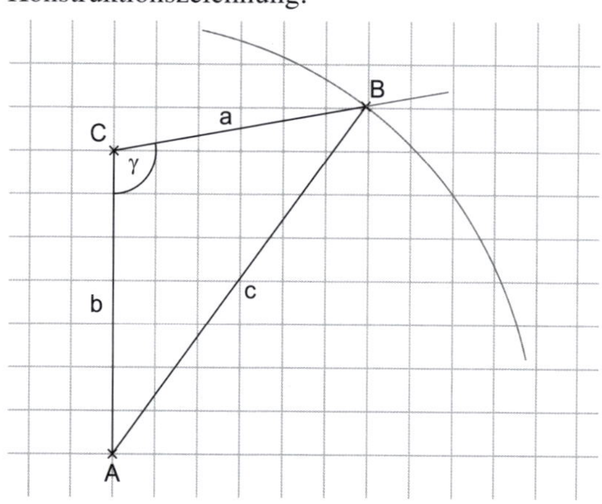

Konstruktionsbeschreibung:
1. Seite $b = \overline{CA} = 3{,}5$ cm zeichnen
2. Winkel $\gamma = 100°$ an C antragen
3. Kreis um A mit Radius $\overline{AB} = c = 5$ cm zeichnen
4. Schnittpunkt des Kreises um A mit dem freien Schenkel von $\gamma$ ergibt den Punkt B

d) Gegeben: $a = 4{,}5$ cm; $b = 2{,}5$ cm; $c = 3$ cm (SSS)

Planfigur:

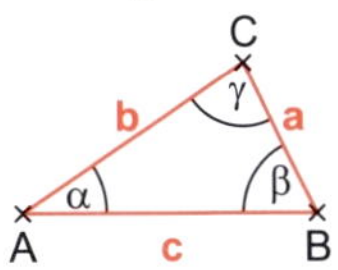


Gegebene Stücke sind rot markiert.

Konstruktionszeichnung:

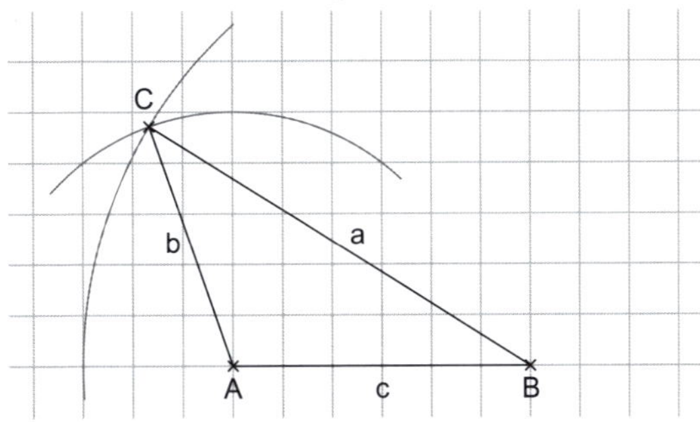


Konstruktionsbeschreibung:
1. Seite $c = \overline{AB} = 3$ cm zeichnen
2. Kreis um A mit Radius $\overline{CA} = b = 2{,}5$ cm zeichnen
3. Kreis um B mit Radius $\overline{BC} = a = 4{,}5$ cm zeichnen
4. Oberer Schnittpunkt der beiden Kreise um A und B ergibt den Punkt C. (Es gibt bei dieser Konstruktion noch einen unteren Schnittpunkt C'. Allerdings wäre dieses Dreieck ABC' gegenläufig orientiert).

**97** Maße: 410 m entsprechen 4,1 cm;
490 m entsprechen 4,9 cm

Der Maßstab 1 : 10 000 bedeutet, dass 1 cm auf dem Papier 10 000 cm (= 100 m) in Wirklichkeit entspricht.

Zeichnerische Lösung:

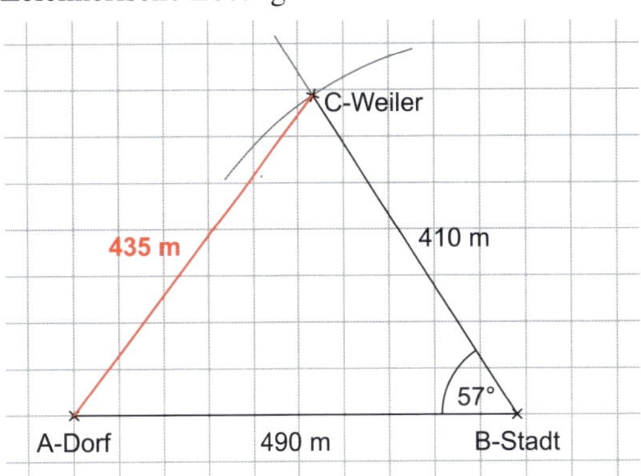


Die Entfernung zwischen A-Dorf und C-Weiler beträgt ungefähr 435 m.

**98** Gegeben: c = 4 cm; b = 3 cm; $\beta = 97°$

a) Es sind zwei Seiten und der Gegenwinkel der kleineren Seite gegeben. Deswegen handelt es sich um die Konstruktion SSW (Fall 2).

b) Planfigur:

Hebe die gegebenen Stücke in der Planfigur farbig hervor.

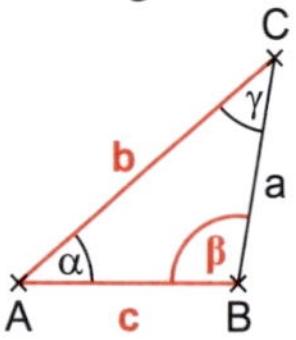


c) Konstruktionszeichnung:

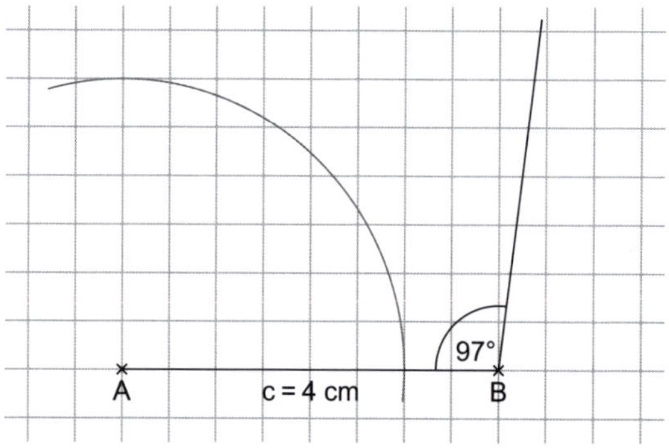


d) Konstruktionsbeschreibung:
1. Seite $\overline{AB} = c = 4$ cm zeichnen
2. Winkel $\beta = 97°$ an B antragen
3. Kreis um A mit Radius $\overline{AC} = b = 3$ cm zeichnen
4. Schnittpunkt mit freiem Schenkel a ergibt den Punkt C

e) Es gibt bei diesem Beispiel keine Lösung, da der freie Schenkel des Winkels $\beta = 97°$ mit dem Kreis um A keinen Schnittpunkt hat.

**99** Gegeben: c = 4 cm; b = 3 cm; $\beta = 45°$

a) Es sind zwei Seiten und der Gegenwinkel der kleineren Seite gegeben. Deswegen handelt es sich um die Konstruktion SSW (Fall 2).

b) Planfigur:

Gegebene Stücke sind rot markiert.

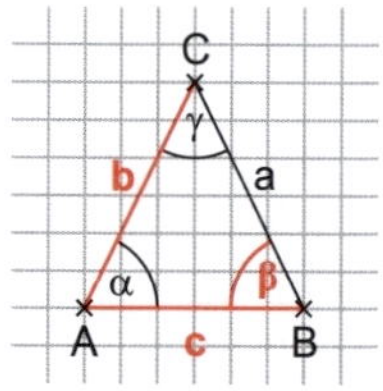

c) Konstruktionszeichnung:

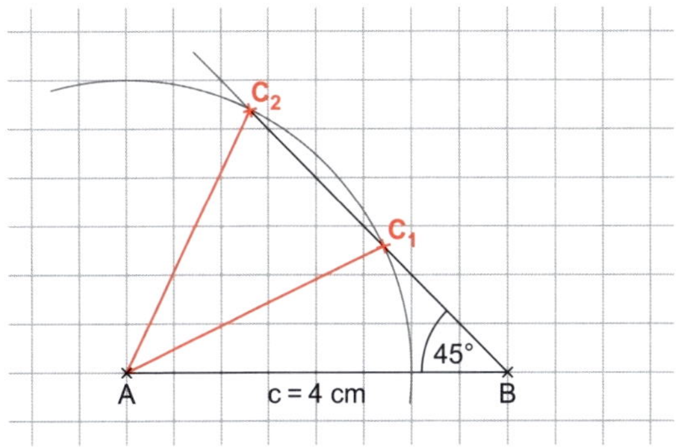


d) Konstruktionsbeschreibung:

1. Seite $\overline{AB} = c = 4$ cm zeichnen
2. Winkel $\beta = 45°$ an B antragen
3. Kreis um A mit Radius $\overline{AC} = r = 3$ cm zeichnen
4. Schnittpunkte des Kreises mit dem freiem Schenkel von $\beta$ sind die Punkte $C_1$ und $C_2$

e) Es gibt in dieser Aufgabe 2 Lösungen ($ABC_1$ und $ABC_2$), da der freie Schenkel des Winkels $\beta = 45°$ mit dem Kreis um A nun 2 Schnittpunkte $C_1$ und $C_2$ hat.

**100**

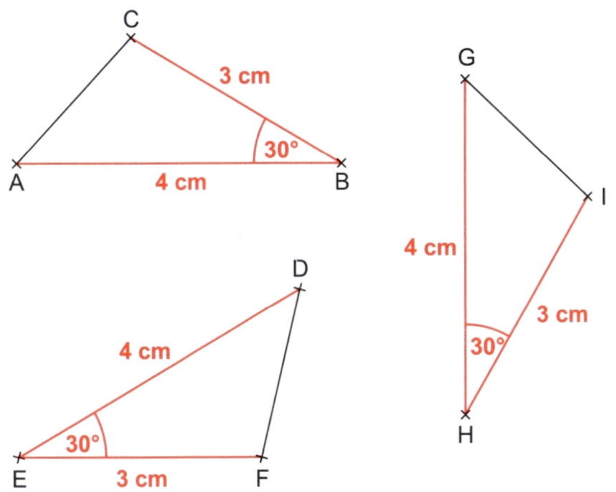


**101** a) Bei der Dreieckskonstruktion SWW (1 Seite und 2 Winkel, von denen einer der gegebenen Seite gegenüberliegt) sind in jedem Fall 2 Winkel gegeben. Der 3. Winkel kann mit dem Winkelsummensatz im Dreieck ($\alpha + \beta + \gamma = 180°$) berechnet werden.

Auf diese Weise erhält man die klassische WSW-Konstruktion (1 Seite und 2 anliegende Winkel sind gegeben).

b) Es kann keine eindeutige Dreieckskonstruktion WWW geben, da es unendlich viele Dreiecke gibt, die zwar die gleichen Innenwinkel aufweisen, aber unterschiedliche Seitenlängen besitzen.

**102** a)

b)

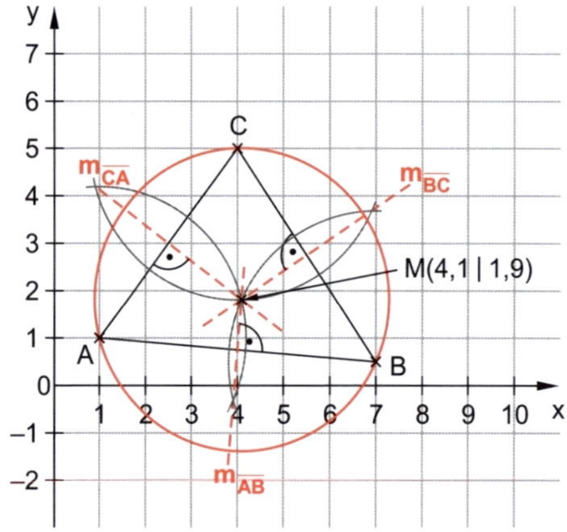


Der Umkreismittelpunkt kann nicht exakt auf x = 4 liegen, da $\overline{AB}$ nicht parallel zur x-Achse verläuft.

c) Der Mittelpunkt des Umkreises hat die Koordinaten M(4,1 | 1,9).

**103** Konstruktionsbeschreibung:

1. 3 beliebige Punkte A, B, C zeichnen
2 Punkte A, B, C zu einem Dreieck verbinden
3. Die 3 Mittelsenkrechten der Seiten $\overline{AB}$, $\overline{BC}$, $\overline{CA}$ konstruieren
4. Die 3 Mittelsenkrechten schneiden sich in Punkt M außerhalb des Dreiecks.
5. Kreis um M durch die Punkte A, B, C zeichnen

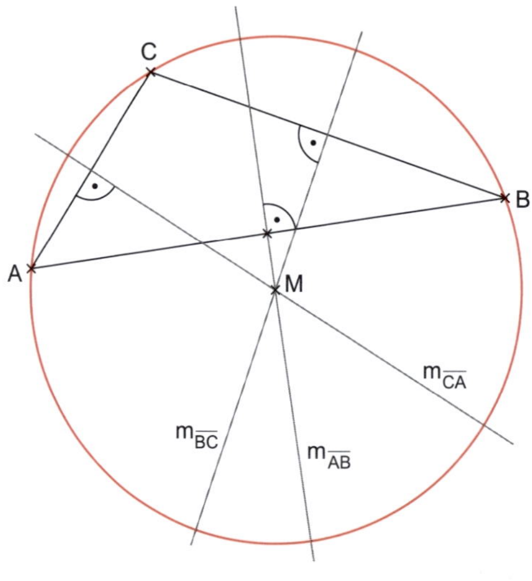


Der besseren Übersichtlichkeit halber wurde bei der Einzeichnung der Mittelsenkrechten der 3 Seiten des Dreiecks auf die Konstruktion der Teilkreislinien (vgl. „Fisch-Konstruktion" in Aufgabe 102) verzichtet.

Der Punkt M ist Mittelpunkt eines Kreises, auf dem alle 3 Punkte A, B und C liegen.

**104** Lars verbindet die 3 Punkte zu einem Dreieck. Anschließend konstruiert er 2 Mittelsenkrechte durch 2 Seiten des Dreiecks. Der Schnittpunkt der 2 Mittelsenkrechten ist der Mittelpunkt M des Deckels der Dose.

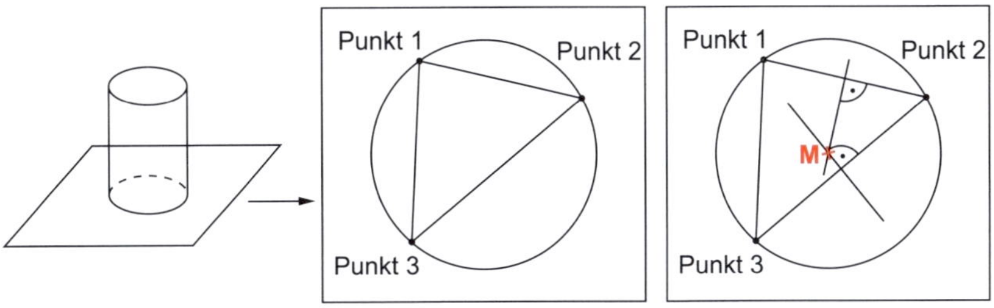


Bei der Ermittlung eines Umkreismittelpunkts genügt es, 2 Mittelsenkrechte zu konstruieren. Die dritte Mittelsenkrechte verläuft ebenfalls durch diesen Punkt.

**105** a) Gegeben: $c = 5$ cm; $b = 6$ cm; $\alpha = 50°$

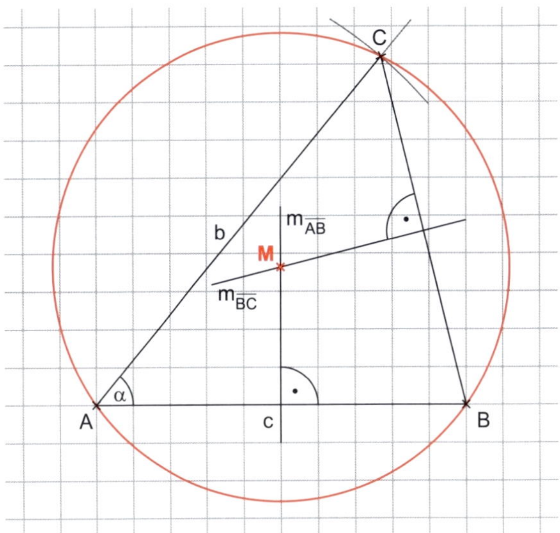


Bei der Ermittlung eines Umkreismittelpunkts genügt es, 2 Mittelsenkrechte zu konstruieren. Die dritte Mittelsenkrechte verläuft ebenfalls durch diesen Punkt.

b) Gegeben: c = 5 cm; b = 6 cm; $\alpha = 90°$

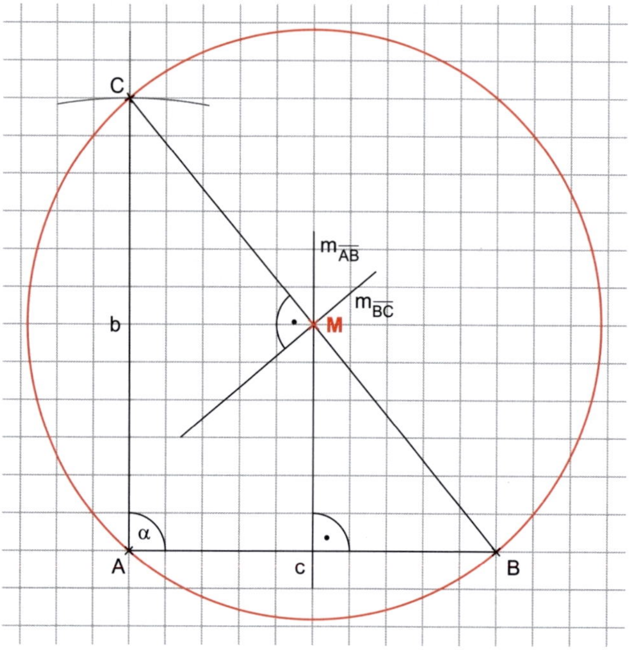

c) Gegeben: $c = 5$ cm; $b = 6$ cm; $\alpha = 110°$

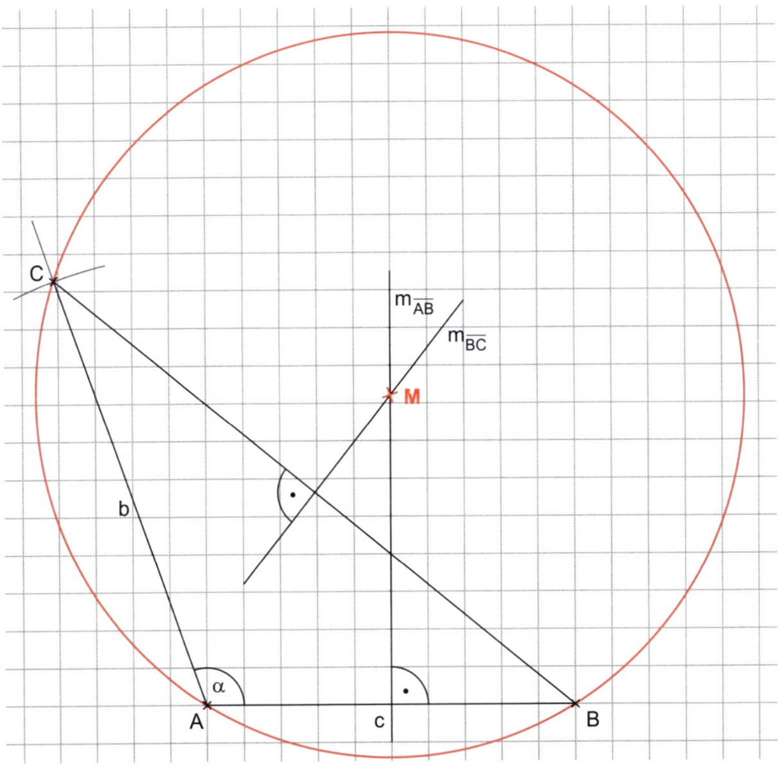


d) Hat ein Dreieck nur spitze Innenwinkel, so liegt M **innerhalb des Dreiecks**.

e) Hat ein Dreieck einen rechten Innenwinkel, so liegt M **auf einer Seite des Dreiecks**.

f) Hat ein Dreieck einen stumpfen Innenwinkel, so liegt M **außerhalb des Dreiecks**.

**106** Gegeben: A(–4 | 0); B(7 | –1); C(–1 | 7)

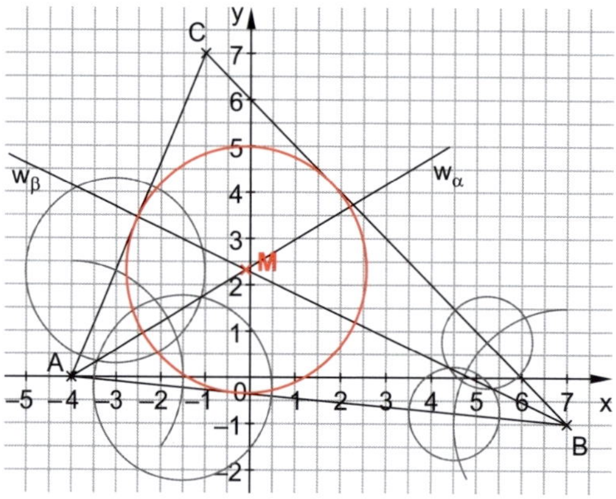


Bei der Ermittlung eines Inkreismittelpunkts genügt es, der Übersichtlichkeit halber 2 Winkelhalbierende zu konstruieren. Die 3. Winkelhalbierende verläuft ebenfalls durch diesen Punkt.

Eine Einzeichnung der 3. Winkelhalbierenden dient daher nur zur Überprüfung.

Der Mittelpunkt des Inkreises hat die Koordinaten (–0,1 | 2,3).

**107**

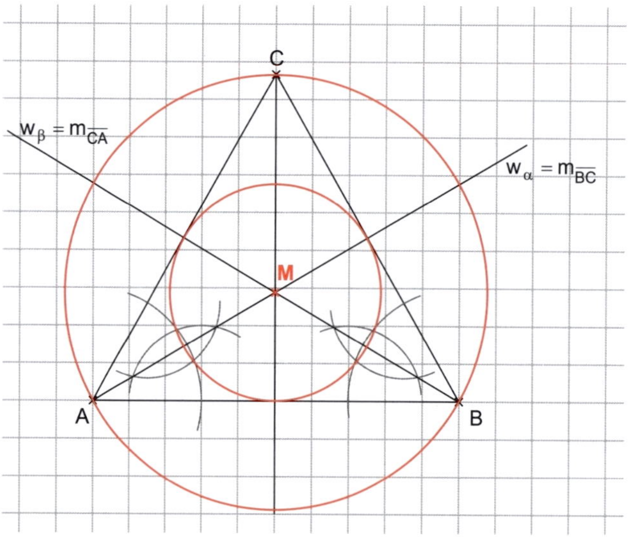


Bei einem gleichseitigen Dreieck sind die Winkelhalbierenden zugleich Mittelsenkrechten. Also ist der Inkreismittelpunkt auch gleichzeitig der Umkreismittelpunkt.

Wenn man den Inkreismittelpunkt M bei einem gleichseitigen Dreieck konstruiert, so erhält man genau den gleichen Punkt wie bei der Konstruktion des Umkreismittelpunkts (Schnittpunkt der Mittelsenkrechten).

**108**

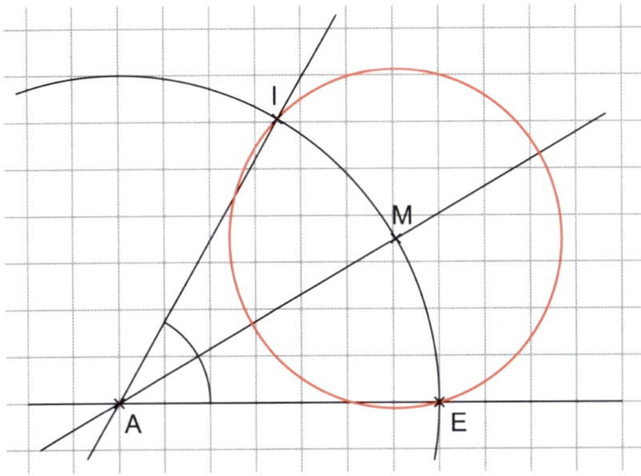


Konstruktionsbeschreibung:
1. Winkel $\sphericalangle EAM = \alpha = 30°$ zeichnen
2. Kreis um A mit beliebigem Radius zeichnen
3. Kreis um M mit Radius $\overline{ME}$ zeichnen
4. Der (von E verschiedene) Schnittpunkt des Kreises um M mit dem Kreis um A ergibt Punkt I
5. A mit I verbinden liefert den zweiten Schenkel des Winkels EAI, der 60° mißt

Begründung:
Alle Punkte auf dem Kreis um M haben von M den Abstand $\overline{ME}$. Also hat auch der Punkt I (Schnittpunkt der beiden Kreise um A und um M) den Abstand $\overline{ME}$ von M. Demzufolge sind die beiden Winkel EAM und MAI gleich groß. Da der Winkel $\sphericalangle EAM = 30°$ beträgt, ergeben beide zusammen den Gesamtwinkel $\sphericalangle EAI = \sphericalangle EAM + \sphericalangle MAI = 30° + 30° = 60°$.

**109**

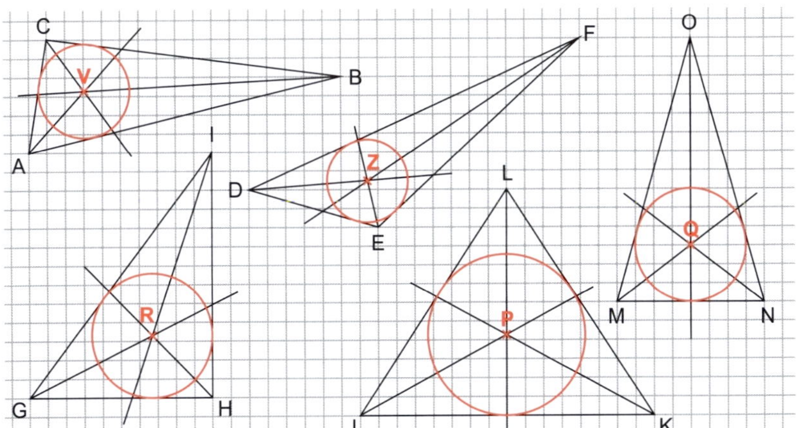


Der besseren Übersichtlichkeit wegen wurde auf die Konstruktionslinien der Hilfskreise verzichtet. Dafür ist die 3. Winkelhalbierende zur Überprüfung immer eingezeichnet.

**110** Gegeben: A(–1 | 0); B(–5 | –4); C(1 | –3)

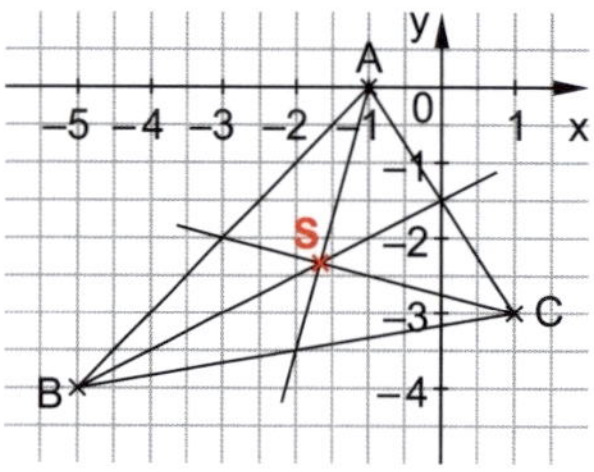


Der Schwerpunkt S hat die Koordinaten: S(–1,7 | –2,3)

**111**

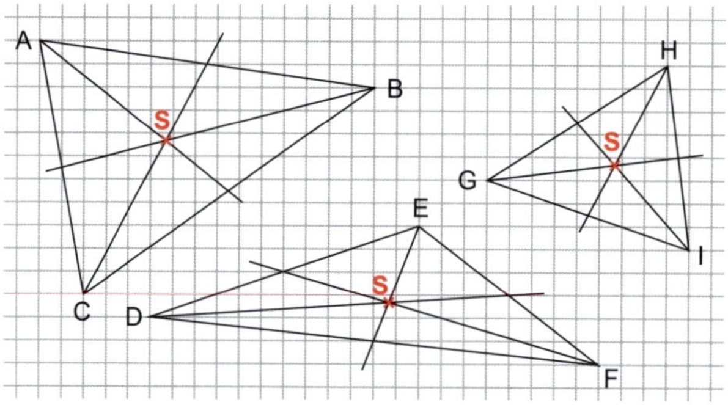


**112** a) Gegeben: A(1 | 1); B(7,5 | 1,5); C(5 | 6)

b) Gegeben: E(0 | 0); F(0,5 | 8); G(–6 | 7)

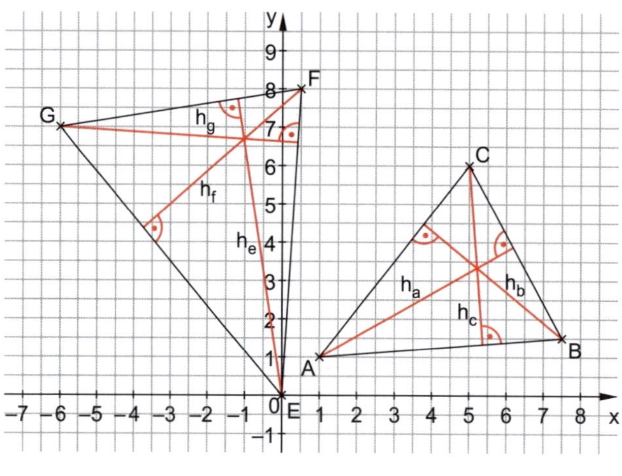

**113**

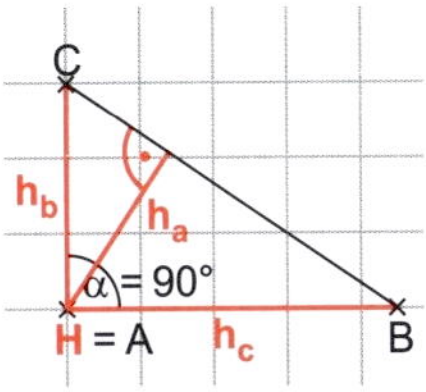


Da das Dreieck rechtwinklig ist, schneiden sich die 3 Höhen in einem Eckpunkt des Dreiecks. 2 Höhen des Dreiecks fallen mit 2 Seiten zusammen.

**114** a) Gegeben: $a = 3$ cm; $\beta = 65°$; $\gamma = 50°$

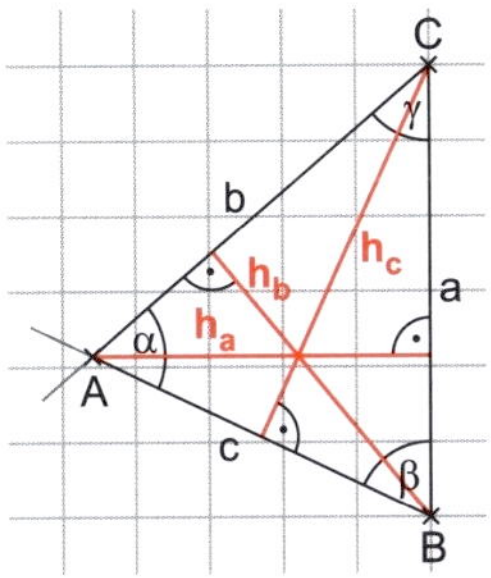


Konstruktionsbeschreibung:

1. Strecke $\overline{BC} = a = 3$ cm zeichnen
2. Winkel $\beta = 65°$ an B antragen
3. Winkel $\gamma = 50°$ an C antragen
4. Schnittpunkt der beiden freien Schenkel liefert A
5. Konstruktion der Senkrechte auf der Seite a durch den Punkt A liefert $h_a$
6. Konstruktion der Senkrechte auf der Seite b durch den Punkt B liefert $h_b$
7. Konstruktion der Senkrechte auf der Seite c durch den Punkt C liefert $h_c$
8. Schnittpunkt von $h_a$ und $h_b$ und $h_c$ liefert Höhenschnittpunkt H

b) Gegeben: $a = 6$ cm; $b = 4{,}5$ cm; $c = 7$ cm

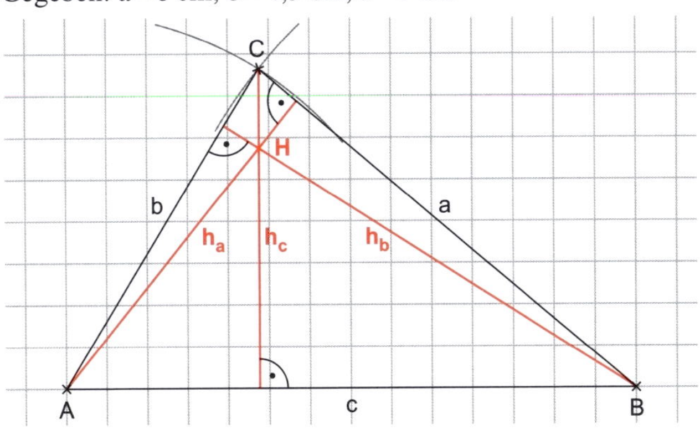

Konstruktionsbeschreibung:
1. Strecke $\overline{AB} = c = 7$ cm zeichnen
2. Kreisbogen um B mit Radius $a = 6$ cm zeichnen
3. Kreisbogen um A mit Radius $b = 4{,}5$ cm zeichnen
4. Schnittpunkt der beiden Kreisbögen liefert C
5. Konstruktion der Senkrechte auf der Seite a durch den Punkt A liefert $h_a$
6. Konstruktion der Senkrechte auf der Seite b durch den Punkt B liefert $h_b$
7. Konstruktion der Senkrechte auf der Seite c durch den Punkt C liefert $h_c$
8. Schnittpunkt von $h_a$, $h_b$ und $h_c$ liefert Höhenschnittpunkt H

**115** a) Gegeben: $c = 6$ cm; $a = 5$ cm; $h_c = 3{,}5$ cm

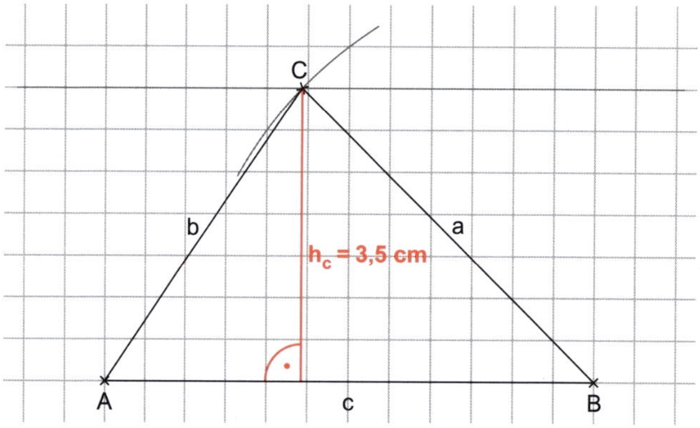


Konstruktionsbeschreibung:
1. Strecke $\overline{AB} = c = 6$ cm zeichnen
2. Parallele zu $\overline{AB}$ im Abstand von $h_c = 3{,}5$ cm zeichnen
3. Kreis um B mit Radius $a = 5$ cm zeichnen
4. Schnittpunkt von Parallele und Kreis um B liefert C
5. C mit A und B verbinden

b)

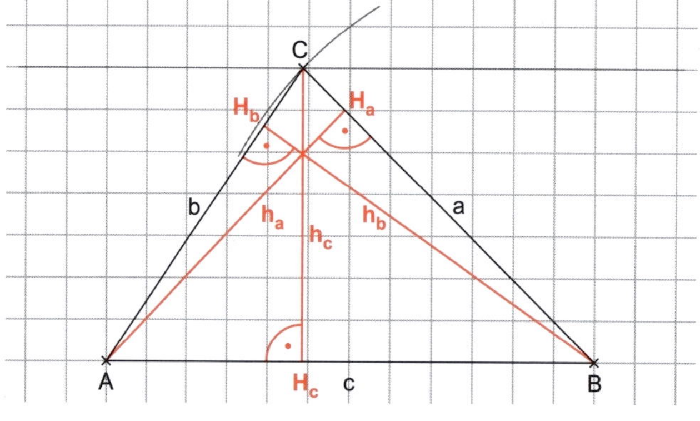

**116**

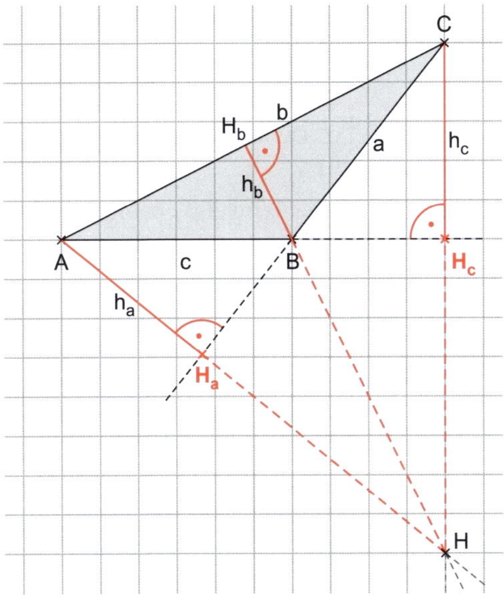


**117**

| Kategorien von Dreiecken | gleichseitig | gleichschenklig | allgemein, unregelmäßig |
|---|---|---|---|
| stumpfwinklig | **nein** | **ja** | **ja** |
| spitzwinklig | **ja** | **ja** | **ja** |
| rechtwinklig | **nein** | ja | **ja** |

**118**

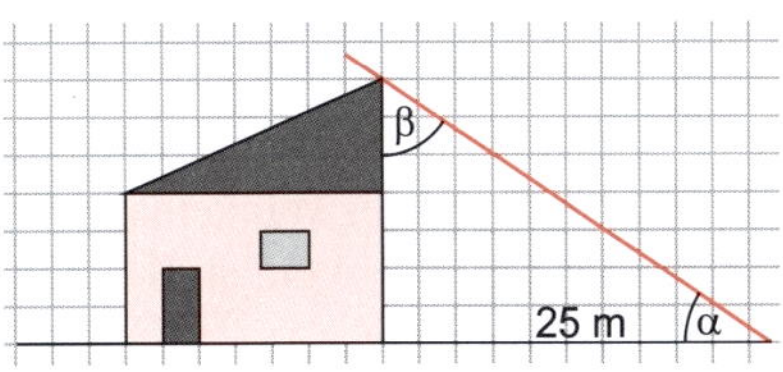


Der Winkel, den der Boden mit dem Haus bildet entspricht $\gamma = 90°$. Man kann somit eine WSW-Konstruktion anfertigen.

a) Durch Abmessen ergibt sich: Das Haus ist ungefähr 16 m hoch.

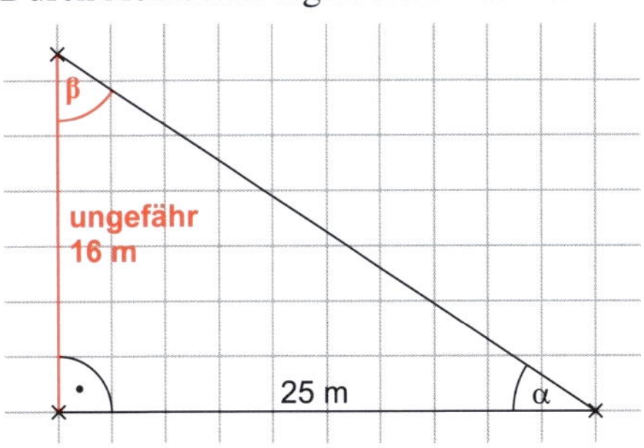


Der Maßstab der Zeichnung beträgt 1 : 500 (1 cm auf der Zeichnung entsprechen 500 cm = 5 m in Wirklichkeit). Das heißt: 1 cm (Zeichnung) entspricht 10 m (Wirklichkeit).
Also: 3,2 cm (Zeichnung) entsprechen 3,2 cm · 500 = 1 600 cm = 16 m (Wirklichkeit).

b) Der Winkel $\beta$ beträgt $180° - \alpha - 90° = 180° - 33° - 90° = 57°$.

Die Winkelsumme im Dreieck beträgt 180°.

**119**

- Die Winkelhalbierende $w_\alpha$ halbiert den Winkel $\alpha$. Demnach ist der Winkel $\alpha$ doppelt so groß wie der Winkel $\alpha' = 32°$; also $\alpha = 64°$.
- Da das Dreieck ABC gleichschenklig ist, beträgt der Winkel $\beta$ ebenfalls 64°.
- Die Winkelsumme im Dreieck beträgt 180°. Also gilt: $\gamma = 180° - \alpha - \beta = 180° - 64° - 64° = 52°$.

**120** Ja, man kann das Dreieck konstruieren (SSS).

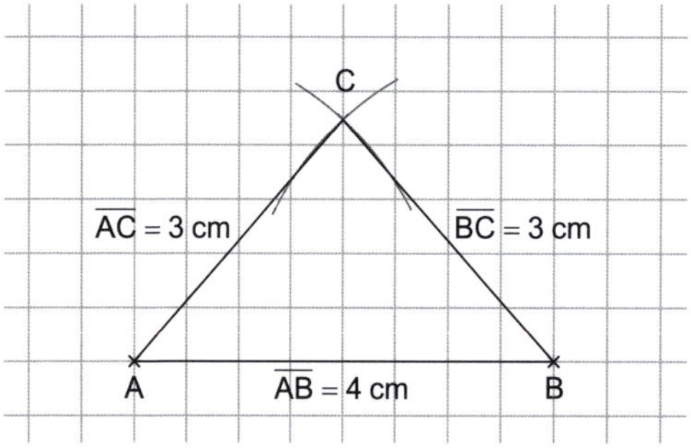


Wenn der Umfang eines gleichschenkligen Dreiecks 10 cm beträgt und die Basis 4 cm groß ist, bleiben für die beiden Schenkel noch 6 cm übrig. Da beide gleich lang sind, ist jeder Schenkel 3 cm lang. Die Konstruktion SSS ist also möglich.

**121** a) Gegeben: $c = 5$ cm; $\beta = 45°$; $w_\beta = 4$ cm
Antwort: Ja, eine Konstruktion ist möglich.

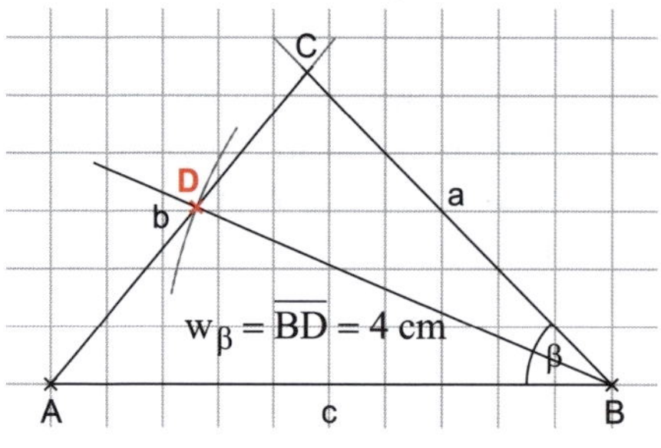


Konstruktionsbeschreibung:
1. Strecke $\overline{AB} = c = 5$ cm zeichnen
2. Winkel $\beta = 45°$ an B antragen
3. Antragen der Winkelhalbierenden $w_\beta = 4$ cm an B liefert D
4. Schnittpunkt der Halbgeraden AD mit dem freien Schenkel von $\beta$ liefert C

b) Gegeben: $a = 5$ cm; $\gamma = 50°$; $s_a = 4,5$ cm
Antwort: Ja, eine Konstruktion ist möglich.

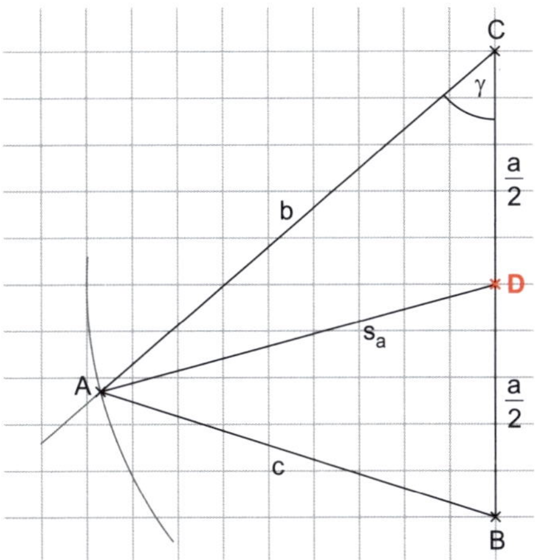


Konstruktionsbeschreibung:
1. Strecke $\overline{BC} = a = 5$ cm zeichnen
2. Winkel $\gamma = 50°$ an C antragen
3. Seitenmittelpunkt der Strecke $\overline{BC}$ ist D
4. Kreis um D mit Radius $s_a = 4,5$ cm geschnitten mit freiem Schenkel b liefert A
5. A mit B verbinden

c) Gegeben: $c = 5$ cm; $\alpha = 35°$; $s_b = 2,5$ cm
Antwort: Nein, eine Konstruktion ist nicht möglich, da es keinen Schnittpunkt von $s_b = 2,5$ cm mit dem freien Schenkel von $\alpha$ gibt.

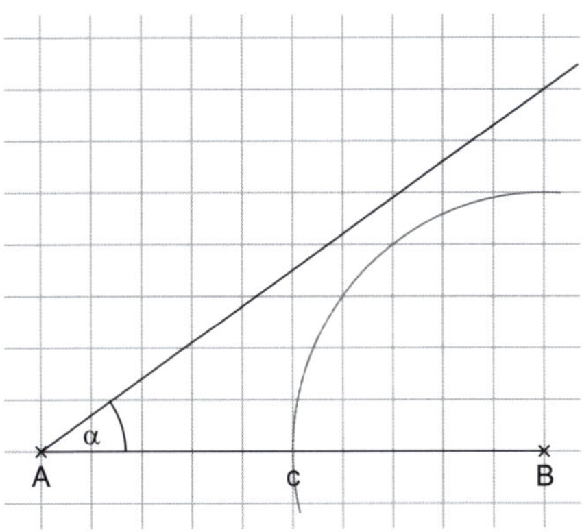

d) Gegeben: $a=5$ cm; $h_a=2$ cm; $b=2{,}5$ cm
Antwort: Ja, eine Konstruktion ist möglich.

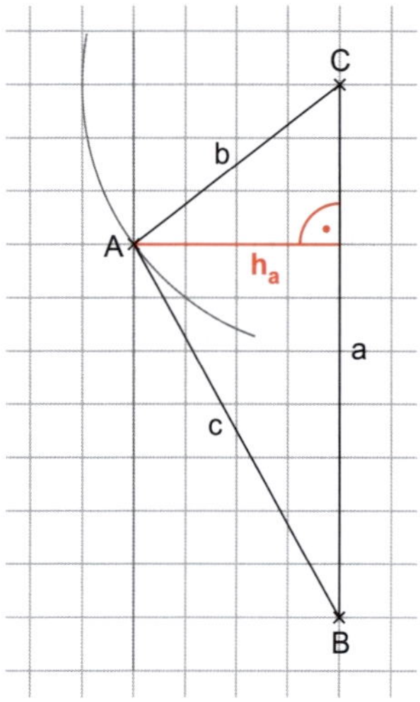


Konstruktionsbeschreibung:
1. Strecke $\overline{BC} = a = 5$ cm zeichnen
2. Parallele zu a im Abstand von $h_a=2$ cm zeichnen
3. Kreis um C mit Radius $r=b=2{,}5$ cm schneidet die Parallele in A
4. A, B und C verbinden

**122** a) Gegeben: gleichschenkliges Dreieck mit $a=6$ cm; $b=4$ cm; $c=4$ cm

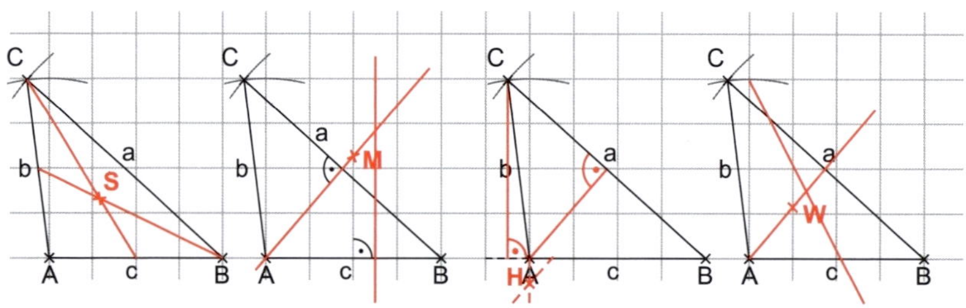


Die Punkte S, M, H und W liegen bei einem gleichschenkligen Dreieck auf einer Geraden, die durch den Mittelpunkt der Basis verläuft.

b) Gegeben: gleichseitiges Dreieck mit $a=b=c=2$ cm

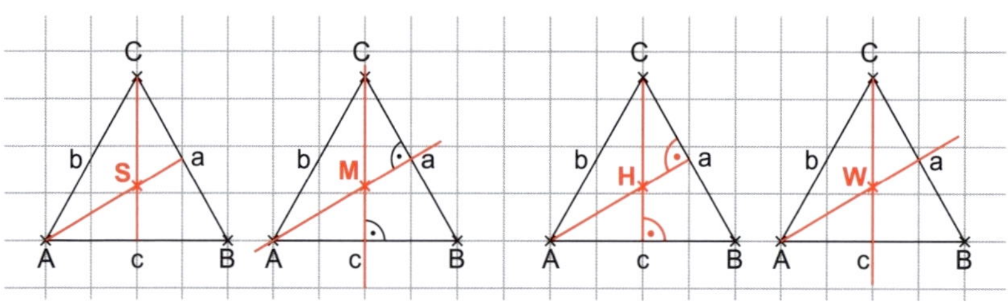


Die Punkte S, M, H und W sind bei einem gleichseitigen Dreieck alle identisch!

**123**

| | | w | f |
|---|---|---|---|
| a) | Ein rechtwinkliges Dreieck kann einen stumpfen Winkel haben. | ☐ | ☒ |
| b) | Ein Dreieck ist immer eindeutig konstruierbar, wenn 2 Seiten und 1 Winkel gegeben sind. | ☐ | ☒ |
| c) | Ein Dreieck ist immer eindeutig konstruierbar, wenn 1 Seite und 2 Winkel gegeben sind. | ☒ | ☐ |
| d) | Ein stumpfer Winkel liegt immer gegenüber der längsten Seite eines Dreiecks. | ☒ | ☐ |
| e) | Der längsten Seite eines Dreiecks liegt ein stumpfer Winkel gegenüber. | ☐ | ☒ |
| f) | Wenn man 3 Punkte verbindet, entsteht stets ein Dreieck. | ☐ | ☒ |
| g) | Gegenüber der längsten Seite eines rechtwinkligen Dreiecks liegt stets der rechte Winkel. | ☒ | ☐ |

Zu f): Wenn die 3 Punkte auf einer Geraden liegen, entsteht kein Dreieck.

**124** Quadrat Raute Rechteck Drachen

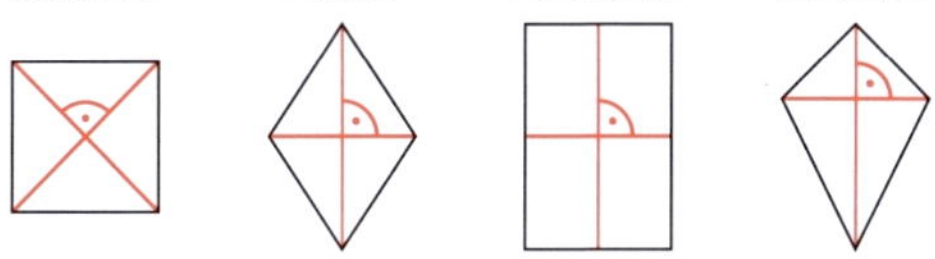

**125** a) Drachen: $\beta = \delta$; rechtwinkliges Trapez: $\varphi = \eta = 90°$

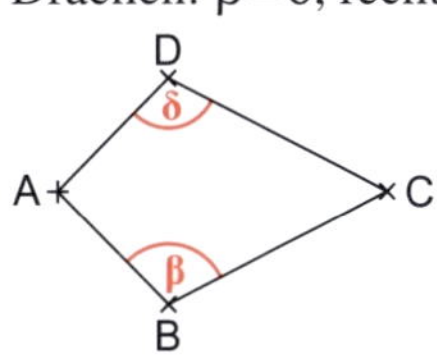

Drachen

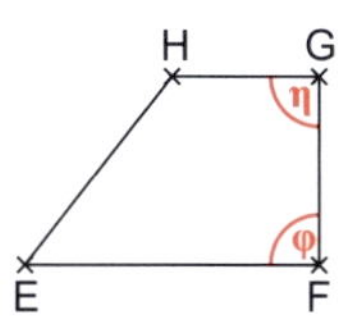

rechtwinkliges Trapez

b) Raute: AB ∥ CD; BC ∥ DA; Parallelogramm: EF ∥ GH; FG ∥ HE

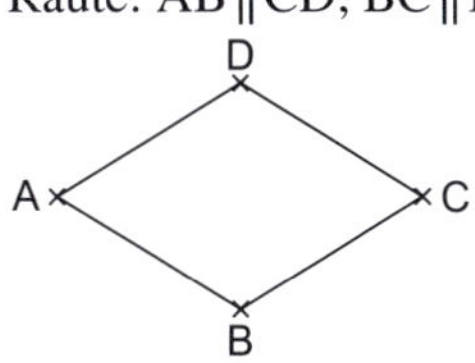

Raute

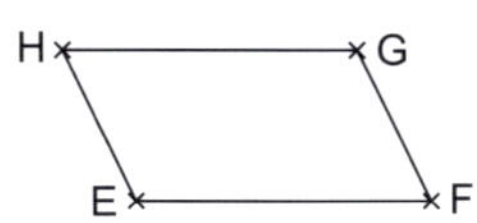

Parallelogramm

**126**

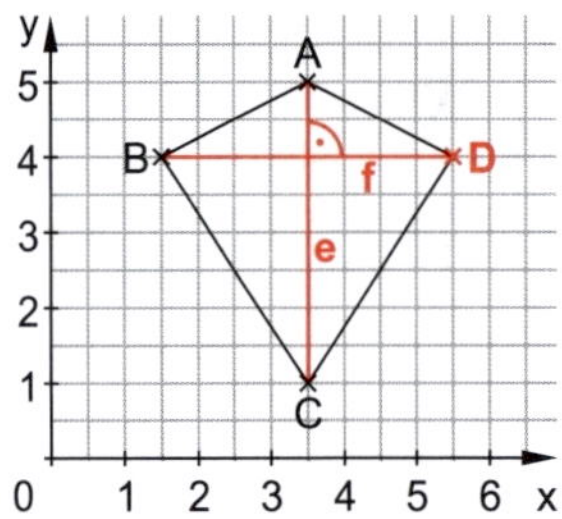


Die Koordinaten des 4. Punktes heißen **D(5,5|4)**.

Die längere Diagonale e halbiert die kürzere Diagonale f und steht senkrecht auf ihr.

**127** Nur das **allgemeine Viereck** weist keine Symmetrieeigenschaften auf.

**128**

Trapez 1: **ADCB**
Trapez 2: **BCFE**
Trapez 3: **EFHG**
Trapez 4: **DLKC**
Trapez 5: **CKIF**
Trapez 6: **FIJH**
Trapez 7: **ADFE**
Trapez 8: **ADHG**
Trapez 9: **DLIF**
Trapez 10: **DLJH**
Trapez 11: **ALKB**
Trapez 12: **ALJG**

Die anderen denkbaren Vierecke sind keine Trapeze, sondern Parallelogramme.

**129**

1. symmetrisches Trapez 1: **AGIJ**
2. symmetrisches Trapez 2: **DFIG**
3. Parallelogramm 1: **AGIE**
4. Parallelogramm 2: **GHFI**
5. Parallelogramm 3: **EGIJ**
6. Parallelogramm 4: **GDHI**
7. Parallelogramm 5: **AHFE**
8. Parallelogramm 6: **EDHJ**
9. Raute: **EGHI**
10. Drachen: **IFKJ**
11. Rechteck: **ADCB**
12. rechtwinkliges Trapez 1: **ADFE**
13. rechtwinkliges Trapez 2: **ADHJ**
14. rechtwinkliges Trapez 3: **JHCB**
15. rechtwinkliges Trapez 4: **EFCB**
16. rechtwinkliges Trapez 5: **EDCB**
17. rechtwinkliges Trapez 6: **AHCB**

Es sind noch weitere Vierecke und Dreiecke in der Figur versteckt, z. B. allgemeines Viereck: HFKJ; rechtwinkliges Dreieck: JKB; gleichschenkliges Dreieck: AHJ etc.

**130**

a) Jedes Viereck ist achsensymmetrisch. **(f)**

b) In jedem Viereck gibt es 4 Innenwinkel. **(w)**

c) Ein Viereck lässt sich immer in 2 Dreiecke zerlegen. **(w)**

d) Die Seiten eines Vierecks werden mit großen Buchstaben gekennzeichnet. **(f)**
Die Seiten eines Vierecks werden mit kleinen Buchstaben gekennzeichnet.

e) Jedes Viereck hat 4 Seiten, 4 Eckpunkte, 4 Innenwinkel und 4 Diagonalen. **(f)**
Jedes Viereck hat zwar 4 Seiten, 4 Eckpunkte und 4 Innenwinkel, aber nur 2 Diagonalen.

f) Bei einem konkaven Viereck ist ein Innenwinkel größer als 180°. **(w)**

**131**

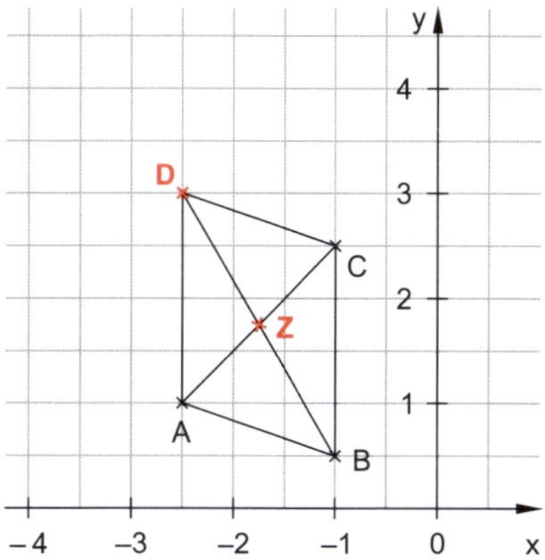


A(–2,5 | 1); B(–1 | 0,5); C(–1 | 2,5); **D(–2,5 | 3); Z(–1,75 | 1,75)**

Prinzipiell gibt es immer 3 Möglichkeiten, 3 Punkte durch einen vierten Punkt zu einem Parallelogramm zu ergänzen:

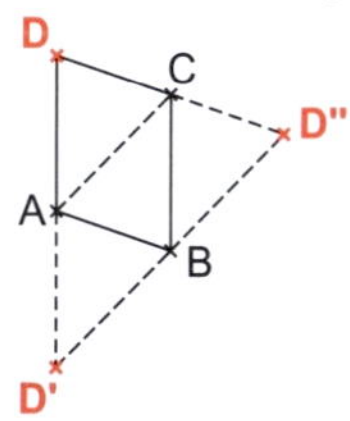


Allerdings führen die anderen beiden Möglichkeiten nicht zu Parallelogrammen ABCD' bzw. ABCD", sondern zu Parallelogrammen AD'BC bzw. ABD"C.

**132**

| | Quadrat | Raute | Rechteck | Drachen | Parallelogramm | symmetrisches Trapez | rechtwinkliges Trapez | allgemeines Trapez |
|---|---|---|---|---|---|---|---|---|
| nur gleich große Winkel | w | f | w | f | f | f | f | f |
| Diagonalen senkrecht aufeinander | w | w | f | w | f | f | f | f |
| gleich lange Seiten | w | w | f | f | f | f | f | f |
| gleich lange Diagonalen | w | f | w | f | f | w | f | f |
| parallele Seiten | w | w | w | f | w | f | f | f |
| Diagonalen halbieren sich | w | w | w | f | w | f | f | f |

**133** Mögliche Lösungen:

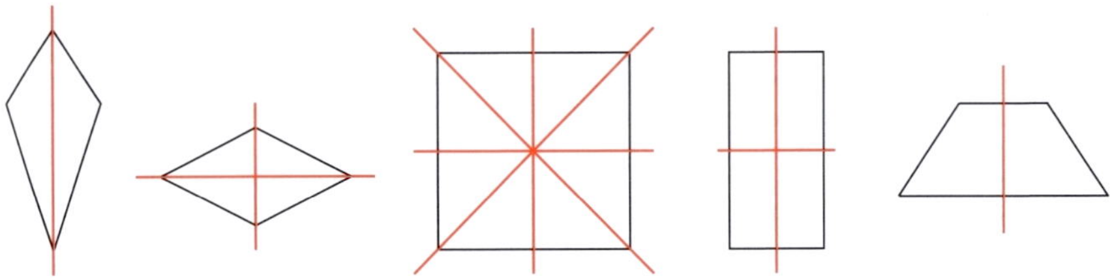


**134** **Drachen** (1 Diagonale als Symmetrieachse)
**Raute** (2 Diagonalen als Symmetrieachse)
**Quadrat** (2 Diagonalen als Symmetrieachse)

**135** **Trapez** (1 Paar paralleler Seiten)
**Parallelogramm** (2 Paare paralleler Seiten)
**Raute** (2 Paare paralleler Seiten)
**Rechteck** (2 Paare paralleler Seiten)
**Quadrat** (2 Paare paralleler Seiten)

**136**

| | $\alpha$ | $\beta$ | $\gamma$ | $\delta$ |
|---|---|---|---|---|
| a) | 130° | **80°** | 70° | 80° |
| b) | 67° | 67° | 100° | **126°** |
| c) | **114°** | 82° | 82° | 82° |

**137** Gegeben: $\alpha = 50°$

- Gegenüberliegende Winkel im Parallelogramm sind gleich groß. Es gilt also: $\gamma = \alpha = 50°$ und $\beta = \delta$
- Wegen der Winkelsumme im Viereck gilt:

$$2\alpha + 2\beta = 360° \quad |-2\alpha$$
$$2\beta = 360° - 2\alpha \quad |:2$$
$$\beta = \frac{360° - 2\alpha}{2}$$
$$\beta = \frac{360° - 100°}{2}$$
$$\beta = 130°$$

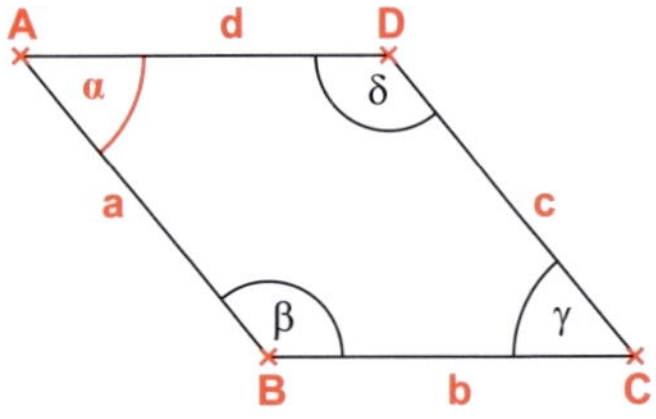


Also: **$\alpha = 50°$; $\beta = 130°$; $\gamma = 50°$; $\delta = 130°$**

**138** a) Gegeben: $\alpha = 90°$; $\beta = 100°$; $\gamma = 70°$; $\delta = 100°$

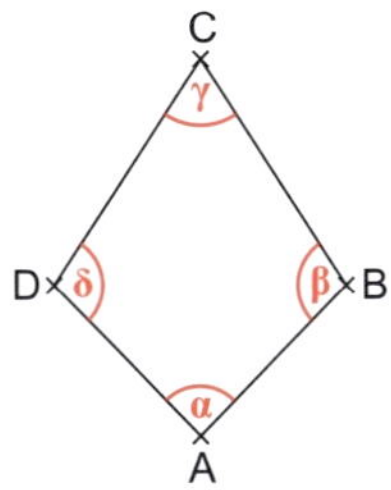


Drachen

Da 2 gegenüberliegende Winkel ($\beta = \delta = 100°$) gleich groß und die beiden anderen unterschiedlich groß sind, kann es sich nur um einen **Drachen** handeln.

b) Gegeben: $\alpha = 80°$; $\beta = 100°$; $\gamma = 80°$; $\delta = 100°$

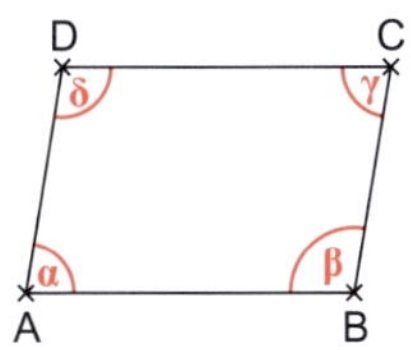


Parallelogramm

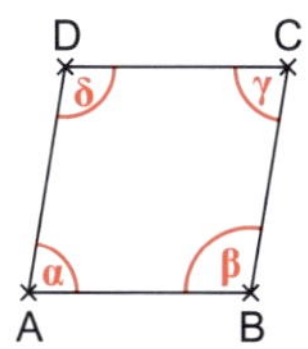


Raute

Da jeweils die beiden gegenüberliegenden Winkel gleich groß und $\neq 90°$ sind, handelt es sich hierbei entweder um eine **Raute** oder ein **Parallelogramm**. (2 Möglichkeiten)

c) Gegeben: $\alpha = 130°$; $\beta = 50°$; $\gamma = 90°$; $\delta = 90°$

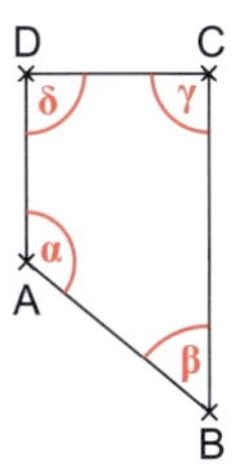


rechtwinkliges Trapez

Da 2 nebeneinanderliegende Winkel ($\gamma = \delta = 90°$) jeweils 90° betragen und die 2 anderen Winkel unterschiedlich groß sind, handelt es sich um ein **rechtwinkliges Trapez**.

**139**
- Der Winkel ε beträgt 122°. Da der Winkel δ ein Ergänzungswinkel zu 180° ist (Gerade), beträgt der Winkel $\delta = 180° - 122° = 58°$.
- Die Winkelsumme im Viereck beträgt 360°. Der Winkel α beträgt demnach $360° - \beta - \gamma - \delta = 360° - 68° - 100° - 58° = 134°$.

Also: **$\delta = 58°$; $\alpha = 134°$**

**140** Gegeben: a = 5 cm; b = 4 cm; d = 7 cm; $\alpha = 80°$; $\beta = 120°$

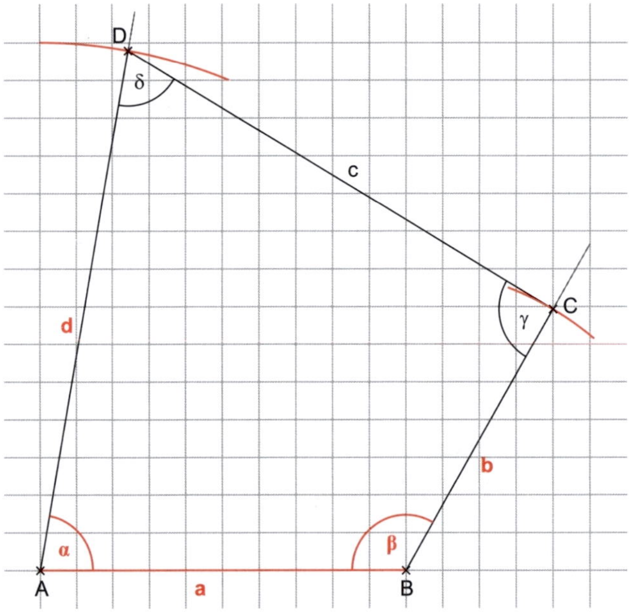


Konstruktionsbeschreibung:
1. Seite a = 5 cm zeichnen → A, B
2. Winkel β = 120° an B antragen
3. Kreis um B mit Radius b = 4 cm → C
4. Winkel α = 80° an A antragen
5. Kreis um A mit Radius d = 7 cm → D
6. Verbinde D mit C → Viereck ABCD

**141** Gegeben: a = 6,5 cm; b = 4 cm; c = 6 cm; $\alpha = 95°$; $\beta = 75°$

Planfigur:

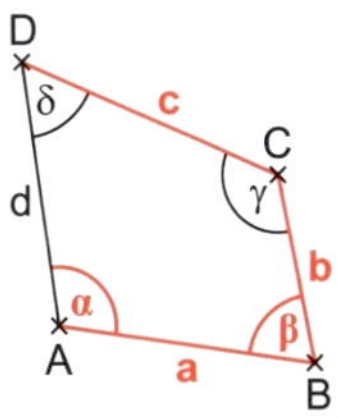


Konstruktionszeichnung:

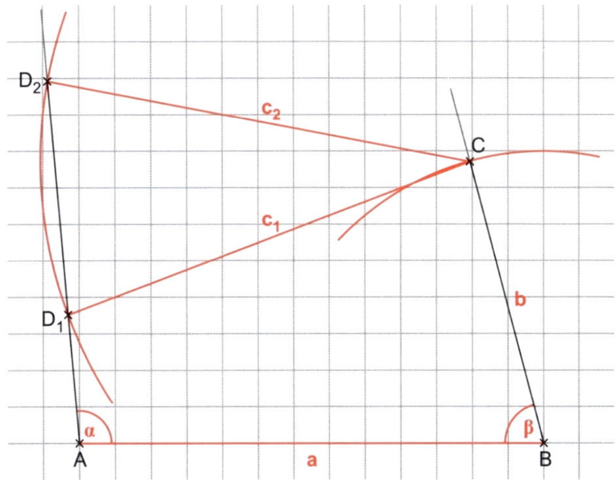


Konstruktionsbeschreibung:

1. Seite a = 6,5 cm zeichnen → A, B
2. Winkel $\beta = 75°$ an B antragen
3. Kreis um B mit Radius b = 4 cm → C
4. Winkel $\alpha = 95°$ an A antragen
5. Kreis um C mit Radius c = 6 cm → $D_1$ und $D_2$
6. Verbinde $D_1$ und $D_2$ mit A → Viereck $ABCD_1$ und Viereck $ABCD_2$

Der Kreis um C mit dem Radius c = 6 cm schneidet den freien Schenkel des Winkels $\alpha$ in den beiden Punkten $D_1$ und $D_2$ (2 Lösungen).

**142** Es handelt sich um eine **Raute**.

Begründung:

- Da nur 2 Bestimmungsstücke gegeben sind ($\alpha = 75°$ und $\overline{AB} = 3$ cm) kann es sich nur um ein Rechteck oder eine Raute handeln. (vgl. Übersicht S. 91)
- Ein Rechteck kann es aber nicht sein, da der gegebene Winkel $\alpha$ kein rechter Winkel ist.

Demnach muss es sich bei diesem Viereck um eine Raute handeln.

Planfigur:

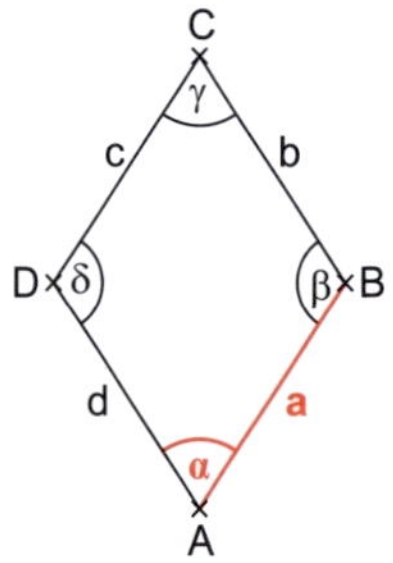


Konstruktionszeichnung:

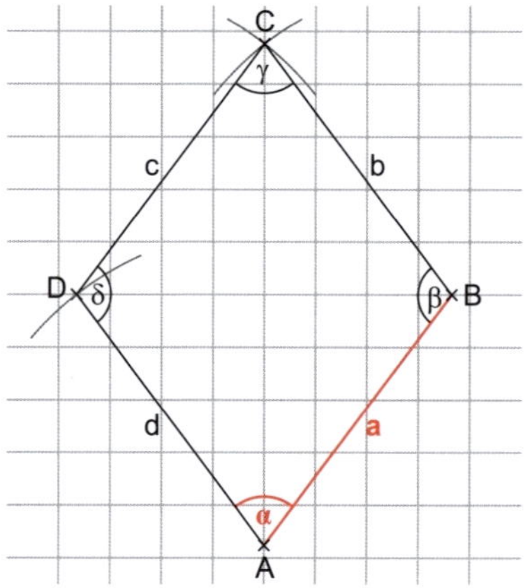


Konstruktionsbeschreibung:

1. Seite a = 3 cm zeichnen → A, B
2. Winkel α = 75° an A antragen
3. Kreis um A mit Radius d = 3 cm → D
4. Schnittpunkt von Kreis um D mit Radius c = 3 cm mit Kreis um B mit Radius b = 3 cm → C
5. D mit A und C sowie C mit B verbinden → Raute ABCD

Da es sich um eine Raute handelt, sind alle 4 Seiten gleich lang. Die gegenüberliegenden Winkel sind gleich groß (α = β; γ = δ) und können über die Winkelsumme bestimmt werden, sodass man die Raute auch anders konstruieren könnte.

**143** Gegeben: a ∥ c; a = 4 cm; β = 75°; b = 5 cm

Planfigur:

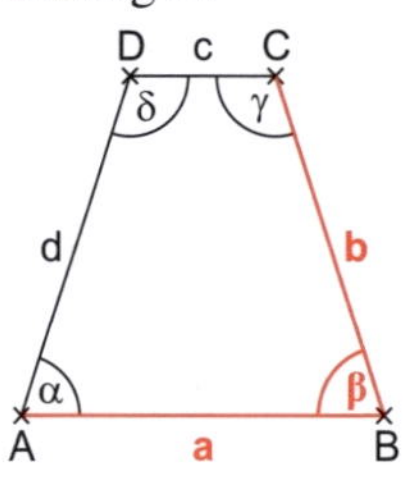


Konstruktionszeichnung:

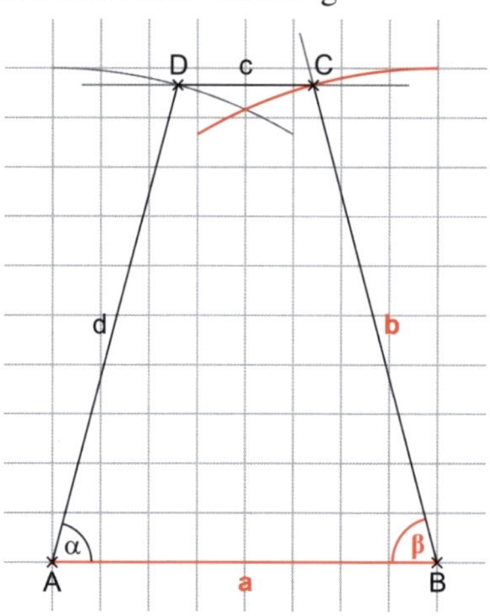

Konstruktionsbeschreibung:
1. Seite a = 4 cm zeichnen → A, B
2. Winkel $\beta = 75°$ an B antragen
3. Kreis um B mit Radius b = 5 cm → C
4. Parallele zu a durch den Punkt C
5. Schnittpunkt von Parallele zu a durch C mit Kreis um A mit Radius d = b = 5 cm → D
6. Verbinde A, D und C → Trapez ABCD

Da es sich um ein symmetrisches Trapez handelt, gilt $\alpha = \beta$ und $\delta = \gamma$. Außerdem gilt wegen $a \parallel c$ noch b = d. Mit diesen Überlegungen sind noch andere Arten der Konstruktion möglich.

**144** a) Mittelpunktswinkel: $360° : 9 =$ **40°**

b) Mittelpunktswinkel: $360° : 10 =$ **36°**

c) Mittelpunktswinkel: $360° : 5 =$ **72°**

d) Mittelpunktswinkel: $360° : 4 =$ **90°**

**145** Im regelmäßigen 6-Eck gilt:
- Der Mittelpunktswinkel beträgt $360° : 6 = 60°$.
- Da der Radius r und die Seitenlänge a gleich groß sind, besteht die Zerlegung aus 6 kongruenten **gleichseitigen** Dreiecken.
- Die Basiswinkel betragen ebenfalls jeweils 60°, da es sich um ein gleichseitiges Dreieck handelt.

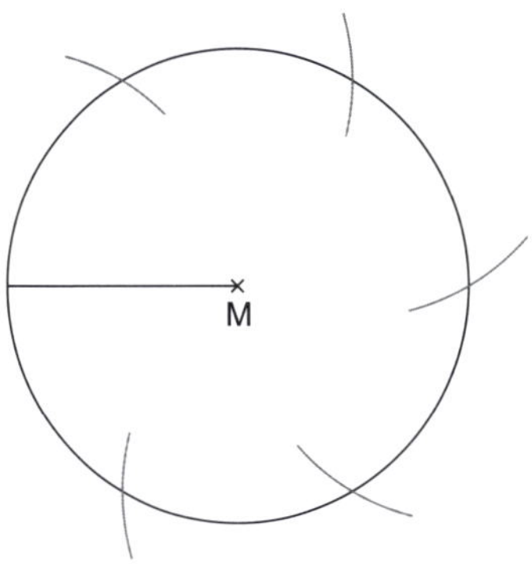


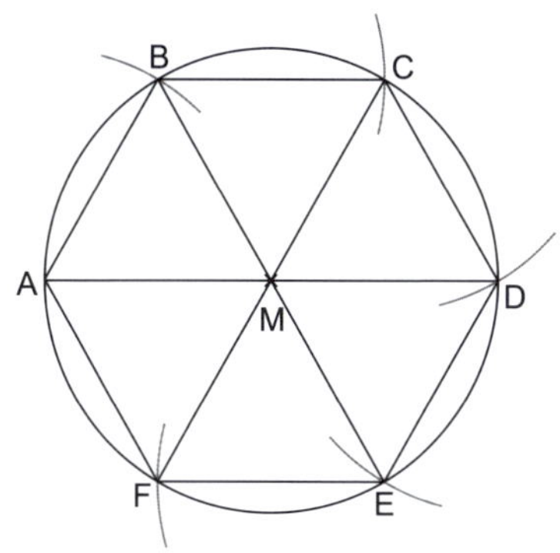


Konstruktionsbeschreibung:
1. Kreis um M mit Radius r = 2 cm
2. Kreis um z. B. den Punkt A der Kreislinie mit dem Radius a = 2 cm → A, B
3. Kreis um B mit Radius a = 2 cm → C
4. Kreis um C mit Radius a = 2 cm → D
5. Kreis um D mit Radius a = 2 cm → E
6. Kreis um E mit Radius a = 2 cm → F
7. Alle Punkte verbinden → regelmäßiges 6-Eck ABCDEF

**146** a) Im regelmäßigen 5-Eck gilt:
Der Mittelpunktswinkel beträgt $360° : 5 = 72°$ und $\alpha = \beta = \gamma = \delta = \varepsilon$.

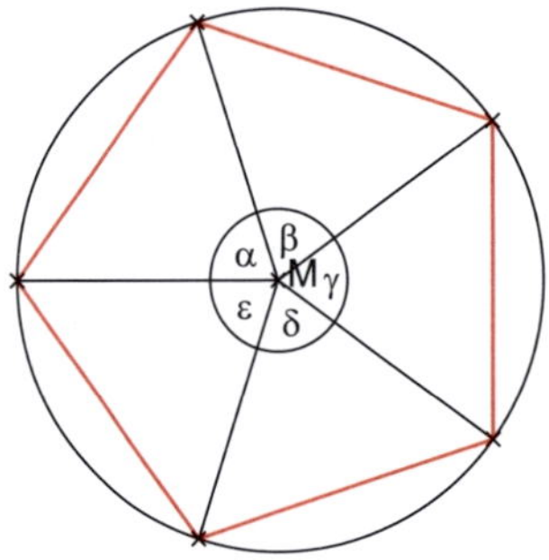


b) Im regelmäßigen 9-Eck gilt:
Der Mittelpunktswinkel beträgt $360° : 9 = 40°$ und $\alpha = \beta = \gamma = \delta = \varepsilon = \zeta = \eta = \theta = \iota$.

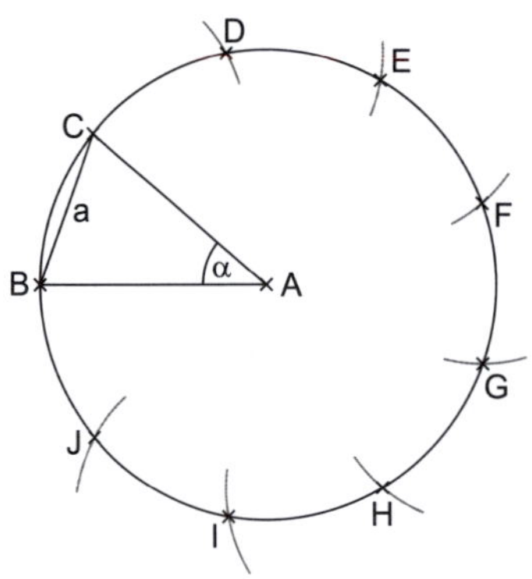


Es gibt 2 Möglichkeiten, diese Aufgabe zu lösen.

Möglichkeit 1: Man konstruiert einen Kreis mit Radius r = 2 cm und trägt nacheinander den errechneten Mittelpunktswinkel n-mal (beim regelmäßigen 5-Eck also 5-mal) vom Mittelpunkt des Kreises ab. Dann verbindet man die Schnittpunkte der freien Schenkel mit der Kreislinie und erhält die Eckpunkte des n-Ecks.

Möglichkeit 2: Man zeichnet den Kreis, errechnet den Mittelpunktswinkel und konstruiert ein kongruentes gleichschenkliges Dreieck. Anschließend trägt man die Seitenlänge a des Dreiecks n-mal (beim regelmäßigen 9-Eck also 9-mal) mit dem Zirkel auf der Kreislinie ab und erhält die Eckpunkte des n-Ecks.

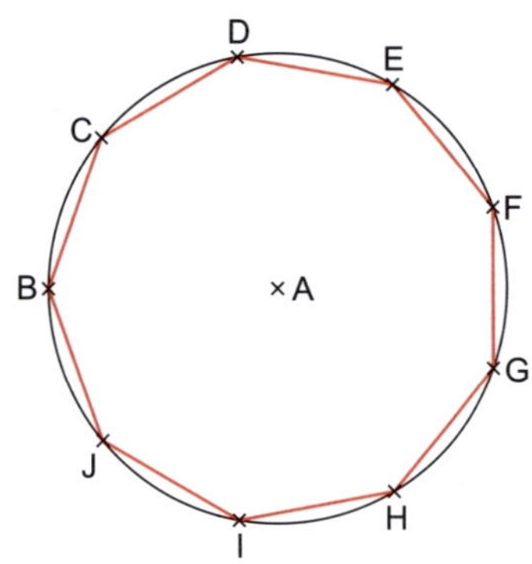

**147** a) Der Mittelpunktswinkel eines regelmäßigen 10-Ecks beträgt $360° : 10 = 36°$.
Es gilt: $\alpha = \beta = \gamma = \delta = \varepsilon = \zeta = \eta = \theta = \iota = \kappa$

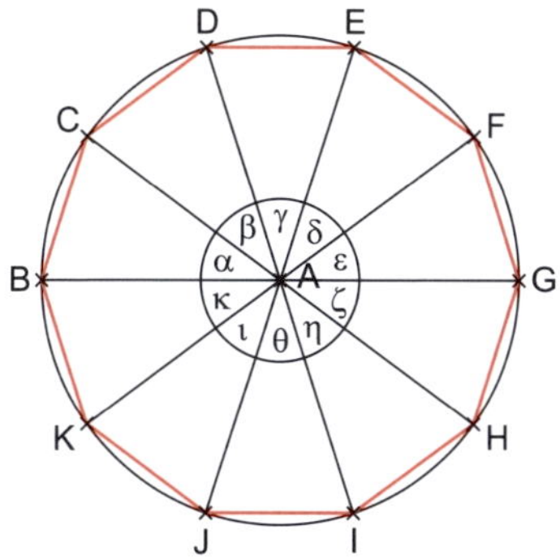


Die Konstruktion erfolgt nach dem Schema der Möglichkeit 1 der obigen Aufgabe. Es entsteht das regelmäßige 10-Eck BCDEFGHIJK.

b) regelmäßiges 5-Eck:

Durch Halbierung der jeweiligen Mittelpunktswinkel kann ein regelmäßiges 5-Eck in ein regelmäßiges 10-Eck überführt werden.

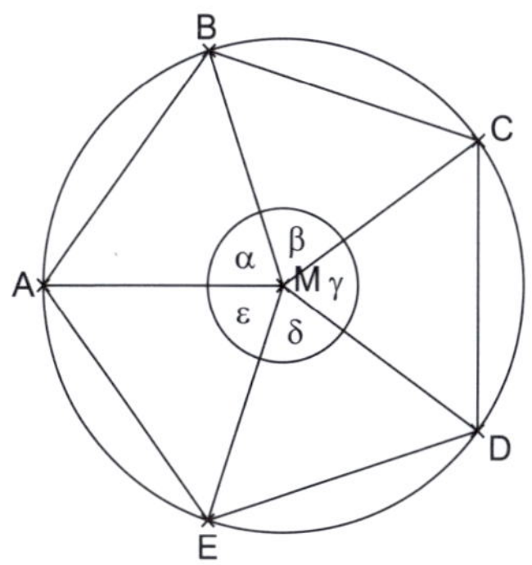


$\Rightarrow$ regelmäßiges 10-Eck (ABCDEFGHIJ)

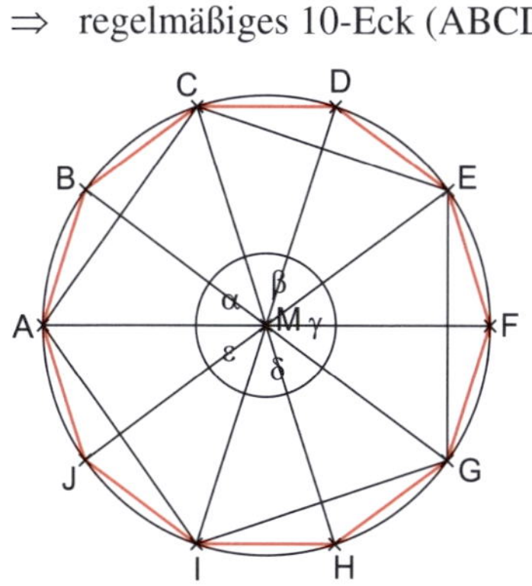

**148** a)

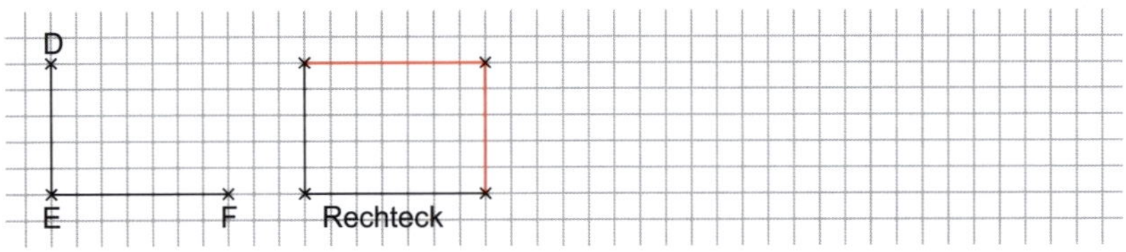


b)

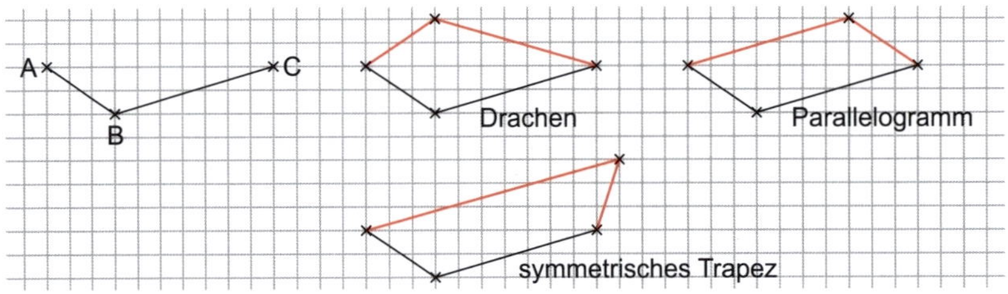


c)

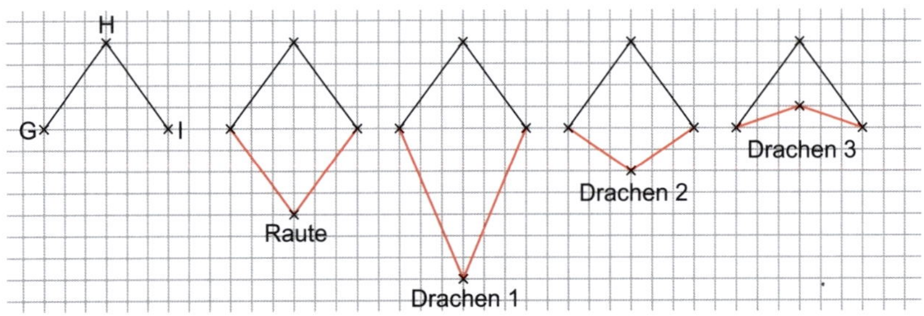


Hier gibt es neben der Raute **unendlich** viele Möglichkeiten zur Konstruktion eines Drachens.

**149** a)

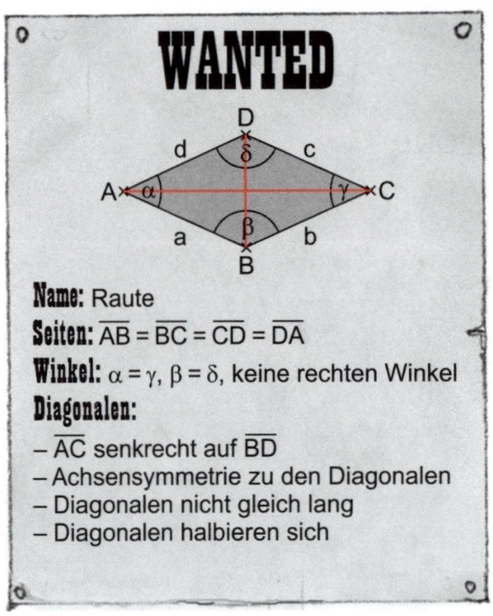

b)

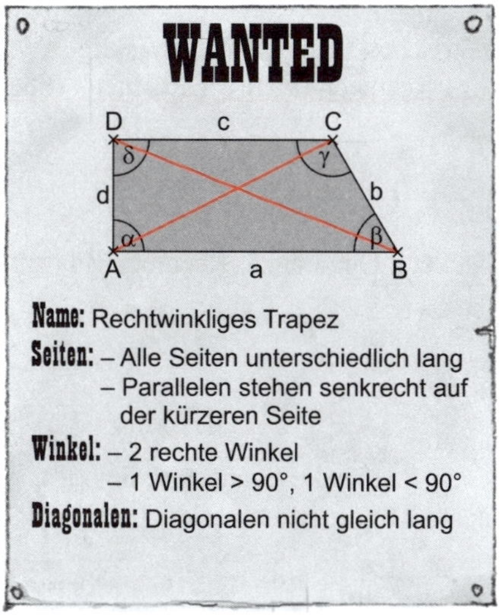


**150**

| | Viereck | minimal notwendige Bestimmungsstücke |
|---|---|---|
| a) | Raute | 1 Seite; 1 Winkel |
| b) | Quadrat | 1 Seite |

**151** In dem Muster sind insgesamt **14 Rauten** versteckt. (1 neunteilige Raute; 4 vierteilige Rauten; 9 einteilige Rauten)

**152**

Jordanien:
2 rechtwinklige Trapeze; 1 Rechteck (Flagge)

Kongo:
1 Parallelogramm; 2 „langgestreckte“ allgemeine Trapeze; 1 Rechteck (Flagge)

Kuwait:
1 symmetrisches Trapez; 2 rechtwinklige Trapeze; 1 Rechteck (klein); 1 Rechteck (Flagge)

Island:
2 Rechtecke; 2 Quadrate; 1 Rechteck (Flagge)

St. Vincent:
3 Rauten; 2 Rechtecke (rechts und links); 1 Rechteck (Mitte); 1 Rechteck (Flagge)

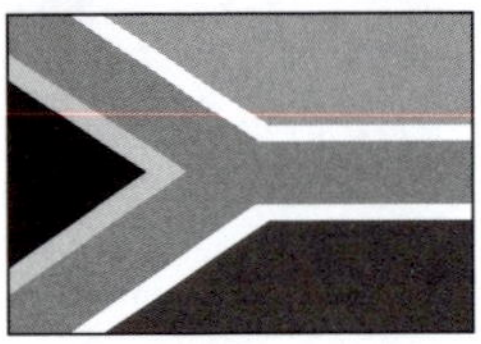

Südafrika:
2 rechtwinklige Trapeze; 1 Rechteck (Flagge)

**153** a) 8 Rechtecke (1, 2, 3, 4, 5, 12, 13, 14); 2 rechtwinklige Trapeze (6, 11); 4 allgemeine Trapeze (7, 8, 9, 10).

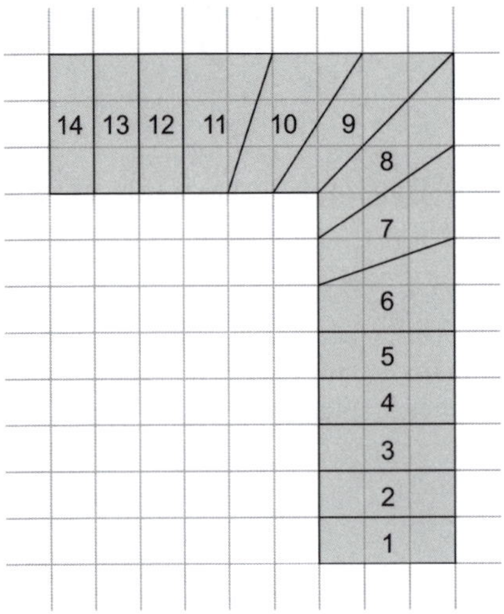

b) Z. B.: 5 Rechtecke (1, 2, 3, 4, 14); 2 rechtwinklige Trapeze (5, 13); 7 unterschiedliche allgemeine Trapeze (6, 7, 8, 9, 10, 11, 12).

Es gibt noch viele andere Möglichkeiten, wie eine Treppe rechtwinklig um eine Ecke geführt werden kann.

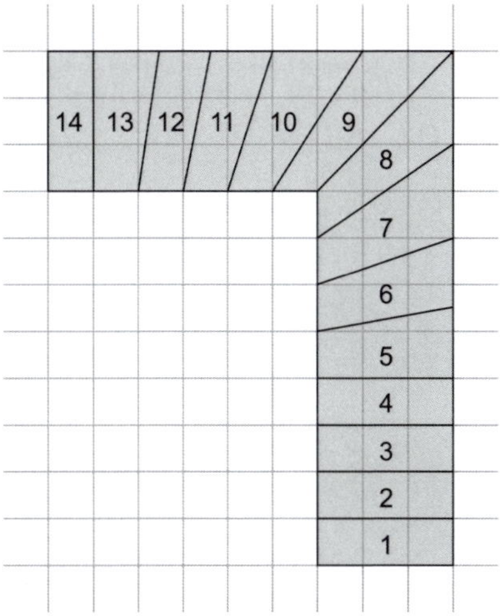


**154**

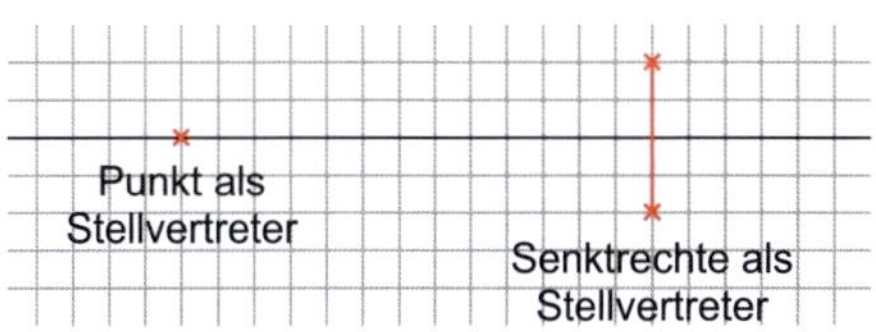


- Eine Gerade ist achsensymmetrisch zu sich selbst (aber auch zu jeder Senkrechten zur Geraden).
- Da eine Gerade unendlich lang ist und weder einen Anfangspunkt noch einen Endpunkt hat, ist sie auch punktsymmetrisch zu jedem Punkt auf der Geraden.
- Eine Gerade hat unendlich viele Symmetrieachsen (sich selbst und die unendlich vielen Senkrechten zur Geraden) und unendlich viele Symmetriezentren.

**155** Planfigur:

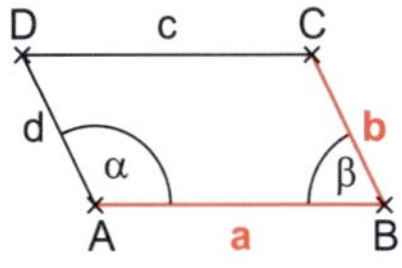


Um das Parallelogramm konstruieren zu können, müssen zuerst die Winkel $\alpha$ und $\beta$ berechnet werden.

Berechnung der Winkel $\alpha$ und $\beta$:

$$2\alpha + 2\beta = 360° \quad |\alpha = 2\beta$$
$$4\beta + 2\beta = 360° \quad |:6$$
$$\beta = 60°$$
$$\Rightarrow \quad \alpha = 120°$$

$\alpha$ und $\beta$ können alternativ auch folgendermaßen berechnet werden:
Im Parallelogramm ergänzen sich 2 nebeneinanderliegende Winkel zu 180°, da es sich immer um Nebenwinkel an geschnittenen Parallelen handelt. Also gilt: $\alpha + \beta = 180°$
Da $\alpha$ doppelt so groß wie $\beta$ ist, folgt:
$2\beta + \beta = 180° \Rightarrow \beta = 60°$ und $\alpha = 120°$

Konstruktionszeichnung:

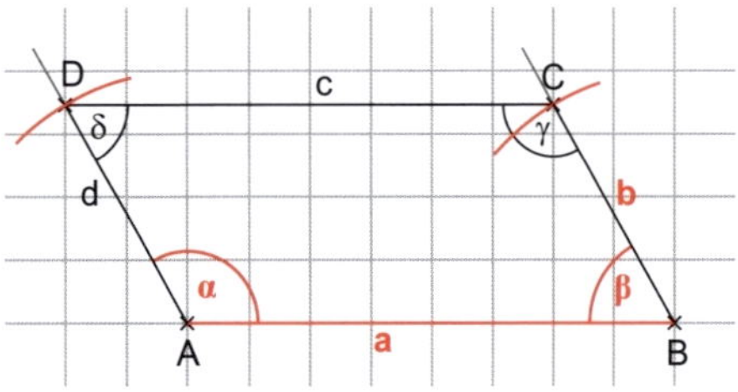


Konstruktionsbeschreibung:
1. Seite a = 4 cm zeichnen → A; B
2. Winkel $\alpha = 120°$ an A antragen
3. Winkel $\beta = 60°$ an B antragen
4. Kreis um A mit dem Radius d = b = 2 cm → D
5. Kreis um B mit dem Radius b = 2 cm → C
6. C und D verbinden → Parallelogramm ABCD

**156** **Nein, das stimmt nicht.**

Begründung: Ein regelmäßiges n-Eck besteht aus n kongruenten gleichschenkligen Dreiecken mit dem Mittelpunktswinkel des n-Ecks an der Spitze. Dieser misst $\frac{360°}{n}$. Demnach beträgt die Summe der Basiswinkel damit $180° - \frac{360°}{n}$.
Gleichsetzen liefert:

$$\frac{360°}{n} = 180° - \frac{360°}{n} \quad |\cdot n$$
$$360° = 180° \cdot n - 360° \quad |+360°$$
$$720° = 180° \cdot n \quad |:180°$$
$$n = 4$$

Wenn die Behauptung stimmen würde, müsste sie aber für alle n bzw. für alle n-Ecke gelten und nicht nur für n = 4 (Quadrat).

*alternativ:*

Um zu zeigen, dass die Behauptung nicht für alle regelmäßigen n-Ecke gilt, genügt die Angabe eines Gegenbeispiels. So gilt z. B. im regelmäßigen 5-Eck für den Mittelpunktswinkel $\frac{360°}{5} = 72°$. Für die Summe der beiden Basiswinkel gilt jedoch: $180° - 72° = 108° \neq 72°$.

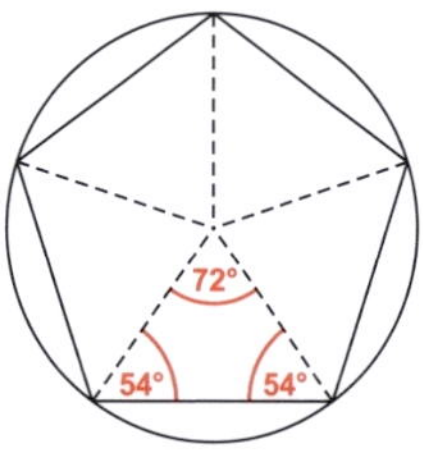

**157**

| y | 2 | 7 | **5** | **–4** |
|---|---|---|---|---|
| y + 5 | **7** | **12** | **10** | 1 |
| 4 – y | **2** | **–3** | –1 | **+8** |
| 2 · y + 3 | **7** | **17** | **13** | **–5** |

In der 3. und 4. Spalte ist nicht der Wert der Variablen gegeben, sondern der Wert eines Terms ($4 - y = -1$ bzw. $y + 5 = 1$). Hier musst du durch Schlussfolgerung oder Ausprobieren zunächst die Variable y ermitteln. (Spalte 3: $y = 5$; Spalte 4: $y = -4$). Wenn du den Wert der Variablen y gefunden hast, kannst du die fehlenden Felder der Tabelle wie bei Spalte 1 und 2 ausfüllen.

**158**

a) $4 \cdot \mathbf{5} - 2 = 20 - 2 = \mathbf{18}$

b) $(\mathbf{1} + 7) - (\mathbf{2} - 1) = 8 - 1 = \mathbf{7}$

c) $6 \cdot \mathbf{3} + (\mathbf{-7}) = 18 - 7 = \mathbf{11}$

d) $2 - \mathbf{0{,}7} \cdot 3 = 2 - 2{,}1 = \mathbf{-0{,}1}$

**159**

a) $3vw + 4vw = \mathbf{7vw}$

b) $7s - 4s - 5s = (7 - 4 - 5) \cdot s = \mathbf{-2s}$

c) $10y^3 + 4y^3 = \mathbf{14y^3}$

d) $5{,}3v + 4{,}7v = (5{,}3 + 4{,}7) \cdot v = 10 \cdot v = \mathbf{10v}$

e) $\frac{1}{2}ab + \frac{3}{2}ab = \left(\frac{1}{2} + \frac{3}{2}\right)ab = \frac{4}{2}ab = \mathbf{2ab}$

f) $5bc^2 - 2bc^2 = \mathbf{3bc^2}$

g) $4x - 2x + 1y = 2x + 1y = \mathbf{2x + y}$

h) $12x - x - 2x = \mathbf{9x}$

**160**

| | Term | 1. Möglichkeit | 2. Möglichkeit | 3. Möglichkeit |
|---|---|---|---|---|
| a) | 17ac | **12ac + 5ac** | **40ac – 23ac** | **2ac + 18ac – 3ac** |
| b) | $3x^2$ | $\mathbf{x^2 + 2x^2}$ | $\mathbf{50x^2 - 47x^2}$ | $\mathbf{45x^2 - 50x^2 + 8x^2}$ |
| c) | 50b | **25b + 25b** | **100b – 50b** | **1 000b – 999b + 49b** |
| d) | 15abc | **3abc + 12abc** | **30abc – 15abc** | **30abc – abc – 14abc** |

Es gibt neben den jeweils genannten 3 Möglichkeiten noch unendlich viele andere Möglichkeiten!

**161**

a) $2x + 5y - 5z + x - 2y - 1z - z = \mathbf{3x + 3y - 7z}$

b) $3a - b - c + b + c - 2a = \mathbf{1a}$

c) $3d - 3bd + 3 - 3b + 3bd + b = \mathbf{3d - 2b + 3}$

d) $\frac{4}{5}r+\frac{1}{5}r-\frac{1}{5}+5\frac{1}{5}r+0,2=\frac{5}{5}r+5\frac{1}{5}r=\mathbf{6\frac{1}{5}r=6,2r}$

e) $4{,}5u-5{,}5v+1{,}5uv-2{,}5uv^2+uv-0{,}5u+1{,}5v=\mathbf{4u-4v-2{,}5uv^2+2{,}5uv}$

f) $3a^2+2a^3-2+3+a^2-2a^3+0a^3-1a^3=\mathbf{4a^2-1a^3+1}$

**162**

| | | w | f | |
|---|---|---|---|---|
| a) | $y^2-y=y$ | ☐ | ☒ | richtig: $y^2-y=$ keine Umformung möglich |
| b) | $r-r=0$ | ☒ | ☐ | |
| c) | $x+1x=2x$ | ☒ | ☐ | |
| d) | $2a+a^2=2a^2$ | ☐ | ☒ | richtig: $2a+a^2=$ keine Umformung möglich |
| e) | $1y-y=1$ | ☐ | ☒ | richtig: $1y-y=0$ |
| f) | $x^2+x-1x^2=1x$ | ☒ | ☐ | |
| g) | $1+x^3=1x^3$ | ☐ | ☒ | richtig: $1+x^3=$ keine Umformung möglich |
| h) | $r^2-2r=0$ | ☐ | ☒ | richtig: $r^2-2r=$ keine Umformung möglich |
| i) | $2z\cdot z=2z^2$ | ☒ | ☐ | |

**163**

a) $6z\cdot 3=\mathbf{18z}$

b) $a\cdot 7+7+7a=\mathbf{14a+7}$

c) $2\cdot d\cdot 6\cdot s=\mathbf{12ds}$

d) $3p\cdot 3p=\mathbf{9p^2}$

e) $3p+3p=\mathbf{6p}$

f) $r\cdot r\cdot r\cdot s=\mathbf{r^3s}$

g) $12f:3=\mathbf{4f}$

h) $25st:5s=\mathbf{5t}$

i) $-45g:(-9g^2)=\mathbf{\frac{5}{g}}$

k) $2s\cdot(-15s^4):3s=-30s^5:3s=\mathbf{-10s^4}$

**164**

| | | | | | |
|---|---|---|---|---|---|
| a) | $d\cdot d\cdot d=$ | ☐ | $3d$ | ☒ | $d^3$ |
| b) | $n\cdot 4n=$ | ☒ | $4n^2$ | ☐ | $5n$ |
| c) | $t^2+t^2=$ | ☐ | $t^4$ | ☒ | $2t^2$ |
| d) | $3+7r+1=$ | ☐ | $11r$ | ☒ | $4+7r$ |
| e) | $k+k^2=$ | ☐ | $2k^2$ | ☐ | $k^3$ |
| f) | $1w\cdot 5=$ | ☒ | $5w$ | ☐ | $6w$ |
| g) | $3z\cdot z\cdot z=$ | ☒ | $3z^3$ | ☐ | $6z$ |

Zu e): Bei dieser Aufgabe ist keine der beiden Lösungen richtig. Der Term $k+k^2$ kann nicht weiter vereinfacht werden.

**165** a) $\mathbf{12c} \cdot 4c = 48c^2$

b) $2g^2 \cdot \mathbf{5g^3} = 10g^5$

c) $-4zu \cdot \mathbf{(-9)} = +36zu$

d) $\mathbf{2s^2t} \cdot \mathbf{25st} = 50s^3t^2$
oder:
$\mathbf{50} \cdot \mathbf{s^3t^2} = 50s^3t^2$
oder:
$\mathbf{5s} \cdot \mathbf{10s^2t^2} = 50s^3t^2$
oder:
$\mathbf{50s^3t^2} \cdot \mathbf{1} = 50s^3t^2$

Es gibt noch unendlich viele weitere Möglichkeiten (bei rationalen Faktoren), die fehlenden Terme zu ergänzen.

e) $4d : \mathbf{2d} = 2$

f) $\mathbf{-150u} : 5u = -30$

**166** a) $4a - 6b + 7c = 4 \cdot \mathbf{3} - 6 \cdot (\mathbf{-2}) + 7 \cdot \mathbf{1} = 12 + 12 + 7 = \mathbf{31}$

b) $a^2 + 3ab - 7c^5 = \mathbf{3}^2 + 3 \cdot \mathbf{3} \cdot (\mathbf{-2}) - 7 \cdot \mathbf{1}^5 = 9 - 18 - 7 = \mathbf{-16}$

c) $2 \cdot (a + b) - c = 2 \cdot [\mathbf{3} + (\mathbf{-2})] - \mathbf{1} = 2 - 1 = 1$

d) $2a \cdot 3b \cdot 4c = 2 \cdot \mathbf{3} \cdot 3 \cdot (\mathbf{-2}) \cdot 4 \cdot \mathbf{1} = \mathbf{-144}$

e) $3a \cdot 2 + 2b \cdot 1 + 1c \cdot 1 = 3 \cdot \mathbf{3} \cdot 2 + 2 \cdot (\mathbf{-2}) \cdot 1 + 1 \cdot \mathbf{1} \cdot 1 = 18 - 4 + 1 = \mathbf{15}$

f) $20ac : (6b) = 20 \cdot \mathbf{3} \cdot \mathbf{1} : [6 \cdot (\mathbf{-2})] = 60 : (-12) = \mathbf{-5}$

g) $-abc : (+abc) = \mathbf{-3} \cdot (\mathbf{-2}) \cdot \mathbf{1} : [+\mathbf{3} \cdot (\mathbf{-2}) \cdot \mathbf{1}] = +6 : (-6) = \mathbf{-1}$

h) $a \cdot b : c = \mathbf{3} \cdot (\mathbf{-2}) : \mathbf{1} = -6 : 1 = \mathbf{-6}$

**167** a) $12 - (d + 6) = 12 - d - 6 = \mathbf{6 - d}$

b) $s + (22 - s) = s + 22 - s = \mathbf{22}$

c) $-(t + 3) + 1 = -t - 3 + 1 = \mathbf{-t - 2}$

d) $f + (-2 - u) = \mathbf{f - 2 - u}$

Dieser Term kann nicht weiter vereinfacht werden.

e) $-4 - (4 + z) = -4 - 4 - z = \mathbf{-8 - z}$

f) $2t + (4t - 4) = 2t + 4t - 4 = \mathbf{6t - 4}$

g) $15zu - (uz + 5u) = 15uz - uz - 5u = \mathbf{14uz - 5u}$

Der Term „zu“ kann auch als „uz“ geschrieben werden. (Kommutativgesetz der Multiplikation).

h) $-(4d-4e)+8de=\mathbf{-4d+4e+8de}$

Dieser Term kann nicht weiter vereinfacht werden, da die Terme nicht gleichartig sind.

i) $(3s+6d)-(4s+2d)=3s+6d-4s-2d=-1s+4d=\mathbf{-s+4d}$

j) $-(4v-2w)-(-2v-3w)=-4v+2w+2v+3w=\mathbf{-2v+5w}$

**168** a) $3\cdot(5+h)=\mathbf{15+3h}$

b) $2z\cdot(r+z)=2zr+2z^2=\mathbf{2rz+2z^2}$

c) $(g-2)\cdot g=\mathbf{g^2-2g}$

d) $4r\cdot(4r-3)=\mathbf{16r^2-12r}$

e) $-2\cdot(-e+2e)=+2e-4e=\mathbf{-2e}$

f) $(6d+8):2=\mathbf{3d+4}$

g) $(15s-10t):5=\mathbf{3s-2t}$

h) $(40t^2+30t):10t=\mathbf{4t+3}$

**169** a) $6n-6m=6\cdot(n-m)=\mathbf{6(n-m)}$

b) $30r+10r=10r\cdot(3+1)=10r\cdot 4=\mathbf{40r}$

Dieses Ergebnis erhält man auch durch Addition der gleichartigen Terme: $30r+10r=40r$

c) $\frac{2}{5}a+\frac{1}{5}a=a\cdot\left(\frac{2}{5}+\frac{1}{5}\right)=a\cdot\frac{3}{5}=\frac{3}{5}\cdot a=\mathbf{\frac{3}{5}a}$

$\frac{2}{5}a+\frac{1}{5}a=\frac{3}{5}a$

d) $\frac{2}{3}z-\frac{1}{9}z=\left(\frac{2}{3}-\frac{1}{9}\right)\cdot z=\left(\frac{6}{9}-\frac{1}{9}\right)\cdot z=\frac{5}{9}\cdot z=\mathbf{\frac{5}{9}z}$

e) $1\frac{1}{4}r+2\frac{1}{2}r=\left(1\frac{1}{4}+2\frac{1}{2}\right)\cdot r=\left(\frac{5}{4}+\frac{5}{2}\right)\cdot r=\left(\frac{5}{4}+\frac{10}{4}\right)\cdot r=\frac{15}{4}\cdot r=\frac{15}{4}r=\mathbf{3\frac{3}{4}r}$

f) $z\cdot 2-\frac{1}{2}z=z\cdot\left(2-\frac{1}{2}\right)=z\cdot 1\frac{1}{2}=\mathbf{1\frac{1}{2}z=1{,}5z}$

Dieses Ergebnis erhält man auch durch Subtraktion der gleichartigen Terme unter Anwendung des Kommutativgesetzes:

$z\cdot 2-\frac{1}{2}z=2z-\frac{1}{2}z=1\frac{1}{2}z=1{,}5z$

**170** a) $30+40b=\mathbf{10\cdot(3+4b)}$

b) $56s-44st=\mathbf{4s\cdot(14-11t)}$

c) $x^2-x^3=\mathbf{x^2\cdot(1-x)}$

d) $d^3+5d-d^2=\mathbf{d\cdot(d^2+5-d)}$

e) $z^3h+h^3z=\mathbf{zh\cdot(z^2+h^2)}$

f) $6f^4-4f^6=\mathbf{2f^4\cdot(3-2f^2)}$

**171** a) Zahl: x
Das 8-Fache der Zahl: $8 \cdot x$
Das 3-Fache der Zahl: $3 \cdot x$
Subtraktion: $\mathbf{8 \cdot x - 3 \cdot x}$
Name: **Differenz**

b) Die Zahl 7: 7
Eine Zahl: y
Das 2-Fache der Zahl: $2 \cdot y$
Vermehrung: $\mathbf{7 + 2 \cdot y}$
Name: **Summe**

c) Eine Zahl: z
Addition von 4: $z + 4$
Multiplikation der Summe mit 6: $\mathbf{(z + 4) \cdot 6}$
Name: **Produkt**

Hier musst du Klammern setzen!

d) Zahl: x
Die Differenz von 8 und x: $8 - x$
Division durch 3: $\mathbf{(8 - x) : 3}$ oder $\mathbf{\frac{8 - x}{3}}$
Name: **Quotient**

**172** a) $3 \cdot x - 2$: **Das 3-Fache einer Zahl wird um 2 vermindert.**

Es gibt zu jedem Term noch weitere Möglichkeiten der Formulierung. Hier z. B.: Bilde die Differenz aus dem Produkt von 3 und x und der Zahl 2.

b) $(x - 2) : 3$: **Von einer Zahl wird 2 subtrahiert und die Differenz durch 3 geteilt.**

c) $15 - 3 \cdot x$: **Bilde die Differenz aus 15 und dem Produkt aus 3 und x.**

d) $x + 2 \cdot x - 2$: **Zu einer Zahl wird das Doppelte der Zahl addiert und danach 2 subtrahiert**.

**173** Vorbemerkung: Ein Schwein hat natürlich 4 Beine; ein Bauer deren 2.

Anzahl Schweine: x
Anzahl Bauern: y
Die Beine der Schweine: $4 \cdot x$
Die Beine der Bauern: $2 \cdot y$
Anzahl der Beine von x Schweinen und y Bauern: $\mathbf{4x + 2y}$

Beispiel: Wie viele Beine haben 5 Schweine und 3 Bauern zusammen?
Antwort: $4 \cdot 5 + 2 \cdot 3 = 20 + 6 = 26$
Schweine und Bauern haben zusammen 26 Beine.

**174** Äquivalent sind a und d wegen
$3y - z^0 + 1z - 4z : 2z + 4y = 3y - 1 + z - 2 + 4y = z + 7y - 3$
und b und c wegen
$-1 \cdot 7^0 - y^0 \cdot y + 3 \cdot (y + z) = -1 - y + 3y + 3z = 3z + 2y - 1$

**175**

a) $4x^2 + 4x^2 = 8x^4$ **(f)** Korrektur: $4x^2 + 4x^2 = 8x^2$

b) $3c^3 \cdot 2c^2 = 6c^5$ **(w)**

c) $2 \cdot d \cdot 3 = 5d$ **(f)** Korrektur: $2 \cdot d \cdot 3 = 6d$

d) $2w \cdot 2w = 4w$ **(f)** Korrektur: $2w \cdot 2w = 4w^2$

e) $z(3 + x) = 3z + xz$ **(w)**

f) $(-4 + r) : (-2) = 2 - \frac{r}{2}$ **(w)**

g) $(-4d) \cdot (d + 2) = -4d^2 + 8d$ **(f)** Korrektur: $(-4d) \cdot (d + 2) = -4d^2 - 8d$

h) $7(4r + x) = 28r + x$ **(f)** Korrektur: $7(4r + x) = 28r + 7x$

**176**

a) Der Quotient aus der Differenz von einer Zahl und 4 und der Zahl 2.

Es gibt zu jedem Term noch weitere Möglichkeiten der Formulierung.

b) Addiere zum Produkt aus einer Zahl und 2 die Zahl 3.

c) Der Quotient aus einer Zahl und 4 vermindert um 7.

d) Subtrahiere die Differenz aus einer Zahl und 3 von der Summe aus einer anderen Zahl und 3.

**177**

a) **x · 2,40 € + y · 3,50 €**

b) **3** · 2,40 € + **2** · 3,50 € = 7,20 € + 7,00 € = **14,20 €**
3 Kinder und 2 Erwachsene müssen 14,20 € bezahlen.

c) **4** · 2,40 € + **1** · 3,50 € = 9,60 € + 3,50 € = **13,10 €**
Frau Ringelmann muss 13,10 € bezahlen.

**178**

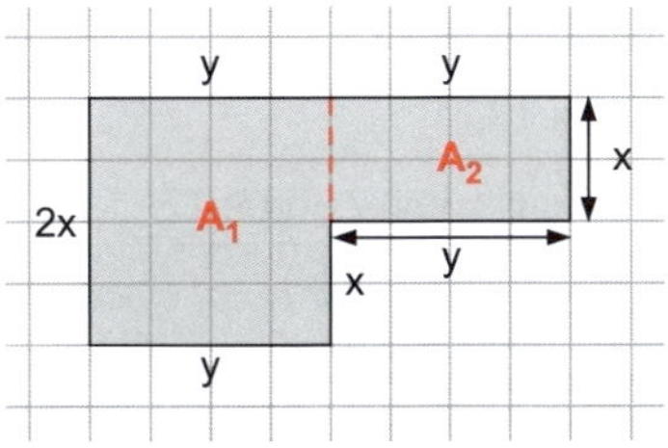


Durch Abzählen der Kästchen erkennt man, dass alle für die Berechnung wichtigen Strecken entweder x oder y lang sind.

a) Term für den Umfang u des Grundstücks:
$u = y + x + y + x + 2y + 2x = \mathbf{4x + 4y = 4(x + y)}$
(Gegen den Uhrzeigersinn ausgehend vom linken unteren Eckpunkt des Grundstücks).

b) Term für den Flächeninhalt A des Grundstücks:
$A = A_1 + A_2 = 2x \cdot y + x \cdot y = \mathbf{3xy}$

**179** Term für das Volumen V des Kartons:
$V = \text{Höhe} \cdot \text{Breite} \cdot \text{Tiefe} = \mathbf{h \cdot b \cdot t = hbt}$

3-dimensionale Darstellung des Kartons:

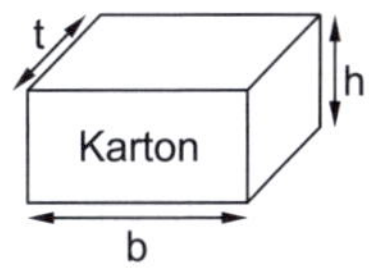


Term für die Oberfläche O des Kartons:
$O = 2A_1 + 2A_2 + 2A_3$
$= 2 \cdot b \cdot t + 2 \cdot t \cdot h + 2 \cdot b \cdot h$
$= \mathbf{2(bt + th + bh)}$

Netz des Kartons:

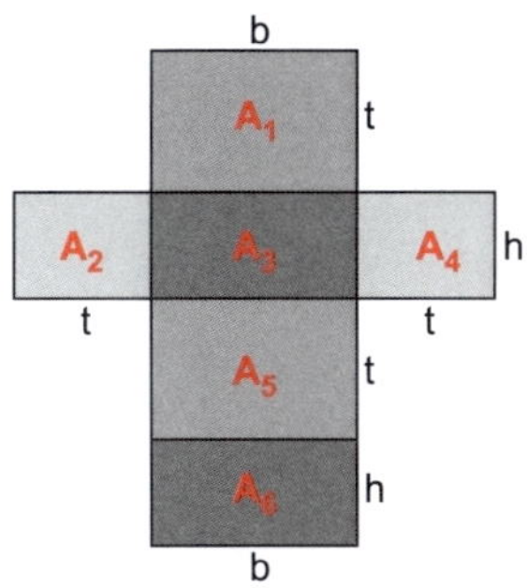


Die Oberfläche des Kartons besteht aus 6 Rechtecken („Alle Flächen, die man anstreichen kann“).
Jeweils 2 Rechtecke sind gleich. ($A_1$ und $A_5$; $A_2$ und $A_4$; $A_3$ und $A_6$).

**180**

| | | |
|---|---|---|
| w | $s+4=17$ | Die Summe aus einer Zahl und 4 ergibt 17. |
| f | $3\cdot g=18$ | Der Quotient aus 3 und g ergibt 18. |
| f | $20\cdot 2-x=12$ | 20 vermindert um das Produkt aus x und 2 ergibt 12. |
| w | $(5+y):2=1$ | Die Summe aus y und 5 dividiert durch 2 ist 1. |
| f | $5-2x=x-1$ | Das Doppelte einer Zahl vermindert um 5 ergibt 1 weniger als die Zahl selbst. |
| w | $7=x:2+1$ | Der Quotient aus x und 2 vermehrt um 1 ergibt 7. |

Die richtigen Gleichungen für die „falschen" Übersetzungen:

| | |
|---|---|
| | Die Summe aus einer Zahl und 4 ergibt 17. |
| $3:g=18$ | Der Quotient aus 3 und g ergibt 18. |
| $20-x\cdot 2=12$ | 20 vermindert um das Produkt aus x und 2 ergibt 12. |
| | Die Summe aus y und 5 dividiert durch 2 ist 1. |
| $2x-5=x-1$ | Das Doppelte einer Zahl vermindert um 5 ergibt 1 weniger als die Zahl selbst. |
| | Der Quotient aus x und 2 vermehrt um 1 ergibt 7. |

**181**

a) $x-3=30$

b) $5=f:20$

c) $3+4\cdot x=15$

d) $(t-3):2=t\cdot 2$

e) $17-(z+3)=9$

f) $(4x+4)\cdot 2=24$

**182**

a) **Das Produkt aus 4 und einer Zahl vermehrt um 2 ergibt 10.**

Alle Gleichungen können jeweils auch anders formuliert werden.

b) **5 ist die Differenz aus einer Zahl und 4.**

c) **Die Summe aus f und 5 multipliziert mit 2 ist 14.**

d) **Subtrahierst du von 10 die Summe aus 3 und h, so erhältst du 1.**

**183** Gleichung zum Flächeninhalt:

**$18\ cm^2 = x \cdot y$**

Gleichung zum Umfang:

**$16\ cm = 2x + 2y$**

*alternativ:*

**$16\ cm = 2(x + y)$**

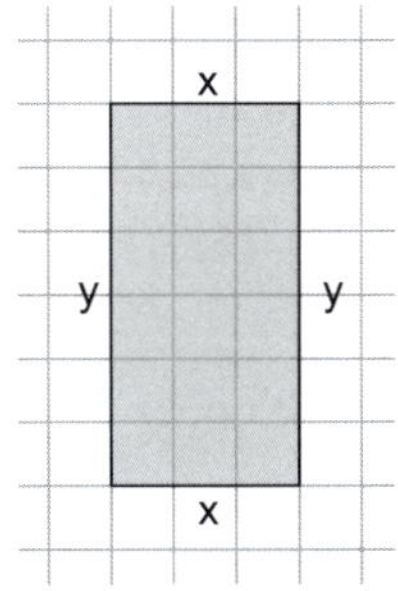


**184** a)

$$\begin{aligned} x + 3 &= 5 \qquad |-3 \\ x + 3 - 3 &= 5 - 3 \\ x &= 2 \end{aligned}$$

**$L = \{2\}$**

Es ist sinnvoll, die Gleichheitszeichen in jeder Zeile untereinander zu schreiben. Dadurch wird der Lösungsweg übersichtlicher und eventuelle Fehler können leichter gefunden werden.

b)

$$\begin{aligned} 7 &= y + 1 \qquad |-1 \\ 7 - 1 &= y + 1 - 1 \\ 6 &= y \end{aligned}$$

**$L = \{6\}$**

Bei der Lösung einer Gleichung steht am Ende die Variable normalerweise links des Gleichheitszeichens (y = …); genauso richtig ist es, wenn sie rechts des Gleichheitszeichens steht (… = y). Man darf Links- und Rechtsterm einer Gleichung auch vertauschen.

c)

$$\begin{aligned} z - 4 &= 2 \qquad |+4 \\ z - 4 + 4 &= 2 + 4 \\ z &= 6 \end{aligned}$$

**$L = \{6\}$**

d)

$$\begin{aligned} 2 \cdot x &= 8 \qquad |:2 \\ 2 \cdot x : 2 &= 8 : 2 \\ \frac{2x}{2} &= 4 \\ x &= 4 \end{aligned}$$

**$L = \{4\}$**

Wenn auf beiden Seiten dividiert wird, so kann dies als reine Divisionsaufgabe oder als gekürzter Bruch geschrieben werden.

e)

$$\begin{aligned} \frac{y}{3} &= 6 \qquad |\cdot 3 \\ \frac{y \cdot \cancel{3}}{\cancel{3}} &= 6 \cdot 3 \\ y &= 18 \end{aligned}$$

**$L = \{18\}$**

f) $100 = 20 \cdot x \quad |:20$

$100 : 20 = 20 \cdot x : 20$

$5 = x$

**L = {5}**

g) $f - 8 = 0 \quad |+8$

$f - 8 + 8 = 0 + 8$

$f = 8$

**L = {8}**

h) $f \cdot 8 = 0 \quad |:8$

$f \cdot 8 : 8 = 0 : 8$

$f = 0$

**L = {0}**

**185** a) $3 \cdot x + 2 = 14 \quad |-2$

$3 \cdot x + 2 - 2 = 14 - 2$

$3 \cdot x = 12 \quad |:3$

$3 \cdot x : 3 = 12 : 3$

$x = 4$

**L = {4}**

b) $4y - 6 = 10 \quad |+6$

$4y - 6 + 6 = 10 + 6$

$4y = 16 \quad |:4$

$4y : 4 = 16 : 4$

$y = 4$

**L = {4}**

c) $4x - 5 = 1 \quad |+5$

$4x - 5 + 5 = 1 + 5$

$4x = 6 \quad |:4$

$4x : 4 = 6 : 4$

$x = 1{,}5$

**L = {1,5}**

d)
$$
\begin{aligned}
5x+3&=2 &&|-3\\
5x+3-3&=2-3\\
5x&=-1 &&|:5\\
5x:5&=-1:5\\
x&=\frac{-1}{5}=-0,2
\end{aligned}
$$

**L = {−0, 2}**

e)
$$
\begin{aligned}
\frac{x}{4}+3&=6 &&|-3\\
\frac{x}{4}+3-3&=6-3\\
\frac{x}{4}&=3 &&|\cdot 4\\
\frac{x}{4}\cdot 4&=3\cdot 4\\
x&=12
\end{aligned}
$$

**L = {12}**

f)
$$
\begin{aligned}
2a+100&=200 &&|-100\\
2a+100-100&=200-100\\
2a&=100 &&|:2\\
2a:2&=100:2\\
a&=50
\end{aligned}
$$

**L = {50}**

g)
$$
\begin{aligned}
3c-10&=-4 &&|+10\\
3c-10+10&=-4+10\\
3c&=+6 &&|:3\\
3c:3&=6:3\\
c&=2
\end{aligned}
$$

**L = {2}**

h) $3+2x+5=58$

$$8+2x=58 \quad |-8$$
$$8+2x-8=58-8$$
$$2x=50 \quad |:2$$
$$2x:2=50:2$$
$$x=25$$
$$\mathbf{L=\{25\}}$$

Vor den 2 Äquivalenzumformungen werden die zwei 2 Summanden 3 und 5 zu 8 zusammengefasst. Damit kannst du dir Arbeit ersparen.

Natürlich kann man durch eine weitere Äquivalenzumformung auch zur Lösung gelangen.

**186** a) $5x-1=3x+7 \quad |+1$

$$5x-1+1=3x+7+1$$
$$5x=3x+8 \quad |-3x$$
$$5x-3x=3x+8-3x$$
$$2x=8 \quad |:2$$
$$2x:2=8:2$$
$$x=4$$
$$\mathbf{L=\{4\}}$$

Probe:

linke Seite $\stackrel{?}{=}$ rechte Seite

$$5\cdot\mathbf{4}-1=3\cdot\mathbf{4}+7$$
$$20-1=12+7$$
$$19=19 \quad \text{(w)}$$

Das Fragezeichen (?) über dem Gleichheitszeichen bedeutet, dass es sich bei der Gleichsetzung beider Seiten in diesem Stadium noch um eine Annahme handelt, die erst bewiesen werden muss.

b) $-22+4x=1x+8 \quad |+22$

$$-22+4x+22=1x+8+22$$
$$4x=1x+30 \quad |-1x$$
$$4x-1x=1x+30-1x$$
$$3x=30 \quad |:3$$
$$3x:3=30:3$$
$$x=10$$
$$\mathbf{L=\{10\}}$$

Probe:

linke Seite $\stackrel{?}{=}$ rechte Seite

$$-22+4\cdot\mathbf{10}=1\cdot\mathbf{10}+8$$
$$-22+40=10+8$$
$$18=18 \quad \text{(w)}$$

c) $3+7x-1=3x+14$

$$\begin{aligned} 2+7x &= 3x+14 && \mid -3x \\ 2+4x &= 14 && \mid -2 \\ 4x &= 12 && \mid :4 \\ x &= 3 \end{aligned}$$

$\mathbf{L=\{3\}}$

Probe:

linke Seite $\overset{?}{=}$ rechte Seite

$3+7\cdot\mathbf{3}-1=3\cdot\mathbf{3}+14$

$23=23$ (w)

d) $x+4-4x=3x+2+6x$

$$\begin{aligned} -3x+4 &= 9x+2 && \mid -4 \\ -3x &= 9x-2 && \mid -9x \\ -12x &= -2 && \mid :(-12) \\ x &= \frac{-2}{-12}=\frac{1}{6} \end{aligned}$$

$\mathbf{L=\left\{\frac{1}{6}\right\}}$

Probe:

linke Seite $\overset{?}{=}$ rechte Seite

$$\frac{\mathbf{1}}{\mathbf{6}}+4-4\cdot\frac{\mathbf{1}}{\mathbf{6}}=3\cdot\frac{\mathbf{1}}{\mathbf{6}}+2+6\cdot\frac{\mathbf{1}}{\mathbf{6}}$$

$$\frac{1}{6}+4-\frac{4}{6}=\frac{3}{6}+2+\frac{6}{6}$$

$$\frac{-3}{6}+4=\frac{9}{6}+2$$

$$-0{,}5+4=1{,}5+2$$

$$3{,}5=3{,}5 \qquad \text{(w)}$$

Wenn die Lösung einer Gleichung einen nicht abbrechenden Dezimalbruch ergibt (z. B. $\frac{1}{6}=0{,}16666\ldots$), so muss bei der Probe mit dem exakten Bruch gerechnet werden.

**187**

| | | äquivalente Gleichung 1 | äquivalente Gleichung 2 | äquivalente Gleichung 3 |
|---|---|---|---|---|
| a) | $2x+5=15$ | $8^0+x+4+x^1$ $=20-5$ | $x=5$ | $9x-2-7x+7$ $=45:3$ |
| b) | $6=x:8-2$ | $1+1+1+1+2$ $=\frac{2x}{16}-3^0-1$ | $-0{,}125x=-8$ | $90:10-3$ $=0{,}125x-2$ |
| c) | $6\cdot y=y+20$ | $4y-20+2y$ $=2y-y$ | $5y=120:6$ | $-\frac{40}{2}+3y=-2y$ |
| d) | $-4x-6=-2x$ | $x=-3$ | $-2x=66:11$ | $-6x:-2x=-x$ |

Es gibt unendlich viele äquivalente Gleichungen mit identischen Lösungsmengen wie die Ausgangsgleichungen.

**188** a)
$$4x=52 \quad |:4$$
$$x=13$$
**L = {13}**

b)
$$7+y=19 \quad |-7$$
$$y=12$$
**L = {12}**

c)
$$50-35=5\cdot z$$
$$15=5\cdot z \quad |:5$$
$$3=z$$
**L = {3}**

d)
$$3x+5=23 \quad |-5$$
$$3x=18 \quad |:3$$
$$x=6$$
**L = {6}**

**189** Alter von Ursula: x
Alter von Romuald: x – 1
Zusammen: Romuald und Ursula = 75 Jahre

Gleichung: $x+x-1=75$

Lösen der Gleichung:
$$x+x-1=75$$
$$2x-1=75 \quad |+1$$
$$2x=76 \quad |:2$$
$$x=38$$
**L = {38}**

Probe:
$$\mathbf{38}+\mathbf{38}-1\overset{?}{=}75$$
$$75=75 \text{ (w)}$$

Alter von Ursula: 38 Jahre
Alter von Romuald: 37 Jahre
Zusammen: $38+37=75$ Jahre (w)

Antwort: Ursula ist 38 Jahre alt und Romuald ist 37 Jahre alt.

**190** Alter von Felix: x
Alter von Christoph: 2x
Alter von Christoph in 5 Jahren: $2x+5$
Alter von Felix in 12 Jahren: $x+12$

Gleichung: $2x+5=x+12$

In 5 Jahren ist Christoph so alt wie Felix in 12 Jahren.

Lösung der Gleichung:

$$2x+5=x+12 \quad |-x$$
$$x+5=12 \quad |-5$$
$$x=7$$
$$\mathbb{L}=\{7\}$$

Probe:

$$2\cdot 7+5\overset{?}{=}7+12$$
$$19=19 \quad \text{(w)}$$

Alter von Felix: 7 Jahre
Alter von Christoph: 14 Jahre

Antwort: Felix ist 7 Jahre alt und Christoph ist 14 Jahre alt.

**191**
a) Uli hat eine Radtour gemacht. Wenn er die gefahrenen Kilometer verdoppelt und 6 km abzieht, erhält er 28 km.

b) Wenn Max sein Taschengeld verachtfacht und anschließend durch 4 teilt, so ergibt sich ein Betrag, der um 3 € über seinem Taschengeld liegt.

c) Subtrahiere eine Zahl y von 48; du erhältst das 4-Fache der Zahl vermindert um 2.

d) Max ist 4-mal so alt wie Ute. In 4 Jahren ist er 5-mal so alt wie Ute heute. Wie alt sind Ute und Max?

**192** Gewinn von Jutta: x
Gewinn von Thomas: 2x
Gewinn von Gerhard: 3x
Gewinn von Erika: 4x

Entsprechend dem Anteil des Einsatzes am Gesamteinsatz bekommen die 4 Mitspieler auch den entsprechenden Anteil der Gewinnsumme von 1 200 €.

Zusammen: Gewinn von Jutta, Thomas, Gerhard und Erika: 1 200 €

Gleichung: $x + 2x + 3x + 4x = 1\,200$

Lösung der Gleichung:

$$\begin{aligned} x + 2x + 3x + 4x &= 1\,200 \\ 10x &= 1\,200 \quad |:10 \\ x &= 120 \\ \mathbf{L} &= \mathbf{\{120\}} \end{aligned}$$

Probe:

$$\begin{aligned} 120 + 2 \cdot \mathbf{120} + 3 \cdot \mathbf{120} + 4 \cdot \mathbf{120} &\overset{?}{=} 1\,200 \\ 120 + 240 + 360 + 480 &= 1\,200 \\ 1\,200 &= 1\,200 \text{ (w)} \end{aligned}$$

Antwort: Jutta erhält 120 €, Thomas erhält 240 €, Gerhard erhält 360 € und Erika erhält 480 €.

**193** a) $2(x+3) = 12$

$$\begin{aligned} 2x + 6 &= 12 \quad |-6 \\ 2x &= 6 \quad |:2 \\ x &= 3 \\ \mathbf{L} &= \mathbf{\{3\}} \end{aligned}$$

Probe:

$$\begin{aligned} 2(\mathbf{3}+3) &\overset{?}{=} 12 \\ 2 \cdot 6 &= 12 \\ 12 &= 12 \text{ (w)} \end{aligned}$$

b) $(y-2) \cdot 3 = 2y$

$$\begin{aligned} 3y - 6 &= 2y \quad |+6 \\ 3y &= 2y + 6 \quad |-2y \\ y &= 6 \\ \mathbf{L} &= \mathbf{\{6\}} \end{aligned}$$

Probe:

$$\begin{aligned} (\mathbf{6}-2) \cdot 3 &\overset{?}{=} 2 \cdot \mathbf{6} \\ 4 \cdot 3 &= 12 \\ 12 &= 12 \quad \text{(w)} \end{aligned}$$

c) $3(z-2)=(z+1)\cdot 2$

$$3z-6=2z+2 \quad |-2z$$
$$z-6=2 \quad |+6$$
$$z=8$$
$$\mathbf{L=\{8\}}$$

Beachte stets, dass z. B. $2z=2\cdot z=z\cdot 2$ und $1z=1\cdot z=z$ ist.
(Die Schreibweise z2 und z1 etc. ohne Malzeichen ist unüblich)

Probe:

$$3(8-2)\overset{?}{=}(8+1)\cdot 2$$
$$3\cdot 6=9\cdot 2$$
$$18=18 \quad \text{(w)}$$

d) $-2(x+3)=5x-(2+3x)$

$$-2x-6=5x-2-3x$$
$$-2x-6=2x-2 \quad |+2x$$
$$-6=4x-2 \quad |+2$$
$$-4=4x \quad |:4$$
$$-1=x$$
$$x=-1$$
$$\mathbf{L=\{-1\}}$$

Manche Aufgaben sind einfacher zu lösen, wenn die Variable am Ende der Äquivalenzumformungen auf der rechten Seite steht. Man kann anschließend natürlich beide Seiten der Gleichung vertauschen.

Probe:

$$-2(-1+3)\overset{?}{=}5\cdot(-1)-[2+3\cdot(-1)]$$
$$-2\cdot 2=-5-(2-3)$$
$$-4=-5-(-1)$$
$$-4=-5+1$$
$$-4=-4 \quad \text{(w)}$$

Da die Lösung der Gleichung eine negative Zahl ist, müssen auf der rechten Seite der Probe die runden Klammern zum Teil durch eckige Klammern ersetzt werden.
(Du weißt bereits: Es sollten, wenn möglich, keine gleichartigen Klammern direkt aufeinanderfolgen.)

**194** a) $3(2x-4)=4x$

6

b) $2y-4+8y=8-4y+2$

1

c) $\frac{1}{3}x-5=16$

63

d) $2\cdot x=0$

0

e) $-5 + x : 4 = 1$

**24**

f) $4x - 2 = 1$

**$\frac{3}{4}$**

g) $2z + 5 = 8$

**1,5**

h) $2x + 8 = 2$

**–3**

**195** a) $\frac{9}{x} - 4 = 5 \quad |+4$

$\frac{9}{x} = 9 \quad |\cdot x$

$9 = 9x \quad |:9$

$1 = x$

$x = 1$

**$L = \{1\}$**

Probe:

$\frac{9}{\mathbf{1}} - 4 \overset{?}{=} 5$

$9 - 4 = 5$

$5 = 5$ (w)

Natürlich kann man die Gleichung auch lösen, wenn man zuerst die Punktumformung durchführt. Der Lösungsweg wird dadurch aber etwas schwieriger.

$\frac{9}{x} - 4 = 5 \quad |\cdot x$

$\frac{9 \cdot \cancel{x}}{\cancel{x}} - 4x = 5x$ Kürzen eines Bruches (Ausführliche Darstellung)

$9 - 4x = 5x \quad |+4x$

$9 = 9x \quad |:9$

$1 = x$

$x = 1$

$L = \{1\}$

b) $\frac{x}{9} - 4 = 5 \quad |+4$

$\frac{x}{9} = 9 \quad |\cdot 9$

$x = 81$

**$L = \{81\}$**

Probe:

$\frac{\mathbf{81}}{9} - 4 \overset{?}{=} 5$

$9 - 4 = 5$

$5 = 5$ (w)

c) $4+\frac{x}{3}=-3 \quad |-4$

$\frac{x}{3}=-7 \quad |\cdot 3$

$x=-21$

**L = {−21}**

Probe:

$4+\frac{\mathbf{-21}}{3}\stackrel{?}{=}-3$

$4-7=-3$

$-3=-3 \quad (w)$

d) $\frac{1}{x}+3=2 \quad |-3$

$\frac{1}{x}=-1 \quad |\cdot x$

$1=-1x \quad |:(-1)$

$-1=x$

$x=-1$

**L = {−1}**

Probe:

$\frac{1}{\mathbf{-1}}+3\stackrel{?}{=}2$

$-1+3=2$

$2=2 \quad (w)$

**196**

$$\frac{40}{4}\cdot(x-3)+0,25x=\frac{1}{4}x$$

$$\frac{40}{4}\cdot x-\frac{40}{4}\cdot 3+0,25x=\frac{1}{4}x$$

$$10x-30+0,25x=0,25x \quad |-0,25x$$

$$10x-30=0 \quad |+30$$

$$10x=30 \quad |:10$$

$$x=3$$

**L = {3}**

Probe:

$$\frac{40}{4}\cdot(\mathbf{3}-3)+0{,}25\cdot\mathbf{3}\stackrel{?}{=}\frac{1}{4}\cdot\mathbf{3}$$

$$\frac{40}{4}\cdot 0+0{,}75=\frac{3}{4}$$

$$0{,}75=0{,}75 \qquad \text{(w)}$$

**197** a) $-2(3x+4)+4(3-1x)=3(2+2x-3)-1$

$$-6x-8+12-4x=6+6x-9-1$$

$$-10x+4=6x-4 \qquad |-4$$

$$-10x=6x-8 \qquad |-6x$$

$$-16x=-8 \qquad |:(-16)$$

$$x=0{,}5$$

$$\mathbf{L=\{0{,}5\}}$$

Probe:

$$-2(3\cdot\mathbf{0{,}5}+4)+4(3-1\cdot\mathbf{0{,}5})\stackrel{?}{=}3(2+2\cdot\mathbf{0{,}5}-3)-1$$

$$-2\cdot 5{,}5+4\cdot 2{,}5=3\cdot 0-1$$

$$-11+10=-1$$

$$-1=-1 \qquad \text{(w)}$$

b) $\frac{1}{4}-\left(1x-\frac{3}{4}\right)=\frac{2}{4}+2x$

$$\frac{1}{4}-1x+\frac{3}{4}=\frac{2}{4}+2x$$

$$\frac{4}{4}-x=\frac{2}{4}+2x \qquad |+x$$

$$\frac{4}{4}=\frac{2}{4}+3x \qquad \left|-\frac{2}{4}\right.$$

$$\frac{2}{4}=3x \qquad |:3$$

$$\frac{2}{12}=x$$

$$x=\frac{1}{6}$$

$$\mathbf{L=\left\{\frac{1}{6}\right\}}$$

Probe:

$$\frac{1}{4}-\left(1\cdot\frac{\mathbf{1}}{\mathbf{6}}-\frac{3}{4}\right)\overset{?}{=}\frac{2}{4}+2\cdot\frac{\mathbf{1}}{\mathbf{6}}$$

$$\frac{1}{4}-\frac{1}{6}+\frac{3}{4}=\frac{2}{4}+\frac{2}{6}$$

$$\frac{3-2+9}{12}=\frac{6+4}{12}$$

$$\frac{10}{12}=\frac{10}{12} \qquad \text{(w)}$$

Wenn die Lösung der Gleichung ein Bruch ist, der nicht als abbrechende Dezimalzahl dargestellt werden kann ($\frac{1}{6}=0{,}166666\ldots$), so muss die Probe mit dem Bruch selbst gemacht werden! Dabei kannst du dein Wissen aus der 6. Klasse anwenden. Die Probe ist sehr wichtig, denn nur dadurch hast du eine Kontrolle, ob die Äquivalenzumformungen richtig waren. Manchmal ist allerdings die Probe anspruchsvoller als die Lösung der Gleichung.

c) $2\left(\frac{1}{2}x-1\right)-\left(\frac{3}{2}-x\right)=0$

$$\frac{2}{2}x-2-\frac{3}{2}+x=0$$

$$x-2-1{,}5+x=0$$

$$2x-3{,}5=0 \qquad |+3{,}5$$

$$2x=3{,}5 \qquad |:2$$

$$x=1{,}75$$

$$\mathbf{L=\{1{,}75\}}$$

Probe:

$$2\left(\frac{1}{2}\cdot\mathbf{1{,}75}-1\right)-\left(\frac{3}{2}-\mathbf{1{,}75}\right)\overset{?}{=}0$$

$$2(0{,}875-1)-(1{,}5-1{,}75)=0$$

$$2(-0{,}125)-(-0{,}25)=0$$

$$-0{,}25+0{,}25=0 \quad \text{(w)}$$

d) $-(x-1)-1=-x-1\cdot(x+1)$

$$-x+1-1=-x-x-1$$

$$-x=-2x-1 \qquad |+2x$$

$$x=-1$$

$$\mathbf{L=\{-1\}}$$

Probe:

$$-[(\mathbf{-1})-1]-1\overset{?}{=}-(\mathbf{-1})-1\cdot[(\mathbf{-1})+1]$$

$$-[-2]-1=1-1\cdot[0]$$

$$2-1=1$$

$$1=1 \qquad \text{(w)}$$

**198** Mögliche Frage: Wie viel Taschengeld erhält jedes der Geschwister?

Taschengeld von Ferdinand: $x$
Taschengeld von Theresia: $x+2$
Taschengeld von Jakob: $(x+2)+3=x+5$
Taschengeld von Nora: $(x+2)+5=x+7$
Zusammen: Ferdinand, Theresia, Jakob und Nora erhalten 54 €.

Gleichung: $x+(x+2)+(x+5)+(x+7)=54$

Lösen der Gleichung:

$$\begin{aligned} x+(x+2)+(x+5)+(x+7) &= 54 \\ 4x+14 &= 54 \quad &|-14 \\ 4x &= 40 \quad &|:4 \\ x &= 10 \\ \mathbf{L} &= \mathbf{\{10\}} \end{aligned}$$

Probe:

$$\begin{aligned} \mathbf{10}+(\mathbf{10}+2)+(\mathbf{10}+5)+(\mathbf{10}+7) &\overset{?}{=} 54 \\ 10+12+15+17 &= 54 \\ 54 &= 54 \text{ (w)} \end{aligned}$$

Antwort:
Ferdinand erhält 10 €, Theresia 12 €, Jakob 15 € und Nora 17 € Taschengeld pro Monat.

**199** a) falsche Äquivalenzumformungen:

$$\begin{aligned} 5(x+2)+3x &= (6x-4):2-x \\ 5x+\mathbf{2}+3x &= \mathbf{6}x-4:2-x \\ 8x &= 5x-2 \quad &|-5x \\ 3x &= -2 \quad &|+2 \\ \mathbf{3x} &= 0 \quad &|:3 \\ x &= 0 \\ \mathbf{L} &= \mathbf{\{0\}} \end{aligned}$$

richtige Äquivalenzumformungen:

$$\begin{aligned} 5(x+2)+3x &= (6x-4):2-x \\ 5x+\mathbf{10}+3x &= \mathbf{3}x-4:2-x \\ 8x+10 &= 2x-2 \quad &|-2x \\ 6x+10 &= -2 \quad &|-10 \\ 6x &= -12 \quad &|:6 \\ x &= -2 \\ \mathbf{L} &= \mathbf{\{-2\}} \end{aligned}$$

Probe:

$$
\begin{aligned}
5(0+2)+3\cdot 0 &\overset{?}{=} (6\cdot 0-4):2+0\\
5\cdot 2+0 &= (0-4):2\\
10 &= -4:2\\
10 &= -2 \qquad \text{(f)}
\end{aligned}
$$

Da die Probe eine falsche Aussage ergibt, muss mindestens eine der vorherigen Äquivalenzumformungen falsch sein!

Probe:

$$
\begin{aligned}
5[(-3)+2]+3\cdot(-3) &\overset{?}{=} [6\cdot(-3)-4]:2+(-3)\\
5\cdot(-1)-9 &= (-18-4):2-3\\
-5-9 &= -22:2-3\\
-14 &= -11-3\\
-14 &= -14 \qquad \text{(w)}
\end{aligned}
$$

Da die Probe eine richtige Aussage ergibt, müssen die vorherigen Äquivalenzumformungen richtig sein.

b) falsche Äquivalenzumformungen:

$$
\begin{aligned}
-(4x-2)+(-5+2x) &= x\\
-4x-2-5+2x &= x\\
-2x-7 &= x && |-7\\
-2x-14 &= x && |+14\\
-2x &= x+14 && |-x\\
-x &= 14 && |:(-1)\\
x &= -14\\
\mathbb{L} &= \{-14\}
\end{aligned}
$$

richtige Äquivalenzumformungen:

$$
\begin{aligned}
-(4x-2)+(-5+2x) &= x\\
-4x+2-5+2x &= x\\
-2x-3 &= x && |+3\\
-2x &= x+3 && |-x\\
-3x &= +3 && |:(-3)\\
x &= -1\\
\mathbb{L} &= \{-1\}
\end{aligned}
$$

Probe:

$$
\begin{aligned}
-[4\cdot(-14)-2]+[-5+2\cdot(-14)] &\overset{?}{=} -14\\
-[-56-2]+[-5-28] &= -14\\
-(-58)+(-33) &= -14\\
58-33 &= -14\\
25 &= -14\\
&\text{(f)}
\end{aligned}
$$

Da die Probe eine falsche Aussage ergibt, muss mindestens eine der vorherigen Äquivalenzumformungen falsch sein!

Probe:

$$
\begin{aligned}
-[4\cdot(-1)-2]+[-5+2\cdot(-1)] &\overset{?}{=} -1\\
-[-4-2]+[-5-2] &= -1\\
-(-6)+(-7) &= -1\\
6-7 &= -1\\
-1 &= -1\\
&\text{(w)}
\end{aligned}
$$

Da die Probe eine richtige Aussage ergibt, müssen die vorherigen Äquivalenzumformungen richtig sein.

**200** Winkelsumme im Dreieck: $\alpha+\beta+\gamma=180^\circ$

Im vorliegenden Dreieck gilt demnach:

$$
\begin{aligned}
\alpha+(\alpha-20^\circ)+2\alpha &= 180^\circ\\
4\alpha-20^\circ &= 180^\circ && |+20^\circ\\
4\alpha &= 200^\circ && |:4\\
\alpha &= 50^\circ\\
\mathbb{L} &= \{50^\circ\}
\end{aligned}
$$

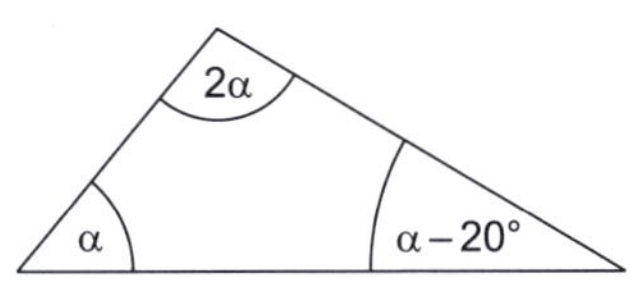

Probe:

$$50° + (50° - 20°) + 2 \cdot 50° \stackrel{?}{=} 180°$$
$$50° + 30° + 100° = 180°$$
$$180° = 180° \quad (w)$$

Antwort: Der Winkel $\alpha$ misst 50° und die anderen beiden Winkel messen $\alpha - 20° = 30°$ und $2\alpha = 100°$.

**201** Skizze:

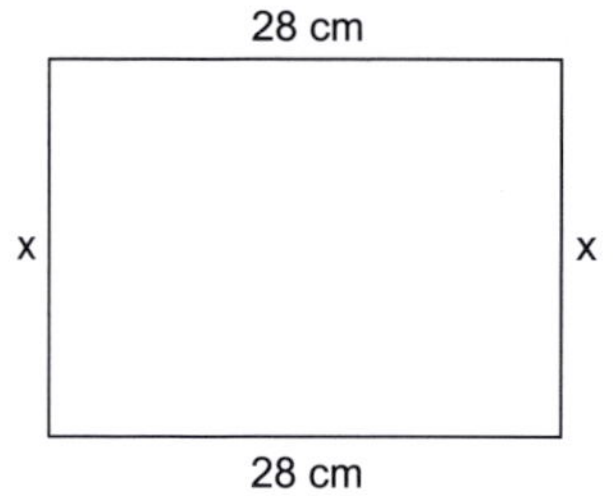


Länge der Holzleiste: 1 m; es gilt: 1 m = 100 cm

Gleichung:

$$x + 28\text{ cm} + x + 28\text{ cm} = 100\text{ cm}$$
$$2x + 56\text{ cm} = 100\text{ cm} \quad |-56\text{ cm}$$
$$2x = 44\text{ cm} \quad |:2$$
$$x = 22\text{ cm}$$
$$\mathbb{L} = \{22\text{ cm}\}$$

Probe:

$$22\text{ cm} + 28\text{ cm} + 22\text{ cm} + 28\text{ cm} \stackrel{?}{=} 100\text{ cm}$$
$$100\text{ cm} = 100\text{ cm} \quad (w)$$

Antwort: Die beiden kürzeren Rahmenstücke sind jeweils 22 cm lang.

**202** Skizze:

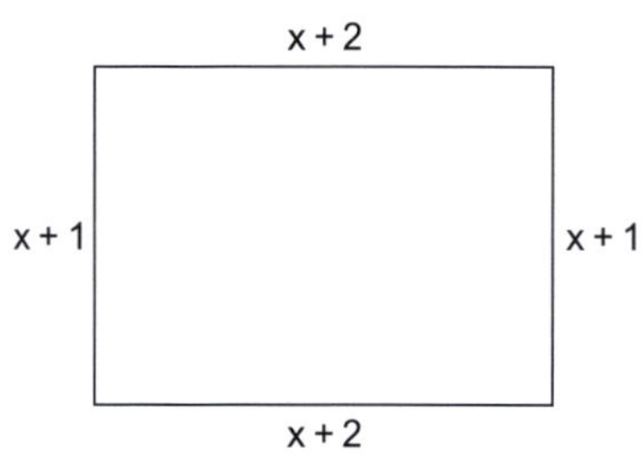

Der Umfang des Rechtecks beträgt 16 m.

Gleichung:

$$(x+1)+(x+2)+(x+1)+(x+2)=16$$
$$4x+6=16 \quad |-6$$
$$4x=10 \quad |:4$$
$$x=2{,}5$$
$$\mathbf{L=\{2{,}5\ m\}}$$

Probe:

$$(\mathbf{2{,}5}+1)+(\mathbf{2{,}5}+2)+(\mathbf{2{,}5}+1)+(\mathbf{2{,}5}+2)\overset{?}{=}16$$
$$3{,}5+4{,}5+3{,}5+4{,}5=16$$
$$16=16 \ \text{(w)}$$

Antwort: Die 1. Seitenlänge beträgt 2,5 + 1 = 3,5 m, die 2. Seitenlänge beträgt 2,5 + 2 = 4,5 m.

**203** a) Skizze:

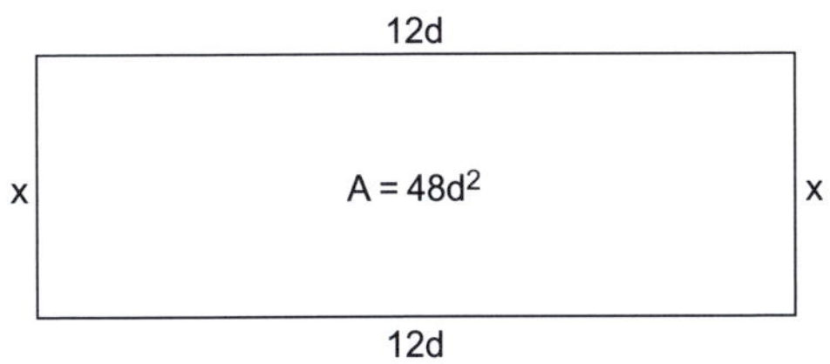


$$A_{Tisch}=a\cdot b$$
$$48d^2=12d\cdot x \quad |:12$$
$$4d^2=d\cdot x \quad |:d$$
$$4d=x$$
$$\mathbf{L=\{4d\}}$$

Probe:

$$48d^2\overset{?}{=}12d\cdot\mathbf{4d}$$
$$48d^2=48d^2 \quad \text{(w)}$$

Antwort:
Die Breite des Tisches beträgt 4d.
Der Umfang des Tisches beträgt $u_{Tisch}=12d+4d+12d+4d=32d$.

b) Skizze:

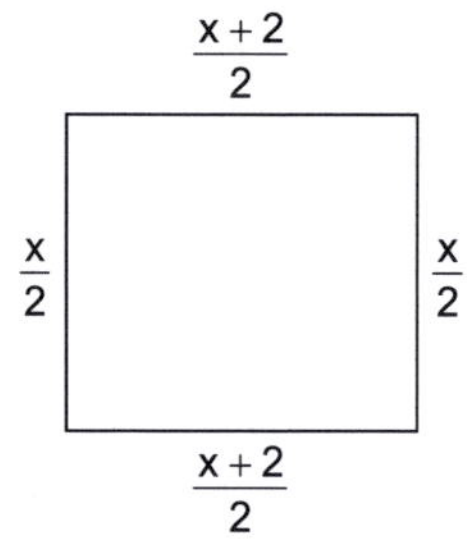


Breitseite: $\frac{x}{2}$ Platten

Längsseite: $\frac{x+2}{2}$ Platten

Da das Becken rechteckig ist, liegen an Breit- und Längsseite jeweils halb so viele Platten wie an den gegenüberliegenden Seiten zusammen.

Gleichung:

$$u = \frac{x}{2} + \frac{x+2}{2} + \frac{x}{2} + \frac{x+2}{2}$$

$$30 = x + (x+2)$$

$$30 = 2x + 2 \qquad | -2$$

$$28 = 2x \qquad | :2$$

$$14 = x$$

**L = {14}**

Breitseite: $\frac{14}{2} = 7$ Platten

Längsseite: $\frac{14+2}{2} = 8$ Platten

Antwort:
An den Breitseiten des Beckens liegen jeweils 7 Platten, an den Längsseiten jeweils 8 Platten. Die Grundfläche des Schwimmbads entspricht demnach $A = a \cdot b = 7 \cdot 8 = 56$ Platten.

**204** $2y + (y-3) = (y+3) \cdot 2$

a) Die Summe aus dem 2-Fachen einer Zahl und der um 3 verminderten Zahl ergibt das Doppelte der um 3 vermehrten Zahl.

b) $2y + (y - 3) = (y + 3) \cdot 2$

$$\begin{aligned} 2y + y - 3 &= 2y + 6 \\ 3y - 3 &= 2y + 6 \qquad | -2y \\ y - 3 &= 6 \qquad | +3 \\ y &= 9 \\ \mathbf{L} &= \mathbf{\{9\}} \end{aligned}$$

Probe:

$$\begin{aligned} 2 \cdot 9 + (9 - 3) &\overset{?}{=} (9 + 3) \cdot 2 \\ 18 + 6 &= 12 \cdot 2 \\ 24 &= 24 \qquad \textbf{(w)} \end{aligned}$$

**205** a) Vorher:
Ausgaben für eine Tippgemeimschaft von 8 Mitgliedern betragen insgesamt 120 €.
Ausgaben pro Person: 120 € : 8 = 15 €

Nachher:
Mitgliedererhöhung um 4 Mitglieder. Ausgaben für eine Tippgemeimschaft von 12 Mitgliedern betragen weiterhin insgesamt 120 €.
Ausgaben pro Person: 120 € : 12 = **10 €**
Antwort: Der Monatsbeitrag pro Person sinkt dann auf 10 €.

b) Es handelt sich um eine **umgekehrt proportionale Zuordnung**.
Begründung: Je mehr Mitglieder die Tippgemeinschaft hat, umso geringer ist der monatliche Beitrag der einzelnen Mitglieder.
Die zugeordneten Wertepaare sind produktgleich.

| Mitglieder | Monatsbeitrag pro Person (€) | Produkt |
|---|---|---|
| 8 | 15 | 120 |
| 12 | 10 | 120 |
| 6 | 20 | 120 |
| 3 | 40 | 120 |
| 1 | 120 | 120 |
| 20 | 6 | 120 |
| 40 | 3 | 120 |

**206** a) $5\,\% = \mathbf{0{,}05} = \frac{\mathbf{5}}{\mathbf{100}} = \frac{5:5}{100:5} = \frac{\mathbf{1}}{\mathbf{20}}$

Zur Umwandlung in eine Dezimalzahl, verschiebe das Komma um 2 Stellen nach links.

b) $14\,\% = \mathbf{0{,}14} = \frac{\mathbf{14}}{\mathbf{100}} = \frac{14:2}{100:2} = \frac{\mathbf{7}}{\mathbf{50}}$

c) $21\,\% = \mathbf{0{,}21} = \frac{\mathbf{21}}{\mathbf{100}}$

d) $0\,\% = \mathbf{0{,}00} = \frac{\mathbf{0}}{\mathbf{100}}$

e) $100\,\% = \mathbf{1{,}00} = \frac{\mathbf{100}}{\mathbf{100}} = \frac{100:100}{100:100} = \frac{1}{1} = \mathbf{1}$

f) $120\,\% = \mathbf{1{,}20} = \frac{\mathbf{120}}{\mathbf{100}} = \frac{120:20}{100:20} = \frac{6}{5} = \mathbf{1\frac{1}{6}}$

g) $200\,\% = \mathbf{2{,}00} = \frac{\mathbf{200}}{\mathbf{100}} = \frac{200:100}{100:100} = \frac{2}{1} = \mathbf{2}$

h) $0{,}03\,\% = \mathbf{0{,}0003} = \frac{\mathbf{0{,}03}}{\mathbf{100}}$

**207** a) $\frac{4}{10} = \frac{4\cdot 10}{10\cdot 10} = \frac{\mathbf{40}}{\mathbf{100}} = \mathbf{40\,\%}$

b) $\frac{1}{2} = \frac{1\cdot 50}{2\cdot 50} = \frac{\mathbf{50}}{\mathbf{100}} = \mathbf{50\,\%}$

c) $\frac{3}{4} = \frac{3\cdot 25}{4\cdot 25} = \frac{\mathbf{75}}{\mathbf{100}} = \mathbf{75\,\%}$

d) $\frac{45}{5} = \frac{45\cdot 20}{5\cdot 20} = \frac{\mathbf{900}}{\mathbf{100}} = \mathbf{900\,\%}$

e) $\frac{3}{25} = \frac{3\cdot 4}{25\cdot 4} = \frac{\mathbf{12}}{\mathbf{100}} = \mathbf{12\,\%}$

f) $\frac{3}{20} = \frac{3\cdot 5}{20\cdot 5} = \frac{\mathbf{15}}{\mathbf{100}} = \mathbf{15\,\%}$

g) $\frac{18}{50} = \frac{18\cdot 2}{50\cdot 2} = \frac{\mathbf{36}}{\mathbf{100}} = \mathbf{36\,\%}$

h) $\frac{12}{200} = \frac{12:2}{200:2} = \frac{\mathbf{6}}{\mathbf{100}} = \mathbf{6\,\%}$

i) $\frac{60}{150} = \frac{60:1{,}5}{150:1{,}5} = \frac{\mathbf{40}}{\mathbf{100}} = \mathbf{40\,\%}$

j) $\frac{45}{500} = \frac{45:5}{500:5} = \frac{\mathbf{9}}{\mathbf{100}} = \mathbf{9\,\%}$

k) $\frac{88}{800} = \frac{88:8}{800:8} = \frac{\mathbf{11}}{\mathbf{100}} = \mathbf{11\,\%}$

l) $\frac{1\,200}{1\,000} = \frac{1\,200:10}{1\,000:10} = \frac{\mathbf{120}}{\mathbf{100}} = \mathbf{120\,\%}$

m) $\frac{180}{250} = \frac{180\cdot 4}{250\cdot 4} = \frac{720}{1\,000} = \frac{720:10}{1\,000:10} = \frac{\mathbf{72}}{\mathbf{100}} = \mathbf{72\,\%}$

n) $\frac{120}{60} = \frac{120:6}{60:6} = \frac{20}{10} = \frac{20 \cdot 10}{10 \cdot 10} = \frac{\mathbf{200}}{\mathbf{100}} = \mathbf{200\ \%}$

o) $\frac{44}{80} = \frac{44:8}{80:8} = \frac{5{,}5}{10} = \frac{5{,}5 \cdot 10}{10 \cdot 10} = \frac{\mathbf{55}}{\mathbf{100}} = \mathbf{55\ \%}$

p) $\frac{112}{40} = \frac{112:4}{40:4} = \frac{28}{10} = \frac{28 \cdot 10}{10 \cdot 10} = \frac{\mathbf{280}}{\mathbf{100}} = \mathbf{280\ \%}$

**208** a) $0{,}34 = \mathbf{34\ \%}$

b) $\frac{3}{10} = \frac{3 \cdot 10}{10 \cdot 10} = \frac{30}{100} = \mathbf{30\ \%}$

c) $1{,}78 = \frac{178}{100} = \mathbf{178\ \%}$

d) $4 = \frac{400}{100} = \mathbf{400\ \%}$

e) $\frac{9}{8} = \frac{9 \cdot 125}{8 \cdot 125} = \frac{1125}{1\,000} = \frac{1125:10}{1\,000:10} = \frac{112{,}5}{100} = \mathbf{112{,}5\ \%}$

f) $0{,}055 = \mathbf{5{,}5\ \%}$

**209** a) Einer von vier $= 1:4 = 0{,}25 = \mathbf{25\ \%}$

b) Das Doppelte = 2 von $1 = \frac{2}{1} = \frac{2 \cdot 100}{1 \cdot 100} = \frac{200}{100} = \mathbf{200\ \%}$

c) Die Hälfte = 1 von $2 = 1:2 = 0{,}50 = \mathbf{50\ \%}$

d) 6 von $100 = \frac{6}{100} = \mathbf{6\ \%}$

e) Jeder Fünfte = 1 von $5 = 1:5 = 0{,}20 = \mathbf{20\ \%}$

f) Ein Viertel von der Hälfte $= \frac{1}{4}$ von $\frac{1}{2}$

= Der 4. Teil von $0{,}5 = 0{,}5:4 = 0{,}125$

$= \frac{125}{1\,000} = \frac{125:10}{1\,000:10} = \frac{12{,}5}{100} = \mathbf{12{,}5\ \%}$

Hier darfst du nicht wie sonst „übersetzen“:

Ein Viertel von der Hälfte $= \frac{1}{4}$ von $\frac{1}{2}$

$= \frac{1}{4} : \frac{1}{2} = \frac{1}{4} \cdot \frac{2}{1} = \frac{2}{4} = \frac{1}{2} = 50\ \%$ (f)!

Begründung: Die Hälfte sind 50 %. Ein Viertel von 50 % sind also 12,5 %.

**210** a)

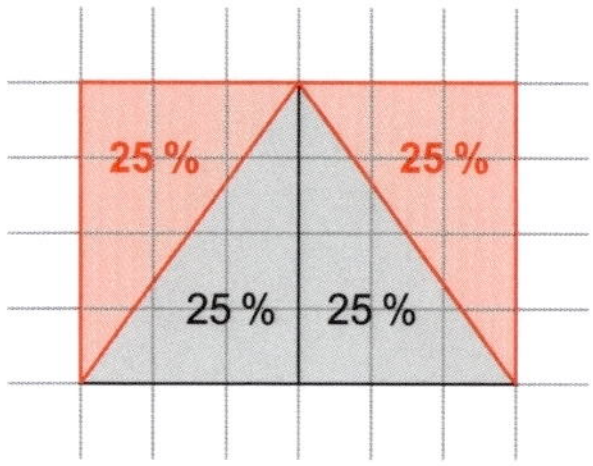


50 % + **50 %** = 100 %

b)

60 % + **40 %** = 100 %

c)

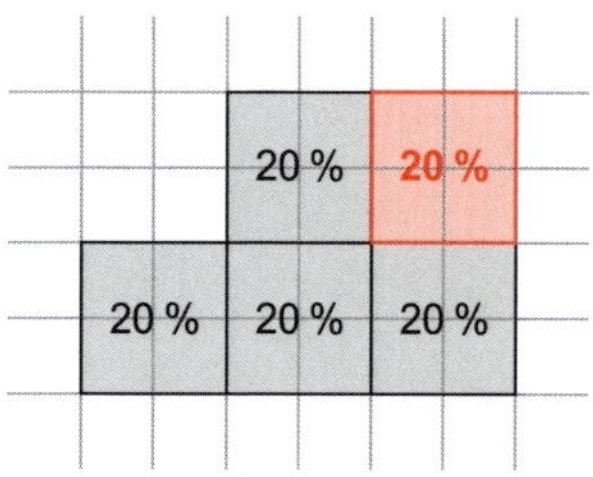


80 % + **20 %** = 100 %

d)

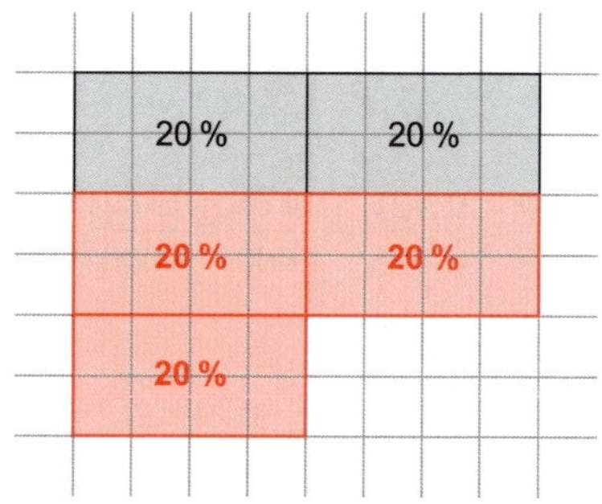


40 % + **60 %** = 100 %

- Beachte: 20 % wird einmal durch ein kleineres (c) und einmal durch ein größeres Kästchen (d) dargestellt.
- Beachte: Dieselbe Kästchengröße stellt einmal 10 % (b) und einmal 20 % (c) dar.
- Es kommt darauf an, wie viel Prozent der **Gesamtfigur** jeweils vorher veranschaulicht sind.

**211** a)

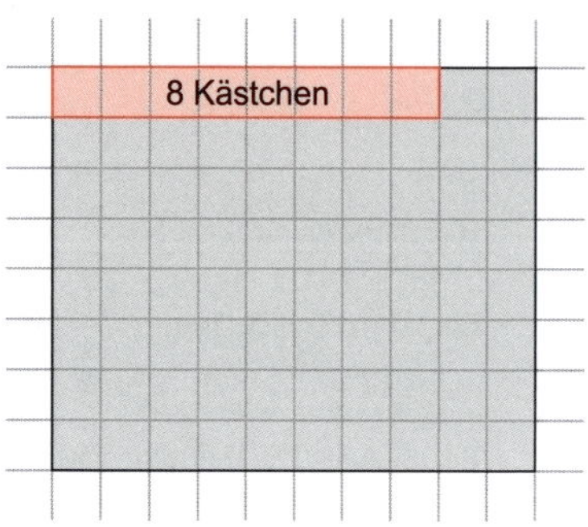


b)

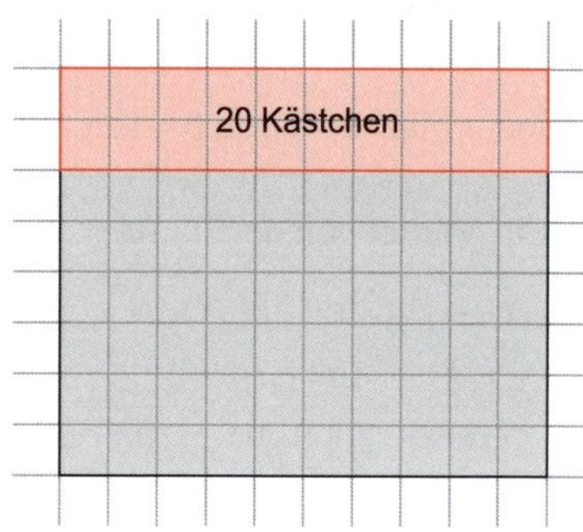

c)

d)

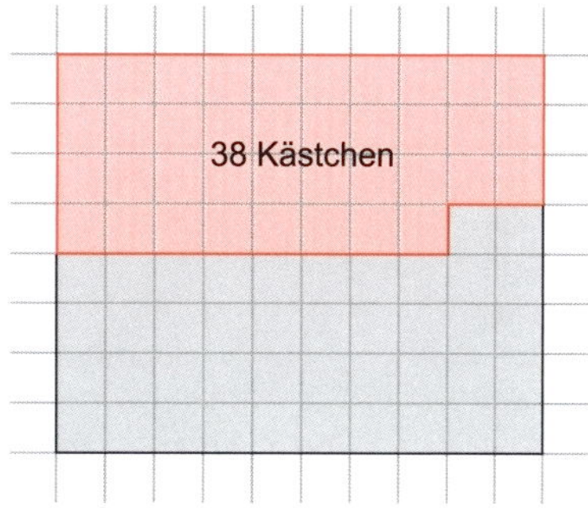


- Die Rechtecke sind jeweils 10 Kästchen breit und 8 Kästchen lang.
- Der Flächeninhalt jedes Kästchens beträgt: $A_{\text{Kästchen}} = 10 \cdot 8 = 80$ Kästchen
- Zu a: $10\,\% = \frac{10}{100} = \frac{10:10}{100:10} = \frac{1}{10} = \frac{1 \cdot 8}{10 \cdot 8} = \frac{8}{80} = 8$ von 80
  → Im 1. Rechteck müssen 8 Kästchen eingefärbt werden.
- Zu b: $25\,\% = \frac{25}{100} = \frac{25:5}{100:5} = \frac{5}{20} = \frac{5 \cdot 4}{20 \cdot 4} = \frac{20}{80} = 20$ von 80
  → Im 2. Rechteck müssen 20 Kästchen eingefärbt werden.
- Zu c: $35\,\% = \frac{35}{100} = \frac{35:5}{100:5} = \frac{7}{20} = \frac{7 \cdot 4}{20 \cdot 4} = \frac{28}{80} = 28$ von 80
  → Im 3. Rechteck müssen 28 Kästchen eingefärbt werden.
- Zu d: $47{,}5\,\% = \frac{47{,}5}{100} = \frac{47{,}5 \cdot 4}{100 \cdot 4} = \frac{190}{400} = \frac{190:5}{400:5} = \frac{38}{80} = 38$ von 80
  → Im 4. Rechteck müssen 38 Kästchen eingefärbt werden.

**212**

| Bruch | Hundertstelbruch | Dezimalbruch | Prozentdarstellung |
|---|---|---|---|
| $\frac{1}{2}$ | $\frac{50}{100}$ | 0,50 | 50 % |
| $\frac{1}{4}$ | $\frac{25}{100}$ | **0,25** | **25 %** |
| $\frac{2}{5}$ | $\frac{40}{100}$ | **0,40** | **40 %** |
| $\frac{3}{25}$ | $\frac{12}{100}$ | 0,12 | **12 %** |
| $\frac{3}{1}$ | $\frac{300}{100}$ | **3,00** | 300 % |
| $\frac{3}{8}$ | $\frac{37{,}5}{100}$ | **0,375** | **37,5 %** |

Wenn ein Bruch gegeben ist, der nicht sofort als Hundertstelbruch geschrieben werden kann wie hier mit $\frac{3}{8}$, gibt es einen einfachen Weg, den Bruch in einen Dezimalbruch zu verwandeln:

$\frac{3}{8} = 3$ von $8 = 3:8 = 0{,}375$

Entweder du rechnest mit dem Taschenrechner, oder du machst eine schriftliche Division bzw. Bruchrechnung.

$$\begin{array}{l} 3:8=0{,}375 \\ 30 \\ -24 \\ \hline 60 \\ -56 \\ \hline 40 \\ -40 \\ \hline 00 \end{array}$$

$$\frac{3}{8}=\frac{3\cdot 100}{8\cdot 100}=\frac{300}{800}=\frac{300:8}{800:8}=\frac{37{,}5}{100}$$

**213** a) $20 \text{ von } 50=\frac{20}{50}=\frac{20\cdot 2}{50\cdot 2}=\frac{40}{100}=\mathbf{40\ \%}$

b) 5 von 25 (Dreisatz):

$25 \triangleq 100\ \%$

$1 \triangleq \frac{100}{25}\ \%$

$5 \triangleq \frac{100\cdot 5}{25}\ \% = \mathbf{20\ \%}$

c) $12 \text{ von } 200=12:200=0{,}06=\mathbf{6\ \%}$

d) $12\text{ m von }8\text{ m}=\frac{12\text{ m}}{8\text{ m}}=\frac{12\text{ m}\cdot 12{,}5}{8\text{ m}\cdot 12{,}5}=\frac{150}{100}=\mathbf{150\ \%}$

e) $7\text{ km von }35\text{ km}=7\text{ km}:35\text{ km}=0{,}20=\mathbf{20\ \%}$

f) 34 g von 85 g (Dreisatz):

$85\text{ g} \triangleq 100\ \%$

$1\text{ g} \triangleq \frac{100}{85}\ \%$

$34\text{ g} \triangleq \frac{100\cdot 34}{85}\ \% = \mathbf{40\ \%}$

g) $25\text{ min von }1\text{ h }45\text{ min}=25\text{ min von }105\text{ min}=25:105=0{,}2380952\ldots$

$\approx \mathbf{23{,}81\ \%}$

h) $17\ € \text{ von } 4\ €=\frac{17\ €}{4\ €}=\frac{17\cdot 25}{4\cdot 25}=\frac{425}{100}=\mathbf{425\ \%}$

i) $5{,}6\text{ kg von }12{,}3\text{ kg}=5{,}6\text{ kg}:12{,}3\text{ kg}=0{,}45528\ldots\approx 45{,}53\ \%$

j) $0{,}27\text{ t von }1{,}41\text{ t}=0{,}27\text{ t}:1{,}41\text{ t}=0{,}19148936\ldots\approx 19{,}15\ \%$

Wie aus den Teilaufgaben g, i und j ersichtlich wird, ist die Division des Prozentwertes P durch den Grundwert G der schnellste Weg zur Ermittlung des Prozentsatzes p.

**214** Pizza:
10 Schüler von 30 Schülern = 10 : 30 = 0,3333... ≈ **33,33 %**
Milchreis:
3 Schüler von 30 Schülern = 3 : 30 = 0,10 = **10 %**
Salat:
2 Schüler von 30 Schülern = 2 : 30 = 0,06666... ≈ **6,67 %**
Pommes Frites:
1 Schüler von 30 Schülern = 1 : 30 = 0,03333... ≈ **3,33 %**
Hähnchen:
5 Schüler von 30 Schülern = 5 : 30 = 0,16666... ≈ **16,67 %**
Fischstäbchen:
6 Schüler von 30 Schülern = 6 : 30 = 0,20 = **20 %**
Alles:
1 Schüler von 30 Schülern = 1 : 30 = 0,03333... ≈ **3,33 %**
Pfannkuchen:
2 Schüler von 30 Schülern = 2 : 30 = 0,06666... ≈ **6,67 %**

**215** 246 656 Realschüler von 1 254 224 Schülern insgesamt in Baden-Württemberg
= 246 656 von 1 254 224 = 246 656 : 1 254 224 = 0,1966602246... ≈ **19,67 %**

Der Prozentsatz der Realschüler beträgt 19,67 %.

**216** a) 13 Jahre (Katze) von 79 Jahren (Mensch) = 13 von 79 = 13 : 79 = 0,16455...
≈ **16,46 %**

Die Hauskatze erreicht ca. 16,46 % des Alters eines Menschen.

b) 79 Jahre = 79 · 365 Tage = 28 835 Tage.
Ein Mensch wird im Durchschnitt 28 835 Tage alt.

50 Tage (Mücke) von 28 835 Tagen (Mensch) = 50 von 28 835 = 50 : 28 835
= 0,001734... ≈ **0,17 %**

Die Mücke erreicht ca. 0,17 % des Alters eines Menschen.

**217** Um die Prozentangaben ermitteln zu können, müssen zunächst die Häufigkeiten der Nennungen der Hobbys abgelesen und die Gesamtzahl aller Siebtklässler durch Addition ermittelt werden.

| | |
|---|---|
| Sport treiben | 28 |
| Lesen | 19 |
| Musik hören | 22 |
| Haustiere | 6 |
| Freunde treffen | 10 |
| „Chillen“ | 4 |
| Fernsehen | 12 |
| Computer | 25 |
| Malen, Basteln | 3 |
| Gesamtzahl der Siebtklässler | 129 |

Es sind insgesamt 129 Siebtklässler in der Realschule.

Berechnung der Prozentangaben:

| | |
|---|---|
| Sport treiben: | 28 von 129 = 28 : 129 = 0,21705… ≈ **21,71 %** |
| Lesen: | 19 von 129 = 19 : 129 = 0,14728… ≈ **14,73 %** |
| Musik hören: | 22 von 129 = 22 : 129 = 0,17054… ≈ **17,05 %** |
| Haustiere: | 6 von 129 = 6 : 129 = 0,04651… ≈ **4,65 %** |
| Freunde treffen: | 10 von 129 = 10 : 129 = 0,077519… ≈ **7,75 %** |
| „Chillen“: | 4 von 129 = 4 : 129 = 0,0310077… ≈ **3,1 %** |
| Fernsehen: | 12 von 129 = 12 : 129 = 0,093023… ≈ **9,3 %** |
| Computer: | 25 von 129 = 25 : 129 = 0,193798… ≈ **19,38 %** |
| Malen, Basteln: | 3 von 129 = 3 : 129 = 0,0232558… ≈ **2,33 %** |

**218** a) $P = p\,\% \cdot G = 45\,\% \cdot 180\text{ km} = \frac{45}{100} \cdot 180\text{ km} = \frac{8\,100}{100}\text{ km} = \mathbf{81\text{ km}}$

b) $P = p\,\% \cdot G = 0{,}45 \cdot 180\text{ km} = \mathbf{81\text{ km}}$

c) $100\,\% \mathrel{\hat{=}} 180\text{ km}$

$1\,\% \mathrel{\hat{=}} \frac{180}{100}\text{ km}$

$45\,\% \mathrel{\hat{=}} \frac{180 \cdot 45}{100}\text{ km} = \mathbf{81\text{ km}}$

**219** a) 10 % von 30 € = **3 €**

b) 1 % von 1 200 = **12**

c) 100 % von 34 kg = **34 kg**

d) 50 % von 688 t = **344 t**

e) 200 % von 57 $m^2$ = **114 $m^2$**

f) 20 % von 50 min = **10 min**

g) 25 % von 36 ha = **9 ha**

h) 90 % von 20 g = **18 g**

**220** a) $3\ \% \text{ von } 20\ € = \frac{3}{100} \cdot 20\ € = \frac{60}{100}\ € = \mathbf{0{,}60\ €} = 60\ \text{ct}$

b) 45 % von 12 m (Dreisatz):

$$100\ \% \mathrel{\hat{=}} 12\ \text{m}$$

$$1\ \% \mathrel{\hat{=}} \frac{12}{100}\ \text{m}$$

$$45\ \% \mathrel{\hat{=}} \frac{12 \cdot 45}{100}\ \text{m} = \mathbf{5{,}4\ m}$$

c) $125\ \% \text{ von } 36\ \text{min} = 1{,}25 \cdot 36\ \text{min} = \mathbf{45\ min}$

d) $1{,}5\ \% \text{ von } 4\ \text{t} = \frac{1{,}5}{100} \cdot 4\ \text{t} = \frac{1{,}5 \cdot 4}{100}\ \text{t} = \frac{6}{100}\ \text{t} = \mathbf{0{,}06\ t} = 60\ \text{kg}$

e) $\frac{3}{4}\ \% \text{ von } 2\ \text{m}^2 = 0{,}75\ \% \text{ von } 2\ \text{m}^2 = 0{,}0075 \cdot 2\ \text{m}^2 = 0{,}015\ \text{m}^2 = 1{,}5\ \text{dm}^2$

f) 1 % von 34,45 g (Zweisatz):

$$100\ \% \mathrel{\hat{=}} 34{,}45\ \text{g}$$

$$1\ \% \mathrel{\hat{=}} \frac{34{,}45}{100}\ \text{g} = \mathbf{0{,}3445\ g}$$

**221** (Dreisatz):

$$100\ \% \mathrel{\hat{=}} 120 \text{ Fahrzeuge}$$

$$1\ \% \mathrel{\hat{=}} \frac{120}{100} \text{ Fahrzeuge}$$

$$5\ \% \mathrel{\hat{=}} \frac{120 \cdot 5}{100} = 6 \text{ Fahrzeuge}$$

Antwort: Es waren 6 Fahrzeuge.

**222** Sauerstoff: $21\ \% \text{ von } 32\ \text{m}^3 = 0{,}21 \cdot 32\ \text{m}^3 = \mathbf{6{,}72\ m^3}$

Stickstoff: $78\ \% \text{ von } 32\ \text{m}^3 = 0{,}78 \cdot 32\ \text{m}^3 = \mathbf{24{,}96\ m^3}$

Andere Stoffe: $1\ \% \text{ von } 32\ \text{m}^3 = 0{,}01 \cdot 32\ \text{m}^3 = \mathbf{0{,}32\ m^3}$

Antwort: Das Zimmer enthält 6,72 $\text{m}^3$ Sauerstoff, 24,96 $\text{m}^3$ Stickstoff und 0,32 $\text{m}^3$ andere Stoffe.

**223** $P = 1{,}86\ \%$ von $10\,719\,000$ Einwohnern $= \frac{1{,}86}{100} \cdot 10\,719\,000$ Einwohner

$= \frac{1{,}86 \cdot 10\,719\,000}{100} = 199\,373{,}4$ Einwohner $\approx$ **199 373 Einwohner**

Antwort: Die Stadt Freiburg hat 199 373 Einwohner.

**224** a) 75 % sind 150 km

$$G = \frac{P}{p\ \%} = \frac{150\text{ km}}{75\ \%} = 150\text{ km} \cdot \frac{100}{75} = \mathbf{200\text{ km}}$$

b) 110 m sind 2 %

$$G = \frac{P}{p\ \%} = \frac{110\text{ m}}{0{,}02} = 110\text{ m} : 0{,}02 = \mathbf{5\,500\text{ m}}$$

c) 30 % entsprechen 9 kg (Dreisatz)

$$30\ \% \mathrel{\hat{=}} 9\text{ kg}$$

$$1\ \% \mathrel{\hat{=}} \frac{9}{30}\text{ kg}$$

$$100\ \% \mathrel{\hat{=}} \frac{9 \cdot 100}{30}\text{ kg} = \mathbf{30\text{ kg}}$$

d) 4 567 cm sind 10 %

$$G = \frac{P}{p\ \%} = \frac{4\,567\text{ cm}}{10\ \%} = 4\,567\text{ cm} \cdot \frac{100}{10} = 45\,670\text{ cm} = \mathbf{456{,}7\text{ m}}$$

e) 12,5 % sind 1 000 €

$$G = \frac{P}{p\ \%} = \frac{1\,000\text{ €}}{0{,}125} = 1\,000\text{ €} : 0{,}125 = \mathbf{8\,000\text{ €}}$$

f) 54 % sind 34 Liter (Dreisatz)

$$54\ \% \mathrel{\hat{=}} 34\ \ell$$

$$1\ \% \mathrel{\hat{=}} \frac{34}{54}\ \ell$$

$$100\ \% \mathrel{\hat{=}} \frac{34 \cdot 100}{54}\ \ell \approx \mathbf{62{,}96\ \ell}$$

g) 1,5 % sind 12 $m^3$

$$G = \frac{P}{p\ \%} = \frac{12\text{ m}^3}{1{,}5\ \%} = 12 \cdot \frac{100}{1{,}5}\text{ m}^3 = \mathbf{800\text{ m}^3}$$

h) 300 mm sind 99 %

$$G = \frac{P}{p\,\%} = \frac{300\text{ mm}}{99\,\%} = 300\text{ mm} : 0{,}99 \approx \mathbf{303{,}03\text{ mm}}$$

**225** 81 % ≙ 19 975 Zuschauer

$$G = \frac{P}{p\,\%} = \frac{19\,975}{0{,}81}\text{ Zuschauer} = 19\,975 : 0{,}81 = 24\,660{,}49 \approx \mathbf{24\,660\text{ Zuschauer}}$$

Das Stadion des SC Freiburg fasst 24 660 Zuschauer, wenn es ausverkauft ist.

**226** a) $G = \frac{P}{p\,\%} = \frac{40\text{ €}}{0{,}05} = 40\text{ €} : 0{,}05 = \mathbf{800\text{ €}}$

b) $G = \frac{P}{p\,\%} = \frac{10\text{ m}}{0{,}02} = 10\text{ m} : 0{,}02 = \mathbf{500\text{ m}}$

c) $G = \frac{P}{p\,\%} = \frac{50\text{ km}}{0{,}10} = 50\text{ km} : 0{,}10 = \mathbf{500\text{ km}}$

d) $G = \frac{P}{p\,\%} = \frac{75\text{ kg}}{0{,}25} = 75\text{ kg} : 0{,}25 = \mathbf{300\text{ kg}}$

**227** a)

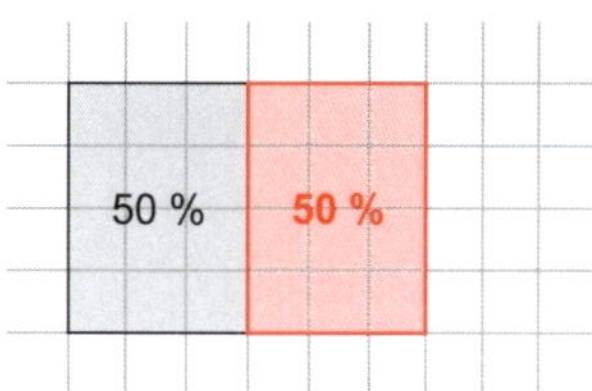


b)

c)

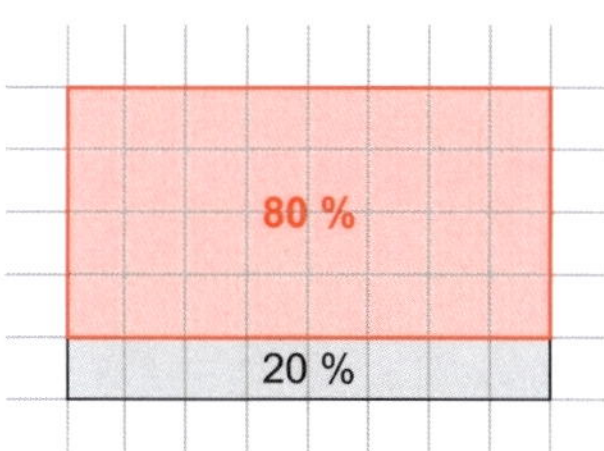


d)

**228** a) Wenn man zum Grundwert 10 % addiert, so erhält man 110 %.
Der um 10 % vermehrte Grundwert beträgt demnach 55 €.

Der Grundwert beträgt stets 100 %.

Es gilt:

$$110\,\% \mathrel{\hat{=}} 55\,€$$

$$1\,\% \mathrel{\hat{=}} \frac{55\,€}{110}$$

$$100\,\% \mathrel{\hat{=}} \frac{55\,€ \cdot 100}{110} = \mathbf{50\,€}$$

Der Grundwert (100 %) beträgt 50 €.

b) Wenn man vom Grundwert 10 % subtrahiert, so erhält man 90 %.
Der um 10 % verminderte Grundwert beträgt demnach 81 kg.
Es gilt:

$$90\,\% \mathrel{\hat{=}} 81\,\text{kg}$$

$$1\,\% \mathrel{\hat{=}} \frac{81\,\text{kg}}{90}$$

$$100\,\% \mathrel{\hat{=}} \frac{81\,\text{kg} \cdot 100}{90} = \mathbf{90\,kg}$$

Der Grundwert (100 %) beträgt 90 kg.

c) Wenn man zum Grundwert 50 % addiert, so erhält man 150 %.
Der um 50 % vermehrte Grundwert beträgt demnach 75 cm.
Es gilt:

$$150\,\% \mathrel{\hat{=}} 75\,\text{cm}$$

$$1\,\% \mathrel{\hat{=}} \frac{75\,\text{cm}}{150}$$

$$100\,\% \mathrel{\hat{=}} \frac{75\,\text{cm} \cdot 100}{150} = \mathbf{50\,cm}$$

Der Grundwert (100 %) beträgt 50 cm.

d) Wenn man vom Grundwert 50 % subtrahiert, so erhält man 50 %.
Der um 50 % verminderte Grundwert beträgt demnach 22 $m^2$.
Es gilt:

$$50\,\% \mathrel{\hat{=}} 22\,\text{m}^2$$

$$1\,\% \mathrel{\hat{=}} \frac{22\,\text{m}^2}{50}$$

$$100\,\% \mathrel{\hat{=}} \frac{22\,\text{m}^2 \cdot 100}{50} = \mathbf{44\,m^2}$$

Der Grundwert (100 %) beträgt 44 $m^2$.

**229** 13 694 334 Jugendliche entsprechen 16,7 % der Bevölkerung.

Gegeben: P = 13 694 334 Jugendliche; p % = 16,7 %
Gesucht: G

$$G = \frac{P}{p\,\%} = \frac{13\,694\,334}{16,7\,\%} = \frac{13\,694\,334}{0,167} = 13\,694\,334 : 0,167 = \mathbf{82\,002\,000\ Einwohner}$$

Antwort: Deutschland hatte am Stichtag 31. 12. 2008 insgesamt 82 002 000 Einwohner.

**230** a) Gegeben: P = 3,1 cm; G = 4,5 dm = 45 cm
Gesucht: p %

$$p\,\% = \frac{P}{G} = \frac{3,1\text{ cm}}{45\text{ cm}} = 3,1 : 45 = 0,06888\ldots \approx \mathbf{6,89\ \%}$$

Antwort: 3,1 cm von 4,5 dm sind 6,89 %.

b) Gegeben: G = 14 €; p % = 2,5 %
Gesucht: P

$P = p\,\% \cdot G = 2,5\,\% \cdot 14\text{ €} = 0,025 \cdot 14\text{ €} = 0,35\text{ €} = \mathbf{35\ ct}$

Antwort: 2,5 % von 14 € sind 35 ct.

c) Gegeben: p % = 23 %; P = 19 kg
Gesucht: G

$$G = \frac{P}{p\,\%} = \frac{19\text{ kg}}{23\,\%} = \frac{19\text{ kg}}{0,23} = 19\text{ kg} : 0,23 = 82,6086\ldots \approx \mathbf{82,61\ kg}$$

Antwort: Wenn 23 % 19 kg sind, so beträgt der Grundwert 82,61 kg.

**231** Gegeben: G = 11 723 kJ (Kilojoule); P = 1 151 kJ
Gesucht: p %

$$p\,\% = \frac{P}{G} = \frac{1151\text{ kJ}}{11\,723\text{ kJ}} = 1\,151\text{ kJ} : 11\,723\text{ kJ} = 0,098183\ldots \approx 0,0982 = \mathbf{9,82\ \%}$$

Antwort: Der Verzehr eines Schokoriegels bedeutet, dass der 14-jährige Schüler bereits 9,82 % des täglichen Nahrungsbedarfs zu sich genommen hat.

**232** Gegeben: G = 2,5 kg; p % = 83 %
Gesucht: P

$P = p\,\% \cdot G = 83\,\% \cdot 2,5\text{ kg} = 0,83 \cdot 2,5\text{ kg} = \mathbf{2,075\ kg}$

Antwort: 2,5 kg Äpfel enthalten 2,075 kg Wasser.

**233** a) Gegeben: G = 190 Seiten; p % = 40 %
Gesucht: P
P = p % · G = 40 % · 190 Seiten = 0,40 · 190 Seiten = 76 Seiten
Antwort: Felix hat bereits 76 Seiten durchgearbeitet.

b) Gegeben: G = 190 Seiten; P = 114 Seiten
Gesucht: p %
$$p\,\% = \frac{P}{G} = \frac{114\text{ Seiten}}{190\text{ Seiten}} = 114 : 190 = 0{,}60 = \mathbf{60\,\%}$$
Antwort: Maya hat bereits 60 % durchgearbeitet.

**234** a) Die CDU/CSU erreichte im Jahre 2009 **33,8 %** aller Zweitstimmen.

b) B'90/Grüne erreichten im Jahre 2005 **8,1 %** aller Zweitstimmen.

c) Im Jahre **2005** gab es insgesamt **614 Sitze**; im Jahre **2009** gab es insgesamt **622 Sitze**.

d) Die **SPD** hat im Jahr 2009 gegenüber 2005 insgesamt **76 Sitze** verloren. Im Jahre 2009 hat sie 146 Sitze. Im Jahre 2005 hatte sie noch 222 Sitze.
Berechnung des Rückgangs in %:
Gegeben: 76 Sitze = P; 222 Sitze = G
Gesucht: p %
$$p\,\% = \frac{P}{G} = \frac{76\text{ Sitze}}{222\text{ Sitze}} = 76 : 222 = 0{,}342342\ldots \approx \mathbf{34{,}23\,\%}$$
Antwort: Der Rückgang betrug 34,23 %.

e) Die **FDP** hat prozentual gegenüber 2005 am meisten Zweitstimmen gewonnen. Es waren 14,6 – 9,8 = **4,8 %** Zuwachs.

f) Die **Linke** hat prozentual gegenüber 2005 um 3,2 % zugelegt.

g) Die Wahlbeteiligung 2005 betrug **77,7 %**.

h) Die CDU/CSU hatte 239 – 13 = **226 Sitze** im Jahr 2005.

i) Alle sonstigen Parteien erreichten im Jahr 2009 insgesamt **6,0 %** der Zweitstimmen.

**235** a) Gegeben: G = 357 104 $km^2$; P = 35 752 $km^2$
Gesucht: p % (prozentualer Anteil von Baden-Württemberg)
$$p\,\% = \frac{P}{G} = \frac{35\,752}{357\,104}\,\text{km}^2 = 35\,752 : 357\,104 = 0{,}10011649\ldots \approx \mathbf{10{,}01\,\%}$$
Antwort: Zu Baden-Württemberg gehören 10,01 % der Fläche Deutschlands.

b) Gegeben: Gesamtfläche von Deutschland: 357 104 $km^2$;
Fläche aller Bundesländer ohne Saarland = 354 535 $km^2$

Gesucht: Fläche Saarland

Fläche Saarland = 357 104 $km^2$ – 354 535 $km^2$ = **2 569 $km^2$**

Antwort: Das Saarland ist 2 569 $km^2$ groß.

c) Gegeben: G = 357 104 $km^2$; p % = 9,5 %

Gesucht: P (Größe Nordrhein-Westfalen)

$$
\begin{aligned}
P &= p\,\% \cdot G \\
&= 9{,}5\,\% \cdot 357\,104\ \text{km}^2 \\
&= 0{,}095 \cdot 357\,104\ \text{km}^2 \\
&= 33\,924{,}88\ldots\ \text{km}^2 \\
&\approx \mathbf{33\,925\ km^2}
\end{aligned}
$$

Die Abweichung von der offiziellen Fläche (Lexikon: 34 086 $km^2$) kommt durch das Runden des prozentualen Anteils (offiziell: 9,54451185… %) zustande.

Antwort: Nordrhein-Westfalen ist 33 925 $km^2$ groß.

d) Gegeben: Fläche Thüringen: 16 172 $km^2$;
Einwohner Thüringen: 2 267 763 Einwohner

Gesucht: Einwohner pro 1 $km^2$

Lösung durch Zweisatz:

$$
\begin{aligned}
&: 16\,172 \quad & 16\,172\ \text{km}^2 &\mathrel{\hat{=}} 2\,267\,763\ \text{Einwohner} & &: 16\,172 \\
& & 1\ \text{km}^2 &\mathrel{\hat{=}} \frac{2\,267\,763\ \text{Einwohner}}{16\,172\ \text{km}^2} \\
& & &= 140{,}22773\ldots \frac{\text{Einwohner}}{\text{km}^2} \\
& & &\approx 140\ \frac{\text{Einwohner}}{\text{km}^2}
\end{aligned}
$$

Antwort: In Thüringen leben durchschnittlich 140 Einwohner auf 1 $km^2$.

e) Gegeben: Fläche Berlin = 892 $km^2$; Einwohner pro $km^2$ = 3 849
Gesucht: Einwohnerzahl Berlins

Lösung durch Zweisatz:

$$
\begin{aligned}
&\cdot 892 \quad & 1\ \text{km}^2 &\mathrel{\hat{=}} 3\,849\ \text{Einwohner} & &\cdot 892 \\
& & 892\ \text{km}^2 &\mathrel{\hat{=}} 3\,849 \cdot 892 = \mathbf{3\,433\,308\ Einwohner}
\end{aligned}
$$

Antwort: Berlin hat ca. 3 433 308 Einwohner

**236** Gegeben: Weltbevölkerung 2012: 7 000 000 000 (7 Milliarden);
7 000 000 000 bedeutet eine Vervierfachung in 100 Jahren

a) Weltbevölkerung im Jahr 1912 (vor 100 Jahren):
7 000 000 000 : 4 = 1 750 000 000 (1,75 Milliarden)

Gegeben: G = 1 750 000 000; P = 7 000 000 000
Gesucht: p % (prozentualer Zuwachs in 100 Jahren)

$$p\,\% = \frac{P}{G} = \frac{7\,000\,000\,000}{1\,750\,000\,000} = 4{,}00 = \mathbf{400\,\%}$$

Antwort: Die Weltbevölkerung hat in 100 Jahren um 400 % zugenommen.

b) Mögliche Frage:
Wenn die Weltbevölkerung so weiterwächst wie in den letzten 100 Jahren, würden im Jahr 2112 genau 28 000 000 000 Menschen (das 4-Fache von 7 000 000 000) auf der Welt leben.
Wie groß ist dann die prozentuale Zunahme seit 1912?

Gegeben: G = 1 750 000 000; P = 28 000 000 000
Gesucht: p % (prozentualer Zuwachs in 200 Jahren)

$$p\,\% = \frac{P}{G} = \frac{28\,000\,000\,000}{1\,750\,000\,000} = 16{,}00 = \mathbf{1\,600\,\%}$$

Antwort: Wenn die Welt so weiterwächst wie in den letzten 100 Jahren, so würde die Bevölkerung in 200 Jahren um 1 600 % zunehmen!

**237** Mögliche Stellungnahme:
Im März 2009 ist nur die Zahl der reinen Sachschaden-Crashs gegenüber Februar konstant geblieben. Alle Unfälle mit Personenschaden (Verletzte, Tote) sind zurückgegangen. Das könnte damit zusammenhängen, dass die Maßnahmen der Polizei für die Verkehrssicherheit Erfolg zeigen.
Der Artikel enthält im Übrigen eine Ungenauigkeit: Wenn im März 2008 genau 47 Personen mehr tödlich verunglückt sind als im März 2009, dann waren das 281 + 47 = 328 Personen. Aber 47 Personen von 328 Personen entspricht einem Anteil von 47 : 328 = 0,14329... ≈ 14 %. Die Prozentangabe 14 % im Artikel ist also nicht exakt.

Man kann z. B. mit den Angaben des Zeitungsartikels berechnen:
a) Wie viel Verkehrsunfälle gab es im März 2008 insgesamt?
b) Wie viel Verkehrsunfälle mit Personenschaden gab es im Februar?

a) Gegeben: P = 181 600 Verkehrsunfälle im März 2009;
p % = 99,6 % (Abnahme um 0,4 %)
Gesucht: G

$$G = \frac{P}{p\,\%} = \frac{181\,600 \text{ Unfälle}}{99{,}6\,\%} = \frac{181\,600 \text{ Unfälle}}{0{,}996} = 181\,600 : 0{,}996 \text{ Unfälle}$$
$$\approx \mathbf{182\,329 \text{ Unfälle}}$$

Antwort: Es gab im März 2008 insgesamt 182 329 Unfälle.

b) Gegeben: P = 21 100 Verkehrsunfälle mit Personenschaden im März 2009;
p % = 96,6 % (Abnahme um 3,4 %)
Gesucht: G

$$G = \frac{P}{p\,\%} = \frac{21\,100 \text{ Unfälle}}{0{,}966} = 21\,100 : 0{,}966 \text{ Unfälle}$$
$$= 21\,842{,}65\ldots \text{ Unfälle}$$
$$\approx \mathbf{21\,842 \text{ Unfälle}}$$

Antwort: Es gab im März 2008 insgesamt 21 842 Unfälle mit Personenschaden.

**238** a) Das Gehalt eines Angestellten ist um 50 % angestiegen. Er verdient jetzt doppelt so viel wie vorher. **(f)**
Begründung: Ein Gehaltsanstieg um 50 % ist ein Anstieg um die Hälfte des Gehalts.
Richtige Antwort: Er verdient jetzt das **1,5-Fache**.

b) Eine Zunahme um 100 % entspricht einer Verdopplung. **(w)**

c) Wenn man eine beliebige Größe (z. B. Tempo, Preise, Schülerzahlen, …) um 50 % erhöht und anschließend das Ergebnis nochmals um 50 % erhöht, so erhält man eine Erhöhung von 100 %. **(f)**
Begründung (Gegenbeispiel):
Der Preis für ein Computerspiel beträgt 80 € (100 %).
Der Preis nach der 1. Erhöhung um 50 % beträgt 80 € + 40 € = 120 € (neuer Preis: 120 €).
Der neue Preis von 120 € wird nochmals um 50 % erhöht. Die nochmalige Erhöhung um 50 % beträgt 60 €. Der Preis nach der 2. Erhöhung um 60 € beträgt nun 120 € + 60 € = 180 €.

Richtige Antwort: $p\,\% = \frac{P}{G} = \frac{180\,€}{80\,€} = 2{,}25 = \mathbf{225\,\%}$

Eine 2-malige Erhöhung um 50 % bedeutet einen Anstieg um insgesamt 225 %.

*alternativ:*

1. Erhöhung um 50 %:
$P_1 = p\,\% \cdot G_1 = 150\,\% \cdot G_1$

2. Erhöhung (von $G_2 = 150\,\% \cdot G_1$) um 50 %:
$P_2 = p\,\% \cdot G_2 = 150\,\% \cdot (150\,\% \cdot G_1) = 1{,}5 \cdot (1{,}5 \cdot G_1) = 2{,}25 \cdot G_1 = 225\,\% \cdot G_1$
Eine 2-malige Erhöhung um 50 % bedeutet einen Anstieg um insgesamt 225 %.

**239** a) 12 % Steigung bedeutet: Auf einer Strecke von 100 m steigt die Straße um 12 m (12 m : 100 m = 0,12 = 12 %).
Da die Straße nur 100 m : 2 = 50 m lang ist, steigt sie auch nur um 12 m : 2 = **6 m**.

b) Gegeben: Streckenlänge: 360 m; Steigung: 9 m

Auf 360 m steigt die Straße um 9 m:

360 m ≙ 9 m

$$100\text{ m} \mathrel{\hat=} \frac{9}{3,6}\text{ m} = 2,5\text{ m}$$

Steigung in %: $\frac{2,5\text{ m}}{100\text{ m}} = 0,025 = \mathbf{2,5\ \%}$

Antwort: Die Steigung beträgt 2,5 %.

c) Eine Steigung von 15 % bedeutet: Auf einer Strecke von 100 m steigt die Straße um 15 m.

Zeichnung im Maßstab: 1 : 1 000 (1 cm entspricht 1 000 cm = 10 m)

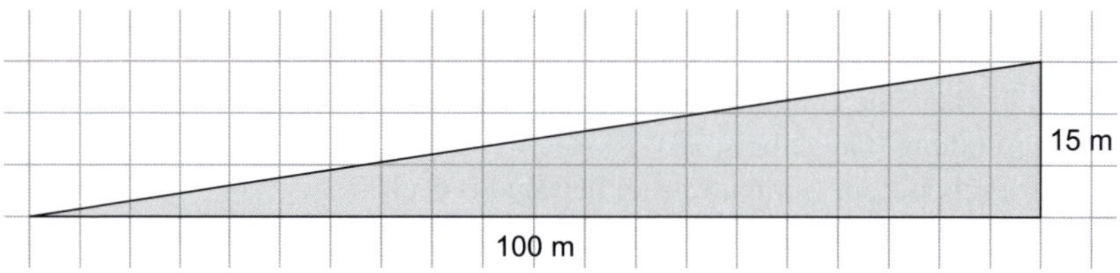


**240** • Beispiel:
G = 1 000 Autofahrer;
$p_1$ % = jeder 10. Autofahrer = 1 : 10 = 0,10 = 10 %;
$p_2$ % = jeder 5. Autofahrer = 1 : 5 = 0,20 = 20 %

Jeder 10. Autofahrer:
$P_1$ = G · $p_1$ % = 1 000 Autofahrer · 10 % = 1 000 Autofahrer · 0,10
= **100 Autofahrer**

Jeder 5. Autofahrer:
$P_2$ = G · $p_2$ % = 1 000 Autofahrer · 20 % = 1 000 Autofahrer · 0,20
= **200 Autofahrer**

Kommentar: Im Zeitungsartikel wird vermittelt, dass es weniger Raser geworden sind, da „nur noch" jeder fünfte Autofahrer zu schnell fährt. In Wirklichkeit bedeutet „jeder fünfte", dass es in sich um eine **Verdopplung** der Raser handelt.

- Kommentar: In den siebziger Jahren starben 20 % der herzkranken Kinder. Also überlebten damals 100 % – 20 % = 80 %. Wenn heutzutage also immer noch nur 80 % überleben, ist keine Veränderung eingetreten. Dr. Bauer hat also keinen Grund darauf stolz zu sein, wenn man davon ausgeht, dass die Medizin seit den siebziger Jahren Fortschritte gemacht hat.

Wenn die Verfasser beider Artikel dieses Trainingsbuch durchgearbeitet hätten, wären ihnen nicht solche peinlichen Fehler passiert.

**241**

| Augenzahl | 1 | 2 | 3 | 4 | 5 | 6 |
|---|---|---|---|---|---|---|
| Strichliste | II | IIII | I | IIII | IIII | ~~IIII~~ |
| absolute Häufigkeit | **2** | **4** | **1** | **4** | **4** | **5** |
| relative Häufigkeit als Bruch | $\frac{2}{20}=\mathbf{\frac{1}{10}}$ | $\frac{4}{20}=\mathbf{\frac{1}{5}}$ | $\mathbf{\frac{1}{20}}$ | $\frac{4}{20}=\mathbf{\frac{1}{5}}$ | $\frac{4}{20}=\mathbf{\frac{1}{5}}$ | $\frac{5}{20}=\mathbf{\frac{1}{4}}$ |
| relative Häufigkeit als Dezimalzahl | **0,1** | **0,2** | **0,05** | **0,2** | **0,2** | **0,25** |
| relative Häufigkeit als Prozentangabe | **10 %** | **20 %** | **5 %** | **20 %** | **20 %** | **25 %** |

**242**

a) $\frac{12}{34} = 0,35294\ldots \approx \mathbf{35,29\ \%}$

b) $1 \text{ von } 3 = \frac{1}{3} = 0,3333\ldots \approx \mathbf{33,33\ \%}$

c) $0,27 = \mathbf{27\ \%}$

d) $\frac{15}{40} = 0,375 = \mathbf{37,5\ \%}$

e) $\frac{7}{22} = 0,31818\ldots \approx \mathbf{31,82\ \%}$

f) $1 \text{ von } 20 = \frac{1}{20} = 0,05 = \mathbf{5\ \%}$

**243**

| | Versuche | Treffer | Relative Häufigkeit der Treffer in % |
|---|---|---|---|
| Claudia | 29 | 5 | $\frac{5}{29} = 0{,}17241\ldots \approx$ **17,24 %** |
| Judith | 34 | 6 | $\frac{6}{34} = 0{,}17647\ldots \approx$ **17,65 %** |
| Norbert | 54 | 11 | $\frac{11}{54} = 0{,}20370\ldots \approx$ **20,37 %** |
| Nicolai | 6 | 2 | $\frac{2}{6} = 0{,}3333\ldots \approx$ **33,33 %** |
| Niklas | 17 | 4 | $\frac{4}{17} = 0{,}23529\ldots \approx$ **23,53 %** |

Zur Berechnung der besten Trefferquote musst du die relative Häufigkeit ermitteln.

Antwort: Nicolai hat die beste Trefferquote mit 33,33 %.

**244** a) Es gilt:

Die Anzahl der anderen Fahrzeuge kann man mit dem Dreisatz berechnen (in Kurzform).

$2{,}5\,\% \mathrel{\hat{=}} 3$ Fahrzeuge

$5\,\% \mathrel{\hat{=}} 2{,}5\,\% \cdot 2 = 3$ Fahrzeuge $\cdot\, 2 = 6$ Fahrzeuge

$15\,\% \mathrel{\hat{=}} 5\,\% \cdot 3 = 6$ Fahrzeuge $\cdot\, 3 = 18$ Fahrzeuge

$17{,}5\,\% \mathrel{\hat{=}} 15\,\% + 2{,}5\,\% = 18$ Fahrzeuge $+\, 3$ Fahrzeuge $= 21$ Fahrzeuge

$50\,\% \mathrel{\hat{=}} 5\,\% \cdot 10 = 6$ Fahrzeuge $\cdot\, 10 = 60$ Fahrzeuge (Zwischenergebnis)

$55\,\% \mathrel{\hat{=}} 50\,\% + 5\,\% = 60$ Fahrzeuge $+\, 6$ Fahrzeuge $= 66$ Fahrzeuge

| Fahrzeug | Fahrrad | Bus | Lkw | Motorrad | Traktor | Pkw |
|---|---|---|---|---|---|---|
| Prozentangaben | 15 % | 5 % | 2,5 % | 17,5 % | 5 % | 55 % |
| Absolute Häufigkeit der Fahrzeuge | **18** | **6** | 3 | **21** | **6** | **66** |

b) Bestimmung der Mittelpunktswinkel der einzelnen Kreissektoren:

Fahrrad (15 %):

$100\,\% \mathrel{\hat{=}} 360°$

$1\,\% \mathrel{\hat{=}} 3{,}6°$

$15\,\% \mathrel{\hat{=}} 15 \cdot 3{,}6 = \mathbf{54°}$

Bus (5 %):

$5\,\% \mathrel{\hat{=}} 5 \cdot 3{,}6 = \mathbf{18°}$

Lkw (2,5 %):

$2{,}5\,\% \mathrel{\hat{=}} 2{,}5 \cdot 3{,}6 = \mathbf{9°}$

Motorrad (17,5 %):

$17{,}5\,\% \mathrel{\hat{=}} 17{,}5 \cdot 3{,}6 = \mathbf{63°}$

Traktor (5 %):

$5\,\% \mathrel{\hat{=}} 5 \cdot 3{,}6 = \mathbf{18°}$

Pkw (55 %):

$55\,\% \mathrel{\hat{=}} 55 \cdot 3{,}6 = \mathbf{198°}$

Kreisdiagramm:

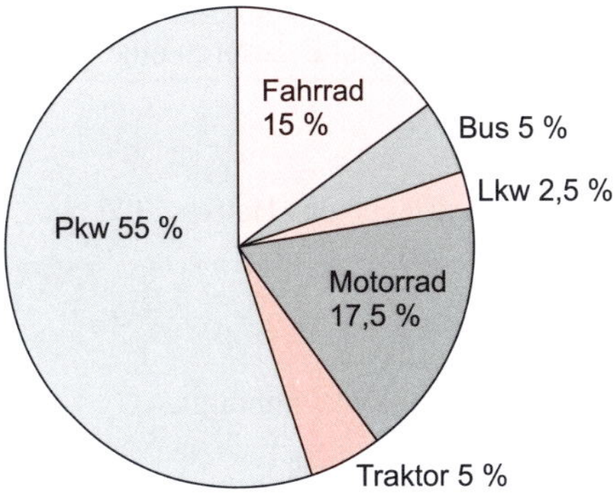


**245** a) Die Stichprobe $M_2$ ist als Teilmenge am geeignetsten.

Begründung: Beim Betrachten der Gesamtmenge fällt sofort auf, dass es viel mehr rote als schwarze Punkte gibt. Demnach muss die geeignete Stichprobe auch deutlich mehr rote als schwarze Punkte aufweisen.
Dies ist aber nur bei der Stichprobe $M_2$ der Fall.

b) Um zu entscheiden, welche Menge als Stichprobe am besten geeignet, d. h. am repräsentativsten für die Gesamtmenge ist, muss man diese kennen. Da die Gesamtmenge hier unbekannt ist, kann daher nicht entschieden werden, welche Stichprobe am geeignetsten ist. Auch die Tatsache, dass $M_4$ die Menge mit dem größten Umfang ist, ändert daran nichts. Für jede Teilmenge lässt sich eine Gesamtmenge angeben, sodass die gewählte Teilmenge diese am besten repräsentiert.

**246** a) Gegeben: G = 40 Rinder; P = 2 Rinder
Gesucht: p %

$$p\,\% = \frac{P}{G} = \frac{2}{40} = 0{,}05 = \mathbf{5\,\%}$$

Im Stall von Bauer Reichenbach sind 5 % der Rinder erkrankt.

Gegeben: P = 640 000 Rinder; p % = 5 %
Gesucht: G

$$G = \frac{P}{p\,\%} = \frac{640\,000 \text{ Rinder}}{5\,\%} = \frac{640\,000 \text{ Rinder}}{0{,}05} = \mathbf{12\,800\,000 \text{ Rinder}}$$

Antwort: Bauer Reichenbach ist von 12 800 000 (12,8 Millionen) deutschen Rindern ausgegangen.

b) Bauer Reichenbach stellt seine Berechnungen auf der Grundlage einer zu kleinen Stichprobe an. Um eine repräsentativere Stichprobe zu erhalten, sollte in der Stichprobe auf jeden Fall **eine größere Zahl von Rindern** untersucht werden. Zum Beispiel könnte man aus jedem der 16 Bundesländer jeweils 1 000 Rinder auf Erkrankungen untersuchen und hätte dadurch eine deutlich repräsentativere Stichprobe.

**247** a) Gegeben: 8 Sandsteine pro $m^2$; Gesamtaußenfläche des Hauses: 325 $m^2$
Gesucht: Anzahl der benötigten Sandsteinblöcke

$$8\,\frac{\text{Sandsteine}}{m^2}\cdot 325\,m^2 = \mathbf{2\,600\ Steine}$$

Antwort: Es werden insgesamt 2 600 Sandsteinblöcke benötigt.

b) Gegeben: G = 50 Sandsteinblöcke; P = 4 Sandsteinblöcke
Gesucht: p %

$$p\,\% = \frac{P}{G} = \frac{4}{50} = 0{,}08 = \mathbf{8\,\%}$$

Bauunternehmer Steinhauser stellte fest, dass 8 % der geprüften Sandsteinblöcke fehlerhaft waren.

Vermutung: In den benötigten 2 600 Steinen sind ebenfalls 8 % fehlerhaft.

Gegeben: G = 2 600 Steine; p % = 8 %
Gesucht: P
$P = p\,\% \cdot G = 8\,\% \cdot 2\,600$ Steine $= 0{,}08 \cdot 2\,600$ Steine $=$ **208 Steine**

Antwort: Er vermutet 208 fehlerhafte Steine unter allen benötigten Steinen.

**248** Prozentsätze der Stichprobe (100 Mitarbeiter):

Schweinebraten mit Gemüse und Salat: 23 $\Rightarrow\ p\,\% = \frac{23}{100} = \mathbf{23\,\%}$

Schnitzel mit Pommes Frites: 35 $\Rightarrow\ p\,\% = \frac{35}{100} = \mathbf{35\,\%}$

Panierter Fisch mit Salzkartoffeln: 17 $\Rightarrow\ p\,\% = \frac{17}{100} = \mathbf{17\,\%}$

Elsässer Flammkuchen mit Beilagen: 11 $\Rightarrow\ p\,\% = \frac{11}{100} = \mathbf{11\,\%}$

Italienische Pasta: 14 $\Rightarrow\ p\,\% = \frac{14}{100} = \mathbf{14\,\%}$

Anzahl der Gerichte, die für 3 125 Personen vorzubereiten sind:

Schweinebraten mit Gemüse und Salat: 23 %
$P = p\,\% \cdot G = 0{,}23 \cdot 3\,125$ Personen $= 718{,}75 \approx 719$ Personen

Schnitzel mit Pommes Frites: 35 %
$P = p\,\% \cdot G = 0{,}35 \cdot 3\,125$ Personen $= 1\,093{,}75 \approx 1\,094$ Personen

Panierter Fisch mit Salzkartoffeln: 17 %
$P = p\,\% \cdot G = 0{,}17 \cdot 3\,125$ Personen $= 531{,}25 \approx 531$ Personen

Elsässer Flammkuchen mit Beilagen: 11 %
$P = p\,\% \cdot G = 11 = 0{,}11 \cdot 3\,125$ Personen $= 343{,}75 \approx 344$ Personen

Italienische Pasta: 14 %
$P = p\,\% \cdot G = 0{,}14 \cdot 3\,125$ Personen $= 437{,}5 \approx 438$ Personen

Der Küchenchef sollte etwa 730-mal Schweinebraten mit Gemüse und Salat, 1 100-mal Schnitzel mit Pommes Frites, 540-mal panierten Fisch mit Salzkartoffeln, 350-mal Elsässer Flammkuchen mit Beilagen und 450-mal italienische Pasta vorbereiten.

Der Küchenchef weiß, dass mithilfe der Stichprobe nur ungefähre Anzahlen bestimmt werden können, und sollte deswegen bei jedem Gericht 10 bis 20 Portionen mehr vorbereiten.

**249** Urliste:

| | | | | | | | | | |
|---|---|---|---|---|---|---|---|---|---|
| Größe in m | 1,36 | 1,45 | 1,29 | 1,50 | 1,31 | 1,37 | 1,38 | 1,45 | 1,40 |

Absteigende Rangliste:

| Rangplatz | 1 | 2 | 3 | 4 | 5 | 6 | 7 | 8 | 9 |
|---|---|---|---|---|---|---|---|---|---|
| Größe in m | 1,50 | 1,45 | 1,45 | 1,40 | **1,38** | 1,37 | 1,36 | 1,31 | 1,29 |

Berechnung des Zentralwerts:
n = 9 ist ungerade, also gibt es 1 Rangplatz in der Mitte der Rangliste:
$\mathbf{z = x_5 = 1{,}38\ m}$

**250** Aufsteigende Rangliste:

| Rangplatz | 1 | 2 | 3 | 4 | 5 | 6 | 7 | 8 | 9 | 10 |
|---|---|---|---|---|---|---|---|---|---|---|
| Name | Jannik | Tim | Deniz | Lea | **Maxie** | **Niclas** | Laura | Uwe | Sandro | Hannah |
| Betrag | 15 € | 16 € | 17,50 € | 20 € | **20 €** | **22 €** | 22,50 € | 23 € | 25 € | 25 € |

Berechnung des Zentralwerts:
n = 10 ist gerade, also gibt es 2 Rangplätze in der Mitte der Rangliste.
Der Zentralwert ist der Mittelwert der beiden mittleren Werte:

$$z = \frac{x_5 + x_6}{2} = \frac{20\,€ + 22\,€}{2} = \mathbf{21\,€}$$

Berechnung des Mittelwerts:
$(15 + 16 + 17{,}50 + 20 + 20 + 22 + 22{,}50 + 23 + 25 + 25)\,€ : 10 = \mathbf{20{,}60\,€}$

Abweichungen vom Mittelwert 20,60 €:

| Jannik | Tim | Deniz | Lea | Maxie | Niclas | Laura | Uwe | Sandro | Hannah |
|---|---|---|---|---|---|---|---|---|---|
| 15 € | 16 € | 17,50 € | 20 € | 20 € | 22 € | 22,50 € | 23 € | 25 € | 25 € |
| 5,60 € | 4,60 € | 3,10 € | 0,60 € | 0,60 € | 1,40 € | 1,90 € | 2,40 € | 4,40 € | 4,40 € |

Berechnung der mittleren Abweichung:

$$\frac{(5,60+4,60+3,10+0,60+0,60+1,40+1,90+2,40+4,40+4,40)\ €}{10} = \mathbf{2,90\ €}$$

**251** a) Beispiel:
Der Mittelwert folgender 10 Zahlen beträgt 15:
12, 3, 45, 1, 8, 17, 31, 4, 21, 8

Begründung: $(12+3+45+1+8+17+31+4+21+8):10=15$

b) Beispiel:
Der Zentralwert folgender 10 Zahlen ist 25:
48, 32, 7, 9, 14, 29, 19, 21, 41, 36

Aufsteigende Rangliste:

| Rangplatz | 1 | 2 | 3 | 4 | **5** | **6** | 7 | 8 | 9 | 10 |
|---|---|---|---|---|---|---|---|---|---|---|
| Wert | 7 | 9 | 14 | 19 | **21** | **29** | 32 | 36 | 41 | 48 |

Berechnung des Zentralwerts:
n = 10 ist gerade, also gibt es 2 Rangplätze in der Mitte der Rangliste.
Der Zentralwert ist der Mittelwert der beiden mittleren Werte:

$$z = \frac{x_5 + x_6}{2} = \frac{21+29}{2} = \mathbf{25}$$

**252** 165 Schüler haben an der Umfrage teilgenommen (n = 165).
Die Tabelle zeigt eine verkürzte Zusammenfassung der Stundenzahlen.

Bestimmung des Mittelwerts:
$(4\cdot 2+12\cdot 4+29\cdot 6+35\cdot 8+22\cdot 10+21\cdot 12+16\cdot 14+6\cdot 16+3\cdot 18+7\cdot 20+3\cdot 22$
$+4\cdot 24+2\cdot 26+1\cdot 28)$ Stunden : 165 = 1 738 Stunden : 165 ≈ **10,53 Stunden**

Bestimmung des Medians (Zentralwert):
n = 165 ist ungerade, also gibt es 1 Rangplatz in der Mitte der Rangliste. Da n = 165 ist, gibt es 82 Kennwerte, die jeweils unter und über dem Median liegen. Somit liegt der Median auf Rangplatz 83. Der Median liegt also bei **„8 bis 10 Stunden“**.

Die Tabelle zeigt eine verkürzte Zusammenfassung der Stundenzahlen. Trotzdem kann der Median über den zugehörigen Rangplatz ermittelt werden.

**253** a) Rangliste der erreichten Punktzahlen (aufsteigend):

| Rangplatz | 1 | 2 | 3 | 4 | 5 | 6 | 7 | 8 | 9 | 10 | 11 | 12 | 13 | **14** |
|---|---|---|---|---|---|---|---|---|---|---|---|---|---|---|
| Wert | 8 | 9 | 12 | 12 | 13 | 14 | 15 | 17 | 17 | 18 | 18 | 18 | 19 | **20** |

| Rangplatz | **15** | 16 | 17 | 18 | 19 | 20 | 21 | 22 | 23 | 24 | 25 | 26 | 27 | 28 |
|---|---|---|---|---|---|---|---|---|---|---|---|---|---|---|
| Wert | **21** | 21 | 22 | 24 | 25 | 25 | 26 | 26 | 27 | 27 | 29 | 29 | 30 | 31 |

b)

| Punkte | 8 | 9 | 12 | 13 | 14 |
|---|---|---|---|---|---|
| abs. Häufigkeit | 1 | 1 | 2 | 1 | 1 |
| rel. Häufigkeit in % | $\frac{1}{28}$ ≈ **3,57 %** | $\frac{1}{28}$ ≈ **3,57 %** | $\frac{2}{28}$ ≈ **7,14 %** | $\frac{1}{28}$ ≈ **3,57 %** | $\frac{1}{28}$ ≈ **3,57 %** |

| Punkte | 15 | 17 | 18 | 19 | 20 |
|---|---|---|---|---|---|
| abs. Häufigkeit | 1 | 2 | 3 | 1 | 1 |
| rel. Häufigkeit in % | $\frac{1}{28}$ ≈ **3,57 %** | $\frac{2}{28}$ ≈ **7,14 %** | $\frac{3}{28}$ ≈ **10,71 %** | $\frac{1}{28}$ ≈ **3,57 %** | $\frac{1}{28}$ ≈ **3,57 %** |

| Punkte | 21 | 22 | 24 | 25 | 26 |
|---|---|---|---|---|---|
| abs. Häufigkeit | 2 | 1 | 1 | 2 | 2 |
| rel. Häufigkeit in % | $\frac{2}{28}$ ≈ **7,14 %** | $\frac{1}{28}$ ≈ **3,57 %** | $\frac{1}{28}$ ≈ **3,57 %** | $\frac{2}{28}$ ≈ **7,14 %** | $\frac{2}{28}$ ≈ **7,14 %** |

| Punkte | 27 | 29 | 30 | 31 | |
|---|---|---|---|---|---|
| abs. Häufigkeit | 2 | 2 | 1 | 1 | |
| rel. Häufigkeit in % | $\frac{2}{28}$ ≈ **7,14 %** | $\frac{2}{28}$ ≈ **7,14 %** | $\frac{1}{28}$ ≈ **3,57 %** | $\frac{1}{28}$ ≈ **3,57 %** | |

c) Bestimmung des Zentralwerts:
n = 28 ist gerade, also gibt es 2 Rangplätze in der Mitte der Rangliste.
Der Zentralwert ist der Mittelwert der beiden mittleren Werte:

$$z = \frac{x_{14} + x_{15}}{2} = \frac{20 + 21}{2} = \mathbf{20{,}5}$$

d) Bestimmung des Mittelwerts:
(8 + 9 + 12 + 12 + 13 + 14 + 15 + 17 + 17 + 18 + 18 + 18 + 19 + 20 + 21 + 21 + 22 + 24 + 25 + 25 + 26 + 26 + 27 + 27 + 29 + 29 + 30 + 31) Punkte : 28
= 573 Punkte : 28 ≈ **20,46 Punkte**

**254** Folgende statistische Kennwerte können ermittelt werden:
Minimum, Maximum, Spannweite, Mittelwert, mittlere Abweichung, Median, absolute und relative Häufigkeit

Minimum: **4,67 s**

Maximum: **16,34 s**

Spannweite: 16,34 s – 4,76 s = **11,58 s**

Berechnung des Mittelwerts:
$(6{,}18+5{,}23+4{,}67+7{,}01+5{,}45+4{,}95+16{,}34+5{,}67+4{,}98+6{,}11)\ \text{s}:10$
$=66{,}59\ \text{s}:10\approx$ **6,66 s**

Berechnung der Abweichung vom Mittelwert 6,66 s:

| Name | Saskia | Felix | Anna | Jonas | **Laura** | **Simon** | Isi | Pascal | Nico | Max |
|---|---|---|---|---|---|---|---|---|---|---|
| Rangplatz | 1 | 2 | 3 | 4 | **5** | **6** | 7 | 8 | 9 | 10 |
| Zeit | 4,67 s | 4,95 s | 4,98 s | 5,23 s | **5,45 s** | **5,67 s** | 6,11 s | 6,18 s | 7,01 s | 16,34 s |
| Abweichung | 1,99 s | 1,71 s | 1,68 s | 1,43 s | 1,21 s | 0,99 s | 0,55 s | 0,48 s | 0,35 s | 9,68 s |

Berechnung der mittleren Abweichung:

$$\frac{(1{,}99+1{,}71+1{,}68+1{,}43+1{,}21+0{,}99+0{,}55+0{,}48+0{,}35+9{,}68)\ \text{s}}{10}=\mathbf{2{,}007\ s}$$

Berechnung des Medians (Zentralwert):
n = 10 ist gerade, also gibt es 2 Rangplätze in der Mitte der Rangliste. Der Median ist der Mittelwert der beiden mittleren Werte:

$$z=\frac{x_5+x_6}{2}=\frac{5{,}45\ \text{s}+5{,}67\ \text{s}}{2}=\mathbf{5{,}56\ s}$$

Der „Ausreißer 16,34 s“ auf Rangplatz 10 bewirkt, dass Median und Mittelwert ziemlich auseinanderliegen.

Da jede Zeit nur einmal vorkommt, ist die absolute Häufigkeit jeder Zeit gleich 1 und die relative Häufigkeit für jede Zeit gleich 1 : 10 = 0,10 = 10 %.

Die Ermittlung der rel. und abs. Häufigkeit ist hier zwar nicht interessant, aber immerhin möglich. Ein Modalwert (häufigster Wert) hingegen, kann nicht angegeben werden.

**255** a) Gegeben: $P_1 = 5\,580\,000$ Zuschauer; $P_2 = 6\,100\,000$ Zuschauer
$G = 71\,000\,000$ Zuschauer
Gesucht: $p_1\ \%$; $p_2\ \%$

$$p_1\ \%=\frac{P}{G}=\frac{5\,580\,000\ \text{Zuschauer}}{71\,000\,000\ \text{Zuschauer}}=0{,}078591549\ldots\approx\mathbf{7{,}86\ \%}$$

$$p_2\ \%=\frac{P}{G}=\frac{6\,100\,000\ \text{Zuschauer}}{71\,000\,000\ \text{Zuschauer}}=0{,}0859154\ldots\approx\mathbf{8{,}59\ \%}$$

Antwort: Die Sehbeteiligung beim 5,5-Kilometer-Sprint der Frauen betrug 7,68 % und in der Spitze 8,59 %.

b) Gegeben: $G = 5\,640$ Stichprobenhaushalte; $p_1\ \% \approx 7{,}86\ \%$; $p_2\ \% \approx 8{,}59\ \%$
Gesucht: $P_1$; $P_2$

$P_1 = p_1\ \% \cdot G = 7{,}86\ \% \cdot 5\,640$ Stichprobenhaushalte
$= 0{,}0786 \cdot 5\,640$ Stichprobenhaushalte
$= 443{,}3 \approx$ **443 Stichprobenhaushalte**

$$
\begin{aligned}
P_2 = p_2\,\% \cdot G &= 8{,}59\,\% \cdot 5\,640 \text{ Stichprobenhaushalte} \\
&= 0{,}0859 \cdot 5\,640 \text{ Stichprobenhaushalte} \\
&= 484{,}476 \approx \mathbf{484\ Stichprobenhaushalte}
\end{aligned}
$$

Antwort: Es hatten 443 bzw. 484 Stichprobenhaushalte eingeschaltet.

**256**

| | Frauen | Männer | Mädchen bis 16 Jahre | Jungen bis 16 Jahre |
|---|---|---|---|---|
| absolute Häufigkeit | **215** | 86 | **301** | **258** |
| relative Häufigkeit | 25 % | **10 %** | 35 % | 30 % |

- Frauen, Männer, Mädchen bis 16 Jahre und Jungen bis 16 Jahre ergeben zusammen 100 %. Daher beträgt die rel. Häufigkeit bei den Männern: 100 % – (25 % + 35 % + 30 %) = 10 %.
- Berechnung der absoluten Häufigkeit der Frauen (Dreisatz):
  10 % ≙ 86 Personen
  1 % ≙ 8,6 Personen
  25 % ≙ 8,6 Personen · 25 = 215 Personen
- Berechnung der absoluten Häufigkeit der Jungen (durch Überlegung):
  Wenn 10 % genau 86 Personen entsprechen, so entsprechen 3 · 10 % = 30 % genau 3 · 86 Personen = 258 Personen.
- Berechnung der absoluten Häufigkeit der Mädchen (durch Schlussfolgerung):
  35 % ensprechen genauso vielen Personen wie die Summe von 25 % (Frauen) und 10 % (Mädchen bis 16 Jahren), also 215 + 86 = 301 Personen.

**257** a)
b)

| | A | B | C | D | E | F | G | H | I | J | K |
|---|---|---|---|---|---|---|---|---|---|---|---|
| 1 | Wechselkurs am 11.5.2010: 1€ = 1,2961 $ | | | | | | | | | | |
| 2 | | | | | | | | | | | |
| 3 | Euro (in €) | 10 | 20 | 30 | 40 | 50 | 60 | 70 | 80 | 90 | 100 |
| 4 | Dollar (in $) | 12,961 | 25,922 | 38,883 | 51,844 | 64,805 | 77,766 | 90,727 | 103,688 | 116,649 | 129,61 |
| 5 | | | | | | | | | | | |
| 6 | Euro (in €) | 1 | | | | | | | | | |
| 7 | Dollar (in $) | 1,2961 | | | | | | | | | |

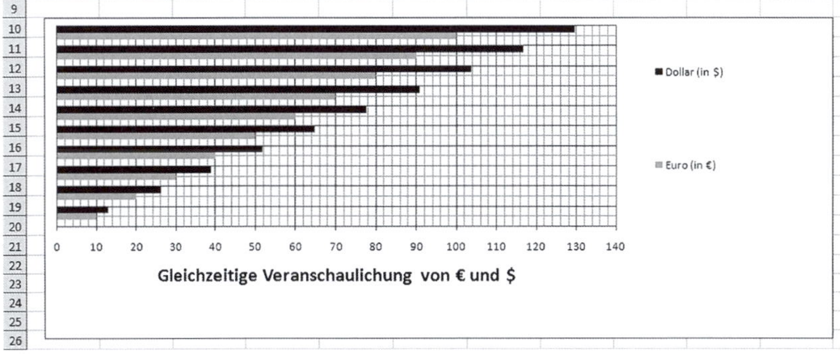


- Es gibt noch viele andere Möglichkeiten, die Daten in einem Diagramm darzustellen. Alle diese Möglichkeiten haben Vor- und Nachteile.
- Der Vorteil dieser Darstellung ist die gleichzeitige Veranschaulichung von € und $ auf der x-Achse. Du kannst an den Doppelbalken sofort ablesen, wie viel € (grau) dem entsprechenden Gegenwert in $ (schwarz) entsprechen.

**258** a)
b)

| | A | B | C | D | E | F | G |
|---|---|---|---|---|---|---|---|
| 1 | | | | | | | |
| 2 | Zahl der Maler | 1 | 2 | 3 | 4 | 8 | |
| 3 | Arbeitsstunden je Maler (in h) | 48 | 24 | 16 | 12 | 6 | |

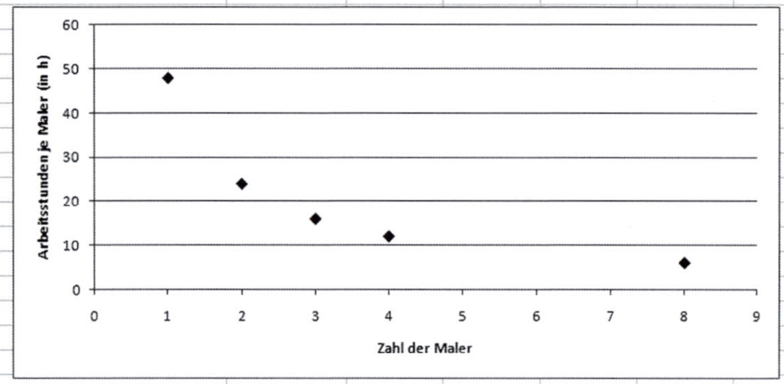


Es ist wichtig, dass das Diagramm in Form von Punkten wiedergegeben wird, weil eine durchgehende Linie nicht situationsgerecht wäre, da es nur „ganze" Arbeiter gibt.

**259**

| | A | B | C | D | E |
|---|---|---|---|---|---|
| 1 | | Parameter | | | Lösung |
| 2 | | a | b | c | x |
| 3 | a) | 4 | 5 | 1 | **-1** |
| 4 | b) | 4 | 10 | 5 | **-1,25** |
| 5 | c) | -3 | 2 | -4 | **2** |
| 6 | d) | 6 | -1 | -10 | **-1,5** |
| 7 | | | | | |

a) Formel in Ausgabezelle E3: =(D3−C3)/B3

b) Formel in Ausgabezelle E4: =(D4−C4)/B4

c) Formel in Ausgabezelle E5: =(D5−C5)/B5

d) Formel in Ausgabezelle E6: =(D6−C6)/B6

a) Standardlösung:

$$5+4x=1 \quad |-5$$
$$4x=-4 \quad |:4$$
$$x=-1$$

Lösung mit Umstellung:

$$5+4x=1$$
$$4x+5=1 \quad |-5$$
$$4x=1-5 \quad |:4$$
$$x=\frac{1-5}{4}$$
$$x=-1$$

Lösung mit Tab.:

$$ax+b=c \quad |-b$$
$$ax=c-b \quad |:a$$
$$x=\frac{c-b}{a} \quad \left| \begin{array}{l} a=4; \\ b=5; \\ c=1 \end{array} \right.$$
$$x=\frac{1-5}{4}$$
$$x=-1$$

b) Standardlösung:

$$10+4x=5 \quad |-10$$
$$4x=-5 \quad |:4$$
$$x=-\frac{5}{4}$$
$$x=-1{,}25$$

Lösung mit Umstellung:

$$10+4x=5$$
$$4x+10=5 \quad |-10$$
$$4x=5-10 \quad |:4$$
$$x=\frac{5-10}{4}$$
$$x=-1{,}25$$

Lösung mit Tab.:

$$ax+b=c \quad |-b$$
$$ax=c-b \quad |:a$$
$$x=\frac{c-b}{a} \quad \left|\begin{array}{l} a=4; \\ b=10; \\ c=5 \end{array}\right.$$
$$x=\frac{5-10}{4}$$
$$x=-1{,}25$$

c) Standardlösung:

$$2-3x=-4 \quad |-2$$
$$-3x=-6 \quad |:(-3)$$
$$x=2$$

Lösung mit Umstellung:

$$2-3x=-4$$
$$-3x+2=-4 \quad |-2$$
$$-3x=-4-2 \quad |:(-3)$$
$$x=\frac{-4-2}{-3}$$
$$x=2$$

Lösung mit Tab.:

$$ax+b=c \quad |-b$$
$$ax=c-b \quad |:a$$
$$x=\frac{c-b}{a} \quad \left|\begin{array}{l} a=-3; \\ b=2; \\ c=-4 \end{array}\right.$$
$$x=\frac{-4-2}{-3}$$
$$x=2$$

d) Standardlösung:

$$6x-1=-10 \quad |+1$$
$$6x=-9 \quad |:6$$
$$x=\frac{-9}{6}$$
$$x=-1{,}5$$

Lösung mit Umstellung:

$$6x-1=-10 \quad |+1$$
$$6x=-10+1 \quad |:6$$
$$x=\frac{-10+1}{6}$$
$$x=-1{,}5$$

Lösung mit Tab.:

$$ax+b=c \quad |-b$$
$$ax=c-b \quad |:a$$
$$x=\frac{c-b}{a} \quad \left|\begin{array}{l} a=6; \\ b=-1; \\ c=-10 \end{array}\right.$$
$$x=\frac{-10-(-1)}{6}$$
$$x=-1{,}5$$

**260**

| | A | B | C | D |
|---|---|---|---|---|
| 1 | | P | p % | G |
| 2 | a) | **10,5** | 30% | 35 |
| 3 | b) | 45 | **20%** | 225 |
| 4 | c) | 66 | 15% | **440** |
| 5 | | | | |

a) Formel in Zelle B2: =C2*D2

b) Formel in Zelle C3: =B3/D3

Zelle C3 muss zur korrekten Anzeige des Ergebnisses im Zahlenformat „Prozent“ formatiert sein.

c) Formel in Zelle D4: =B4/C4

**261** a)

| | A | B |
|---|---|---|
| 1 | Name | Ergebnis (in s) |
| 2 | Lukas | 7,6 |
| 3 | Collin | 6,9 |
| 4 | Marvin | 8,0 |
| 5 | Marius | 8,4 |
| 6 | Jan | 7,2 |
| 7 | Lara | 7,9 |
| 8 | Zoe | 8,1 |
| 9 | Markus | 8,9 |
| 10 | Judith | 7,6 |
| 11 | Thommy | 7,2 |
| 12 | Simon | 8,2 |
| 13 | Tom | 7,2 |
| 14 | Gloria | 7,5 |
| 15 | Rana | 7,8 |
| 16 | Carolin | 7,1 |
| 17 | Julian | 8,2 |
| 18 | Lisa | 8,0 |
| 19 | Olivia | 7,9 |
| 20 | Kathy | 8,5 |
| 21 | Saskia | 6,9 |
| 22 | Mario | 7,7 |
| 23 | Maurice | 8,1 |
| 24 | Kathrin | 7,0 |
| 25 | Sophia | 7,3 |
| 26 | Timo | 8,2 |
| 27 | Anna | 9,2 |
| 28 | Lea | 8,4 |
| 29 | Philipp | 7,8 |
| 30 | | |

b)

| | A | B | C |
|---|---|---|---|
| 1 | Name | Ergebnis (in s) | Rangplatz |
| 2 | Collin | 6,9 | 1 |
| 3 | Saskia | 6,9 | 2 |
| 4 | Kathrin | 7,0 | 3 |
| 5 | Carolin | 7,1 | 4 |
| 6 | Jan | 7,2 | 5 |
| 7 | Thommy | 7,2 | 6 |
| 8 | Tom | 7,2 | 7 |
| 9 | Sophia | 7,3 | 8 |
| 10 | Gloria | 7,5 | 9 |
| 11 | Lukas | 7,6 | 10 |
| 12 | Judith | 7,6 | 11 |
| 13 | Mario | 7,7 | 12 |
| 14 | Rana | 7,8 | 13 |
| 15 | Philipp | 7,8 | 14 |
| 16 | Lara | 7,9 | 15 |
| 17 | Olivia | 7,9 | 16 |
| 18 | Marvin | 8,0 | 17 |
| 19 | Lisa | 8,0 | 18 |
| 20 | Zoe | 8,1 | 19 |
| 21 | Maurice | 8,1 | 20 |
| 22 | Simon | 8,2 | 21 |
| 23 | Julian | 8,2 | 22 |
| 24 | Timo | 8,2 | 23 |
| 25 | Marius | 8,4 | 24 |
| 26 | Lea | 8,4 | 25 |
| 27 | Kathy | 8,5 | 26 |
| 28 | Markus | 8,9 | 27 |
| 29 | Anna | 9,2 | 28 |
| 30 | | | |

Markiere die Zellen A1:B29 und klicke dann „Sortieren und Filtern“ → „Benutzerdefiniertes Sortieren...“ und wähle
im Feld Spalte „Ergebnis (in s)“,
im Feld Sortieren nach „Werte“,
im Feld Reihenfolge „nach Größe (aufsteigend)“.
Ergänze anschließend die Spalte mit den Rangplätzen.

c)
d)
e)
f)
g)

| | A | B | C | D | E | F | G | H |
|---|---|---|---|---|---|---|---|---|
| 1 | Name | Ergebnis (in s) | Rangplatz | | | | Ergebnis | |
| 2 | Collin | 6,9 | 1 | | c) | Minimum (in s) | 6,9 | |
| 3 | Saskia | 6,9 | 2 | | d) | Maximum (in s) | 9,2 | |
| 4 | Kathrin | 7,0 | 3 | | e) | Durchschnitt (in s) | 7,81 | |
| 5 | Carolin | 7,1 | 4 | | f) | Zentralwert (in s) | 7,85 | |
| 6 | Jan | 7,2 | 5 | | g) | Modalwert (in s) | 7,2 | 8,2 |
| 7 | Thommy | 7,2 | 6 | | | | | |
| 8 | Tom | 7,2 | 7 | | | | | |
| 9 | Sophia | 7,3 | 8 | | | | | |
| 10 | Gloria | 7,5 | 9 | | | | | |
| 11 | Lukas | 7,6 | 10 | | | | | |
| 12 | Judith | 7,6 | 11 | | | | | |
| 13 | Mario | 7,7 | 12 | | | | | |
| 14 | Rana | 7,8 | 13 | | | | | |
| 15 | Philipp | 7,8 | 14 | | | | | |
| 16 | Lara | 7,9 | 15 | | | | | |
| 17 | Olivia | 7,9 | 16 | | | | | |
| 18 | Marvin | 8,0 | 17 | | | | | |
| 19 | Lisa | 8,0 | 18 | | | | | |
| 20 | Zoe | 8,1 | 19 | | | | | |
| 21 | Maurice | 8,1 | 20 | | | | | |
| 22 | Simon | 8,2 | 21 | | | | | |
| 23 | Julian | 8,2 | 22 | | | | | |
| 24 | Timo | 8,2 | 23 | | | | | |
| 25 | Marius | 8,4 | 24 | | | | | |
| 26 | Lea | 8,4 | 25 | | | | | |
| 27 | Kathy | 8,5 | 26 | | | | | |
| 28 | Markus | 8,9 | 27 | | | | | |
| 29 | Anna | 9,2 | 28 | | | | | |

- Formel in Zelle G2: =MIN(B2:B29)

  Natürlich ist dieser Wert auch am Rangplatz 1 (B2) abzulesen.

- Formel in Zelle G3: =MAX(B2:B29)

  Natürlich ist dieser Wert auch am Rangplatz 28 (B29) abzulesen.

- Formel in Zelle G4: =MITTELWERT(B2:B29)

  Der Mittelwert entspricht dem Durchschnitt aller Werte und ist hier auf 2 Nachkommastellen genau angegeben.

- Formel in Zelle G5: =MEDIAN(B2:B29)

  n = 28 ist gerade, also gibt es 2 Rangplätze in der Mitte der Rangliste. Der Zentralwert ist der Mittelwert der beiden mittleren Werte:

  $$z = \frac{x_{14} + x_{15}}{2} = \frac{7{,}8 + 7{,}9}{2} = 7{,}85$$

- Formel in Zelle G6: =MODALWERT(B2:B29)

  Das Tabellenkalkulationsprogramm gibt hier nur einen Wert aus. Die Werte 7,2 und 8,2 kommen aber beide 3-mal vor. In diesem Fall gibt es also 2 Modalwerte. Der zweite Wert wurde händisch eingetragen.

h)

| | A | B | C | D | E | F | G | H |
|---|---|---|---|---|---|---|---|---|
| 1 | Name | Ergebnis (in s) | Rangplatz | | | | Ergebnis | |
| 2 | | | | | c) | Minimum (in s) | 7 | |
| 3 | | | | | d) | Maximum (in s) | 8,5 | |
| 4 | Kathrin | 7,0 | 1 | | e) | Durchschnitt (in s) | 7,79 | |
| 5 | Carolin | 7,1 | 2 | | f) | Zentralwert (in s) | 7,85 | |
| 6 | Jan | 7,2 | 3 | | g) | Modalwert (in s) | 7,2 | 8,2 |
| 7 | Thommy | 7,2 | 4 | | | | | |
| 8 | Tom | 7,2 | 5 | | | | | |
| 9 | Sophia | 7,3 | 6 | | | | | |
| 10 | Gloria | 7,5 | 7 | | | | | |
| 11 | Lukas | 7,6 | 8 | | | | | |
| 12 | Judith | 7,6 | 9 | | | | | |
| 13 | Mario | 7,7 | 10 | | | | | |
| 14 | Rana | 7,8 | 11 | | | | | |
| 15 | Philipp | 7,8 | 12 | | | | | |
| 16 | Lara | 7,9 | 13 | | | | | |
| 17 | Olivia | 7,9 | 14 | | | | | |
| 18 | Marvin | 8,0 | 15 | | | | | |
| 19 | Lisa | 8,0 | 16 | | | | | |
| 20 | Zoe | 8,1 | 17 | | | | | |
| 21 | Maurice | 8,1 | 18 | | | | | |
| 22 | Simon | 8,2 | 19 | | | | | |
| 23 | Julian | 8,2 | 20 | | | | | |
| 24 | Timo | 8,2 | 21 | | | | | |
| 25 | Marius | 8,4 | 22 | | | | | |
| 26 | Lea | 8,4 | 23 | | | | | |
| 27 | Kathy | 8,5 | 24 | | | | | |
| 28 | | | | | | | | |
| 29 | | | | | | | | |
| 30 | | | | | | | | |

Durch die Streichung der beiden schnellsten und der beiden langsamsten Zeiten ändern sich das Minimum, das Maximum und der Durchschnitt (Mittelwert).

Die Formeln in den Zellen G2:G6 brauchen nicht verändert zu werden. Dass sich die Formeln auch auf nun leere Zellen beziehen, beeinflusst die Berechnungen nicht.

# Ihre Meinung ist uns wichtig!

Ihre Anregungen sind uns immer willkommen. Bitte informieren Sie uns mit diesem Schein über Ihre Verbesserungsvorschläge!

| Titel-Nr. | Seite | Vorschlag |
|---|---|---|
| | | |
| | | |
| | | |
| | | |
| | | |
| | | |
| | | |
| | | |
| | | |

Bitte hier abtrennen

Lernen • Wissen • Zukunft
STARK

## Zutreffendes bitte ankreuzen!

### Die Absenderin/der Absender ist:

- ☐ Lehrer/in in den Klassenstufen: ______
- ☐ Fachbetreuer/in
  Fächer: ______
- ☐ Seminarlehrer/in
  Fächer: ______
- ☐ Regierungsfachberater/in
  Fächer: ______
- ☐ Oberstufenbetreuer/in
- ☐ Schulleiter/in
- ☐ Referendar/in, Termin 2. Staats-examen: ______
- ☐ Leiter/in Lehrerbibliothek
- ☐ Leiter/in Schülerbibliothek
- ☐ Sekretariat
- ☐ Eltern
- ☐ Schüler/in, Klasse: ______
- ☐ Sonstiges: ______

**Unterrichtsfächer:** (Bei Lehrkräften!)

______

Kennen Sie Ihre Kundennummer?
Bitte hier eintragen.

| | | | | | | |
|---|---|---|---|---|---|---|
| | | | | | | |

### Absender (Bitte in Druckbuchstaben!)

Name/Vorname

Straße/Nr.

PLZ/Ort/Ortsteil

Telefon privat

Geburtsjahr

E-Mail

### Schule/Schulstempel (Bitte immer angeben!)

STARK Verlag
Postfach 1852
85318 Freising

20-V2X
Bitte ausfüllen und im frankierten Umschlag
an uns einsenden. Für Fensterkuverts geeignet.

Bitte hier abtrennen

# Sicher durch alle Klassen!

Faktenwissen und praxisgerechte Übungen mit vollständigen Lösungen.

## Mathematik Realschule

| | |
|---|---|
| Mathematik Grundwissen 5. Klasse | Best.-Nr. 91410 |
| Mathematik Grundwissen 5. Klasse Baden-W. | Best.-Nr. 81405 |
| Schulaufgaben Mathematik 5. Klasse Bayern | Best.-Nr. 910001 |
| Mathematik Grundwissen 6. Klasse Bayern | Best.-Nr. 914056 |
| Mathematik Grundwissen 6. Klasse Baden-W. | Best.-Nr. 81406 |
| Schulaufgaben Mathematik 6. Klasse Bayern | Best.-Nr. 910002 |
| Mathematik Grundwissen 7. Klasse | Best.-Nr. 81407 |
| Mathematik Grundwissen 7. Klasse Bayern | Best.-Nr. 914057 |
| Schulaufgaben Mathematik 7. Klasse Gruppe II/III Realschule Bayern | Best.-Nr. 910004 |
| Mathematik Grundwissen 8. Klasse Gruppe I und II/III Bayern | Best.-Nr. 91406 |
| Mathematik Grundwissen 8. Klasse Gruppe II/III Bayern | Best.-Nr. 91419 |
| Schulaufgaben Mathematik 8. Klasse Gruppe II/III Realschule Bayern | Best.-Nr. 910006 |
| Funktionen 8.–10. Klasse | Best.-Nr. 91408 |
| Übungsaufgaben Mathematik I 9. Klasse – Realschule Bayern | Best.-Nr. 91405 |
| Übungsaufgaben Mathematik II/III 9. Klasse – Realschule Bayern | Best.-Nr. 91415 |
| Schulaufgaben Mathematik 9. Klasse Gruppe I Realschule Bayern | Best.-Nr. 910007 |
| Mathematik Grundwissen 10. Klasse II/III Realschule Bayern | Best.-Nr. 91417 |
| Formelsammlung NRW, Mathematik, Physik, Chemie Realschule 5.–10. Klasse | Best.-Nr. 51411 |
| Formelsammlung – Baden-Württemberg Realschule 5.–10. Klasse | Best.-Nr. 81400 |
| Formelsammlung Hessen, Mathematik, Physik, Chemie Realschule 5.–10. Klasse | Best.-Nr. 61411 |
| Kompakt-Wissen Realschule Mathematik | Best.-Nr. 914001 |

## Mathematik Jahrgangsstufentests/VERA 8

| | |
|---|---|
| Bayerischer Mathematik-Test (BMT) 6. Klasse – Realschule Bayern | Best.-Nr. 915061 |
| Bayerischer Mathematik-Test (BMT) 8. Klasse – Realschule Bayern | Best.-Nr. 915081 |
| Vergleichsarbeiten Mathematik 7. Klasse Realschule Baden-Württemberg | Best.-Nr. 815061 |
| Vergleichsarbeiten Mathematik 9. Klasse Realschule Baden-Württemberg | Best.-Nr. 815081 |
| VERA 8 – Mathematik Version B: Realschule | Best.-Nr. 915082 |

## Deutsch Realschule

| | |
|---|---|
| Deutsch Grundwissen 5. Klasse Realschule | Best.-Nr. 91445 |
| Deutsch Grundwissen 6. Klasse Realschule | Best.-Nr. 91446 |
| Deutsch Grundwissen 7. Klasse Realschule | Best.-Nr. 91447 |
| Rechtschreibung und Diktat 5./6. Kl. mit CD | Best.-Nr. 90408 |
| Aufsatz 7./8. Klasse | Best.-Nr. 91442 |
| Erörterung und Textgebundener Aufsatz 9./10. Klasse | Best.-Nr. 91441 |
| Deutsch 9./10. Klasse Journalistische Texte lesen, auswerten, schreiben | Best.-Nr. 81442 |
| Deutsche Rechtschreibung 5.–10. Klasse | Best.-Nr. 90402 |
| Text-Kompendium zum Thema „Körperbewusstsein – Körperkult – Schönheit?" | Best.-Nr. 81449 |
| Kompakt-Wissen Realschule Deutsch Aufsatz | Best.-Nr. 514401 |
| Kompakt-Wissen Realschule Deutsch Aufsatz Bayern | Best.-Nr. 914401 |
| Kompakt-Wissen Rechtschreibung | Best.-Nr. 944065 |

## Deutsch Jahrgangsstufentests/VERA 8

| | |
|---|---|
| Jahrgangsstufentest Deutsch 6. Klasse Realschule Bayern | Best.-Nr. 915461 |
| Jahrgangsstufentest Deutsch 8. Klasse Realschule Bayern | Best.-Nr. 915481 |
| Vergleichsarbeiten Deutsch 7. Klasse Realschule Baden-Württemberg | Best.-Nr. 815461 |
| Vergleichsarbeiten Deutsch 9. Klasse Realschule Baden-Württemberg | Best.-Nr. 815481 |
| VERA 8 – Deutsch mit MP3-CD Version B: Realschule | Best.-Nr. 915482 |

## Englisch Realschule

| | |
|---|---|
| Englisch Grundwissen 5. Klasse | Best.-Nr. 91458 |
| Englisch Grundwissen 6. Klasse | Best.-Nr. 91459 |
| Englisch Grundwissen 7. Klasse | Best.-Nr. 914510 |
| Englisch Grundwissen 8. Klasse | Best.-Nr. 914511 |
| Englisch Grundwissen 9. Klasse | Best.-Nr. 90509 |
| Englisch Grundwissen 10. Klasse | Best.-Nr. 90510 |
| Englisch Grundwissen 10. Klasse Baden-W. | Best.-Nr. 81451 |
| Comprehension 2/9. Klasse | Best.-Nr. 91452 |
| Comprehension 3 /10. Klasse | Best.-Nr. 91454 |
| Englisch – Hörverstehen 10. Klasse mit CD | Best.-Nr. 91457 |
| Training Englisch Wortschatz – Mittelstufe | Best.-Nr. 91455 |
| Kompakt-Wissen Englisch Themenwortschatz | Best.-Nr. 914501 |
| Kompakt-Wissen Englisch Grundwortschatz | Best.-Nr. 914502 |
| Sprachenzertifikat Englisch Niveau A 2 mit Audio-CD | Best.-Nr. 105552 |
| Sprachenzertifikat Englisch Niveau B 1 mit Audio-CD | Best.-Nr. 105550 |

## Englisch Jahrgangsstufentests/VERA 8

| | |
|---|---|
| Jahrgangsstufentest Englisch 7. Klasse mit MP3-CD Realschule Bayern | Best.-Nr. 915571 |
| VERA 8 – Englisch mit Audio-CD Version B: Realschule | Best.-Nr. 915582 |

## Betriebswirtschaftslehre/Rechnungswesen

| | |
|---|---|
| Betriebswirtschaftslehre/Rechnungswesen Grundwissen 8. Klasse Realschule Bayern | Best.-Nr. 91473 |
| Lösungsheft zu Best.-Nr. 91473 | Best.-Nr. 91473L |
| Betriebswirtschaftslehre/Rechnungswesen Grundwissen 9. Klasse Realschule Bayern | Best.-Nr. 91471 |
| Lösungsheft zu Best.-Nr. 91471 | Best.-Nr. 91471L |
| Betriebswirtschaftslehre/Rechnungswesen Grundwissen 10. Klasse Realschule Bayern | Best.-Nr. 91472 |
| Lösungsheft zu Best.-Nr. 91472 | Best.-Nr. 91472L |

## Französisch Realschule

| | |
|---|---|
| Französisch 1. Lernjahr | Best.-Nr. 91462 |
| Sprechfertigkeit 10. Klasse mit Audio-CD | Best.-Nr. 91461 |
| Rechtschreibung und Diktat 1./2. Lernjahr mit 2 CDs | Best.-Nr. 905501 |
| Wortschatzübung Mittelstufe | Best.-Nr. 94510 |
| Sprachenzertifikat DELF B1 mit MP3-CD | Best.-Nr. 105530 |
| Kompakt-Wissen Französisch Grundwortschatz | Best.-Nr. 915001 |

## Geschichte/Sozialkunde

| | |
|---|---|
| Kompakt-Wissen Realschule Geschichte | Best.-Nr. 914801 |
| Kompakt-Wissen Realschule Sozialkunde | Best.-Nr. 914082 |


*(Bitte blättern Sie um)*

# Abschluss-Prüfungsaufgaben

Mit vielen Jahrgängen der zentral gestellten Original-Prüfungsaufgaben für den Realschulabschluss, einschließlich des aktuellen Jahrgangs. Mit vollständigen, schülergerechten Lösungen.

## Realschulabschluss Baden-Württemberg

Abschlussprüfung Mathematik mit CD-ROM ........ Best.-Nr. 81500
Training Abschlussprüfung Mathematik ............ Best.-Nr. 815001
Abschlussprüfung Deutsch ............ Best.-Nr. 81540
Training Abschlussprüfung Deutsch ............ Best.-Nr. 815401
Abschlussprüfung Englisch ............ Best.-Nr. 81550
Training Abschlussprüfung Englisch mit Audio-CD Best.-Nr. 815501
Training Abschlussprüfung Fächerübergreifende Kompetenzprüfung .......... Best.-Nr. 815410

## Realschulabschluss Bayern

Abschlussprüfung Mathematik I mit CD-ROM ...... Best.-Nr. 91500
Abschlussprüfung Mathematik II/III mit CD-ROM Best.-Nr. 91511
Training Abschlussprüfung Mathematik II/III ..... Best.-Nr. 915111
Abschlussprüfung Physik ............ Best.-Nr. 91530
Abschlussprüfung Deutsch ............ Best.-Nr. 91544
Training Abschlussprüfung Deutsch ............ Best.-Nr. 915441
Abschlussprüfung Englisch ............ Best.-Nr. 91550
Abschlussprüfung Englisch mit MP3-CD ............ Best.-Nr. 91552
Training Abschlussprüfung Englisch ............ Best.-Nr. 915501
Training Abschlussprüfung Englisch mit MP3-CD Best.-Nr. 915502
Abschlussprüfung Französisch mit MP3-CD ........ Best.-Nr. 91553
Abschlussprüfung Haushalt und Ernährung ........ Best.-Nr. 91595
Abschlussprüfung Kunst ............ Best.-Nr. 91596
Abschlussprüfung Werken ............ Best.-Nr. 91594
Abschlussprüfung BwR ............ Best.-Nr. 91570
Abschlussprüfung Sozialwesen ............ Best.-Nr. 91580

## Realschulabschluss Sachsen

Abschlussprüfung Mathematik ............ Best.-Nr. 141500
Training Abschlussprüfung Mathematik ............ Best.-Nr. 1415001
Abschlussprüfung Deutsch ............ Best.-Nr. 141540
Training Abschlussprüfung Deutsch ............ Best.-Nr. 1415401
Abschlussprüfung Englisch mit MP3-CD ............ Best.-Nr. 141550
Training Abschlussprüfung Englisch mit MP3-CD Best.-Nr. 1415501
Abschlussprüfung Biologie ............ Best.-Nr. 141570
Abschlussprüfung Chemie ............ Best.-Nr. 141573
Abschlussprüfung Physik ............ Best.-Nr. 141530

## Realschulabschluss Sachsen-Anhalt

Abschlussprüfung Mathematik ............ Best.-Nr. 151500
Abschlussprüfung Deutsch ............ Best.-Nr. 151540
Abschlussprüfung Englisch mit Audio-CD ........... Best.-Nr. 151555

## Realschulabschluss Thüringen

Abschlussprüfung Mathematik ............ Best.-Nr. 161500
Abschlussprüfung Deutsch ............ Best.-Nr. 161540
Abschlussprüfung Englisch mit MP3-CD ............ Best.-Nr. 161550

## Fachoberschulreife Brandenburg

Abschlussprüfung Mathematik ............ Best.-Nr. 121500
Abschlussprüfung Deutsch ............ Best.-Nr. 121540

## Mittlerer Schulabschluss Berlin

Abschlussprüfung Mathematik ............ Best.-Nr. 1115001
Training MSA Mathematik ............ Best.-Nr. 111500
Abschlussprüfung Deutsch ............ Best.-Nr. 1115401
Training MSA Deutsch ............ Best.-Nr. 111540
Abschlussprüfung Englisch mit MP3-CD ............ Best.-Nr. 1115501
Training MSA Englisch mit MP3-CD ............ Best.-Nr. 111550

## Mittlere Reife Mecklenburg-Vorpommern

Abschlussprüfung Mathematik ............ Best.-Nr. 131500
Abschlussprüfung Deutsch ............ Best.-Nr. 131540
Abschlussprüfung Englisch ............ Best.-Nr. 131550

## Realschulabschluss Hamburg

Abschlussprüfung Mathematik ............ Best.-Nr. 21500
Abschlussprüfung Deutsch ............ Best.-Nr. 21540
Abschlussprüfung Englisch mit MP3-CD ............ Best.-Nr. 21550

## Realschulabschluss Niedersachsen

Abschlussprüfung Mathematik ............ Best.-Nr. 315001
Training Abschlussprüfung Mathematik ............ Best.-Nr. 31500
Abschlussprüfung Deutsch ............ Best.-Nr. 315401
Training Abschlussprüfung Deutsch ............ Best.-Nr. 31540
Abschlussprüfung Englisch mit MP3-CD ............ Best.-Nr. 315501
Training Abschlussprüfung Englisch mit MP3-CD Best.-Nr. 31550

## Mittlerer Schulabschluss NRW

Zentrale Prüfung Mathematik 10. Klasse Realschule · Gesamtschule EK · Hauptschule Typ B Best.-Nr. 515001
Training Zentrale Prüfung Mathematik 10. Klasse Realschule · Gesamtschule EK ............ Best.-Nr. 51500
Training Zentrale Prüfung Mathematik 10. Klasse Hauptschule Typ B · Gesamtschule EK ............ Best.-Nr. 53501
Zentrale Prüfung Deutsch 10. Klasse Realschule · Gesamtschule EK · Hauptschule Typ B Best.-Nr. 515401
Training Zentrale Prüfung Deutsch 10. Klasse Realschule · Gesamtschule EK · Hauptschule Typ B Best.-Nr. 51540
Zentrale Prüfung Englisch mit MP3-CD Realschule · Gesamtschule EK · Hauptschule Typ B Best.-Nr. 515501
Training Zentrale Prüfung Englisch mit MP3-CD Realschule · Gesamtschule EK · Hauptschule Typ B Best.-Nr. 51550

## Realschulabschluss Hessen

Abschlussprüfung Mathematik ............ Best.-Nr. 61500
Lösungsheft zu Best.-Nr. 61500 ............ Best.-Nr. 61504
Abschlussprüfung Englisch ............ Best.-Nr. 61550
Abschlussprüfung Englisch mit MP3-CD ............ Best.-Nr. 61555
Lösungsheft zu Best.-Nr. 61550/61555 ............ Best.-Nr. 61554
Abschlussprüfung Deutsch ............ Best.-Nr. 61540
Lösungsheft zu Best.-Nr. 61540 ............ Best.-Nr. 61544
Sammelband Abschlussprüfung M, D, E ............ Best.-Nr. 61400
Lösungsheft zu Best.-Nr. 61400 ............ Best.-Nr. 61401

**Bestellungen bitte direkt an:**

STARK Verlagsgesellschaft mbH & Co. KG · Postfach 1852 · 85318 Freising
Tel. 0180 3 179000* · Fax 0180 3 179001* · www.stark-verlag.de · info@stark-verlag.de
*9 Cent pro Min. aus dem deutschen Festnetz, Mobilfunk bis 42 Cent pro Min.
Aus dem Mobilfunknetz wählen Sie die Festnetznummer: 08167 9573-0

Lernen • Wissen • Zukunft
STARK

20-V2X